SMART

스마트 엔지니어를 위한 **토목시공기술사** 지침서

KB090777

| 핵심 |

토목시공기술사

토목시공기술사	건설안전기술사	
건축시공기술사	토목품질기술사	**장준득** 지음
APEC기술사	건설사업관리사	

Professional Engineer Civil Engineering Execution

BM (주)도서출판 **성안당**

■ 도서 A/S 안내

성안당에서 발행하는 모든 도서는 저자와 출판사, 그리고 독자가 함께 만들어 나갑니다.

좋은 책을 펴내기 위해 많은 노력을 기울이고 있습니다. 혹시라도 내용상의 오류나 오탈자 등이 발견되면 **"좋은 책은 나라의 보배"**로서 우리 모두가 함께 만들어 간다는 마음으로 연락주시기 바랍니다. 수정 보완하여 더 나은 책이 되도록 최선을 다하겠습니다.

성안당은 늘 독자 여러분들의 소중한 의견을 기다리고 있습니다. 좋은 의견을 보내주시는 분께는 성안당 쇼핑몰의 포인트(3,000포인트)를 적립해 드립니다.

잘못 만들어진 책이나 부록 등이 파손된 경우에는 교환해 드립니다.

저자 문의 e-mail : jjd8184@naver.com(장준득), http://www.한국기술사학원.kr

본서 기획자 e-mail : coh@cyber.co.kr(최옥현)

홈페이지 : http://www.cyber.co.kr   전화 : 031) 950-6300

 최근 중대재해처벌법의 시행과 건설자재 가격의 급등으로 건설업 생산의 감소와 글로벌화에 따라 건설업계의 경쟁이 치열해지고 있는 가운데 4차 산업혁명 시대에 발맞춰 건설업계도 자동화 기술이 도입되고 있다.

 이에 건설기술인들에게도 한층 더 높은 업무 처리능력을 요구하는 시대가 되어 자기계발을 통한 업무능력을 향상시켜야 한다. 따라서 건설기술인으로서 토목시공기술사는 반드시 취득해야 한다.

 최근에는 해외 진출을 위해 기술사자격증을 취득하는 사람들이 많아졌다. 토목시공기술사를 취득한 후 경력을 쌓아 국제기술사를 취득하면 해외에 진출할 기회를 얻을 수 있기 때문이다.

 저자는 그간 꾸준히 노력하여 기술사 자격을 여러 개 보유하고 있다. 그동안 공부하는 과정에서 터득한 공부비법을 기술사를 준비하는 분들과 공유하기 위해 이 책을 집필하게 되었다.

 이 책은 토목시공기술사 시험에서 많이 출제된 기출문제를 바탕으로 공종별로 중요한 키워드를 중심으로 서술하였으며, 가급적 많은 현장작업을 도식화하여 이해도를 높였다.

 "기술사는 포기만 하지 않으면 합격한다"는 말이 있다. 꾸준히 노력하면 반드시 합격할 수 있다는 것이다. 저자의 성공 경험과 지식이 녹아 있는 이 책이 합격의 길잡이가 되길 바라며, 여러분의 합격을 기원하는 바이다.

 끝으로 이 책을 출판하는 데 도움을 주신 성안당출판사 이종춘 회장님을 비롯하여 임직원 여러분께 깊은 감사의 마음을 전한다.

2022. 6.

저자 장준득

1. 기술사란?

① 기술사는 해당 분야 최고의 전문가로서 다방면으로 업무처리능력을 갖추고 현장을 관리할 수 있는 능력이 있어야 한다.
② 현장에서 사전에 도면을 보며 문제점을 찾아 대안을 제시할 수 있는 기술이 있어야 한다.
③ 기술사 시험은 이론과 현장 경험을 담아 답안을 서술해야 한다(이론 50%＋현장 50%).

2. 기술사 시험안내

① 토목시공기술사 외 총 53여 종목
② 시험일시 : 종목마다 매년 2~3회 실시
③ 합격점수 : 필기 100점 만점에 60점 이상, 면접 100점 만점에 60점 이상
④ 시험시간 : 1교시당 100분씩 4교시(400분)
⑤ 시험내용
　㉠ 1교시 : 단답형 13문제 중 10문제 이상 서술
　㉡ 2~4교시 : 서술형 6문제 중 4문제 이상 서술

3. 빠른 합격비결

① 공부할 시간이 절대적으로 필요하다. 일상 중에 시간을 활용하자.
② 끈질긴 인내력과 강한 집념이 있어야 합격한다. 꾸준히 공부하는 습관을 갖자.
③ 포기하지 않으면 반드시 합격한다.
④ 좋은 책과 멘토를 만나야 합격시간을 단축할 수 있다.
⑤ 빠른 합격을 위한 나만의 공부방법을 선택하여야 한다.
⑥ 공부하는 환경을 조성해야 한다.

4. 단계별 학습전략

1단계 : 이해단계

• 기본적으로 답안을 채울 수 있어야 한다.
• 이론과 경험을 겸비한 최고의 기술자를 뽑는 시험이므로 만만한 시험이 아니다.
• 최소한 기본적인 지식공부는 해야 한다.

2단계 : 요약단계

• 상사에게 보고하듯이 요약하여 정리된 답안을 작성한다.
• 회사에서 프리젠테이션하듯이 요약 정리된 답안을 작성한다(단답형 1페이지, 서술형 3페이지).
• 채점자에게 중요 부분만 어필해야 한다.

3단계 : 차별화단계

• 나만의 차별성이 있어야 한다.
• 이론을 도식화, 그래프를 활용하여 일목요연하게 기술한다.
• 답안을 아무리 잘 작성해도 비슷하면 좋은 점수를 받지 못한다. 창의성 있는 답안을 작성하도록 한다.

5. 공부방법

① 요약하기 : 여러 서적을 보고 이해도를 높여 중요 부분만 요약하거나 서브노트를 작성하여 공부한다.

② 암기사항 : 공법, 공식, 그래프

③ 문제풀이 : 기술사는 문제를 풀면서 실력을 향상시킨다(과년도 7~10개년).

④ 쓰기 연습 : 이론+현장+상식+지식을 활용하여 쓰기 연습을 병행한다.

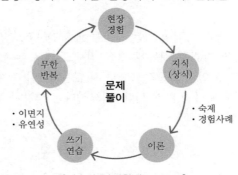

[기술사 단기합격 System]

1. 시간을 투자하라

기술사 취득에 가장 중요한 것은 시간과 의지이다. 시간이 없으면 아무것도 할 수 없다. 시간을 내기 위해서는 직장업무에 소홀하고 가정에 소홀해질 수밖에 없으므로 이해를 구해야 한다. 그래서 더 열심히 틈틈이 공부해야 한다. 즉 업무 시작 전 30분과 점심시간을 이용하고, 저녁에는 도서관, 주말에는 학원과 도서관에서 공부해야 한다.

2. 자존심을 버려라

기술사는 대부분 직장과 가정이 있는 사람들이 도전하므로 시간과 의지가 절대적으로 부족하다. 공부방법 및 자격증 취득에 대한 정보도 매우 부족하다. 그러나 자존심 때문에 주변에 묻지도 않고 조언을 들으려고도 하지 않는다. 이 핑계, 저 핑계를 대며 노력도 하지 않는다. 그러면서 시간만 가게 된다. 필요하다는 생각이 들면 자존심을 버리고 주변의 조언을 듣기를 권한다.

3. 고민하지 마라

매일 많은 사람들이 필자에게 기술사를 취득하고 싶다고 상담을 한다. 문제는 상담만 하고 변화가 없다는 것이다. 시행착오를 겪더라도 나중에 수정하면 되므로 우선 실행에 옮기는 것이 중요하다.

4. 공부는 행동으로 옮겨야 한다

책을 살까, 말까? 사라! 오늘 도서관에 갈까, 말까? 가라! 오늘 저녁에 공부할까, 말까? 하라! 학원에 갈까, 말까? 가라! 야간에 일할까, 시간을 낼까? 시간을 내라! 먼데 갈까, 말까? 가라! 고민만 하지 말고 직접 실행에 옮겨라! 오늘 당장 저녁부터 어떻게 시간을 내서 공부할 것인지만 고민하라.

5. 얻는 게 있으면 잃는 게 있다

기술사는 쉬운 시험이 아니다. 대부분이 대충 공부하고 쉽게 땄다고 하니 나도 그렇게 될 것으로 생각하면 안 된다. 그들 나름대로 피나는 노력을 한 것이다. 요즘 먹고 살기 바쁜 세상에 시간을 내기가 힘들 것이다. 직장업무에 소홀하고 가정에 충실하지 못하고 건강도 나빠질 수 있다. 하지만 그렇게 노력한 사람은 반드시 기술사를 딸 수 있다.

6. 학원에 다녀라

필자는 기술사 자격증이 여러 개 있지만 학원을 모두 다녔다. 왜냐하면 주말에 학원을 가면 한 주간 공부할 수 있는 마음을 유지할 수 있고, 그 분야에 대해 빨리 습득할 수 있기 때문이다.

7. 투자하라

기술사 시험은 혼자 공부해도 자격을 취득할 수 있지만 대부분 오랜 시간이 걸린다. 학원도 다니고, 사람도 만나고, 책도 사보고 해서 기술적·관리적인 마인드를 향상시켜야 한다. 책이 두꺼우면 모두가 두려움을 느낀다. 하지만 결국은 두꺼운 책만큼 폭넓은 지식을 갖추어야 합격할 수 있다. 시간과 공부에 많이 투자하라.

8. 공부하는 사람끼리 어울려라

한 가지 더 강조하고 싶은 것은 의지와 관련된 것으로, 직장인들은 공부하는 사람끼리 어울려 마음을 다독여야 한다. 직장생활의 어려움, 가정생활의 어려움, 공부의 어려움 등에 대해서도 서로 의지하면서 공부를 해야 포기하지 않는다. 그들은 선의의 경쟁자이면서 인생의 친구이자 동반자이다. 술도 공부하는 사람끼리 마시기를 권한다.

9. 의욕이 꺾이지 않도록 주변 환경관리에 노력하라

공부하기 위해서는 공부할 수 있는 환경으로 바꿔야 한다. 내가 공부할 수 있는 의지가 약해지지 않도록 항상 스스로 다독여야 한다. 의지가 약해지면 공부를 포기하게 되므로 조금 약해졌을 때 바로 다잡아야 한다. 그렇게 되도록 집과 직장의 환경관리에 항상 노력해야 한다.

10. 다른 사람과 비교하지 마라

사람마다 IQ, 직장업무와 경험, 현재 처해 있는 환경, 공부시간, 스트레스, 가족관계 등 모두 다르다. 다른 사람과 비교하여 나만 안 되는 것처럼 생각하지 마라. 다들 그렇게 생각한다. 또 단기간에 합격하는 사람도 있다. 그 사람이 된다고 해서 나도 그렇게 될 것이라 생각하지 마라. 토머스 에디슨의 명언처럼 "천재는 99%의 노력과 1%의 영감으로 만들어진다."

내일이 아닌 오늘 당장 고민하지 말고 조그마한 것부터 실천하길 권한다.

01. 단답형 문제

Ⅰ. 정의(개요, 개념)

① ○○란 ○○○을 말하며, ~의 특징이 있다.
② 정의는 간단명료하게 서술한다(2~3행).

Ⅱ. 목적, 역할, 기능

① 문제의 성격에 따라 목적, 역할, 기능 등을 서술한다.
② 2~3행 정도 서술한다.

Ⅲ. 도식화 또는 원리, 메커니즘

① 채점자의 시선을 끌어 차별화될 수 있게 작성한다.
② 도식화 : 시공방법, 문제, 원인, 과정, 현상, M/C, 비교표, 플로차트
③ 상세하고 명확하게 작성하고 규격, 제원, 치수 등을 기입하여 설명한다(5~6행).

단면도	상세도

Ⅳ. 특징, 문제점, 영향요인, 시공순서, 기타

문제의 중요 특징 및 문제점 등을 작성한다(2~4행 정도).

Ⅴ. 현장 실무에서 ○○관리방안(작성자가 볼 때 중요하다고 생각하는 세부내용)

① 주의사항, 대책, 향상방안, 기타
② 조치방안, 결과 처리방안, 판정에 대한 조치, 불량 시 처리방법, 착안사항
③ 특히 실무적으로 접근해서 서술한다(2~4행 정도).

Ⅵ. 결론

① 개선 방향, 발전 방향, 착안사항, 기타
② 단답형에서는 필요에 따라 서술한다(2행 정도).

> ※ 공통사항
> ① 단답형은 보통 대제목 4~5개 정도로 서술한다.
> ② 이론을 중점으로 두되 반드시 실무로 접근하여 서술한다.
> ③ 되도록 모식도 1개 이상 반영하여 정리된 답안을 작성한다.

02. 서술형 문제

Ⅰ. 개요

보통 4~6행 정도 분량으로 폭넓게 서술한다.

Ⅱ. 도입

① 본론을 서술하기 위한 도입 부분이다.
② 채점자의 시선을 끌 수 있도록 도식화한다.

```
도식화(크게)
```

Ⅲ. 본론(1)

① 첫 번째 페이지 하단부 또는 두 번째 페이지 상단에서 시작한다.
② 질문내용을 정확하게 서술한다.
③ 분량은 0.7페이지 이상 서술한다.

```
도식화
```

Ⅳ. 본론(2)

① 두 번째 페이지 중간에서 시작하여 세 번째 페이지 상단에서 완료한다.
② 분량은 0.7페이지 이상 서술한다.
③ 한 페이지에 1개 이상 도식화한다.

```
도식화
```

Ⅴ. 강조

① 세 번째 페이지 중간 부분에서 시작한다.
② 차별화를 실시하는 부분이다.
③ 현장 위주로 접근한다.
④ 경험사례, 공정, 원가, 품질, 안전, 환경, 리스크, 클레임 등을 강조한다.

```
도식화
```

Ⅵ. 결론

① 2~4행 정도 분량으로 결론을 맺는다.
② 개선 방향, 발전 방향, 주요 관리사항 등을 기술한다.

03. 서술형 문제 작성방법 예시

Ⅰ. 개요

1. 도입 배경, 문제점으로 접근하여 넓게 폭넓게 서술(4~6행 정도)
2. 예시
   ① 법규, 계획서, 이슈, 사례, 시방서, 품질 관련, 공사관리, 공사계획, 개선 방향, 유지관리, 향후 관리
   ② 계측관리, 공정, 원가, 품질, 안전, 환경, 리스크관리, 클레임관리, 인허가, ISO9001, ISO14001
   ③ LCA, BIM

Ⅱ. 도입(차별화)

1. 현장 도식화 표현 : 문제의 요지를 한눈에 볼 수 있도록 크게 그릴 것
2. 도식화가 없는 경우 간단하게 서술(4행 정도)
3. 예시
   ① 검토사항, 문제점, 조치사항, 시공방법, 시공 시 예상되는 문제점
   ② 착공 시 ○○○, 중점관리포인트(문제점), 원리, M/C, 경험사례
   ③ 요구조건, 성능, 종류, 파괴형태

Ⅲ. 본론

■ 공법, 시험 등 서술방법 예시

각각의 대제목으로 서술 (종류가 하나인 경우)	대제목 하나에 서술 (종류가 여러 개인 경우)	조합 서술
Ⅲ. 종류 　1. - 　2. - Ⅳ. 특징 　1. - 　2. - Ⅴ. 주의사항 　1. 소제목 　①- 　②- 　2. 소제목 　①- 　②	Ⅲ. 종류, 특징, 주의사항 　1. 종류 (1) 　　1) 특징 　　　①- 　　　②- 　　2) 주의사항 　　　①- 　　　②- 　2. 종류 (2) 　　1) 특징 　　　①- 　　　②- 　　2) 주의사항 　　　①- 　　　②	Ⅲ. 종류 및 특징 　1. 종류 (1), 특징 　　①- 　　②- 　2. 종류 (2), 특징 　　①- 　　②- Ⅳ. 주의사항 　1. 소제목 　①- 　②- 　2. 소제목

☞ 공사관리(공정, 원가, 품질, 안전, 환경) 등 추가 서술

■ 문제점, 원인, 시사 등 서술방법 예시

직·간접(내·외적)	기술적·관리적·제도적	설계, 시공, 유지관리	공사과정별(단계별)	주요 키워드별 (주요 항목별)
1. 직접적(내적) ① - ② - 2. 간접적(외적) ① - ② - 3 기타 ① - ② -	1. 기술적 측면 ① - ② - 2. 관리적 측면 ① - ② - 3. 제도적 측면 ① - ② - 4. 기타 ① - ① -	1. 설계적 측면 ① - ② - 2. 시공적 측면 ① - ② - 3. 유지관리적 측면 ① - ② - 4. 기타 ① - ② -	1. 사전조사 ① - ② - 2. 준비단계 ① 재료 ② 노무, 장비 6. 기타 ① - ② - ※ 내용이 너무 길어 질 수 있음	1. 히빙 ① - ② - 2. 보일링 ① - ② - ※ 내용은 좋으나 어 려움

☞ 대제목의 서술 패턴이 겹치지 않도록 할 것

■ 방지대책, 처리대책, 시공관리, 주의사항 등 서술방법 예시

시공과정별(단계별)	주요 키워드별 (주요 항목별)	설계, 시공, 유지관리	기술적·관리적·제도적	직·간접
1. 사전조사 ① - ② - 2. 준비단계 ① 재료 ② 노무, 장비 6. 기타 ① - ② -	1. 히빙 ① - ② - 2. 보일링 ① - ② - 6. 기타 ① - ② -	1. 설계 시(계획 시) ① - ② - 2. 시공 시 대책 ① - ② - 3. 유지관리 시 대책 ① - ② - 4. 기타 ① - ② -	1. 기술적 측면 ① - ② - 2. 관리적 측면 ① - ② - 3. 제도적 측면 ① - ② - 4. 기타 ① - ② -	1. 직접대책 ① - ② - 2. 간접대책 ① - ② - 3 기타 대책 ① - ② -

Ⅳ. 강조(차별화)

1. 문제와 연관된 현장 내용 강조
2. 현장에서 중요하다고 생각되는 실행내용 서술
3. 공정, 원가, 품질, 안전, 환경, 리스크와 연관된 구체적인 실행내용을 대제목으로 하여 서술
4. 흙막이 붕괴 예상 시 조치방안 예시
    ① 긴급조치
    ② 후속조치

Ⅴ. 결론

1. 본론 내용을 2행 정도 포함하여 총 4행 정도로 서술
2. 예시
    ① 본론에 없는 내용, 법규, 계획서, 이슈, 사례, 시방서, 품질 관련, 공사관리, 공사계획, 개선방향
    ② 유지관리, 향후관리, 계측관리, 공사관리내용, 리스크관리, 클레임관리, 인허가, ISO9001
    ③ LCA 14001, BIM

04. 5가지 출제유형

1. 공법
   ① 종류, 특징, 시공 시 주의사항
   ② 순서, 장단점, 주의사항
2. 문제점 : 문제점, 원인, 대책, 형태, 검토
3. 영향문제 : 영향을 주는 요인(열화) → 균열 → 미치는 영향(내구성 저하)
4. 시험 : 활용성, 적용성, 신뢰성, 한계성
5. 제도, 시사 : 문제점, 도입 배경, 장단점, 쟁점사항, 효과, 추진 방향

05. 대제목 번호 예시

예시 1	예시 2

Ⅲ. 대제목
 1. 소제목
  ① 내용
  ② 내용
 2. 소제목
 ※ 서술식으로 설명 가능(2~3행 정도)
	Ⅲ. 대제목
	 1. 중제목
	  1) 소제목
	   ① 내용
	   ② 내용
	  2) 소제목
	  ※ 서술식으로 설명 가능(2행 정도)
	 2. 중제목
	  1) 소제목

※ 10권 이상은 분철(최대 10권 이내)

제 회

국가기술자격검정 기술사 필기시험 답안지(제1교시)

제1교시	종목명	

| 수험자 확인사항
☑ 체크바랍니다. | 1. 문제지 인쇄 상태 및 수험자 응시 종목 일치 여부를 확인하였습니다. 확인 ☐
2. 답안지 인적 사항 기재란 외에 수험번호 및 성명 등 특정인임을 암시하는 표시가 없음을 확인하였습니다. 확인 ☐
3. 지워지는 펜, 연필류, 유색 필기구 등을 사용하지 않았습니다. 확인 ☐
4. 답안지 작성 시 유의사항을 읽고 확인하였습니다. 확인 ☐ |

답안지 작성 시 유의사항

1. 답안지는 표지 및 연습지를 제외하고 총 7매(14면)이며, 교부받는 즉시 매수, 페이지 순서 등 정상 여부를 반드시 확인하고 1매라도 분리되거나 훼손하여서는 안 됩니다.
2. 시험문제지가 본인의 응시종목과 일치하는지 확인하고, 시행 회, 종목명, 수험번호, 성명을 정확하게 기재하여야 합니다.
3. 수험자 인적사항 및 답안작성(계산식 포함)은 지워지지 않는 검은색 필기구만을 계속 사용하여야 합니다.
4. 답안 정정 시에는 두 줄(=)을 긋고 다시 기재 가능하며 수정테이프 사용 또한 가능합니다.
5. 답안작성 시 자(직선자, 곡선자, 템플릿 등)를 사용할 수 있습니다.
6. 문제의 순서에 관계없이 답안을 작성하여도 되나 주어진 문제번호와 문제를 기재한 후 답안을 작성하고 전문용어는 원어로 기재하여도 무방합니다.
7. 요구한 문제 수보다 많은 문제를 답하는 경우 기재순으로 요구한 문제 수까지 채점하고 나머지 문제는 채점대상에서 제외됩니다.
8. 답안작성 시 답안지 양면의 페이지순으로 작성하시기 바랍니다.
9. 기 작성한 문항 전체를 삭제하고자 할 경우 반드시 해당 문항의 답안 전체에 대하여 명확하게 X표시(X표시한 답안은 채점대상에서 제외)하시기 바랍니다.
10. 수험자는 시험시간이 종료되면 즉시 답안작성을 멈춰야 하며, 종료시간 이후 계속 답안을 작성하거나 감독위원의 답안지 제출지시에 불응할 때에는 당회 시험을 무효 처리합니다.
11. 각 문제의 답안작성이 끝나면 바로 옆에 "끝"이라고 쓰고, 최종 답안작성이 끝나면 줄을 바꾸어 중앙에 "이하 여백"이라고 써야 합니다.
12. 다음 각호에 1개라도 해당되는 경우 답안지 전체 혹은 해당 문항이 0점 처리됩니다.

> 〈답안지 전체〉
> 1) 인적사항 기재란 이외의 곳에 성명 또는 수험번호를 기재한 경우
> 2) 답안지(연습지 포함)에 답안과 관계 없는 특수한 표시를 하거나 특정인임을 암시하는 경우
> 〈해당 문항〉
> 1) 지워지는 펜, 연필류, 유색 필기류, 2가지 이상 색 혼합사용 등으로 작성한 경우

※ 부정행위처리규정은 뒷면 참조

HRDK 한국산업인력공단
Human Resources Development Service of Korea

부정행위 처리규정

국가기술자격법 제10조 제6항, 같은 법 시행규칙 제15조에 따라 국가기술자격검정에서 부정행위를 한 응시자에 대하여는 당해 검정을 정지 또는 무효로 하고 3년간 이법에 따른 검정에 응시할 수 있는 자격이 정지됩니다.

1. 시험 중 다른 수험자와 시험과 관련된 대화를 하는 행위
2. 답안지를 교환하는 행위
3. 시험 중에 다른 수험자의 답안지 또는 문제지를 엿보고 자신의 답안지를 작성하는 행위
4. 다른 수험자를 위하여 답안을 알려주거나 엿보게 하는 행위
5. 시험 중 시험문제 내용과 관련된 물건을 휴대하여 사용하거나 이를 주고 받는 행위
6. 시험장 내외의 자로부터 도움을 받고 답안지를 작성하는 행위
7. 미리 시험문제를 알고 시험을 치른 행위
8. 다른 수험자의 성명 또는 수험번호를 바꾸어 제출하는 행위
9. 대리시험을 치르거나 치르게 하는 행위
10. 수험자가 시험시간에 통신기기 및 전자기기[휴대용 전화기, 휴대용 개인정보 단말기(PDA), 휴대용 멀티미디어 재생장치(PMP), 휴대용 컴퓨터, 휴대용 카세트, 디지털 카메라, 음성파일 변환기(MP3), 휴대용 게임기, 전자사전, 카메라 펜, 시각표시 외의 기능이 부착된 시계]를 사용하여 답안지를 작성하거나 다른 수험자를 위하여 답안을 송신하는 행위
11. 그 밖에 부정 또는 불공정한 방법으로 시험을 치르는 행위

[연 습 지]

※ 연습지에 성명 및 수험번호를 기재하지 마십시오.
※ 연습지에 기재한 사항은 채점하지 않으나 분리 훼손하면 안됩니다.

(인)

감독확인

성명

수험번호

[연 습 지]

※ 연습지에 성명 및 수험번호를 기재하지 마십시오.
※ 연습지에 기재한 사항은 채점하지 않으나 분리 훼손하면 안됩니다.

번호		
번호		

✅ 필기시험

직무분야	건설	중직무분야	토목	자격종목	토목시공기술사	적용기간	2023. 1. 1.~2026. 12. 31.

○ 직무내용 : 토목시공분야의 토목기술에 관한 고도의 전문지식과 실무경험에 입각한 계획, 연구, 설계, 분석, 시험, 운영, 시공, 평가 또는 이에 관한 지도, 건설사업관리 등의 기술업무를 수행하는 직무이다.

검정방법	단답형/주관식논문형	시험시간	400분(1교시당 100분)

시험과목	주요 항목	세부항목
시공계획, 시공관리, 시공설비 및 시공기계 그 밖의 시공에 관한 사항	1. 토목건설사업관리	(1) 건설사업관리계획 수립 (2) 공정관리, 건설품질관리, 건설안전관리 및 건설환경관리 (3) 건설정보화기술 (4) 시설물 유지관리
	2. 토공사	(1) 토공 시공계획 (2) 사면공, 흙막이공, 옹벽공, 석축공 (3) 준설 및 매립공 (4) 암 굴착 및 발파
	3. 기초공사	(1) 지반조사 및 분석 (2) 기초의 시공(지반안전, 계측관리) (3) 지반개량공 (4) 수중구조물 시공
	4. 포장공사	(1) 포장 시공계획 수립 (2) 연성재료 포장(아스팔트콘크리트포장) (3) 강성재료 포장(시멘트콘크리트포장) (4) 도로의 유지 및 보수관리
	5. 상하수도공사	(1) 시공관리계획 (2) 상하수도시설공사 (3) 상하수도관로공사
	6. 교량공사	(1) 강교 제작 및 가설 (2) 콘크리트교 제작 및 가설 (3) 특수 교량 (4) 교량 유지관리
	7. 하천, 댐, 해안, 항만공사, 도로	(1) 하천 시공 (2) 댐 시공 (3) 해안 시공 (4) 항만 시공 (5) 시공계획 (6) 시설공사
	8. 터널 및 지하공간	(1) 터널계획 (2) 터널 시공 (3) 터널 계측관리 (4) 터널 유지관리 (5) 지하공간
	9. 콘크리트공사	(1) 콘크리트 재료 및 배합 (2) 콘크리트의 성질 (3) 콘크리트의 시공 및 철근공 (4) 특수 콘크리트 (5) 콘크리트 구조물의 유지관리
	10. 토목 시공법규 및 신기술	(1) 표준시방서/전문시방서기준 및 관련 사항 (2) 주요 시사이슈 (3) 기타 토목 시공 관련 법규 및 신기술에 관한 사항

✅ 면접시험

직무분야	건설	중직무분야	토목	자격종목	토목시공기술사	적용기간	2023. 1. 1.~2026. 12. 31.

○ 직무내용 : 토목시공분야의 토목기술에 관한 고도의 전문지식과 실무경험에 입각한 계획, 연구, 설계, 분석, 시험, 운영, 시공, 평가 또는 이에 관한 지도, 건설사업관리 등의 기술업무를 수행하는 직무이다.

검정방법	구술형 면접시험	시험시간	15~30분 내외

면접항목	주요 항목	세부항목
시공계획, 시공관리, 시공설비 및 시공기계 그 밖의 시공에 관한 전문지식/기술	1. 토목건설사업관리	(1) 건설사업관리계획 수립 (2) 공정관리, 건설품질관리, 건설안전관리 및 건설환경관리 (3) 건설정보화기술 (4) 시설물 유지관리
	2. 토공사	(1) 토공 시공계획 (2) 사면공, 흙막이공, 옹벽공, 석축공 (3) 준설 및 매립공 (4) 암 굴착 및 발파
	3. 기초공사	(1) 지반조사 및 분석 (2) 기초의 시공(지반안전, 계측관리) (3) 지반개량공 (4) 수중구조물 시공
	4. 포장공사	(1) 포장 시공계획 수립 (2) 연성재료 포장(아스팔트콘크리트포장) (3) 강성재료 포장(시멘트콘크리트포장) (4) 도로의 유지 및 보수관리
	5. 상하수도공사	(1) 시공관리계획 (2) 상하수도시설공사 (3) 상하수도관로공사
	6. 교량공사	(1) 강교 제작 및 가설 (2) 콘크리트교 제작 및 가설 (3) 특수 교량 (4) 교량 유지관리
	7. 하천, 댐, 해안, 항만공사, 도로	(1) 하천 시공 (2) 댐 시공 (3) 해안 시공 (4) 항만 시공 (5) 시공계획 (6) 시설공사
	8. 터널 및 지하공간	(1) 터널계획 (2) 터널 시공 (3) 터널 계측관리 (4) 터널 유지관리 (5) 지하공간
	9. 콘크리트공사	(1) 콘크리트 재료 및 배합 (2) 콘크리트의 성질 (3) 콘크리트의 시공 및 철근공 (4) 특수 콘크리트 (5) 콘크리트 구조물의 유지관리
	10. 토목 시공법규 및 신기술	(1) 표준시방서/전문시방서기준 및 관련 사항 (2) 주요 시사이슈 (3) 기타 토목 시공 관련 법규 및 신기술에 관한 사항
품위 및 자질	11. 기술사로서 품위 및 자질	(1) 기술사가 갖추어야 할 주된 자질, 사명감, 인성 (2) 기술사 자기개발과제

Chapter 1 일반콘크리트

Chapter 4   토공(기본, 전문)

Chapter 5 **건설기계**

Chapter 6 연약지반

Chapter 7 흙막이, 물막이

Chapter 8 기초

Chapter 9 옹벽

Chapter 10 포장

Chapter 11 교량

Chapter 12   암반

Chapter 13 **터널**

Chapter 15 **하천**

Chapter 16 항만

Chapter 17 상하수도

Chapter 19 공사관리, 시사

CHAPTER 01

일반콘크리트

일반콘크리트(1)

콘크리트 성질 ─────────────→ 콘크리트 공사 ────────────→

좋은 콘크리트의 요구조건

강도+내구성+수밀성+강재보호성능
→ 균질성

굳지 않은 콘크리트의 성질

1. 배합
   - 유동성
   - 재료분리 저항성
   - 충전성
   - 점성
   - 균질성
2. 시공
   - Workability(작업용이성)
   - Pumpability(압송성)
   - Plasticity(성형성)
   - Finishability(마무리용이성)
   - Consistency(반죽질기) – 슬럼프
3. 특성 및 문제
   - 1, 2차 반응
     - 1차 : 수화반응
     - 2차 : 포졸란반응, 잠재적 수경성
   - 화학식 : 수화반응, 중성화
   - 강도결정 : W/B, W/C
   - 재료분리(물, 골재, 시멘트)
   - 블리딩(Bleeding)
   - 초기균열 : 소성수축, 침하균열, 물리적 균열
   - 체적변화 : 온도팽창, 소, 수, 건, 탄, 수, 자, 공
   - 공기량(4.5%)
   - 시멘트 풍화

재료

1. 시멘트(결합재)
   - 포틀랜드시멘트 : 보, 중, 조, 저, 내
   - 혼합시멘트 : 1성분계, 2성분계
   - 특수시멘트 : 급결시멘트
2. 성능개선재(혼화재료)
   - 혼화재 : F, S, 고, 팽
   - 혼화제 : 지, 촉, 유, 감, A
3. 골재
   - 종류 : 인공, 천연
   - 함수상태
   - 조립률
   - 실적률
   - 채움재

배합

1. 배합목표
   - W/B ↓, W ↓, G_{max} ↑, 골재율 ↓
2. 배합설계절차 및 방법
   - W/B 결정 : 시멘트, 혼화재, 단위수량
   - 굵은골재량, 잔골재량 결정
   - S/a, G_{max} 결정
   - 골재의 입도, 입경, 함수비 보정
   - Slump, 공기량 결정
   - 시험배합 및 강도시험(15~30회)
3. 시방배합과 현장배합
   - 골재입도, 함수비 보정
4. 설계기준강도(f_{ck})와 현장배합강도(f_{cr})
5. 재령기준
   - 7일(p_c), 28일(일반), 90일(댐)
6. 조기강도추정방법
   - 압축강도시험
   - 비중계법
   - 강열감량법
   - 적산온도

일반콘크리트(2)

시공

1. 개량
2. 비비기(운반)
   - 진동, 골재파쇄
   - 교반슬럼프 ↓, 품질 ↓
3. 운반
   - 트럭믹스, 펌프카
   - 압송관, 분배기
   - 버킷, 손수레, 슈트
4. 타설
   - 타설높이 $h = 1.5\text{m}$
   - 강우 시 처리방안
5. 다짐 : 진동봉 간격 50cm
6. 양생
   - 온도관리
   - 습도관리
   - 유해환경보호
7. 이음
   - 기능성 : 신축이음, 수축이음
   - 비기능성 : 시공이음, 콜드 조인트
8. 마무리 : 평탄, 거친 면
9. 철근
   - 종류 : 주, 전, 배, 가
   - 정착과 부착
   - 겹이음 : 겹, 용, 기, 충
10. 거푸집
    - 목재, 유로폼, 갱폼
    - 클라이밍폼
    - 슬라이딩폼(단면변화 ×)
    - 슬립폼(단면변화 ○)

품질관리

품질검사 및 시험계획

1. 품질검사계획
   - 생산검사, 시공공정검사
2. 품질시험계획
   - 품질관리자 배치, 빈도, 횟수, 시기

받아들이기 시 검사(품질규정)

1. 검사
   - 납품일시, 콘크리트의 종류, 수량
2. 송장 확인
   - 현장명, 콘크리트 규격, 차량번호
3. 운반시간 확인
   - 여름철 : 온도 25℃ 이상, 1.5hr 이내
   - 겨울철 : 온도 25℃ 이하, 2hr 이내
   - 현장배합표 확인
4. 시험
   - 압축강도(공시체 120m³마다 9개 제작)
   - 공기량(4.5±1.5%)
   - 슬럼프(80±25mm 이하)
   - 염화물함유량(0.3kg/m³ 이하)
5. 불량레미콘 처리방안

콘크리트 시공검사

타설검사, 양생검사, 강도검사

구조물검사

표면상태, 형상치수, 피복, 강도검사

[콘크리트의 개략적 용적비율]

일반콘크리트(3)

구조물 → 유지관리

구조물

1. 구조물 일반
   - 강도와 응력, 진응력
   - 최소, 균형, 최대 철근비
   - 취성파괴, 연성파괴
   - 탄성계수, 취도계수
2. 2차 응력
   - 온도응력
   - 건조수축
   - 크리프
3. 구조물성능저하현상
   - 균열, 누수, 박리, 변형
   - 침하, 부식
4. 열화(내구성)
   - 화학적 침식
   - AAR
   - 염해
   - 중성화
   - 동해
5. 표면결함
   - 비중차이
   - 부재형상
   - 물
6. 균열
   - 기본적 : 설, 재, 배, 시
   - 화학적 : 화, A, 염
   - 물리적 : 충격, 하중, 반복
   - 기상학적 : 기온, 습도, 동해
7. 비파괴검사
   - 육안검사
   - 강도(슈미트해머)
   - 탄산화(페놀프탈레인용액 1%)
   - 철근(자분탐상)
   - 내부결함(초음파, 방사선)
   - 염해(질산은 적정법)
8. 폭렬
   - 고강도, 고수밀, 고유동

유지관리

준공 시
FSM 등록(시설안전정보시스템)

조직구성
운영팀, 홍보팀, 시설물관리팀

시설물의 종류
1. 1종(고속철도교량)
2. 2종(일반 100m 이상)
3. 3종(10년 경과된 시설)

안전점검주기
1. 초기(준공 시), 일상(수시)
2. 정기점검(6개월), 정밀점검(2년)
3. 정밀안전진단(5년)

안전진단방법
사전조사 → 계획 수립 → 현장조사 및 시험 → 성능평가(안전성, 내구성, 사용성) → 종합평가(등급) → 대책 수립 → 보수·보강 → FSM 등록

교량 계측관리
교량 계측관리

보수보강
1. 균열보수
   - 표면처리
   - 충전공법
   - 주입공법
   - 그라우팅(누수)
2. 보강공법
   - 구조물보강
     - 단면 복구, 단면 증대, 강판보강
     - 탄소섬유시트, Anchoring(강봉)
     - PS, 보의 증설, 기둥 증설
   - 기초보강
     - 단면 확대, 말뚝보강, 그라우팅, JSP
   - 지반보강(세굴, 파이핑, 침하)
     - 그라우팅, Under pinning

Chapter 01

일반콘크리트

(콘크리트 일반＋현장 콘크리트 공사＋구조물＋유지관리)

1 콘크리트 일반

1 콘크리트

1) 좋은 콘크리트의 요구조건 강, 내, 수, 강

강도 ＋ 내구성 ＋ 수밀성 ＋ 강재보호성능 ⟶ 균질성

2) 굳지 않은 콘크리트의 성질

(1) 배합

① 유동성　　② 재료분리 저항성　　③ 충전성　　④ 점성　　⑤ 균질성

(2) 시공

① Workability(작업 용이성)　　② Pumpability(압송성)
③ Plasticity(성형성)　　④ Finishability(마무리 용이성)
⑤ Consistency(반죽질기)

(3) 문제 및 특성

① 1, 2차 반응　　② 재료분리
③ 블리딩(Bleeding)　　④ 초기균열(소성수축, 침하균열)
⑤ 체적변화(온도팽창, 수화수축)　　⑥ 공기량(4.5%)

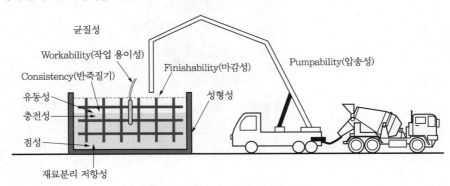

[굳지 않은 콘크리트의 성질]

2 콘크리트 화학식

(1) 시멘트 제조

$$CaCO_3 \rightarrow CaO \quad + \quad CO_2$$

(탄산칼슘)　(생석회, 시멘트)　(탄산가스 : 대기오염, 탄산가스를 줄이면 친환경콘크리트)

(2) 수화반응(1차)

$$CaO + H_2O \rightarrow Ca(OH)_2 + 125cal/g(수화열, 온도균열)$$

(3) 중성화(탄산화)

$$Ca(OH)_2 + CO_2 \rightarrow CaCO_3 \; + \; H_2O \downarrow (탄산화수축)$$

(공장, 자동차 배기가스)　(탄산칼슘, 중성화)

🖊 시멘트의 풍화

① 정의 : 시멘트가 공기 중의 습기(H_2O)와 탄산가스(CO_2)를 흡수하여 고결화되는 현상
② 문제점 : 비중 저하, 응결 지연(강도 발현 지연), 동해, 강도 저하, 슬럼프 저하
③ 대책
　㉠ 풍화시험 : 강열감량시험, 분말도시험(비중기준 3.14)
　㉡ 보관창고 : 방습구조창고, 배수로, 통풍구 설치
　㉢ 관리 : 바닥에서 30cm 정도 띄워서 적재, 13포대 이하 적재
　㉣ 사용 : 저장순서대로 사용

---

3 콘크리트 구성요소, 물결합재비(W/B), 물시멘트비(W/C)

1) 정의

(1) 물과 결합재의 질량비(또는 중량비)로 콘크리트의 강도를 결정함
(2) **콘크리트 표준시방서(2009)** : 물시멘트비(W/C)가 물결합재비(W/B)로 개정

[콘크리트의 개략적 용적비율(%)]

2) 물결합재비(W/B)와 물시멘트비(W/C)의 비교

구분	물결합재비(W/B)	물시멘트비(W/C)
구성	물+시멘트+혼화재	물+시멘트
기호	W/B	W/C
강도	강도 크다(장기강도)	강도 낮다(단기강도)
수화열	낮음	높음
반응	2차 반응	1차 반응
용도	특수콘크리트	일반콘크리트

3) 물결합재비(W/B)가 클 경우 문제점

(1) 시멘트량 증가 : 수화열 증가 → 온도응력 증가 → 온도균열

(2) 단위수량 증가 : 블리딩 증가 → 건조수축 증가 → 건조수축균열

(3) 경제성 저하

4) 현장 실무 W/B 관리방안

(1) 시방배합을 현장배합으로 변경

(2) 현장골재의 함수비를 고려한 배합관리

(3) 단위수량 감소를 위함 혼화제 사용

(4) 시험배합에 의한 강도시험 실시

4 콘크리트 체적변화(팽창, 수축)

1) 팽창현상

(1) 수화열 증가 : 체적팽창 → 온도균열

(2) 외기온도 증가 : 체적팽창 → 온도균열

2) 수축현상   소, 수, 건, 탄 – 수, 자, 공

(1) 수축현상과정

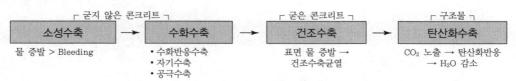

(2) 소성수축

① 과정 : 표면 물 증발 → 모세관현상(블리딩) → 콘크리트 수축

② 블리딩속도보다 증발속도가 크면 소성수축균열

(3) 수화수축

① 수화반응수축 : 수화반응에 의한 물의 소비로 수축

② 자기수축 : 수화열로 인하여 주변 물의 소비로 수축

> ⚒ **자기수축균열**
> ① 물의 소비로 공극수축 발생 : 콘크리트 인장강도 < 수축응력 : 균열
> ② 고유동, 고강도, 고성능콘크리트에 많이 발생
> → 부배합, W/B 40% 이하, 단위시멘트량 大, 수화열 大
> ③ 현재 자기수축에 대하여 정량적인 연구가 수행되지 못한 상태임

③ 공극수축 : 콘크리트의 공기공극의 수축으로 발생

(4) 건조수축

① 과정

　㉠ 콘크리트 표면 물 증발 → 표면장력 파괴 → 콘크리트 내부모세관현상(블리딩) → 콘크리트 내부공극 발생 → 콘크리트 수축

　㉡ 수축균열 : 콘크리트 인장강도 < 수축응력

② 대책

　㉠ 콘크리트 : $W/B\downarrow$, $W\downarrow$, 수축저감제 사용

　㉡ 신축이음장치, 교좌장치 설치

(5) 탄산화수축

① 자동차 배기가스(CO_2), 공장배출가스, 화석연료 사용으로 탄산화(CO_2) 발생

② 탄산화(중성화, CO_2)에 의한 수분 감소($H_2O\downarrow$)로 수축

5 Workability(작업 용이성), Consistency(반죽질기), Slump Test

1) 개요

(1) Workability : 굳지 않은 콘크리트의 재료분리 없이 운반, 타설, 다짐, 마무리 등의 작업이 용이하게 되는 정도

(2) Consistency

① 물의 양이 많고 적음에 따른 유동성의 정도를 나타내는 것

② 슬럼프시험으로 반죽질기를 측정

③ 워커빌리티 및 압송성 판정에 활용

2) Workability에 영향을 주는 요인

(1) **설계** : 부재치수, 철근간격

(2) **재료** : 시멘트의 종류, 혼화재 사용 유무, 골재입도·입형·함수량

(3) 배합 : W/B, W, S/a, G_{max}, slump

(4) 시공 : 비비기, 운반시간, 타설방법, 다짐

(5) 환경 : 온도 및 습도, 바람, 차량정체 지연

3) 현장 실무 Workability 향상방안

(1) 재료 : 감수제와 AE제 사용(Ball Bearing효과), 분말도가 큰 시멘트 사용

(2) 배합 : W/B 증가, slump 증가

(3) 시공

① Workability시험 실시, 슬럼프 저하 방지

② 운반시간 지연금지

③ 타설작업발판 설치, 타설장비 정비, 야간작업 시 충분한 조명 확보

4) Workability 측정시험, 반죽질기시험 — Slump Test

(1) 시험종류

① 보통 콘크리트 : Slump Test

② 묽은 콘크리트 : Slump Flow Test

③ 된반죽 콘크리트 : Vee-Bee Test, Con관입시험

(2) Slump Test

① 목적 : 반죽질기를 측정하여 워커빌리티를 판단

② 슬럼프의 표준(철근콘크리트) : 슬럼프값 80~150mm, 허용오차 ±25mm

(3) 슬럼프시험방법

① 다짐봉으로 3층 25회 다짐

② 콘을 천천히 올려 제거하고 측정자로 슬럼프 측정

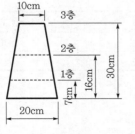

[슬럼프시험방법]　　[슬럼프콘]　　[슬럼프값]

(4) 슬럼프에 의한 워커빌리티의 판정(반죽질기)

① 슬럼프와 콘크리트 형상에 따라 워커빌리티를 판정

② 불합격 시 즉시 생산공장에 연락하여 조정 실시

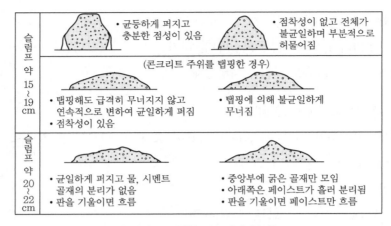

슬럼프 약 15~19 cm	• 균등하게 퍼지고 충분한 점성이 있음	• 점착성이 없고 전체가 불균일하며 부분적으로 허물어짐
	(콘크리트 주위를 탭핑한 경우)	
	• 탭핑해도 급격히 무너지지 않고 연속적으로 변하여 균일하게 퍼짐 • 점착성이 있음	• 탭핑에 의해 불균일하게 무너짐
슬럼프 약 20~22 cm	• 균일하게 퍼지고 물, 시멘트 골재의 분리가 없음 • 판을 기울이면 흐름	• 중앙부에 굵은 골재만 모임 • 아래쪽은 페이스트가 흘러 분리됨 • 판을 기울이면 페이스트만 흐름

[슬럼프에 의한 반죽질기 형상]

6 Pumpability(압송성)

1) 정의

콘크리트 펌프 압송작업의 용이한 정도를 나타내는 성질

2) Pumpability에 요구되는 성질

① 유동성   ② 변형성(곡관 통과)

③ 재료분리 저항성   ④ 균일성(균질하게 이동)

3) 압송기준

토출력 > 저항력	
(pump토출압력 80% 적용)	(저항요인 : 압송거리, 높이, 관경, 곡관, slump)

4) 공사현장에서 Pumpability 향상방안(Pump 폐색 방지방안)

(1) 골재규격에 따른 Pump 압송관 사용

구분	G_{max}	pump 압송관 직경
일반구조물	25mm 이하	ϕ100mm
무근, 대단면, 포장	40mm 이하	ϕ125mm

(2) 혼화재료 사용 : 유동화제, 감수제, Fly ash(15%)

(3) 운반시간 지연 시 : 지연제 사용

(4) 토출력이 큰 장비 사용, 압송관 정비

(5) 압송관의 운반거리를 짧게 하고, 먼 경우 압송펌프 설치

(6) 굴곡부를 최소화하여 설치

5) 공사현장에서 Pump 폐색 발생 시 조치방안

폐색 발생 시 징후	폐색 발생 시 조치
• 압송관의 진동과다로 발생 • 압송압력의 급상승	• 콘크리트 압송 중단, 2~3회 역타설 운전시도 • 압송관 내 콘크리트 폐기 • Cold joint 발생 유무 확인 • 대기레미콘 차량시간 확인(혹서기 90분 이내)

7 2차 반응(혼화재)

1) 개요

1차 수화반응으로 생성된 수산화칼슘($Ca(OH)_2$)이 혼화재(SiO_2 등)와 2차 반응하여 강도를 발현하는 현상

2) 2차 반응 화학식

(1) 포졸란반응(직접반응) : Fly ash, Silica fume

(생석회) (물) (혼화재)

$$CaO + H_2O + SiO_2 \rightarrow \boxed{Ca(OH)_2} + SiO_2 \rightarrow 3CaO \cdot SiO_2 + 125cal/g$$

1차 수화반응   2차 포졸란반응

→ CaO와 H_2O가 직접 수경성반응 후에 혼화재(SiO_2 등)와 2차 반응

(2) 잠재적 수경성반응(간접반응) : 고로슬래그

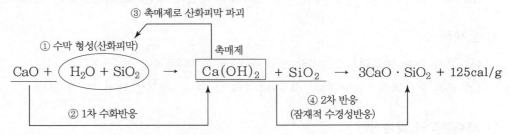

③ 촉매제로 산화피막 파괴

① 수막 형성(산화피막)   촉매제

$$CaO + \overbrace{H_2O + SiO_2} \rightarrow \boxed{Ca(OH)_2} + SiO_2 \rightarrow 3CaO \cdot SiO_2 + 125cal/g$$

② 1차 수화반응   ④ 2차 반응(잠재적 수경성반응)

3) 1, 2차 반응의 차이점

구분	1차 반응	2차 반응
반응대상	H_2O(수화반응)	$Ca(OH)_2$(포졸란반응)
강도	초기강도 증가	초기강도 저하(동해 우려) 장기강도 증가
수화열	수화열 발생	수화열 감소(온도균열 감소)
주의사항	온도균열	한중콘크리트 동해주의 그라우팅 응결 지연

8 재료분리

1) 정의

(1) 균질한 상태의 굳지 않은 콘크리트 시공 중에 물, 시멘트, 잔골재, 굵은 골재가 분리되는 현상

(2) Bleeding, Water Gain현상 등 여러 현상이 복합적으로 재료분리를 발생시킴

2) 재료분리현상

(1) 타설 중(골재분리)

① Honeycomb, Cold Joint
② 골재분리로 압송펌프 막힘 발생

(2) 타설 후(물의 비중차이)

① 내부 : Bleeding → Laitance
② 벽면 : Channeling → Sand Streak

[Box 헌치부 재료분리]

3) 주요 발생위치

(1) 수중콘크리트(다짐 없음)

(2) 중량콘크리트(골재무게 큼), 터널 라이닝

(3) Box 헌치부, 옹벽 헌치부, 다짐이 어려운 형상의 철근 또는 거푸집

4) 문제점

(1) 굳지 않은 콘크리트 : 워커빌리티 저하, 펌프 폐색(압송 전 재료분리 시)

(2) 굳은 콘크리트 : 표면결함, 강도 및 수밀성 저하, 내구성 저하, 미관 불량

5) 재료분리의 발생원인

(1) 직접원인

① 비중차이 : 골재 ↓, 물 ↑, 시멘트 ↑
② 입경차이 : 굵은 골재 ↓, 잔골재 ↑
③ 시공불량 : 다짐불량, 유동성 불량, 거푸집 틈새로 시멘트 페이스트 유출

(2) 간접원인

① 급속공사에 의한 시공관리 미흡
② 배합불량
③ 타설조건이 불가피한 경우(수중 타설, 주변 지장물 등)

6) 방지대책

(1) **설계** : 철근간격 및 부재형상이 재료분리 없는 구조일 것

(2) **재료** : 시멘트분말도 大, 혼화재 사용, 입도 및 입형이 양호한 골재 사용

(3) **배합** : W/B 작게, W 작게, S/a의 허용범위에서 작게, $G_{\max}$의 허용범위가 되도록 크게

(4) **시공** : 다짐기준 준수(15초, 50cm 간격), 타설높이 준수, 펌프 압송 일정하게

7) 재료분리처리대책 〔현장 경험사례로 설명〕

(1) **타설 중**

① 타설 중 재료분리 발생 시 다시 비빔하여 타설
② 타설 후 경화 시 표면을 거칠게 긁어 일으킴(Green Cut, 고압살수)

(2) **경화된 재료분리 콘크리트**

① Chipping하여 재료분리 부분 제거
② 세척 실시 후 신·구접착제 도포하고 고강도콘크리트 시공

⑨ Bleeding, Water Gain, 레이턴스현상

1) 발생과정

블리딩 → 골재침하(재료분리) → 워터게인 → 증발 → 레이턴스

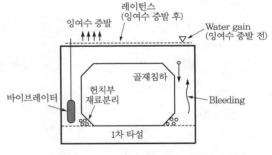

[Bleeding, Water Gain, 레이턴스현상]

2) Bleeding현상

(1) 비중차이로 콘크리트 내부의 잉여수가 위로 올라오는 현상

(2) Bleeding(모세관현상)에 의해 내부골재가 이동 → 소성수축균열 발생

(3) 잉여수의 블리딩 → 콘크리트 침하, Water Gain, 레이턴스현상 발생

(4) **문제점** : 물길 형성, 철근과 콘크리트 부착성 저하, 수밀성 저하, 표면균열 발생

(5) **장점** : 표면 마감작업 용이, 소성수축균열 억제

3) 원인(Bleeding, Water Gain, 레이턴스현상)

(1) W/B, W, $G_{\max}$가 클수록

(2) 분말도가 낮은 시멘트 사용(보통 시멘트)

(3) 부재의 단면치수가 클수록

(4) 반죽질기가 클수록, 타설높이가 클수록, 타설속도가 빠를수록, 과다짐 시

4) 방지대책(Bleeding, Water Gain, 레이턴스현상)

(1) **재료** : 분말도가 높은 시멘트 사용, 혼화재 사용(AE감수제)

(2) **배합** : W/B와 W를 작게 하고 반죽질기가 적정하게 함

(3) **시공**

① 1회 타설높이를 작게 하고 과도한 다짐 방지

② 콘크리트 시험 실시로 기준 확인

10 굳지 않은 콘크리트의 균열 〔소, 침, 물, 온, 동〕

1) 소성수축균열

(1) **발생조건**

Bleeding속도보다 슬래브표면 물의 증발속도가 빠를 경우

〔Tip〕 Water Gain일 때 소성수축균열 발생 안 됨

(2) **원인**

빠른 바람＋낮은 습도＋강한 햇빛의 고온인 경우 잘 발생

(3) **대책**

① 바람막이 설치 및 Sheet 보호로 수분증발 방지

② 막 양생

〔Tip〕 ○○현장(2000) 사례 : 교량, 포장 슬래브 타설 후 폴리에틸렌필름으로 수분증발을 방지하고 응결 후 제거

(4) **처리대책**

① 응결 전 : 재진동다짐

② 응결 후 : 고무망치 Tamping

2) 침하균열

(1) **정의**

콘크리트 타설 후 침하량의 차이로 균열이 발생되고 타설 후 1~3시간 내에 발생

(2) **원인 및 형태**

① 철근 부분의 침하량차이 : 종방향 철근 상부 침하균열, 철근 하부 침하균열

② 선타설 콘크리트의 응결차이

③ 부재의 타설높이차이 : 벽체와 슬래브 연결부

(3) **방지대책**

① 재료 : 혼화재료 사용

② 배합 : 단위수량 적게(Bleeding 작게), W/B 작게

③ 시공 : 1회 타설 시 타설높이를 낮게, 타설속도를 천천히

(4) 발생 시 처리대책

① 경화 전 : 흙손으로 폐색조치
② 경화 후 : 고무망치로 Tamping 실시

3) 물리적 요인에 의한 균열

(1) 원인

① 진동, 충격, 발파, 지진
② 거푸집변형, 동바리침하, 지반침하로 균열 발생

(2) 대책

① 제어발파 또는 발파 중지
② 거푸집변형, 동바리침하, 지반침하 등 사전방지조치

4) 온도균열

(1) 원인 : Mass Concrete의 수화열에 의한 균열 발생(부재두께 $t=0.5m$ 이상)

(2) 대책

① 혼화재 사용, 균열유발줄눈 설치
② 온도균열지수(I_{cr}) 검토 및 분할 타설 실시

5) 동결에 의한 균열(초기동해)

(1) 원인 및 문제점

① 원인 : 동절기 0℃ 이하 조건, 콘크리트 내부의 수분이 동결팽창(9%)하여 균열
② 문제 : Scaling, Spalling, 미세균열, Pop Out현상 발생 → 강도 및 내구성 저하

(2) 대책

① 재료 : 조강포틀랜드시멘트, 동결융해 저항제 사용
② 배합 : 단위수량(W) 적게, 물결합재비(W/B) 작게 사용
③ 시공 : 온도제어양생 → 스팀보일러, 열풍기 사용, 보양 실시

2 현장 콘크리트 공사

1 공사절차

타설준비	→	생산(재료, 배합)	→	운반	→	시공

- 공장검수, 생산능력 점검
  - 강도시험, 재료보관, 차량대수, 운반거리
- 타설장비 및 인력 수급
  - 펌프카, 바이브레이터, 콘트리트공
- 철근 및 거푸집 검측
- 보양계획 및 준비
- 교통처리, 기상조건 확인

- 재료
  - 시멘트, 혼합재료, 골재, 물
- 배합
  - W/B 작게, W 작게, G_{max} 크게, S/a 작게
  → 골재입도, 함수비 보정
  → Slump, 공기량 결정

- 현장 내 운반
  - 압송관, 손수레
- 현장 외 운반
  - 레미콘차량

- 현장품질시험
- 타설
- 다짐
- 마무리
- 보양 및 양생
- 강도확인시험

2 재료

1) **시멘트(cement, 결합재)** `결합재 : 시멘트와 혼화재의 총칭`

  (1) **포틀랜드시멘트** `보, 중, 조, 저, 내`

  ① 보통(일반)　　② 중용열(중량골재, 원전)　　③ 조강(한중, 4℃ 이하)
  ④ 저열(서중, 25℃ 이상)　　⑤ 내황산염(해양, 하수)

  (2) **혼합시멘트(보통＋혼화재)**

  ① 2성분계 시멘트＝보통포틀랜드시멘트＋혼화재 1EA　예 F/A
  ② 3성분계 시멘트＝보통포틀랜드시멘트＋혼화재 2EA　예 F/A, 고로슬래그

  (3) **특수시멘트**

  ① 초속경(1일 경화), 초조강(3일), 조강(7일), 팽창시멘트(건조수축 방지)
  ② DSP(Densified with Small Particle, 초미립시멘트) : 보통＋초미립자물질(실리카 퓸)＋고성능 감수제 → 고성능(70MPa), 공극 치밀, 폭렬
  ③ MDF(Macro Defect Free, 초미립 폴리머시멘트) : 보통＋폴리머 → 초고성능(250MPa), 공극 채움, 고밀도, Creep문제

2) **성능개선재(혼화재료)**

  (1) **사용목적**

  ① 굳지 않은 콘크리트 : 워커빌리티의 개선, Pumpability 향상, 재료분리 저감, 수화열 저감
  ② 굳은 콘크리트 : 강도, 내구성, 수밀성, 강재보호성능 증가, 열화 감소, 내구수명 연장
  ③ 친환경콘크리트 : 보통시멘트 생산에너지 저감 → CO_2 감소, 대기오염 감소, 산업부산물 활용

(2) 종류 `F, S, 고, 팽-지, 촉, 유, 감, A`

$$\text{혼화재료} \begin{cases} \text{혼화재 : Fly ash, Silica fume, 고로슬래그, 팽창재} \\ \text{혼화제 : 지연제, 촉진제, 유동화제, 감수제, AE제(동결융해 저항제)} \\ \text{기타 : 수중불분리혼화제, 바텀애시, 방수제, 발수제, 방청제, 박리제} \end{cases}$$

(3) 혼화재와 혼화제의 차이점

구분	혼화재	혼화제
사용량	5% 이상	5% 이하
배합설계 시	고려(용적계산)	무시
형태	고상(미분말)	액상
성분	무기계(미분말)	유기계(멜라민계, 나프탈린계)
주요 재료	플라이애시, 실리카퓸	지연제, 촉진제

(4) 혼화재의 특징

① Fly ash

ㄱ 정의 : 화력발전소의 연소배기가스 중에 미분말 석탄재를 집진기로 포집한 것(지정 폐기물)

ㄴ 특징
- 2차 반응(포졸란반응, 직접반응) : 수화열 감소, 장기강도 증대
- Ball Bearing효과 : 워커빌리티 증대, W/B 감소

ㄷ 적용 : 서중콘크리트, 매스콘크리트

ㄹ 주의사항 : AE제를 흡착하여 공기량 감소, 30% 이상 사용 시 장기강도 저하

② Silica fume

ㄱ 정의 : 반도체회사의 합금제련 시 발생하는 초미립자 산업부산물

ㄴ 특징
- 2차 반응(포졸란반응, 직접반응), Ball Bearing효과
- 공극 채움 : 시멘트의 분말도 $3,000\text{cm}^2/\text{g}$, 실리카퓸의 분말도 $200,000\text{cm}^2/\text{g}$

ㄷ 적용 : 고강도콘크리트, PC제품

ㄹ 주의사항 : 슬럼프 저하, 공기연행 곤란

③ 고로슬래그

ㄱ 정의 : 제철소 용광로에서 발생되는 부산물

ㄴ 특징 : 2차 반응(잠재적 수경성, 간접반응), AAR 저항성 큼, 염해 저항성 큼

ㄷ 적용
- 해양콘크리트, 서중콘크리트, 포러스콘크리트
- 고로슬래그시멘트, 콘크리트용 굵은 골재, 잔골재 이용
- 도로용 성토재, 지반개량용 골재로 활용

ㄹ 주의사항 : 건조수축이 큼(균열 우려), 중성화에 취약

> ✎ **내구성을 고려한 배합혼입량**
>
> Fly ash 25%, 실리카퓸 10%, 고로슬래그 50%

④ 팽창재

　　㉠ 정의 : 석회의 팽창작용으로 모르타르나 콘크리트 경화과정에서 팽창

　　㉡ 목적 : 콘크리트 건조수축, 균열 방지

　　㉢ 팽창량에 따른 종류 : 수축저감혼화재, 무수축혼화재, 화학적 PS, 무진동 파쇄

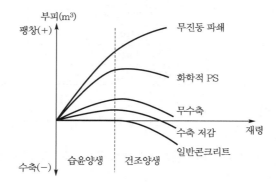

[팽창재 사용량에 따른 팽창콘크리트의 특성]

　　㉣ 적용

　　　　• 교좌장치 받침모르타르, 신축이음장치 콘크리트, 균열부 보수, 보강

　　　　• 그라우트 주입재료, 암반 무진동 파쇄 이용

　　㉣ 주의사항 : 과다하게 사용 시 팽창균열 발생, 목적에 맞게 사용량 조절

(5) 혼화제의 특징

① 지연제, 초지연제(경화시간조절제, 수화조절제, 수화반응조절제)

　　㉠ 특징 : 수화반응 지연

　　㉡ 적용 : 운반거리가 길 때, 서중콘크리트

　　㉢ 효과 : 수화열 상승 방지, 슬럼프 저하 방지, 콜드 조인트 방지, 공기연행효과

② 촉진제, 급결제(경화시간조절제, 수화조절제, 수화반응조절제)

　　㉠ 특징 : 수화반응 촉진 및 수화열 조절

　　㉡ 적용 : 겨울철 급속공사, 한중콘크리트, 숏크리트

　　㉢ 효과 : 초기강도 증가, 초기동해 방지

③ 유동화제 및 감수제(분산제, 고유동화제)

　㉠ 특징

구분	유동화제	고성능 AE감수제(고유동화제)
원리	단위수량 유지(분산효과)	단위수량 감소(분산효과)
강도, 유동성	강도 유지, 유동성 확보	강도 증진, 유동성 확보, 내동해성 확보
투입 및 시간	현장 투입, 유동화 30분	공장 투입, 유동화 1시간 30분
품질책임	책임소재 불명확(공장)	책임소재 명확(공장)
펌프 압송성	압력손실 적음	압력손실 큼
주의사항	유동화시간 짧음, 재유동화금지	응결지연, 기포 발생으로 강도 저하

　　※ 고성능 AE감수제＝AE제＋고감수제 또는 고유동화제

　㉡ 분산효과

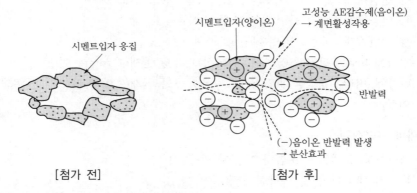

[첨가 전]　　　　　　　　[첨가 후]

④ AE제(동결융해 저항제, 공기연행제)

　㉠ 원리 : 콘크리트 내부에 기포(연행공기)를 발생시켜 워커빌리티 증대와 동결융해
　　저항성을 증가시키는 혼화제

　㉡ 효과

　　• Ball Bearing효과 : 워커빌리티 증가

　　• Cushion효과 : 내동해성 증가

　㉢ 특징

　　• 갇힌 공기 : 배합 시 자연적 발생 – 나쁜 공기, 작고 불규칙적인 형태

　　• 연행공기 : AE제 인위적 발생 – 좋은 공기, 크고 규칙적인 형태

　　Tip 갇힌 공기, 연행공기 모두 내구성과 강도측면에서 좋지 않다.

　㉣ AE제 사용량 : 0.03~0.05%

　㉤ 주의사항

　　• 공기량 4.5% 이하면 내동해성 감소, 7.5% 이상 시 강도 저하

　　• 과다짐 시 공기량 감소, 다짐을 고려하여 배합 시 20% 많게, 규정량 준수

　　• Fly ash 혼용 시 흡착에 주의

(6) 혼화재료 사용 시 주의사항

① 혼화제 사용량 준수

② 변질 및 응고된 것 사용금지

③ 콘크리트 표준시방서 및 KS기준에 적합한 것 사용

④ 혼화제는 배합계산에 고려하지 않음

⑤ 생산업체의 사용기준 및 방법 준수

3) 골재

(1) 분류

① 생산지에 따라

ㄱ 천연골재 : 강자갈, 강모래, 육상자갈, 육상모래, 해사

ㄴ 인공골재 : 부순 돌, 부순 모래

ㄷ 순환골재 : 폐콘크리트 재활용 골재

② 입경에 따라 : 잔골재(0.074mm 이상), 굵은 골재(4.76mm 이상)

③ 비중에 따라 : 경량골재($2.0t/m^3$ 이하), 보통골재($2.0{\sim}2.6t/m^3$), 중량골재($2.6t/m^3$ 이상)

(2) 골재의 요구성질

① 깨끗하고 유해물을 포함하고 있지 않을 것

② 물리적 내구성이 및 화학적 안정성이 클 것

③ 밀도가 클 것(견고하고 강할 것)

(3) 골재의 함수상태 `절, 기, 표, 습-기, 유, 표`

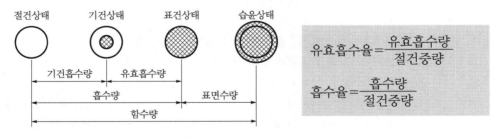

[골재의 함수상태]

$$유효흡수율 = \frac{유효흡수량}{절건중량}$$

$$흡수율 = \frac{흡수량}{절건중량}$$

① 골재의 유효흡수율 또는 흡수율이 크면 : 단위수량 증가 → W/B 증가, 시멘트량 증가, Bleeding 증가, 동해, 건조수축균열 큼

② 골재의 흡수율관리기준(콘크리트 표준시방서) : 일반콘크리트 골재 3% 이하, 고강도 콘크리트 2% 이하

> ✎ **프리웨팅(Prewetting)**
> ① 개요
>   ㉠ 건조된 골재를 사용하기 전에 미리 물을 흡수시켜 함수량 조절을 하는 것
>   ㉡ 골재의 흡수율이 크면 Siump 저하, 펌프 압송성 저하, 워커빌리티 저하
>   → 강도 저하, 내동해성 저하, 중성화 취약
> ② 적용골재 : 인공골재, 순환골재, 경량골재(공극이 큼), 경량, 서중, 매스콘크리트
> ③ Prewetting관리방법
>   ㉠ 배합 전 스프링클러에 의해 골재를 충분히 살수 및 침수
>   ㉡ 살수기간 3일

(4) 조립률(FM) ↔ 공극률 : 용적기준

① 정의 : 굵은 골재와 잔골재의 비율로서 골재의 입도분포를 나타내는 기준

$$조립률(FM) = \frac{각\ 체(10개체)에\ 남은\ 누적잔유율}{100}$$

② 목적
    ㉠ 경제적인 콘크리트 배합
    ㉡ 골재 사용 적부 여부 판정
    ㉢ 입도의 균등성 판단

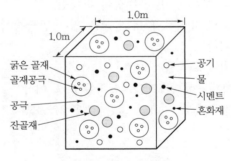

[콘크리트 단위용적질량]

③ 조립률을 벗어난 경우 문제점
    ㉠ 너무 작을 경우 : 잔골재량이 많음 → 비표면적 큼 → 시멘트량 증가 → W/B 증가
      → 수화열, 건조수축 증가
    ㉡ 너무 클 경우 : 굵은 골재량이 많음 → 공극률 큼(입도불량) → 시멘트량 증가 →
      W/B 증가 → 수화열, 건조수축 증가

④ 관리기준(적정 범위) : 잔골재 2.3~3.1, 굵은 골재 6~8

⑤ 관리방안
    ㉠ 2종 이상의 골재를 혼합하여 입도조정
    ㉡ 조립률은 입도가 굵을수록 큰 값을 나타냄
    ㉢ 배합설계보다 조립률이 0.2 이상 변동 시 배합변경 실시

ⓔ 콘크리트 표준시방서 준수

(5) 실적률과 공극률 : 질량기준

① 정의

㉠ 실적률 : 골재의 단위용적(m^3)질량 중의 실적중량을 백분율(%)로 나타낸 값

$$실적률 = \frac{골재단위용적질량(중량)}{절대건조밀도(비중)}[\%]$$
$$= 100 - 골재의\ 공극률[\%]$$

㉡ 공극률 : 골재의 단위용적(m^3)질량 중의 공극을 백분율(%)로 나타낸 값

② 목적

㉠ 경제적인 콘크리트 배합

㉡ 골재 사용 적부 여부 판정

㉢ 입도의 균등성 판단

③ 실적률은 중량골재가 크고, 경량골재가 작음

④ 실적률이 큰 경우(공극이 작을 경우)

㉠ Cement량 감소 → 단위수량 감소 → 수화열 감소 → 내구성 및 강도 증가

㉡ 건조수축을 감소시킴

㉢ 콘크리트의 수밀성이 커짐 → 투수성 및 흡수성이 작아짐

ⓔ 콘크리트의 투수성 및 흡수성이 작아짐

㉤ 경제적으로도 유리하나 너무 작을 경우 공극률이 큼

⑤ 실적률 관리기준

㉠ 일반콘크리트 실적률 55% 이상

㉡ 고강도, 고내구성 콘크리트 실적률 59% 이상

㉢ 공극률 : 잔골재 30~40%, 굵은 골재 27~45%

(6) 채움재(섬유보강재)

① 역할 : 콘크리트 인성 증대, 균열 저항성 증대, 폭렬 저항성 증대 → 내구성 증대

② 종류 : 유리섬유, 탄소섬유, 강섬유, 합성섬유

③ 적용 : 섬유보강콘크리트, 숏크리트, 교량 슬래브, 콘크리트 포장

3 배합

1) 배합원칙(목표)

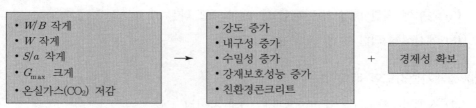

- W/B 작게
- W 작게
- S/a 작게
- G_{max} 크게
- 온실가스(CO_2) 저감

→

- 강도 증가
- 내구성 증가
- 수밀성 증가
- 강재보호성능 증가
- 친환경콘크리트

+ 경제성 확보

2) 배합설계

① 시멘트(혼화재) 10%

② 물 16%

③ 잔골재 26%

④ 굵은 골재 44%

⑤ 공기량 4%

[보통콘크리트의 개략적 용적비율(%)]

3) 배합설계절차 및 방법

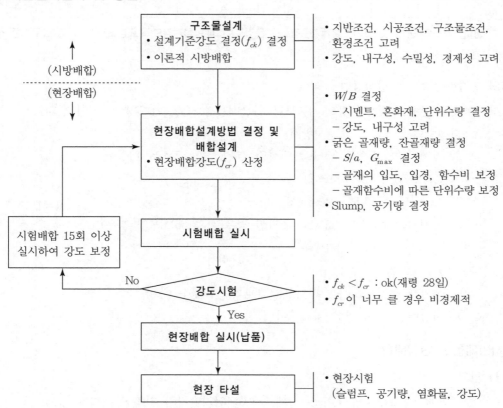

구조물설계
- 설계기준강도 결정(f_{ck}) 결정
- 이론적 시방배합

- 지반조건, 시공조건, 구조물조건, 환경조건 고려
- 강도, 내구성, 수밀성, 경제성 고려

(시방배합)
(현장배합)

현장배합설계방법 결정 및 배합설계
- 현장배합강도(f_{cr}) 산정

- W/B 결정
  - 시멘트, 혼화재, 단위수량 결정
  - 강도, 내구성 고려
- 굵은 골재량, 잔골재량 결정
  - S/a, G_{max} 결정
  - 골재의 입도, 입경, 함수비 보정
  - 골재함수비에 따른 단위수량 보정
- Slump, 공기량 결정

시험배합 15회 이상 실시하여 강도 보정

시험배합 실시

강도시험 No / Yes

- $f_{ck} < f_{cr}$: ok(재령 28일)
- f_{cr}이 너무 클 경우 비경제적

현장배합 실시(납품)

현장 타설

- 현장시험 (슬럼프, 공기량, 염화물, 강도)

4) 현장배합설계방법

(1) 시험배합에 의한 방법 : 원칙적으로 시험배합 실시 → 대규모 타설 시

(2) 경험에 의한 방법(기존 배합표) → 소규모 타설 시

(3) 계산식에 의한 방법 → 소규모 타설 시

5) 설계기준강도와 배합강도

(1) 설계기준강도(f_{ck})와 배합강도(f_{cr})의 차이점

구분	설계기준강도	배합강도
정의	구조물설계 시 기준이 되는 압축강도	현장배합설계 시 목표가 되는 압축강도
표기	f_{ck}	f_{cr}
강도크기	설계기준강도	f_{ck}보다 커야 함
양생	표준양생(20±3℃)	현장조건양생
재령	28일	28일
함수비	표면건조상태	기건, 습윤상태
적용시기	설계 시	현장 시공 시

Tip 강도의 종류 및 크기 : 설계기준강도(주문강도) < 배합설계강도(목표강도) < 공칭강도(구조물 생산강도)

(2) 현장배합강도의 결정방법

① 조건 : 설계기준압축강도(f_{ck})보다 현장배합강도(f_{cr})가 충분히 커야 한다.

② 결정방법(콘크리트 표준시방서)

㉠ 설계기준압축강도 35MPa 이하인 경우($f_{ck} \leq 35$MPa인 경우)

$$f_{cr} = f_{ck} + 1.34s[\text{MPa}]$$
$$f_{cr} = (f_{ck} - 3.5) + 2.33s[\text{MPa}]$$
} 큰 값 적용

㉡ 설계기준압축강도 35MPa 초과인 경우($f_{ck} > 35$MPa인 경우)

$$f_{cr} = f_{ck} + 1.34s[\text{MPa}]$$
$$f_{cr} = 0.9f_{ck} + 2.33s[\text{MPa}]$$
} 큰 값 적용

여기서, s : 압축강도의 표준편차보정계수(1.0~1.16)

㉢ 시험배합 15회 이상 실시하여 결정

6) 시방배합과 현장배합

(1) 정의

① 시방배합 : 표준시방서 또는 설계, 시공책임기술자가 지정한 배합

② 현장배합 : 시방배합을 현장여건에 따라 보정한 배합

(2) 시방배합과 현장배합의 차이점

구분	시방배합	현장배합
골재기준	• 잔골재 : 5mm체를 100% 통과 골재 • 굵은 골재 : 5mm체에 100% 남는 골재	• 잔골재 : 5mm체를 거의 통과하고, 일부만 남아 있는 골재 → 배합 시 모두 고려 • 굵은 골재 : 5mm체를 거의 남게 되고, 일부만 통과한 골재 → 배합 시 모두 고려
함수상태	표건상태	기건상태, 습윤상태
계량	질량(1m³당)	용적(1Batch당=3m³)

(3) 현장배합 보정방법

① 잔골재 및 굵은 골재의 입도 보정
② 골재표면수량(함수량)의 보정

(4) 시방배합을 현장배합으로 수정하는 이유

① 현장재료의 차이 : 골재의 입도, 입형, 함수비 차이
② 현장조건의 차이 : 골재의 저장방법, 함수비 유지방법, 골재의 계량방법, 용적차이

7) 물결합재비(W/B)의 결정

(1) 단위수량(W)

작업이 가능한 범위 내에서 되도록 적게 결정

(2) 단위시멘트량(C)

소요의 강도, 내구성, 수밀성, 균열 저항성, 강재보호성능이 얻어지도록 결정

(3) 혼화재료(B)

① 감수제는 슬럼프 및 공기량이 얻어지도록 시험을 실시하여 사용
② 혼화재는 콘크리트 표준시방서 사용량 준수(플라이애시와 실리카퓸 35%)

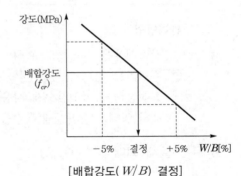

[배합강도(W/B) 결정]

(4) W/B의 기준범위

내구성 60% 이하, 중성화 55% 이하, 수밀성 50% 이하, 해양 45% 이하, 내동해성 40% 이하

(5) W/B 결정방법

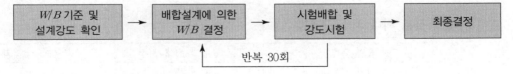

① 배합설계에 의한 W/B은 현장배합설계강도를 기준으로 W/B 5% 이내에서 결정

② 시험배합 15~30회 이상 실시하여 결정

③ 압축강도시험은 재령 28일 표준

8) 잔골재율(S/a)

(1) 정의

$$잔골재율(S/a) = \frac{잔골재용적}{전체\ 골재용적(=잔골재+굵은\ 골재)}$$

① 잔골재(S) : 5mm체 통과 골재

② 굵은 골재(G) : 5mm체 남은 골재

(2) S/a기준범위 및 초과 시 문제점

범위	문제점
S/a 클 경우(49% 이상)	잔골재 많음 → 공극이 많음, W/B 증가, 건조수축 증가
S/a 작을 경우(46~49%)	골재입도 적정 → 묽은 콘크리트, 워커빌리티 증가, W/B 감소
S/a 너무 작을 경우(41% 이하)	굵은 골재 많음 → 거친 콘크리트, 워커빌리티 저하, 재료분리 발생, W/B 증가

(3) 관리방안

① 잔골재율은 시험으로 결정

② 콘크리트 펌프카 사용 시에는 S/a 2~5% 정도 크게

③ 고성능 공기연행감수제 사용 시 잔골재율 1~2% 정도 크게

④ 해사(염해), 순환골재(흡수율 大) 등 대책 수립

9) 굵은 골재 최대 치수(G_{max})

(1) 정의

① 체가름시험 시 5mm 표준체에 85% 이상(시방기준 100%) 남은 골재를 굵은 골재라고 하며, 이 골재의 치수 중 최대 치수를 말함

② 콘크리트 설계 및 시공상 허용하는 범위 내에서 가능한 최대 치수

(2) 너무 클 경우 문제점($D=40mm$ 이상)

① 시멘트량 증가 → W/B 증가 → 단위수량 증가 → 건조수축 증가 → 내구성 감소

② 혼합 취급이 곤란하여 재료분리가 발생

(3) 굵은 골재 최대 치수 표준값

구조물의 종류	굵은 골재의 최대 치수	사용Pump직경
일반적인 경우	20 또는 25mm	100mm
무근콘크리트, 단면이 큰 경우	40mm	125mm

(4) 현장 구조물 시공에 따른 G_{max} 관리기준

① 거푸집간격(부재치수)의 1/5 이하
② 피복두께 3/4 이하
③ 철근순간격 3/4 이하
④ 슬래브두께의 1/3 이하
⑤ 긴장재(덕트) 사이 순간격의 3/4 이하
⑥ 콘크리트 사용펌프직경 고려

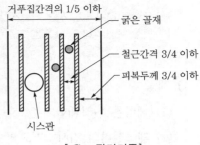

[G_{max} 관리기준]

10) 공기량

(1) **목적** : 워커빌리티 개선 및 동결융해 저항성 증대

(2) **공기량값**

① 일반콘크리트 : 4.5~6.0%, 허용오차 ±1.5%
② 동절기(한중Con'c) : 5.5~7.5%, 허용오차 ±1.5%

11) 슬럼프 및 슬럼프플로

(1) **목적** : Workability 개선

(2) 콘크리트 작업의 영향이 없는 범위 내에서 되도록 작은 값 사용

(3) **콘크리트 타설 시의 슬럼프 표준값**

① 슬럼프값 80~150mm, 허용오차 ±25mm
② 슬럼프플로값 500~700mm, 허용오차 ±75~100mm

12) 재령기준

(1) **재령기준** : PC 14일, 일반 28일, 댐 91일

(2) **재령 28일을 사용하는 이유**

① 콘크리트 강도는 1~3년 후에 최대 강도가 발현됨(100% 강도 발현)
② 1~3년까지 기다리면 공사가 너무 지연되므로 재령 28일기준으로 발현된 강도를 사용
   (약 80% 정도 강도 발현)
③ 공사의 적절한 진행과 경제성을 확보하기 위해 시방서에 재령기준을 규정함

4 시공

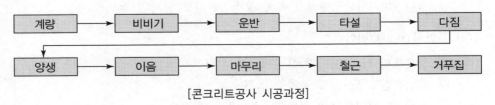

[콘크리트공사 시공과정]

> ⚓ **차별화 Point**
>
> 도심지 타설조건, 하천 타설조건, 해양 타설조건, 터널 타설조건, 야간 타설조건, 한중 타설조건, 서중 타설조건, 주탑 타설조건, 교량 슬래브, 위험한 장소

1) 계량

(1) 계량은 현장배합기준으로 1배치($3m^3$)씩 질량으로 계량

(2) **제조설비의 검사** : 재료의 저장설비(온도, 습도), 계량설비(정밀도), 믹서(성능검사)

2) 비비기

(1) **비비기시간**

① 가경식 믹서 : 1분 30초 이상   ② 강제식 믹서 : 1분 이상

(2) **믹서** : 배출할 때 재료분리가 발생되지 않는 구조일 것

(3) **공장검수** : 재료의 투입순서, 비비기시간, 비비기량을 확인

3) 운반

(1) **레미콘운반순서**

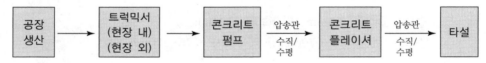

(2) **콘크리트 표준시방서의 운반시간기준(운반~타설까지)**

① 외기온도 25℃ 이상(서중) : 1.5시간 이내
② 외기온도 25℃ 미만(한중) : 2시간 이내

(3) **콘크리트 운반(비비기) 및 운반시간이 품질에 미치는 영향**

① 진동 발생 : 골재의 침하(재료분리), 다짐 발생(공기량 저하) → 내구성 저하
② 운반시간 길수록 : 수화반응, 수화열, 수분증발, 단위수량 감소 → 슬럼프 저하, 워커빌리티 저하
③ 과다교반 시(교반작용) : 골재 파쇄(잔골재 증가), 비표면적 증가 → 워커빌리티 저하
④ 슬럼프(0) 저하상태에서 계속 교반 시 강도 급격히 저하

(4) **운반시간 단축방안**

① 생산부터 타설 시까지 운반계획의 수립
② 사전운반로 답사, 교통체증 점검
③ 현장 내 진입도로의 정비(Workability 확보)

④ 적정 운반장비의 선정 및 배치계획 수립

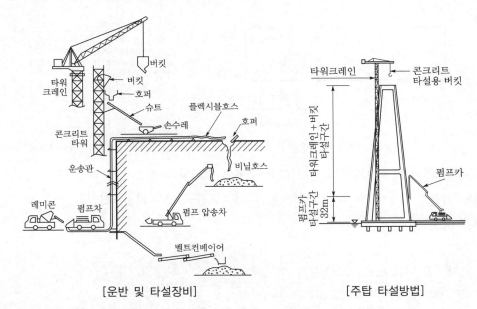

[운반 및 타설장비]   [주탑 타설방법]

(5) 운반 및 타설 시 주의사항

① 콘크리트 펌프 : 500m 이내   **펌프카＝펌프＋차량＋붐대＋압송관**

  ㉠ 압송관을 이용하여 장거리 압송, 압송력이 좋음

  ㉡ 콘크리트 모르타르를 선분사하여 막힘 방지, 압송관 굴곡을 적게

② 콘크리트 플레이서 : 50m 이내

  ㉠ 수송거리, 공기압, 공기소비량을 고려하여 기종 선정

  ㉡ 수송관은 굴곡은 적게, 하향경사로 설치금지

③ 벨트컨베이어 : 100m 이내

  ㉠ 운반거리가 길면 반죽질기가 변화하므로 덮개 설치

  ㉡ 경사 설치 시 운반은 재료분리에 주의

④ 슈트

  ㉠ 슈트에 조절판을 설치하여 재료분리 방지

  ㉡ 한 장소에 모이지 않도록 하고 타설높이 1.5m 이내

⑤ 트럭믹서 : 콘크리트 운반 전용 차량, 비빔하면서 운반, 운반시간 2hr 이내

⑥ 덤프트럭 : 보호덮개 설치, 슬럼프가 25mm 이하, 포장공사, RCCD

⑦ 손수레(100m 이하), 버킷, 슈트

4) 타설

(1) 콘크리트 시공계획서 작성 준수

(2) 타설작업 시 철근 및 매설물, 거푸집이 변형이 되지 않도록 점검 실시

(3) 타설한 콘크리트를 거푸집 안에서 횡방향으로 이동금지

(4) **타설순서 준수** : 교량 슬래브, 박스구조물, 터널 라이닝

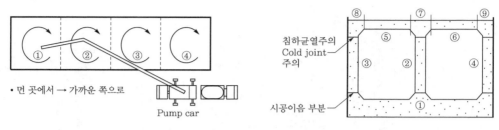

[넓은 지역의 타설순서]　　　　　　　[2련 Box의 타설순서]

(5) 한 구획 내에서는 연속 타설하고 수평이 되도록 타설

(6) 거푸집 형상에 따라 거푸집에 콘크리트 투입구 설치(터널 라이닝)

(7) 타설높이는 1.5m 이하

✒️ **강우 시 콘크리트품질관리**

① 적은 양의 비의 경우(강우량 2~4mm/h)
　㉠ 타설 시 표면의 물을 배수 또는 스펀지, 헝겊 등으로 제거하면서 타설 가능
　㉡ 빗물이 들어가지 않도록 천막 등으로 씌워 보호조치
② 많은 양의 비의 경우(강우량 5mm/h 이상)
　㉠ 콘크리트 부어넣기 중지 및 중단 → 시공이음 설치
　㉡ 타설 재개 시 이음 부분의 불순물을 와이어브러시로 제거 후 이음모르타르 타설
　㉢ 빗물이 들어가지 않도록 천막 등으로 씌워 보호조치

---

5) 다짐

(1) **목적** : 공기량을 제거하여 수밀성을 증대시켜 내구성 및 강도 증가

(2) **다짐불량 시 문제점**
　① 과소다짐 시 : 수밀성 저하, 조기열화, 내구성 저하, 에어포켓 발생
　② 과다다짐 시 : 재료분리, 공기량 저하로 내동해성 저하

(3) **다짐방법** : 내부진동기, 거푸집진동기, 나무망치 두드림, 진공매트(진공콘크리트)

(4) **다짐관리**
　① 내부진동기 사용원칙
　② 다짐간격 및 시간
　　㉠ 수평 : 50cm 간격
　　㉡ 수직 : 선타설 콘크리트 10cm 깊게 다짐
　　㉢ 다짐시간 : 5~15초

③ 횡방향 이동금지, 철근 및 거푸집에 닿지 않도록 다짐

④ 진동기 빼기는 천천히 구멍이 없도록 다짐

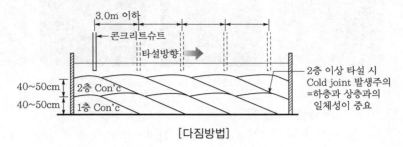

[다짐방법]

6) 양생

(1) 정의 및 원리

① 콘크리트 타설 후 그 경화작용을 충분히 발휘하도록 콘크리트를 보호하는 작업

② 즉 일광, 풍우에 노출면을 보호하고 충격과 과대하중을 주지 않도록 하며 충분한 습도나 온도를 관리하는 것

(2) 분류

① 유해환경보호양생

  ㉠ 일광, 강우, 강설, 강풍에 보호 : 양생포, 천막, 삼각지붕양생

  ㉡ 진동, 충격, 하중에 보호 : 발파, 주변 진동, 충격작업금지

② 온도제어양생

  ㉠ 온도 증가 양생(한중) : 열풍기, 스팀보일러, 백열등, 갈탄(CO_2), 양생포, 천막

  ㉡ 온도 저감 양생(서중) : Pipe cooling

  ㉢ 촉진양생(증기양생) : 상압양생(60℃ 이상), 고압양생(180℃ 이상, 오토클레이브)

③ 습윤양생

  ㉠ 물공급양생 : 스프링클러, 물 살수, 담수, 수중

  ㉡ 수분 증발 억제양생 : 봉함양생(시트, 피막양생)

④ 기타 : 포장 삼각지붕양생설비, 터널 살수양생설비, 교량 슬래브양생설비

(3) 방법

① 양생관리

  ㉠ 습윤양생기간 : 15℃ → 5일, 10℃ → 7일, 5℃ → 9일

  ㉡ 양생설비관리, 인원배치관리, 야간대책관리, 서중양생관리, 한중양생관리

  ㉢ 계측설비 : 자기온도계, 변위계, 무응력계, 온도계

  ㉣ 보호관리 : 일광, 강우, 강설, 강풍, 진동, 충격에 보호

② 스프링클러, 스팀보일러, 열풍기, 갈탄

[스프링클러]　　　　　[스팀보일러]　　　　　[열풍기]　　　　　[갈탄]

③ Pipe cooling(관로냉각)

　　㉠ 콘크리트를 타설하기 전에 적당한 간격으로 관로를 배치해 두고 타설 후에 냉각수를 통하여 콘크리트의 수화열을 감소시키는 냉각양생공법

　　㉡ 적용 : 두께가 두꺼운 구조물, 주탑기초, 중력식 댐콘크리트

④ 피막양생

　　㉠ 살포시기 : 타설 후 표면수가 증발하기 전에 살포(보통 2~4시간 이내)

　　㉡ 살포량 : $0.5L/m^2$

　　㉢ 적용 : 교량 슬래브, 콘크리트 포장

⑤ 촉진양생

구분	상압증기양생	고압증기양생(오토클레이브양생)
목적	경화 촉진	고압에 의한 수열반응으로 고강도화, 크리프, 건조수축 감소
양생시설	일반증기양생시설	4m×60m 정도의 기밀양생시설
온도, 압력	60℃, 1기압(0.1MPa)	180℃, 10기압(1MPa)
양생시간	6시간	12시간
양생방법	타설 후 즉시 실시, 시간당 20℃ 이하로 서서히 올림	전양생(대기시간 3시간) 실시 후 온도 상승시간 3~4시간 정도
적용	일반구조물	PSC, PSC말뚝, 기포콘크리트

Tip 전양생 : 타설완료 후 2~3시간 정도 대기양생하고 온도를 증가시켜 고압증기양생을 실시하는 것으로 균열 및 강도 저하 방지

7) 이음

(1) 기능 및 역할

　① 구조물의 온도, 크리프, 건조수축에 의한 2차 응력제어

　② 균열 저감 및 내구성 확보

　③ 구조적 안전성 확보

(2) 분류 신, 수, 지, 시, 콜

　① 기능성 이음 ┬ 신축이음(Expansion Joint, 분리이음) : 구조물, 교량
　　　　　　　　├ 수축줄눈(Control Joint, 균열유발줄눈)
　　　　　　　　└ 지연이음(Delay Joint, 수축대)

② 비기능성 이음 ─┌ 시공이음 : 연직, 수평
　　　　　　　　　└ Cold Joint(콜드 조인트)

(3) 신축이음과 수축이음의 차이점

구분	신축이음(분리줄눈)	수축이음(균열유발줄눈)
단면도		
정의	• 온도변화에 대한 팽창 및 수축, 부등침하에 대한 균열제어	• 2차 응력에 대한 균열제어
역할	• 구조물의 변형 수용 • 팽창과 수축조절 • 부등침하 및 진동 방지	• 온도응력, 건조수축, 크리프 등 2차 응력 제어
간격	• 얇은 벽 6~9m • 두꺼운 벽 15~18m	• 보통 4~5m
위치	• 단면이 급변하는 곳 • 벽과 슬래브가 만나는 곳 • 연장이 긴 구조물 적정 간격	• 전단력이 작은 곳 • 강도 및 기능에 영향이 없는 곳
시공방법	• 철근 절단 • Slip Bar 사용 • 채움재 및 코킹재 사용 • 지수판 설치	• 철근 절단 없음 • 필요시 Dowel Bar 사용 • 커팅, 가삽입물(삼각면기) 이용 • 단면결손율 20% 이상 • 지수판 설치

(4) 지연이음(Delay Joint, 수축대)

① 개요
　㉠ 구조물의 길이가 길거나 넓을 경우 수축에 의한 균열 방지
　㉡ 적용 : 길이가 80m 이상 또는 길거나 넓은 구조물

② 방법
　㉠ 수축대 이외 부분을 선타설
　㉡ 콘크리트 수축 완료(4~6주) 후 수축대 타설
　㉢ 수축대의 간격은 60~90cm, 수축대의 철근은 겹이음 실시

(5) 시공이음

■ 위치
　㉠ 전단력이 적은 곳
　㉡ 해양 감조부(비말대)는 피할 것
　㉢ 캔틸레버보 시공이음 금지

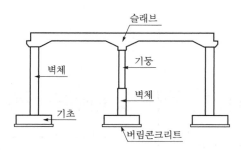

[라멘교(지하차도) 시공이음]

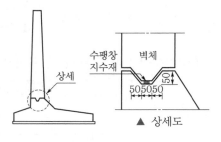

[옹벽 시공이음]

(6) Cold Joint(콜드 조인트)

① 정의 : 기타설 콘크리트와 일체화되지 않고 계획하지 않은 시공이음

② 발생조건

    ㉠ 기타설 콘크리트 압축강도 3.5MPa 이상일 때

    ㉡ 이어치기 시 기온 25℃ 이상, 2시간 초과 시

③ 문제점 : 조기열화, 댐, 지하구조물 누수, 철근부식,
내구성 저하, 미관불량

[Cold Joint현상]

④ 원인

    ㉠ 직접

        • 도로 차량정체, 레미콘차량대수 부족, 플랜트 및 타설장비 고장

        • 기온 25℃ 이상 시

    ㉡ 간접 : 타설계획 수립 미흡, 공기단축에 의한 무리한 타설, 생산공장 점검 미흡

⑤ 방지대책

    ㉠ 응결지연제 사용

    ㉡ 플랜트장비 사전점검, 레미콘차량 적정 대수 확보

    ㉢ 비상시 강우에 대한 대책 수립

⑥ Cold Joint 발생 시 처리방안

    ㉠ 경화 전 처리 : 워터제트 → 굵은 골재 노출 → 신콘크리트 타설

    ㉡ 경화 후 처리 : Chipping → 표면흡습 → 신콘크리트 타설

8) 마무리

(1) 목적 : 수밀성과 내구성 향상, 미관 확보

(2) 종류 및 방법

① 거푸집에 접하지 않는 면의 마무리 : 나무흙손, 쇠흙손, 마무리기계 사용

    → 침하균열은 제거조치

② 거푸집에 접하는 면의 마무리 : 모래줄무늬, 허니컴 등 보수조치

③ 마모를 받는 면의 마무리 : 특수콘크리트 사용(CCP포장, 댐 여수로, 하천 하상유지공)

④ 특수마무리 : 긁어내기(타이닝), 갈아내기(그루빙), 씻어내기, 쪼아내기

9) 철근

(1) 분류 및 특징, 기능

① 강도별

연강(D)	고강(H)
• 항복강도 $y=3,000\text{kg/cm}^2$, SD30 • 철근도면 D13 표시 • 단면에 녹색 표시	• 항복강도 $y=4,000\text{kg/cm}^2$, SD40 • 철근도면 H13 표시 • 단면에 노란색 표시

② 형태별

ㄱ 이형철근 : 돌기철근, 부착력, 정착력 우수

ㄴ 원형철근 : 원형강봉, 신축이음 다월바 등 특수한 경우

③ 기능별 **주, 전, 배, 가**

ㄱ 주철근

- 정철근 : +정모멘트의 인장력(하중)에 저항
- 부철근 : −부모멘트의 인장력(하중)에 저항
- 부재의 단면 결정

ㄴ 전단철근 : 전단응력에 저항(스터럽, 띠철근, 절곡철근)

ㄷ 배력철근 : 하중의 분산, 균열제어, 주철근과 직각으로 배치(인장측), 주철근의 20% 이상

ㄹ 가외철근(온도철근) : 2차 응력 제어(온도, 건조수축), 압축측 바깥쪽(옹벽)

ㅁ 심부구속철근(기둥 나선철근) : 지진저항, 좌굴 방지

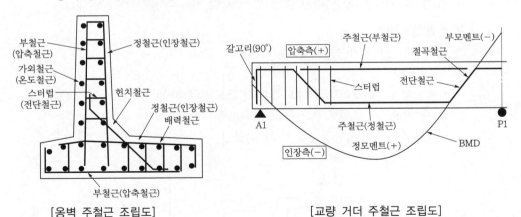

[옹벽 주철근 조립도] [교량 거더 주철근 조립도]

(2) 철근의 정착과 부착

① 정착 **갈, 매, 기**

ㄱ 정의 : 철근의 설계강도의 길이보다 추가로 연장 매입하는 길이로 파괴 시 철근과 콘크리트의 분리 방지

ⓛ 정착방법

- 갈고리에 의한 방법 : 90°, 135°, 180° 갈고리(90°, 135° → 스터럽, 띠철근)
- 매입길이에 의한 방법

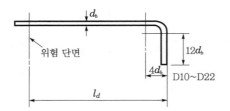

[매입길이에 의한 정착방법]

여기서, l_d : 매입길이

위험 단면 : 모멘트가 0인 지점, 전
단력 최대 지점

$12d_b$: 90° 갈고리길이

- 매입길이(l_d) = 기본정착길이(l_{db}) × 보정계수

- 기본정착길이 : $l_{db} = \dfrac{0.6 d_b f_y}{\sqrt{f_{ck}}}$

- 보정계수 : 에폭시 코팅철근 1.2, 경량골재 1.3

- 매입길이 : 최소 300mm 이상

- 기계적인 방법 : 철근 끝부분 정착판 설치

정착판

[기계적인 정착방법]

ⓒ 정착길이 산정 시 주의사항

- 철근의 정착길이 허용오차는 소정의 길이의 10% 이내
- Hook(갈고리)은 정착길이에 미포함
- 수평철근 부착력은 수직철근의 1/2~1/4
- 철근 조립도 작성, 겹이음길이 확보

Tip 이순신대교 : 철근 에폭시도장으로 부착강도 저하 → 정착길이 연장(1.2배)

③ 부착 교, 마, 기

㉠ 정의 : 철근표면과 콘크리트의 부착되는 강도

ⓛ 부착작용

- 교착작용 : 콘크리트 시멘트풀과 철근표면의 부착
- 마찰작용 : 콘크리트와 철근표면의 마찰
- 기계적 작용 : 이형철근 돌기의 맞물림

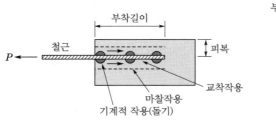

[부착작용 모식도]

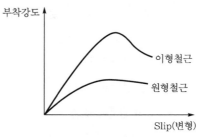

[부착강도-변형그래프]

　　ⓒ 현장 실무에서 부착강도 증대방안
　　　• 철근표면에 많은 녹 및 이물질 제거
　　　• 철근 블리딩저감혼화제 사용 → 블리딩에 의한 철근 부착 저하
　　　• 다짐작업 시 다짐봉 철근에 접촉금지

(3) 철근이음

① 이음의 위치 및 원칙
　ⓖ 응력이 작은 곳
　ⓛ 기둥은 높이의 2/3 이하 지점
　ⓒ 보는 압축측에 이음, 인장측에 이음금지

② 이음의 종류 및 특징 **겹, 용, 기, 충, 가**
　ⓖ 겹이음
　　• 철근 D35mm 이상 겹이음금지 → 배근간격이 작아 콘크리트 골재분리
　　• 압축철근 $25d$ 이상, 인장철근 $40d$ 이상, 최소 30cm 이상
　ⓛ 용접이음
　　• 용접은 충분한 유경험자가 실시, 용접이음검사성적서를 책임기술자에게 제출
　　• 문제 : 용접결함, 열응력 철근성질변화
　ⓒ 기계적 이음
　　• 종류 : 슬리브, 커플러(너트 잠금), 편체식
　　• 비용 고가, 사용 간편
　　• 과밀배근 해소, 겹이음길이 부족 시 유리
　ⓔ 충전식 이음
　　• 슬리브에 에폭시, 모르타르, 용융금속 충전
　　• 시공조건 복잡, 특수장비 필요
　　• 기포 발생 및 충전성 부족문제
　ⓜ 가스압접이음 : 철근 단면과 단면을 가열하여 기계적 압력을 가하여 용접한 맞댐이음

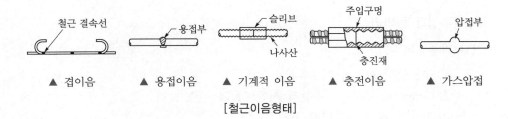

[철근이음형태]

③ 현장 겹이음 시 주의사항
　ⓖ 허용오차는 10% 이내
　ⓛ Hook(갈고리)은 이음길이에 포함하지 않음
　ⓒ 응력이 집중하는 곳에 이음금지
　ⓔ 나선형 철근은 겹이음하지 않음

ⓜ 반드시 간격은 굵은 골재치수 이상일 것

ⓗ 피복두께는 확보를 철저히 할 것

(4) 피복두께와 유효높이

① 개요

㉠ 피복두께 : 철근 외측에서 콘크리트 표면까지의 거리

㉡ 유효높이

- 철근 중앙부에서 콘크리트 표면까지의 거리
- 응력에 대한 구조물의 단면을 결정, 철근량 산정, 중립축의 위치를 결정함

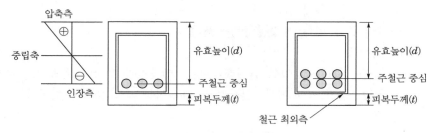

[피복두께와 유효높이]

② 피복두께 확보이유

㉠ 철근부식 방지, 수밀성 향상, 화재 시 폭렬에 저항

㉡ 구조체의 강도 확보

③ 피복두께 초과 시 문제점

㉠ 피복두께가 부족한 경우 : 부착력 감소, 유해환경 저항성 저하, 균열 발생

㉡ 피복두께가 과다한 경우 : 처짐 및 철근구속력, 내하력 저하

㉢ 철근간격이 불량한 경우 : 할렬균열로 박리 발생

④ 현장 실무에서 피복두께 확보방안

㉠ 간격재 설치(가로세로 1m마다)

㉡ 작업하중에 처짐이 없도록 단단히 결속조치

10) 거푸집과 동바리

(1) 거푸집의 역할

① 구조물의 형상과 치수 확보

② Concrete 경화 시 수분과 시멘트풀의 누출 방지

③ 양생을 위한 외기영향 방지

(2) 구비조건

① 구조물의 형상을 확보할 수 있을 것

② 외력 및 측압에 대해 안정적일 것

③ 충분한 강성과 치수 정확성을 가질 것

④ 조립 및 해체가 용이할 것

(3) 거푸집의 종류 및 발전

① 벽면용 거푸집 : Gang form → Climbing form(갱폼, SCF)

② 연속거푸집 : Sliding form → Slip form

③ 수평이동거푸집 : Travelling form(F/T), 터널폼

④ 기타 : 목재, 합판, 유로폼, 알루미늄거푸집, 데크플레이트

(4) 갱폼, 셀프 클라이밍폼 및 슬립폼의 비교

① 특징

구분	갱폼 (크레인 이용)	셀프 클라이밍폼 (Self climbing form)	슬립폼 (Slip form)
원리	갱폼을 크레인과 근로자가 탈부착하여 단계별 시공	거푸집을 유압장비로 탈부착하여 단계별 시공	거푸집을 30cm씩 상승하면서 콘크리트를 타설하는 연속 시공 공법
상승장치	크레인	유압잭을 이용하여 레일을 타고 상승, 특수한 기계장치	유압잭(보조타워크레인 필요)
규모	• 거푸집높이 $H=3\sim4m$	• 거푸집높이 $H=2\sim4m$ • 전체 높이 $H=6\sim8m$	• 거푸집높이 $H=1.0\sim1.5m$ • 전체 높이 $H=6m$
특징	• 일반 갱폼 사용 • 높이 30m 미만 유리 • 공사비 저렴 • 콘크리트 양생 필요 • 콘크리트 표면 양호 • 시공이음 발생 • 단계별 작업	• 특수제작폼 사용 • 높이 30m 이상 유리 • 공사비 고가 • 콘크리트 양생 필요 • 콘크리트 표면 양호 • 시공이음 발생 • 단계별 작업	• 특수제작폼 사용 • 높이 50m 이상 유리 • 공사비 고가 • 콘크리트 양생 불필요 • 콘크리트 표면불량 • 시공이음 없음 • 연속작업(주야간)
시공속도	0.3m/일 (3m 시공/10일 정도)	0.4m/일 (3m 시공/7일 정도)	3m/일 (30cm 타설/2hr)
적용	높이가 낮은 구조물, 옹벽, 교각, 정수장	대형 구조물, 콘크리트댐, 케이슨, 아파트	높이가 높은 구조물, 주탑, 수직구, 표면차수벽

② 자동클라이밍폼(ACS : Auto Climbing System)과 슬립폼의 형태

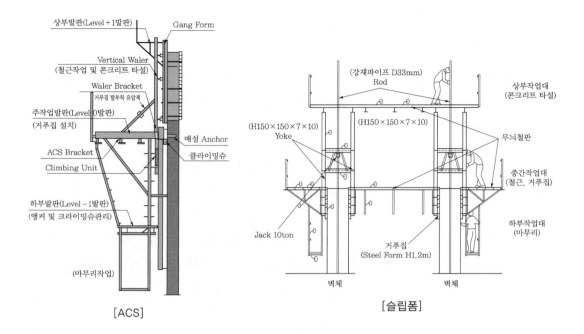

[ACS]

[슬립폼]

(5) Travelling form(수평이동거푸집)

① 원리 : 수평이동용

② 적용 : 교량 FCM공법, 사장교 슬래브, 터널 라이닝폼

(6) 안정성 검토방법

① 안전성 검토절차

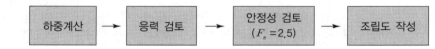

ⓐ 작용하중
- 연직하중
  - 작업하중(장비, 인력, 충격하중 3.75kN/m²)
  - 고정하중(철근콘크리트, 거푸집 등 24kN/m²)
- 수평하중(충격하중) : 고정하중의 2% 이상

ⓑ 거푸집, 동바리의 응력 검토 : 휨응력, 전단응력, 처짐량 등 계산

ⓒ 안전율 : $F_s = 2.5$ 이상

② 콘크리트 측압계산

$$P = WH[\text{kN/m}^2]$$

여기서, W : 생콘크리트의 단위중량(보통 23kN/m³)

H : 콘크리트의 타설높이(m)

구분	타설높이(H)	측압(P)
벽체	0.5m	1.0t/m²
기둥	1.0m	2.3t/m²

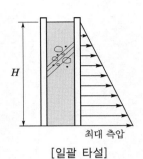

[일괄 타설]

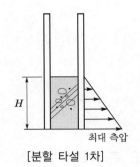

[분할 타설 1차]

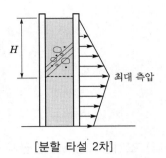

[분할 타설 2차]

(7) 라멘교시스템 동바리 조립도

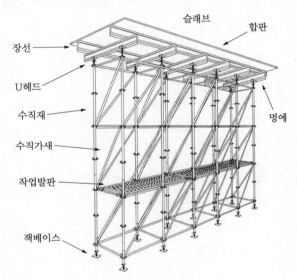

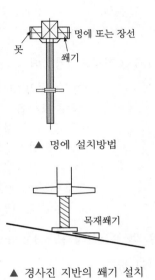

▲ 멍에 설치방법

▲ 경사진 지반의 쐐기 설치

(8) 거푸집, 동바리 해체시기

① 콘크리트의 압축강도시험기준 시
  ㉠ 기초, 기둥, 벽체 : 5MPa 이상
  ㉡ 슬래브, 보 : 14MPa 이상

② 온도와 양생기간기준 시(보통포틀랜드시멘트)
  ㉠ 20℃ 이상 : 4일
  ㉡ 20℃ 이하 : 6일

(9) 설치 및 해체 시 주의사항

① 설치 시
  ㉠ 안정성 검토 및 조립도 작성
  ㉡ 지반침하방지조치 : 콘크리트 $T = 10\text{cm}$

② 타설 시

　㉠ 콘크리트 타설 시 좌우 균형되게 타설

　㉡ 측압에 유의 : 분할 타설

③ 해체 시

　㉠ 양생기간 및 강도 확인 후 해체

　㉡ 해체는 설치의 역순으로 해체

11) 조기강도평가방법(굳지 않은 콘크리트)

(1) 조기강도 판정목적

콘크리트 재령 28일 전에 조기에 강도를 판정하여 문제점을 파악하고 향후 콘크리트 타설에 미리 반영하여 품질을 확보하기 위함

(2) 조기강도평가방법

① 시험에 의한 방법(직접)

　㉠ 압축강도시험 : 공시체 7일 강도시험 → 28일 강도 추정

　㉡ 비중계법 : 굳지 않은 콘크리트의 시멘트혼탁액의 비중 측정

　㉢ 가열건조법 : 재료를 분리하여 가열건조시켜 비율과 질량 측정

② 시험에 의하지 않는 방법(간접)

　㉠ 성숙도(Maturity)방법 : 적산온도 이용(양생기간과 콘크리트 온도로 추정)

　㉡ 등가재령법 : 미리 7일 강도시험해서 28일 강도 추정

12) 적산온도(성숙도, Maturity)

(1) 정의

재령과 콘크리트 온도를 누적하여 콘크리트의 초기경화 정도를 나타내는 지표

(2) 산정방법

$$M = \sum_0^t (\theta + A)\Delta t$$

여기서, M : 적산온도(℃ · day 또는 ℃ · hr)

　　　　θ : Δt 중의 콘크리트 온도(℃)

　　　　A : 정수(일반적으로 10℃가 사용된다)

　　　　Δt : 시간(일 또는 시간)

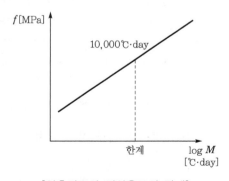

[압축강도와 적산온도의 관계]

(3) 활용

① 설계기준강도의 도달 여부 예측

② 상부작업 진행 여부의 판단

③ 거푸집 및 동바리의 해체시기 판단

④ CCP포장이음 절단시기 판단

⑤ 교통개방시기 판단

⑥ 한중콘크리트 배합강도 결정

(4) 한계성(활용 시 주의사항)

① 이론 적용한계 10,000℃ · day 이내

② 온도는 고려하지만, 습도는 미고려

③ 순수 양생시간만 적용(타설시간 제외)

④ 서중, 고강도, Mass Con'c 적용 불가

⑤ 온도변화가 심한 곳에 적용 불가

5 현장 품질관리

1) 품질검사 및 시험계획

(1) 품질검사계획

① 생산검사 : 공장 검수, 운반검사계획

② 시공공정 : 철근, 거푸집검사, 구조물검사계획

(2) 품질시험계획

① 시험인원배치계획

② 시험빈도, 시험횟수, 시험시기계획

2) 받아들이기 시 검사(품질규정)

(1) 받아들이기 시 확인사항

① 송장 확인 : 현장명, 콘크리트 규격, 차량번호

② 운반시간 확인

㉠ 온도 25℃ 이상 : 1시간 30분 이내

㉡ 온도 25℃ 이하 : 2시간 이내

③ 현장배합표 확인

(2) 압축강도시험

① 시기 및 횟수 : 1일 1회 또는 120m³마다 1회

② 공시체 120m³마다 9개 제작(재령 7일 3개 시험, 재령 28일 6개 시험)

③ 1회 압축강도시험은 공시체 3개의 평균임

④ 1회 시험평균치 설계기준강도의 90% 이상, 3회 시험평균치 설계기준강도의 100% 이상일 것

(3) 슬럼프 및 슬럼프플로시험

슬럼프기준값(mm)	허용오차(mm)	슬럼프플로기준값(mm)	허용오차(mm)
25	±10	500	±75
50 및 65	±15	600	±100
80 이상	±25	700	±100

(4) 공기량시험 : 공기량 허용오차 4.5±1.5%

(5) 염화물함유량시험

① 콘크리트 염화물이온량 : $0.30kg/m^3$ 이하

② 잔골재 염화물이온량 : 0.04% 이하

3) 콘크리트 시공검사

(1) 타설검사 : 타설설비상태, 타설방법, 타설량 등의 검사

(2) 양생검사 : 양생설비상태 및 인원배치, 양생방법, 양생기간 등의 검사

(3) 강도시험검사 : 거푸집 해체 유무 판단

4) 콘크리트 구조물검사

(1) 표면상태검사 : 노출면의 상태, 균열 여부, 시공이음상태

(2) 구조물의 위치 및 형상치수의 검사

(3) 철근피복검사

(4) 콘크리트 강도검사 : 비파괴시험으로 실시

5) 불량레미콘 처리원칙 및 방법

(1) 불량레미콘의 처리원칙

① 건설사업관리자와 시공자는 불량레미콘이 발생한 경우 즉시 반품처리

② 불량레미콘 처리사항을 확인하여 기록 비치

③ 발주자에게 매월 말 처리결과 보고

(2) 불량레미콘의 유형

① 생산 후 운반시간을 경과한 경우

② Slump 측정결과 기준을 벗어난 경우

③ 공기량 측정결과 기준을 벗어난 경우

④ 염화물함량 측정결과 기준을 벗어난 경우

(3) 불량레미콘의 처리방법

① 불량레미콘은 현장 외 반출

② 반출레미콘의 타 용도 사용 방지 위한 폐기확인서 징구

③ 폐기사실이 허위인 경우 관련기관 통보 및 해당 제품 사용금지

(4) 불량레미콘의 불법 사용 시 처리대책

① 불량레미콘 타설 부위 재시공

② 정밀안전진단을 시행하여 구조물의 품질, 안전상에 이상이 없다고 판정되는 경우 그에 따름

6) 현장 구조물 강도 부족 시 처리방안

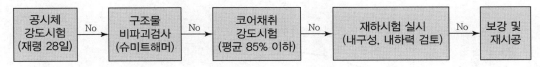

3 구조물(굳은 콘크리트)

1 구조물 일반

1) 강도와 응력

(1) 정의

① 강도 : 외력에 저항하는 최대의 강도(파괴강도) – 강도설계법 설계

② 응력 : 외부에 저항하는 내부의 힘(상대적 크기) – 허용응력설계법 설계

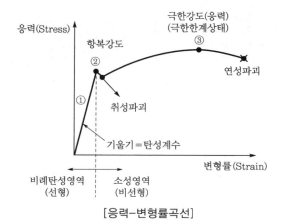

[응력–변형률곡선]

- 항복점 파괴 → 취성파괴
- 극한강도 파괴 → 연성파괴
  (인장강도)

③ (설계 시) 응력 $\sigma = \dfrac{P(\text{최대 하중})}{A(\text{설계 단면적})}$, (공용 시) 진응력 $\sigma = \dfrac{P(\text{최대 하중})}{A(\text{변형 단면적})}$

④ 탄성계수(E)

  ㉠ 응력–변형률곡선의 기울기

$$E = \frac{\text{응력}(\sigma)}{\text{변형율}(\varepsilon)} = \frac{P/A}{\Delta l/l}$$

  ㉡ 철근 $E_s = 2 \times 10^{-6} \text{kg/cm}^2$, 콘크리트 $E_c = 8,500 \sqrt[3]{f_{ck}}$ [MPa]

  ※ 콘크리트 탄성계수가 크면 콘크리트 밀도가 크고, 압축강도가 큼 → 고강도 Con'c, 취성파괴 발생

(2) 취도계수

① 취도계수 $= \dfrac{\text{압축강도}(f_{cu})}{\text{인장강도}(f_{cr})}$

② 콘크리트 인장강도는 압축강도의 1/10

③ 취도계수가 클수록 압축강도가 크고, 탄성계수가 큼 → 고강도Con'c, 취성파괴 발생

④ 콘크리트 함수비가 낮을 경우 취도계수가 큼

⑤ 취도계수가 클 경우 섬유보강재를 사용하며 연성 증가

(3) 휨부재의 파괴유형

취성파괴	연성파괴
항복강도 파괴	극한강도 파괴
고강도Con'c	보통Con'c
취도계수 大	취도계수 小
탄성계수 大	탄성계수 小
과다철근비	평형, 과소철근비

2) 구조물설계법

구분	한계상태설계법 (하중저항계수설계법, LRFD)	강도설계법	허용응력설계법
이론근거	파괴확률론 (구조신뢰성이론)	부재 최대 강도기준, 극한응력상태	작용응력(하중)기준, 항복응력상태
응력한계	극한응력상태	극한응력상태	비례탄성응력
응력분포	비선형(소성영역)	비선형(소성영역)	선형영역(탄성영역)
안전율	부분안전계수(하중저항계수)	강도감소계수(ϕ)	안전율(F_s)
장점	극한상태 안전성 확보, 경제적 설계	파괴안전성 확보	설계 간편
단점	신뢰성 자료 부족	사용성 별도 검토	부재강도계산 난해
적용	RC구조물, 강구조물	RC구조물	강구조물

Tip 강도설계법[안전성(파괴, 파단)]+허용응력설계법[사용성(균열, 처짐, 피로)] → 한계상태설계법[신뢰성]

2 2차 응력(균열) 온, 건, 크

1) 종류

(1) 온도응력

(2) 건조수축

(3) 크리프(creep)

2) 온도응력

(1) 발생과정

수화열 → 온도 증가 → 온도응력 증가 → 온도응력 > 인장강도 → 온도균열

(2) 대책

① 설계

㉠ 온도철근 배근

㉡ 교량 슬래브 온도 신축 : 신축이음 및 교좌장치 설치

② 시공

㉠ W/B 작게, 플라이애시, 지연제 사용

㉡ 분할 타설, 파이프쿨링 실시

3) 건조수축 　소, 수, 건, 탄

(1) 발생과정

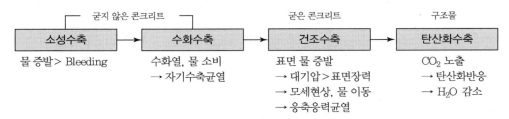

소성수축	수화수축	건조수축	탄산화수축

물 증발 > Bleeding　　수화열, 물 소비　　표면 물 증발　　　　CO_2 노출

　　　　　　　　　　 → 자기수축균열　　 → 대기압 > 표면장력　 → 탄산화반응

　　　　　　　　　　　　　　　　　　　 → 모세현상, 물 이동　 → H_2O 감소

　　　　　　　　　　　　　　　　　　　 → 응축응력균열

(2) 대책

① W/B 작게, 단위수량 적게, 혼화제 사용, 골재흡수율관리

② 교량 슬래브 수축 발생 → 신축이음 및 교좌장치 설치

4) 크리프(creep)현상

(1) 정의

콘크리트 구조물의 하중 증가 없이 시간 의존적으로 소성변형이 발생하는 현상

(2) 발생과정

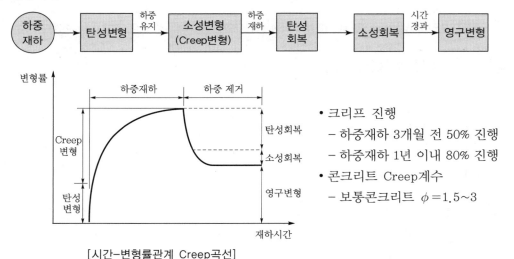

[시간-변형률관계 Creep곡선]

• 크리프 진행

　– 하중재하 3개월 전 50% 진행

　– 하중재하 1년 이내 80% 진행

• 콘크리트 Creep계수

　– 보통콘크리트 $\phi = 1.5 \sim 3$

(3) Creep영향요인

① 재령이 짧을수록

② 부재의 치수가 작을수록, 외력이 클수록

③ W/B, 단위시멘트량이 많을수록

④ 다짐이 나쁠수록

⑤ 고강도콘크리트일수록 크리프변형은 감소

(4) Creep대책

① 교량 경간장 축소, 신축이음량계산 산정

② 부재자중 경감 및 Camber 설치

③ 고강도, 섬유보강콘크리트 사용 → 부재 강성 증대

④ PS강선 설치

3 내구성(내구성 저하, 성능 저하현상, 열화현상), 고내구콘크리트

1) 정의

시간의 경과에 따른 구조물의 성능 저하에 대하여 성능을 지속시킬 수 있는 성질

2) 내구성 저하 시 문제점

균열, 누수, 박리, 박락, 층 분리, 변형, 침하, 부식 → 내구성 저하, 내하력 저하

3) 내구성 저하원인(요인)

(1) **결함(자체 결함)** : 설계 미흡, 재료불량, 시공불량

(2) **손상(외부요인)** : 공용 시 이상하중(지진, 화재, 충돌), 과재하중, 기타 하중

(3) **열화요인** : 화학적 침식, AAR, 염해, 철근부식, 중성화, 동해

4) 내구설계(내구성평가방법 예시)

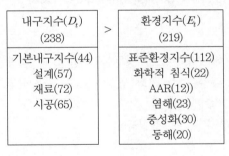

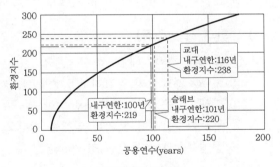

[내구설계그래프]

① 괄호 안의 숫자는 설계조건, 환경조건에 따른 내구성능 예측값이다.

② 구조물의 목표내구수명을 만족하기 위해서는 환경지수보다 내구지수가 커야 한다.

5) 내구성 확보방안(개선사항)

(1) 설계분야

① 유능한 설계주임기술자가 설계, 명확한 설계도면의 작성

② 피복두께의 증가

(2) 재료, 배합분야

① 고로슬래그시멘트 사용 및 AE제 혼입

② 염화물함유량 $0.1kg/m^3$로 제한

(3) 시공분야

① 원청기술자 상주, 품질관리자 배치

② 운반시간 : 온도 25℃ 미만은 120분, 25℃ 이상은 90분 이내

③ 타설속도 $25m^3/h$ 이하, 자유낙하높이 1.0m 이내

④ 현장에서 거푸집진동기 병용

(4) 유지관리

① 시설물의 안전 및 유지관리에 관한 특별법에 따른 유지관리 준수 및 이행

② 지연적 유지관리보다는 예방적 유지관리, 적기에 보수, 보강 실시

4 열화현상 (화, A, 염, 중, 동)

1) 정의

열화요인에 의해 콘크리트의 내구성이 저하된 상태

2) 열화의 문제점

균열, 누수, 박리, 박락, 층 분리, 변형, 침하, 부식 → 내구성 저하, 내하력 저하

3) 열화의 요인(종류)

① 화학적 침식 : 해수, 하수+콘크리트 ⇒ C_3A(에트링가이트) 팽창물질 생성 → 팽창균열

② AAR : 시멘트의 알칼리+골재의 실리카반응 ⇒ 흡습성 RIM 생성+물 → 팽창균열

③ 염해, 철근부식 : 염화물에 의한 철근부식 → 녹 팽창균열

④ 중성화 : 탄산화에 의한 염화물 침투로 철근부식 → 녹 팽창균열

⑤ 동해 : 수분의 동결 팽창(9%)균열

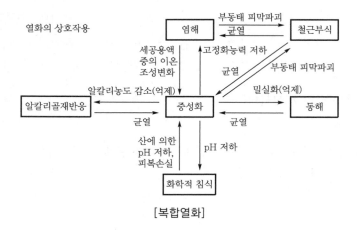

[복합열화]

4) 화학적 침식

(1) 원인

① 하수 : 오니, 슬러지의 황화세균 증식 → 황화가스(H_2S), 황산염(H_2SO_4) 생성 ⇒ 콘크리트 수화물반응에 의한 부식, 침식

② 해수 : 콘크리트($Ca(OH)_2$) + 해수($MgSO_4$) → 석고($CaSO_4$)성분 중 C_3A 생성(에트링가이트로 수화열과 급격한 팽창) ⇒ 팽창균열

(2) 대책

① 재료 : 내황산시멘트 및 폴리머시멘트, 향균콘크리트 사용

② 배합 : 물결합재비 작게

③ 시공 : 피복두께 증가, 도장, 라이닝 실시, 하수관거 세관 및 갱생 실시

✎ Ettringite(에트링가이트)

① 시멘트가 수화반응할 때 알루미네이트와 석고와의 반응으로 생기는 팽창성 물질로 수화열을 발생시킴

② 부정적 측면 : 하수, 해수와 콘크리트 수산화칼슘이 반영하여 에트링가이트 생성 → 팽창균열, 침식, 부식, 열화 촉진

③ 긍정적 측면 : 수화열 발생으로 응결 촉진, 지반개량(고결작용), 시멘트 그라우팅재로 활용

---

5) AAR(알칼리골재반응)

(1) 발생조건 및 Mechanism

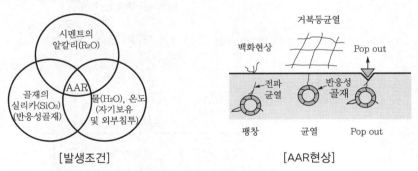

[발생조건]　　　　　　[AAR현상]

① 시멘트의 알칼리 + 골재의 실리카 ⇒ RIM 형성

② RIM + H_2O(수분흡수) ⇒ 팽창(건습반복, 팽창 큼)

③ 팽창압 > 인장강도 ⇒ 팽창균열, Pop out

(2) 특성

① 해양콘크리트(해수가 알칼리임), 고강도콘크리트(시멘트량 大)가 AAR이 많이 발생

② Pessimum Percentage(패서멈현상, 최악의 혼합률) : AAR이 가장 클 때 반응성 골재 혼합비율(안산암 40%)

(3) 대책

① 재료 : 저알칼리시멘트, AAR 무해골재 사용

② 배합 : W/B 작게, 단위시멘트량 적게, 배합관리

③ 시공 : 도장 실시, 공장 검수(시멘트, 골재의 보관상태 및 이력검사)

6) 염해, 철근부식, 해사의 영향

(1) 정의

① 염해 : 염화물에 의해 철근의 부식이 촉진되어 팽창에 의해 구조물의 균열, 박락 등의 손상을 입히는 현상

② 부식 촉진요인(부식의 3요소) : 물(H_2O), 산소(O_2), 전해질($2e^-$)

(2) 염해로 인한 철근부식 Mechanism

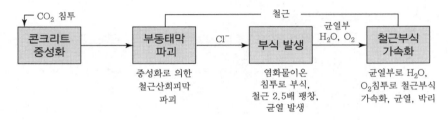

✍ **부식 화학식**

산화 $Fe \rightarrow Fe^{2+} + 2e^-$

$Fe^{2+} + H_2O + \frac{1}{2}O \rightarrow Fe(OH)_2$　　　　산화 제1철(묽은 녹)

$Fe(OH)_2 + \frac{1}{2}H_2O + \frac{1}{4}O \rightarrow Fe(OH)_3$　　　산화 제2철(검붉은 찌든 녹)

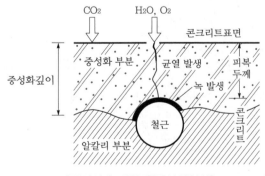

[중성화에 의한 철근부식현상]

(3) 해사 사용 시 문제점(염해영향)

① 시공 중 : 슬럼프 저하, 워커빌리티 감소, 응결시간 단축
② 시공 후 : 철근부식, 철근부식 팽창균열, 박락, 건조수축 증가, 조기열화, 내구성 저하

(4) 염해의 원인

① 염화물이 허용량 이상일 때 혼합수 및 해사 사용
② 철근 피복두께의 부족
③ 콘크리트 중성화의 영향에 의한 염화물이온 침투
④ 제설재에 의한 염화칼슘의 영향

(5) 염분함량 규제치

① 콘크리트 염화물함량 : 0.3kg/m^3 이하
② 잔골재 염화물함유량 : 0.04% 이하
③ 측정법 : 이온전극법(현장시험 실시), 질산은 적정법, 시험지법

(6) 염해 방지대책

① 시공관리
  ㉠ 염분사용량 규제 0.3kg/m^3 이하
  ㉡ W/B 50% 이하 → 밀실 콘크리트 시공, 다짐관리 철저 → 재료분리 방지
  ㉢ 고로슬래그 혼화재 사용
② 해사염분 제거방법 〔세, 수, 제, 모, 강〕
  ㉠ 세척 : 제염기계 세척, 준설선에서 세척(해사 1m^3 → 물 6m^3로 6회 세척)
  ㉡ 살수 : 스프링클러 80cm 두께 살수
  ㉢ 제염제 혼합 : 알루미늄분말 8% 혼합
  ㉣ 하천모래와 혼합 : 하천모래 80% 혼합
  ㉤ 자연강우 : 야적 후 자연강우 2~3회
③ 철근부식 방지법
  ㉠ 방식성 강재 사용
  ㉡ 철근 방청제, 아연도금 피복, 에폭시 코팅 피복
  ㉢ 전기방식 : 희생양극법, 외부전원법
  ㉣ 콘크리트 피복두께 증가 : 해상 $T=100\text{mm}$
  ㉤ 콘크리트 라이닝, 도장, 특수콘크리트

(7) 철근부식 문제점 및 방지대책

① 부식 문제점
  ㉠ 균열 및 부식 발생으로 구조물 열화 가속
  ㉡ 콘크리트 박리 및 철근 인장강도 저하
  ㉢ 내구성 및 내하력 저하

② 부식 방지대책(철근 및 강재)

    ㉠ 재료

       • 내식성 강(부식), 내후성 강(기후), 무도장 내후성 강 사용

       • 부식두께를 설계에 반영(부식대 공제값 고려)

    ㉡ 콘크리트

       • 자체 밀실, 폴리머 함침, 내황산시멘트 사용

       • 피복두께 증가

       • 콘크리트 표면 도장, 거푸집 존치, 라이닝 시공

    ㉢ 도장

       • 에폭시 철근 사용, 모르타르 바름, 방청제

       • 도장 : 하도, 중도, 상도

    ㉣ 전기방식

구분	희생양극법	외부전원법
원리	아연, 알루미늄을 설치하여 내부에서 전원을 공급하여 부식 방지	외부에서 전원을 지속적 공급하여 부식 방지
특징	아연 7kg(내구연한 15년)	지속적 사용
장점	유지관리 불필요, 해상구조물 유리(외부전원이 없는 장소)	초기투자비 저렴, 육상시설, 도심지(외부전원이 있는 장소)
단점	초기투자비 고가, 재설치	유지관리 필요

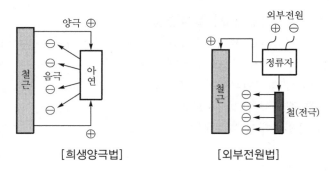

[희생양극법]   [외부전원법]

    ㉤ 기타 : 제습설비 설치(이순신대교 보강거더), 환기구(강Box), 습기 제거

7) 중성화(탄산화)

(1) 정의

콘크리트는 수산화칼슘($Ca(OH)_2$)이며 강알칼리(pH14)로서 CO_2와 반응하여 중성화(pH8.5)로 되는 현상으로 고결력을 잃고 강도가 저하됨

$$Ca(OH)_2 + \underline{CO_2} \rightarrow \underline{CaCO_3} + H_2O \downarrow \text{(탄산화수축)}$$
(공장, 자동차 배기가스)   (탄산칼슘, 중성화)

(2) 중성화에 의한 철근부식과정

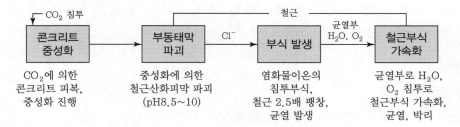

콘크리트 중성화	→	부동태막 파괴	Cl⁻ →	부식 발생	→	철근부식 가속화
CO_2에 의한 콘크리트 피복, 중성화 진행		중성화에 의한 철근산화피막 파괴 (pH8.5~10)		염화물이온의 침투부식, 철근 2.5배 팽창, 균열 발생		균열부로 H_2O, O_2 침투로 철근부식 가속화, 균열, 박리

(3) 중성화의 원인

① 내적원인 : W/B 큼, 공극 큼, 경량골재 사용 → CO_2 침투

② 외적원인 〔탄, 중, 용, 폭〕

　㉠ 탄산화 : 이산화탄소(CO_2), 아황산가스(SO_2) 침투 → 공장, 자동차 배기가스

　㉡ 산성비에 의한 중화

　㉢ 유수에 의한 용출

　㉣ 폭렬로 인한 중성화

(4) 중성화 판정 및 깊이 측정(페놀프탈레인용액 1% 이용)

① 전동드릴 이용방법

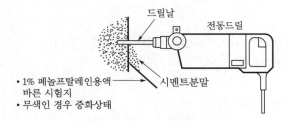

[전동드릴에 의한 중성화깊이 측정]

　㉠ 페놀프탈레인용액 1%를 바른 시험지에 전동드릴 천공 시 발생되는 시멘트분말의 색상으로 판정

　㉡ 판정

　　• 무색 : 중성화 발생(중성화 pH8~9)

　　• 선홍색 : 중성화 없음(강알칼리 pH14)

　㉢ 중성화깊이 : 줄자로 천공 부분 무색깊이 측정

② 코어채취방법 : 코어를 채취하여 페놀프탈레인용액 1%를 분무하여 판단

③ 패칭방법 : 일정 부분을 파쇄 후 페놀프탈레인용액 1%를 분무하여 판단

(5) 중성화대책

① 재료 : AE감수제 사용으로 수밀성 증대, 중량골재 사용

② 배합 : W/B 작게, 단위수량 적게

③ 시공

　　㉠ 피복두께 증대, 운반 타설 시 재료분리 방지, 충분한 다짐 및 양생 실시

　　㉡ 표면마감재 사용, 도장 실시

8) 동해

(1) 분류

① 초기동해 : 경화 전 – 한중콘크리트관리, 단시간에 동결

② 동해(동결융해) : 경화 후 – 콘크리트 열화, 장기간 동결융해에 의한 동해

(2) 과정(열역학이론, 모세관이론)

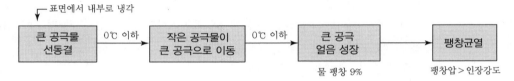

경화 후 동해는 동결융해를 반복으로 작은 공극물이 큰 공극물로 이동을 지속적으로 반복하여 장기간에 걸쳐 동해가 발생된다.

(3) 초기동해

① 문제점

　　㉠ 수화반응이 발생되지 않아 강도 발현이 안 됨

　　㉡ 응결이 안 됨 또는 강도 저하

② 원인

　　㉠ 한중콘크리트계획 수립 미흡

　　㉡ 동절기 공기단축, 무리한 콘크리트 타설

　　㉢ 보온, 양생관리 불량 → 압축강도 5MPa 이하에서 초기동해 발생

③ 대책

　　㉠ 재료 : 동결융해 저항제, 조강시멘트 사용, 함수율이 적은 골재 사용

　　㉡ 배합 : W/B 적게, 단위수량 적게

　　㉢ 시공 : 한중콘크리트계획 수립, 오후 4시 전에 타설 완료하여 보양 실시

　　㉣ 양생 : 보양 실시, 열풍기, 스팀보일러, 온도관리, Maturity 양생관리

(4) 동해(경화 후, 동결융해)

① 동해 발생 시 문제점

　　㉠ 압축강도 20~40% 감소

　　㉡ 동결융해 반복에 의한 내구성 40~60% 감소

② 동해 발생 시 손상형태 : 표면박리(scaling), 박락(spalling). Pop out, 미세균열

[표면박리(scaling)]

[박락(spalling)]

③ 원인
  ㉠ 동결온도의 지속
  ㉡ 지역기온을 고려하지 않은 배합설계
  ㉢ 비중이 적고 함수율이 높은 골재 사용(경량골재), 단위수량이 높음
④ 대책
  ㉠ 설계
    • 지역온도로 고려한 구조물설계, 교량 열선 설치, 단열재 설치
    • 급속동결융해시험 : 상태동탄성계수에 의한 동결융해 저항성평가
  ㉡ 시공
    • 재료 : 조강시멘트, 동결융해 저항제, 감수제, 함수량이 적은 골재 사용
    • 배합 : W/B 적게, 단위수량 적게
    • 시공 : 한중콘크리트계획 수립, 가열양생관리, 재료분리 방지
  ㉢ 유지관리 : 표면 방수처리, 염화칼슘 제설재 사용 지양

5 표면결함

1) 개요

콘크리트의 재료, 배합, 시공의 불량으로 콘크리트 표면에 결함이 발생하는 현상

2) 문제점

(1) 표면결함으로 조기열화 발생

(2) 구조물 결함 및 기능의 저하, 미관불량

(3) 누수, 강도, 내구성, 수밀성 저하

3) 종류

(1) Bleeding : 모래줄무늬(Sand streak), 표면박리, 레이턴스(Latance)

(2) 재료분리 : 곰보(Honey comb, 자갈포켓), 에어포켓(기포곰보)

(3) 시공 : 볼트공(Bolt hole), 더스팅(Dusting), 콜드 조인트(Cold joint), 시공이음, 형상변화(거푸집), 얼룩 변색

(4) 열화 : 백태(Efflorescence), 팝 아웃(Pop out)

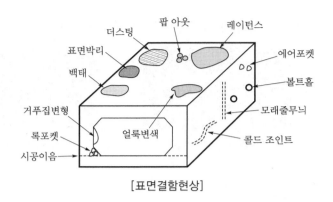

[표면결함현상]

> **박리현상**
> ① 박리(scaling) : 표면이 거친 상태 – 모래줄무늬, 초기동해 시 발생
> ② 박락(spalling) : 광범위 조각 파손형태 – 거북등균열 파손, 줄눈부 Spalling
> ③ Pop out : 원추형 박리(팝콘모양) – AAR, 동결융해

4) 곰보(Honey comb, 자갈포켓(Rock pocket))

(1) **원인** : 타설 낙하높이가 높을 경우, 진동기 다짐의 불충분

(2) **대책** : 콘크리트 타설 시 낙하높이를 낮게. 다층치기로 하되 층마다 다짐 실시

5) 에어포켓(Air pocket, 기포곰보)

(1) **원인** : 다짐이 불충분한 경우로 표면에 기포 발생

(2) **대책** : 충분한 다짐과 고무망치를 이용하여 두드림

6) 팝 아웃(Pop out)

(1) **원인** : 콘크리트의 동결, AAR(알칼리골재반응)에 의한 팝콘모양 파손

(2) **대책**

① 흡수율이 적은 골재 사용, W/B 적게
② 동결 및 AAR 방지

7) 백태(Efflorescence)

염분이 많은 골재, 중성화, 동해에 의해 수분의 흡수 후 누출로 발생

6 균열

1) 시기별 균열의 종류 및 원인 [소, 침, 물, 온, 동 – 설, 시, 이, 열, 물]

(1) 굳지 않은 콘크리트 균열(초기균열)

① 소성수축균열

② 침하균열

③ 물리적 요인에 의한 균열 : 거푸집변형, 발파, 진동, 충격

④ 온도균열 : 수화열

⑤ 초기동해에 의한 균열

(2) 굳은 콘크리트 균열(장기균열)

① 설계불량에 의한 균열 : 조사불량, 구조계산오류, 철근량 부족

② 시공불량에 의한 균열 : 재료불량, 배합불량, 시공불량

③ 2차 응력에 의한 균열 : 온도응력, 건조수축, 크리프균열

④ 열화에 의한 균열 : 화학적 침식, AAR, 염해, 중성화, 동해

⑤ 물리적 요인에 의한 균열 : 진동, 충격하중, 마모, 지진, 정적하중, 반복하중

⑥ 기타

ㄱ 인접 지반 굴착불량, 흙막이 벽의 변형, 연약지반침하, 지하수의 저하

ㄴ 수압·토압의 증가, 인접 발파, 하천 세굴, 경사진 지반의 구조물 이동균열

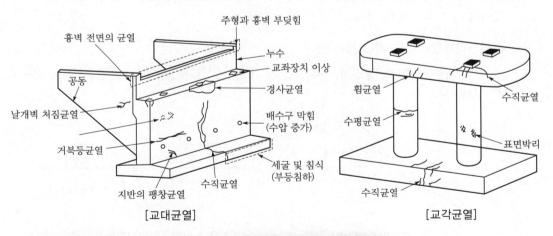

[교대균열]　　　　　　　　[교각균열]

2) 허용균열폭(콘크리트 표준시방서) [건, 습, 부, 고 – 육, 오, 사, 삼]

구분	건조환경	습윤환경	부식성 환경	고부식성 환경
철근구조물	$0.006 C_t$	$0.005 C_t$	$0.004 C_t$	$0.0035 C_t$
PC구조물	$0.005 C_t$	$0.004 C_t$	–	–

여기서, C_t : 피복두께(mm)

※ 수처리구조물(방수구조물) : 0.15mm 이하

3) 균열의 문제점

(1) 미세균열 → 물 침투 → 철근부식 → 균열 확장 → 박리, 박락 → 내구성, 내하력 감소

(2) 누수 발생으로 사용성 저하

(3) 중성화 및 열화 촉진

4) 균열의 측정법(조사, 시험)

(1) 균열폭의 측정

① 크랙게이지
② 확대경

(2) 변동균열폭의 측정(진행성 균열)

① 정기적인 측정　　　　　　　　　③ 스트레인게이지
② 접착게이지 측정　　　　　　　　④ 전기식 다이얼게이지

(3) 균열 관통 여부 조사(깊이조사)

① 육안관찰 확인(VT)
② 액체를 부어 누수위치 및 모양 확인(PT)
③ 코어채취 균열깊이 측정
④ UT, RT 균열깊이 측정

(4) 균열관리대장 기록관리(조사사항)

조사일, 점검자, 위치, 균열폭, 길이, 간격, 개수, 형상, 측정방법, 균열진행 유무, 하중조사, 상황조사

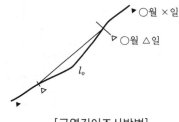

[균열길이조사방법]

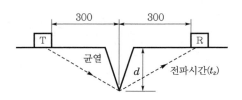

[초음파 탐상 - 균열깊이조사]

5) 균열의 평가방법(관리방법)과 조치방법

(1) **자료수집 및 분석** : 설계도서, 정기점검결과보고서, 관계자료

(2) **균열조사 및 시험**

(3) **균열의 상태평가** : 5등급(A 매우 양호, B 양호, C 보통, D 불량, E 위험)

(4) **정밀안전진단 실시** : 추가손상이 의심 가는 경우

(5) **보수·보강 유무 판정** : 균열진행 및 상태에 따라 등급별 보수·보강 결정

(6) **보수·보강 실시** : 시설물의 목적에 맞는 보수재료를 선정하여 보수·보강 실시

6) 보수재료의 적합성 평가기준(보수재료의 선정기준, 검토방법, 유의사항)

(1) 공통사항

① 강도, 내구성, 시공성, 경제성, 수밀성

② 사용성(작업 안전성), 물리적 특성, 화학적 특성, 구조물 거동특성

(2) 보수재료

① 표면보수 : 부착성, 미관

② 균열보수 : 주입성, 침투성

③ 단면보수 : 압축강도, 내화학성, 건조수축, 열팽창계수, 탄성계수, Creep성질

(3) 보강재료

① PS(강선) : 인장강도, 부식성, 주입률, 수밀성

② 탄소섬유시트 : 인장력, 신율, 부착성

③ 강판 보강 : 부식성, 인장강도

7) 보수·보강방법 표, 주, 충, 핀

(1) 보수방법

보수공법	표면처리법	주입법	충전법	Pin Grouting
균열폭(mm)	0.2mm 이하	0.2~0.5mm	0.5mm 이상	누수
보수방법	에폭시수지 등으로 표면 도포	주입파이프 (주사기)를 이용하여 균열부 주입	V 또는 U형태로 패칭 후 에폭시로 충전	누수균열부 천공 후 배면그라우팅 실시

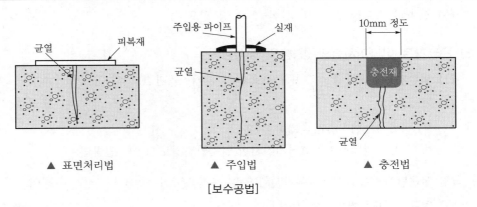

▲ 표면처리법　　▲ 주입법　　▲ 충전법

[보수공법]

(2) 보강방법

① 단면 복구 보강, 단면 증대 보강

② 강판 보강, 탄소섬유시트

③ Anchoring 보강, Post Tension

※ 조합 보강=1차 균열보수+2차 보강공법

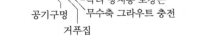
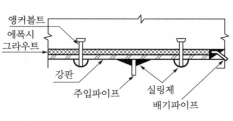

[들뜸부 철근부식 단면 복구]　　　　　　　　[강판 보강]

(3) 기타

① 교량보의 증설

② 기둥 증설

7 비파괴검사

1) 비파괴검사의 목적

(1) 구조물 파괴 없이 시험을 실시하여 결함, 손상을 발견

(2) 구조물의 내구성 및 내하력을 검토하여 보수·보강 실시

2) 비파괴시험의 특징

(1) 구조물 파괴 없이 시험 실시

(2) 시험이 간편하고 짧은 시간에 강도추정 가능

(3) 장비의 검교정 실시 및 시험 후 보정 필요

3) 콘크리트 비파괴시험의 종류 및 검사항목

(1) **외관검사** : 육안관찰조사 – 노출면의 상태, 표면결함 및 균열

(2) **강도시험**

① 반발경도법 : 슈미트해머 이용

② 국부파괴시험법 : 코어채취시험(일축압축강도시험), 인발법

(3) **철근탐사시험** : 방사선투과시험(RT), 초음파탐상시험(UT), 전자파(레이더) – 간격, 위치

(4) **철근부식도시험** : 자연전위법, 초음파법

(5) 열화시험

① 중성화깊이 측정
② 철근 염해 측정 : 질산은 적정법

(6) 균열 및 결함검사

① 육안관찰(VT)　　② 초음파탐상시험(UT)　　③ 방사선투과시험(RT)
④ 자분탐상시험(MP)　⑤ 침투탐상시험(PT)　　⑥ AE법(미소파괴음법)

4) 슈미트해머(반발경도법)

(1) 정의

구조물의 타격에 의한 물리적 성질을 이용하여 강도를 추정하는 시험방법

(2) 시험방법

① 평탄한 위치 선정, 그라인더로 요철 제거
② 구조물에 3cm×3cm 크기, 20점이 되도록 가로, 세로로 선을 그음
③ 구조물에 직각으로 타격시험 실시
④ 20개를 평균하여 압축강도 산정, 평균보다 ±20% 벗어난 경우 제외

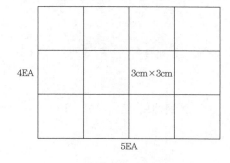

[측정기록지]

[슈미트해머]

8 폭렬(고강도, 고성능콘크리트)

1) 정의

고강도콘크리트가 화재에 노출되어 온도 상승으로 내부의 수분이 급속히 팽창되어 콘크리트가 탈락하는 현상

2) 메커니즘

(1) 화학식

$$Ca(OH)_2 + \underset{\text{(화재온도)}}{1,000℃} \longrightarrow CaO + \underset{\text{(수중기압 팽창)}}{H_2O\uparrow}$$

(2) 발생조건

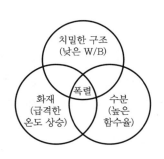

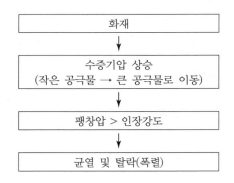

3) 구조물에 미치는 영향(문제점)

(1) 열에 의한 콘크리트 중성화(탄산화) 촉진

(2) 콘크리트 폭발적 비산

(3) Pop out 발생

4) 원인

(1) 직접원인

① 흡수율이 큰 골재 사용

② 치밀한 조직으로 화재 발생 시 수증기 배출이 안 될 때

(2) 간접원인

① 구조물 화재관리 미흡　　　　② 화재의 초기진압 실패

5) 대책

(1) 콘크리트 대책

① 함수비가 적고 내화성이 높은 골재 사용, 피복두께 증가

② 섬유보강재 혼입 : 수증기압 흡수

(2) 온도 상승 방지대책

① 내화피복 : 내화뿜칠, 단열판 부착, 단열모르타르 바름

② 내화도장 : 인화, 연소의 방지, 지연

(3) 폭렬비산 억제방법

① 메탈라스 매립(와이어메시)　　② 강판 피복　　③ 탄소섬유시트 부착

(4) 화재관리

점화원 관리 및 가연성 물질 제거, 소화설비 및 차단시설 설치

4 유지관리(시설물의 안전 및 유지관리에 관한 특별법)

1 목적

(1) 시설물의 안전점검을 통하여 조기에 손상 및 결함 발견

(2) 보수 및 보강을 통하여 재해와 재난을 예방하고 공중의 안전 확보

2 조직 및 업무

(1) **운영팀** : 예산 확보, 점검운영계획 수립, 기계장비관리

(2) **홍보팀** : 점검, 일시중단, 이상 유무 등 대외홍보, 비상시 긴급사태조치 홍보

(3) **시설물관리팀** : 토목, 건축, 기계, 전기, 정보통신, 소방→점검, 보수·보강, 계측

3 시설물의 종류

(1) **1종 시설물** : 고속철도교량 전체, 도로, 철도교량 연장 1,000m 이상

(2) **2종 시설물** : 도로, 철도교량 연장 100m 이상

(3) **3종 시설물** : 준공 후 10년이 경과된 교량 연장 20m 이상

4 안전점검실시주기 `6.25`

구분	(건설기술진흥법)		(시설물의 안전 및 유지관리에 관한 특별법)		
	초기점검	일상점검	정기점검	정밀점검	정밀안전진단
점검주기	준공 시	수시	6개월	2년	5년

① 긴급점검 : 충돌, 지진 등 손상 발생 시 또는 결함 발생 시

② 정기점검 : DE등급은 연 3회(우기, 동절기, 해빙기) 실시

5 안전진단방법

사전조사 → 계획 수립 → 현장조사 및 시험 → 성능평가(안전성, 내구성, 사용성) → 종합평가(안전등급 지정) → 대책 수립 → 보수·보강 → FMS 등록

6 보수 및 보강

(1) **구조물 보강** : 균열, 단면 확대, 강판 보강, PS 실시

(2) **기초 보강** : 단면 확대, 말뚝 보강, 그라우팅, JSP

(3) **지반 보강(세굴, 파이핑, 침하)** : 그라우팅, Under pinning

CHAPTER

02 특수콘크리트

특수콘크리트

재료별

결합재(시멘트)

1. 보통(일반)
2. 중용열(원전)
3. 조강(한중 4℃ ↓)
4. 저열(서중 25℃ ↑)
5. 내황산(해양)

성능개선재(혼화재료)

1. 팽창콘크리트(팽창재)
2. 유동콘크리트(유동화재)
3. 수밀콘크리트(방수제)
4. 고강도콘크리트(실리카퓸)
5. 고성능콘크리트(고성능 감수제)

골재

1. 경량콘크리트($1.8t/m^3$)
2. 보통콘크리트($2.3t/m^3$)
3. 중량콘크리트($2.5t/m^3$)
4. 순환골재콘크리트(폐콘크리트)
5. 포러스콘크리트(잔골재 ×, 공극 大)
6. 경량기포콘크리트(에어 大)

채움재

섬유보강콘크리트(섬유보강재)

현장조건별

환경조건

1. 온도
   - 한중콘크리트(4℃ 이하)
   - 서중콘크리트(일평균 25℃ 이상)
   - 내화콘크리트(800~1,000℃)
   - 내열콘크리트(1,000℃ 이상)
2. 물
   - 수중콘크리트(하천, 현타)
   - 해양콘크리트(해수)

타설방법

1. Mass콘크리트(타설두께, 수화열)
2. Preplaced콘크리트(프리팩트, 미리 골재 채움)
3. 숏크리트(뿜어붙이기)
4. PSC콘크리트(강재 긴장)
5. 진공콘크리트(잉여수 진공 제거 양생)

기타 조건

1. 단위시멘트량
   - 빈배합콘크리트($C=250kg/m^3$ 이하)
   - 부배합콘크리트($C=300kg/m^3$ 이상)
2. 반죽질기
   - 된비빔
   - 묽은 비빔
3. 생산방식 : 레디믹스콘크리트

※ 기타 특수콘크리트
- 스마트콘크리트(자기치유콘크리트)
- 합성구조콘크리트(강재+철근+콘크리트)
- RCCD(롤러다짐콘크리트댐)

Chapter 02 특수콘크리트
(정의＋특징＋장단점＋활용＋문제점＋주의사항＋개발방향)

1 분류

1 재료별 콘크리트

1) 결합재(시멘트)

① 보통(일반)　　　② 중용열(원전)　　　③ 조강(한중 4℃ ↓)

④ 저열(서중 25℃ ↑)　　⑤ 내황산(해양)

2) 성능개선재(혼화재료)

① 팽창(팽창재)　　　② 고유동(유동화재)　　　③ 고수밀(방수제)

④ 고강도(실리카퓸)　　⑤ 고성능(고성능 감수제)

3) 골재

① 경량($1.8t/m^3$)　　　② 보통($2.3t/m^3$)　　　③ 중량($2.5t/m^3$)

④ 순환골재(폐콘크리트)　⑤ 포러스(잔골재 ×, 공극 大)　⑥ 경량기포(에어 大)

4) 채움재

섬유보강재

2 조건별 콘크리트

1) 환경조건

① 온도

　㉠ 한중(일평균 4℃ 이하)　　　㉡ 서중(일평균 25℃ 이상)

　㉢ 내화(800~1,000℃)　　　㉣ 내열(1,000℃ 이상)

② 물

　㉠ 수중(하천, 현타)　　　㉡ 해양(해수)

2) 타설방법

① Mass콘크리트(타설두께)

② Preplaced콘크리트(프리팩트, 미리 골재 채움)

③ 숏크리트(뿜어붙이기)

④ PSC콘크리트(강재 긴장)

3 기타

① 단위시멘트량

구분	빈배합	부배합
단위시멘트량	$250kg/m^3$ 이하	$300kg/m^3$ 이상
특징	시멘트량 적음, 강도 적음, 수화열 적음	시멘트량 많음, 강도 큼, 수화열 큼, 수화균열, 비용 고가
이용	버림, RCCD, RCD포장, 케이슨 속채움	본 구조물, 보통, 유동, 고강도, 수중, 한중

② 반죽질기 : 된비빔, 묽은 비빔

③ 생산방식 : 레디믹스콘크리트

2 재료별 특수콘크리트

1 경량콘크리트(경량골재콘크리트), 순환골재콘크리트

1) 개요

(1) **설계기준압축강도** : 15MPa 이상

(2) **골재의 기건단위질량** : $2,100kg/m^3$ 이하

2) 분류

(1) **경량골재콘크리트** : 인공골재(공극 큰 골재 제조), 천연골재(화산모래), 부산물(팽창Slag)

(2) **경량기포콘크리트** : 발포제를 사용하여 기포 형성, 단열효과 큼, 공장제품

(3) **포러스콘크리트(무세골재콘크리트)**

① 공극 형성(9~35%), 투수성이 큼, 잔골재가 없거나 굵은 골재의 1/10 이하

② 투수성 포장, 식생공, 인공어초 이용 → 친환경Con'c

(4) **순환골재콘크리트** : 건설폐콘크리트 이용

(5) **친환경콘크리트(Eco Con'c)**

① 에코시멘트콘크리트, 무세골재콘크리트, 순환골재콘크리트

② 저탄소콘크리트(혼화재 사용) : 시멘트 사용 저감 및 생산 감소 → CO_2 저감 → 대기오염 감소

3) 특징

(1) **장점**

① 자중 감소 → 부재의 응력 감소, 단면 축소, 교량 장대화, 내진성 우수

② 친환경콘크리트, 취급 용이

(2) **단점**

① 골재강도가 작아 파쇄율이 큼, 흡수율이 큼 → Slump 저하, 펌프 압송성 저하

② 건조수축 큼, 중성화 저항성 작음, 동해 우려

4) 관리방안

(1) **재료** : 골재 Prewetting 3일간 실시, 유해물이 없을 것

(2) **배합** : 수밀성기준 W/B 50% 이하, 슬럼프 80~210mm, 공기량 5.5%

(3) **시공** : 다짐간격 0.3m, 진동 30초, 펌프 폐색 방지(유동화제 사용)

> **✍ 순환골재콘크리트**
>
> 1. 개요
>   ① 건설 폐콘크리트를 크러셔로 분쇄한 골재를 사용하여 제조한 것
>   ② 순환골재는 설계기준압축강도 27MPa 이하에 적용
> 2. 특징
>   ① 장점
>   ㉠ 건설폐기물 재사용으로 친환경콘크리트임
>   ㉡ 천연골재 사용 감소로 환경파괴 방지
>   ② 단점
>   ㉠ 흡수율이 큼 → Slump 저하, 펌프 압송성 저하, W/a 저하, 건조수축 큼
>   ㉡ 강도가 작고 불순물이 많음, 입도 · 입형불량, AAR 발생

2 중량콘크리트(방사선 차폐용 콘크리트)

1) 개요

(1) 원전현장의 방사선을 차폐할 목적으로 사용

(2) 골재의 기건단위질량 : $2,500 \sim 6,000 \text{kg/m}^3$, 원자로 $f_{ck} = 42\text{MPa}$(재령 90일)

(3) 종류 : 자철석, 중정석

2) 요구조건

(1) 수밀성이 크고 건조수축에 의한 균열이 없을 것

(2) 열전도율이 크고 열팽창률이 적을 것

(3) 방사선조사 시 유해물질이 없을 것

3) 특징

(1) 장점

수밀성이 큼 → 방사선 차폐

(2) 단점(문제점)

① 골재중량에 의한 재료분리, 워커빌리티 불량

② 취성파괴, 크리프파괴, AAR(시멘트 大)

4) 관리방안

(1) 재료 : 중용열시멘트, 중량골재, 감수제 사용, AE제는 사용금지

(2) 배합 : 수밀성기준 W/B 50% 이하, 슬럼프 150mm 이하

(3) 시공 : 연속타설(이음부금지), 타설구획 및 이음부위치 등은 사전검토, 수화열대책 수립

▶ 경량콘크리트와 중량콘크리트의 차이점

구분	경량Con'c	중량Con'c
강도	$f_{ck}=15\sim24MPa$	$f_{ck}=25\sim60MPa$ 이상
골재	경량골재(인공, 천연), $1.8t/m^3$	중량골재(자철석), $2.5t/m^3$
성질	흡수율 큼	재료분리
장점	친환경, 자중 小, 취급 용이	강도 大, 수밀성 大, 내구성 大
단점	강도 小, 공극 大, 중성화	AAR, 취성파괴, 취급 불리
중성화 (골재 탄산가스 침입)	〈경량골재〉 탄산가스 [CO_2골재 통과]	〈보통골재, 중량골재〉 탄산가스 [CO_2골재 통과 안 됨]

3 유동화콘크리트

1) 개요

미리 비빈 베이스콘크리트에 유동화제를 첨가하여 유동성을 증대시킨 콘크리트로 워커빌리티를 개선시킬 목적으로 사용

2) 특징

(1) **장점** : 유동성 증대 → 워커빌리티 개선, 시공능률 향상

(2) **단점** : 재료분리가 큼, 표면기포 발생, 측압 증가 → 품질 저하

3) 관리방안(유동화방법)

(1) Slump 150~210mm

(2) 유동화 후 30분 이내 타설(분산효과 짧음) → 60분이 지나면 슬럼프 회복

(3) 투입량 75% 이상 과다투입 시 → 재료분리 발생, 유동성 저하

(4) 현장첨가 유동화 실시

(5) 재유동화 금지하고 충분히 교반 실시

4 고유동화콘크리트(고성능 AE감수제)

1) 개요

콘크리트의 다짐작업 없이 자체 유동으로 충전과 재료분리가 없는 고유동의 콘크리트

2) 요구성능 자, 유, 재, 간

(1) 다짐작업 없이 자기충전성이 클 것

(2) 고유동성을 가질 것

(3) 재료분리 저항성이 클 것

(4) 철근 및 부재를 통과하는 간극통과성이 클 것

3) 적용

(1) 다짐작업 없이 충전이 필요한 경우

(2) 균질하고 정밀도가 높은 구조체 시공 시

(3) 현장조건상 타설작업시간단축이 요구되는 경우

(4) 다짐작업에 의한 소음, 진동의 발생을 피해야 하는 경우

4) 특징

(1) 장점

① 유동성 증대 → 워커빌리티 개선, 시공능률 향상

② 충전성 증대 → 재료분리 감소, 건조수축 감소, Bleeding 감소, 수화열 감소

(2) 단점

① 거푸집 측압 증가

② 응결 지연, 품질관리 철저

5) 관리방안

(1) 품질관리

① 고성능 AE감수제 사용

② 자기충전성시험 : 1~3등급 구분, 충전높이 300mm 이상일 것

③ 슬럼프플로 600mm 이상, 도달시간 3~20초 이내

(2) 시공관리

① 믹서로 균질하게 혼합

② 펌프의 압송관길이는 300m 이하, 타설 시 자유낙하높이는 5m 이하, 수평유동거리 15m 이하로 타설관리

③ 타설 중 거푸집 측압에 대한 변형관리

6) 유동화제와 고유동화제의 차이점

구분	유동화제	고유동화제(고성능 AE감수제)
원리	단위수량 유지(분산효과)	단위수량 감소(분산효과)
강도, 유동성	강도 유지, 유동성 확보	강도 증진, 유동성 확보, 내동해성 증가
투입 및 시간	현장 투입, 유동화 30분	공장 투입, 유동화 1시간 30분

구분	유동화제	고유동화제(고성능 AE감수제)
품질책임	책임소재 불명확	책임소재 명확(공장)
펌프 압송성	압력손실 적음	압력손실 큼
주의사항	유동화시간 짧음, 재유동화금지	응결 지연, 기포 발생으로 강도 저하

5 고강도콘크리트

1) 개요

① 고강도콘크리트 : 설계기준압축강도 40MPa 이상인 경우(보통골재, 중량골재 사용)

② 경량고강도콘크리트 : 설계기준압축강도 27MPa 이상인 경우(경량골재 사용)

③ 고강도 제조방법

| 일반 콘크리트 | + | 고성능 감수제 | + | 실리카퓸 플라이애시 고로슬래그 | = | 고강도 콘크리트 |

2) 콘크리트 강도의 분류

종류	보통	경량고강도	고강도	고내구 (Dura Con'c)	고성능 (HPC)	초고성능 (UHPC)
압축강도 (MPa)	21	27 이상	40 이상	60 이상	70 이상	150 이상

3) 특징

(1) 장점

① 고강도 → 단면 감소, 부재의 경량화, 작업량 감소

② 조기강도 발현, 장대구조물 활용

(2) 단점

① 시멘트량 大, 수화열, 온도균열, 자기수축 큼, 품질관리 어려움

② 취성파괴, 폭렬, 자기수축균열, AAR 발생

4) 관리방안

(1) 품질관리

① 고성능 감수제 사용

② W/B 45% 이하, 유동성 슬럼프플로 500~700mm, $G_{\max}$ 25mm 이하

③ 폭렬 방지 : f_{ck} 50MPa 이상 섬유보강재 혼입

(2) 시공관리

① 점성이 높으므로 다짐장비, 다짐시간, 다짐방법 사전검토

② 두께 80cm 이상 수화열관리 양생

6 고성능콘크리트(HPC : High Perfomance Concrete, 하이퍼포먼스콘크리트)

1) 정의 (내, 강, 유, 수)

일반콘크리트에 비해 고내구성, 고강도, 고유동, 고수밀성을 갖는 콘크리트

2) 요구조건

(1) 굳지 않은 콘크리트의 성질 : 재료분리 저항성, 작업 용이성, 유동성, 압송성, 충전성

(2) 굳은 콘크리트의 성질 : 강도, 내구성, 수밀성, 강재보호성능 → 균질성

3) 제조방법

(1) 고강도 : 재령 28일 70MPa 이상, W/B 35% 이하

(2) 고유동성 : 자기충전성, Slump Flow 600mm 이상

(3) 고내구성 : 탄산화, 염분침투 방지, 동결융해 저항성, 장기내구성 향상

(4) 고수밀성 : 실리카퓸, 플라이애시, 슬래그 사용

(5) 혼화제 : 고성능 AE감수제, 증점제 사용

(6) 기타 : 일반콘크리트에 준함

4) 특성

(1) 장점 : 고내구성+고강도화+고유동화+고수밀성=고성능

(2) 단점 : 고수밀성에 의한 폭렬, 고유동에 의한 측압, 품질관리 난이, 비용 고가

5) 관리

(1) 재료 : DSP시멘트(초미립시멘트), MDF시멘트(초미립폴리머), 실리카퓸, 고성능 AE감수제, 충전재, 강섬유 사용

(2) 배합 : W/B 35% 이하, Slump Flow 600mm 이상, S/a 작게, G_{max} 25mm 이하, 균질하게 배합관리

(3) 시공
① 거푸집 측압에 유의하면서 타설
② 신속히 운반하여 타설하고 습윤양생 실시
③ 다짐에 대한 충전성 검토 필요

7 초고성능콘크리트(UHPC : Ultra-High Performance Concrete, 울트라하이퍼포먼스 콘크리트)

1) 정의

고성능콘크리트의 성질을 개선시킨 압축강도 150MPa 이상인 콘크리트

2) 특징

(1) 고성능콘크리트의 성질 개선

(2) 반응성분체, 마이크로실리카, 특수강섬유를 이용 고강도 증대

(3) 균열에 대한 자기치유 가능

3) 활용

장대교량의 상부구조, 내충격성 부재, 내진구조부재, 보, 슬래브

4) 시공 시 유의사항

(1) 성분변화에 민감하므로 철저한 품질관리 필요

(2) 결합제의 증가로 배합시간이 늘어나므로 철저한 배합관리

(3) 다짐이 없으므로 충진성 사전검토

8 팽창콘크리트

1) 정의

콘크리트 배합 시 팽창혼화재를 배합하여 수화반응 시 팽창하는 콘크리트

2) 종류

(1) **수축보상용** : 팽창률(小) 150×10^{-6} 이상~250×10^{-6} 이하

(2) **화학적 PS용** : 팽창률(中) 200×10^{-6} 이상~700×10^{-6} 이하

> **화학적 PS콘크리트(자기응력콘크리트)**
> ① 팽창콘크리트의 팽창력이 매우 커서 철근을 인장시키려는 응력이 발생됨
> ② 상대적으로 철근은 압축력이 도입되어 구조물의 휨인장강도를 증진시킴
> ③ 효과 : 팽창력에 의한 철근을 구속, 압착 → 휨인장강도 증진 → 인장균열 저감

(3) 무진동파쇄용 : 팽창률(大)

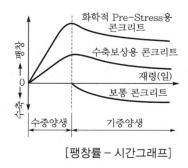

[팽창률 – 시간그래프]

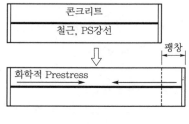

[화학적 PS콘크리트]

3) 특징

(1) 장점

① 건조수축균열 방지, 수밀성 증대로 초기균열 방지 → 내구성 향상

② 팽창에 의한 화학적 프리스트레스효과로 철근구속 → 휨인장강도 증진

(2) 단점

① 팽창에 의한 밀도 감소 → 강도 저하, 풍화되기 쉬움

② 팽창압이 너무 클 경우 인장균열 발생

4) 관리방안

(1) 품질관리

① 팽창재 : 기포 발생 혼화재, 고로슬래그미분말

② 팽창률시험으로 팽창률 확인 후 시공

③ 공기량 : 보통 3~6%, 경량 5%

(2) 시공관리

① 부분팽창 방지를 위해 균질교반 실시

② 타설 후 5일 이상 습윤양생, 온도 2℃ 이상 유지

5) 적용

(1) 균열보수용, 그라우팅용, 정수장구조물

(2) 토목구조물 강관 충진용, 교좌장치 무수축모르타르

9 섬유보강콘크리트

1) 정의

보강용 섬유를 혼입하여 주로 인성, 균열 억제, 내충격성 및 내마모성 등을 높인 콘크리트

2) 요구조건

소요의 강도, 인성, 내구성, 수밀성, 강재보호성능 → 워커빌리티 → 품질의 변동이 작을 것

3) 종류 및 특징

(1) 콘크리트 혼합용 [유, 합, 탄, 강]

유리섬유	합성섬유 (폴리프로필렌)	탄소섬유	강섬유
• 용융유리 제작 • $L=25\sim40mm$ • 교량 슬래브 적용	• 합성섬유 제작 • 열에 약함 • 교량 슬래브 사용금지	• 섬유와 석탄재료 혼합 제작 • 탄소섬유시트 구조물 보강재 이용	• 강선절단섬유 • 부식 • 숏크리트 이용

(2) 구조물 보강용 : 연속탄소섬유시트, 하이브리드시트

(3) FRP 보강근(섬유강화폴리머 보강근) : 철근을 폴리머로 피복강화

4) 특징

(1) 장점

취성파괴 방지, 균열 억제, 인성 大, 폭렬 저항성 大, 내진성 大, 내충격성 大

(2) 단점

① 분산성 저하 → 유동성 저하
② Fiber Ball : 섬유재의 뭉침현상으로 강도 저하

5) 관리방안

(1) Fiber Ball현상 : 감수제 사용, 스크린 설치, 충분히 비빔

(2) 고성능 AE감수제 과다 사용 시 Fiber Ball현상 발생에 유의

(3) 합섬섬유는 교량 슬래브 사용금지

(4) 섬유보강재 혼입률 준수

(5) 콘크리트 표준시방서의 일반콘크리트사항 준수

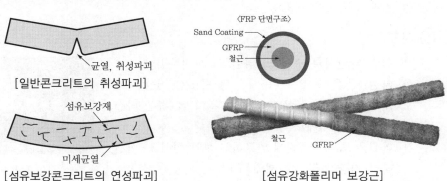

[일반콘크리트의 취성파괴]

[섬유보강콘크리트의 연성파괴]

[섬유강화폴리머 보강근]

3 조건별 특수콘크리트

1 한중콘크리트

1) 적용범위

일평균기온이 4℃ 이하로 동결의 우려가 있는 경우 한중콘크리트 적용

2) 문제점

(1) 수화반응 지연, 응결 지연, 강도 증진 느림

(2) 0℃ 이하, 5MPa 이하인 경우 초기동해, 초기동해 시 30% 강도 저하

(3) 혹한기에 따른 품질관리가 어렵고 안전재해 우려

3) 원인

(1) 직접

① 빙점 이하 기온에서 콘크리트 타설, 콘크리트 결빙, 눈 등의 혼입

② W/B, 단위수량, 골재흡수율이 큰 경우

(2) 간접

① 공기단축으로 무리한 공사진행, 한중콘크리트계획 미흡

② 보양 및 가열양생관리 불량

4) 관리방안

(1) 재료

① 조강시멘트 사용

② 혼화재 사용 : 동결융해 저항제, 촉진제

(2) 배합

① W/B 60% 이하, 단위수량 적게

② 골재의 함수율 작게

(3) 시공

① 한중 타설계획 수립 및 타설 시 사전준비 철저

② 타설 시 온도 10℃ 이상, 양생 시 5℃ 이상

③ 거푸집에 빙설 등을 제거하고 눈이 올 경우 타설 지양 → 일기예보 청취

④ 타설은 오후 4시 전에 완료하고 보양 실시 → 야간 타설 지양(품질 ↓, 재해 ↑)

[열풍기(가열양생)]

2 서중콘크리트

1) 적용범위

일평균기온이 25℃를 초과하는 것이 예상되는 경우 서중콘크리트 적용

2) 문제점

(1) 수분의 급격한 증발 → 슬럼프 감소, 공기량 감소 → 워커빌리티 저하

(2) Cold Joint, 소성수축균열 발생

(3) 수화반응 촉진에 온도균열

3) 원인

(1) 직접

온도 증가에 따른 콘크리트 수분의 급격한 증발

(2) 간접

① 서중콘크리트계획 미흡

② 혹서기 공기단축을 위한 무리한 공사진행

4) 관리방안

(1) 재료

① 저열시멘트

② 혼화재 사용 : 지연제, Fly ash 사용

③ 골재의 프리웨팅 실시

(2) 배합

① 단위시멘트량 적게(수화열 감소)

② 운반시간 1.5hr 이내

(3) 시공

① 서중 타설계획 수립

② 타설 시 온도 35℃ 이하일 것 → 일기예보 청취

③ 거푸집에 미리 살수하여 습윤상태 유지

④ 새벽 및 야간에 타설하고 낮 12~3시 사이에는 타설 지양

⑤ Cold Joint 방지를 위한 레미콘차량 배차간격 조정

⑥ 양생관리 : 피막양생, 삼각지붕양생, 습윤양생(5일), 스프링클러 실시

[스프링클러(습윤양생)]

3 매스콘크리트

1) 적용범위

(1) 콘크리트의 수화열에 의한 온도응력 및 온도균열을 검토해야 하는 구조물

(2) **불구속조건** : 구조물두께 $T=80cm$ 이상인 경우

(3) **하단구속조건** : 구조물두께 $T=50cm$ 이상인 경우

2) 메커니즘 및 문제점

(1) 수화열 → 온도 증가 → 온도응력 증가 → 온도인장응력 > 인장강도 → 온도균열

(2) 조기열화, 내구성 저하, 내하력 저하 발생

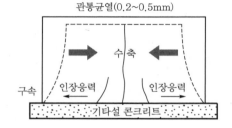

▲ 발열과정

내부팽창, 외부수축 ⇒ 표면균열

내부구속 $T=80cm$ 이상

▲ 냉각과정

상부수축, 하부구속 ⇒ 관통균열

외부구속 $T=50cm$ 이상

[온도균열형태]

3) 원인

(1) **직접**

① 내·외부온도차가 클 때

② 수화열에 의한 팽창 및 수축 시 구속조건일 때

③ 조기탈형 시 표면온도가 저하될 때

(2) **간접**

① 매스콘크리트 검토 미흡

② 매스콘크리트 시공관리 불량

4) 온도균열검토방법

(1) 기실적에 의한 방법

(2) 온도균열지수에 의한 방법(I_{cr})

$$온도균열지수(재령\ t\ 일기준)\ I_{cr} = \frac{콘크리트\ 인장강도(f_{sp})}{온도팽창\ 인장응력(f_t)}$$

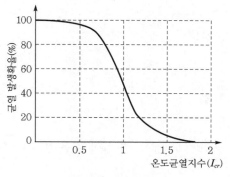

[온도균열지수]

- 구조물의 온도균열지수값(I_{cr})
  - 균열 발생 방지 : 1.5 이상
  - 균열 발생제한 : 1.2~1.5
  - 유해한 균열 발생제한 : 0.7~1.2

(3) 검토해석프로그램 : MIDAS-CIVIL(유한요소해석프로그램) 이용

5) 대책

(1) 사전검토

① 온도균열 검토
② MASS 타설계획 수립, 양생방법 검토 및 준비

(2) 설계

① 온도철근 보강
② 신축이음, 수축이음(균열유발줄눈) 설치

(2) 재료, 배합

① 저열시멘트, Fly ash, 초지연제, 섬유보강재 사용, 단위시멘트량 적게
② Pre-cooling : 골재, 물, 시멘트 냉각 후 배합 – 콘크리트 3℃ 저하

(3) 시공

① 서중 타설계획 수립
② 불구속조건 시공 : 폴리에틸렌필름 깔기
③ Block 분할 타설, 시공이음 설치
④ Post-cooling : 파이프쿨링, 스프링클러 살수
⑤ 습윤양생

▣ 수중콘크리트(수중불분리성콘크리트), PAC공법(Preplaced Aggregate Concrete)

1) 적용범위

(1) 정의 : 해양, 하천, 니수 등의 수중에 타설하는 콘크리트
(2) 적용 : 해상 안벽, 호안, 케이슨, 우물통, 구조물기초, 현타말뚝, Slurry Wall

2) 요구조건

유동성, 자기충전성, 재료분리 저항성, 강도

3) 수중 타설공법

(1) **트레미** : 현타말뚝, 슬러리월공법 이용

(2) Pump : 펌프 수송관 사용

(3) **밑열림상자** : 밑뚜껑식, 플랜지식 → 소규모 공사, 수심이 깊은 곳부터 타설

(4) **밑열림포대** : 소규모 공사 이용

(5) **PAC공법** : 골재를 미리 채운 후 모르타르 주입

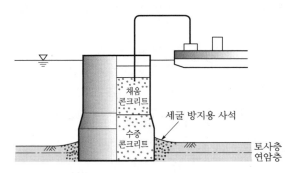

[우물통기초 수중콘크리트 타설 – 펌프 수송관]

4) 문제점 및 원인

(1) 품질관리 난이, 재료분리 발생, 다짐 난이, 철근 부착성 저하, 품질 확인 어려움

(2) 내구성 저하, 강도 저하(30% 감소)

5) 관리방안

(1) **재료** : 수중불분리성혼화제(재료분리저감제), 경화 촉진제, 소포제(기포 방지), 유동화제

(2) **배합** : W/B 50% 이하, Slump 130~180mm, 공기량 4% 이하

(3) **시공**

① 피복두께 $t=100$mm 이상, 수중슬라임 제거

② 물의 유속 50mm/s 이하 타설, 트레미관의 직경 $\phi 250 \sim 500$mm, 삽입깊이 0.3~0.4m

③ 트레미관 수중에서 수평이동금지

④ 거푸집 주입모르타르의 누출 방지, 환경오염방지시설 설치

⑤ 수중불분리성콘크리트의 수중낙하높이 0.5m 이하

6) 수중불분리성콘크리트

(1) 정의

수중에 타설 시 콘크리트가 재료분리되지 않도록 여러 혼화제를 사용한 콘크리트

(2) 사용혼화제의 종류 및 특성

① 수중불분리성혼화제(재료분리저감제, 증점제) : 점성 증가로 재료분리 저감
→ 문제점 : 응결시간 지연, 큰 기포 발생, 유동성 저하(펌프 폐색), pH 저하로 철근부식 용이
② 경화 촉진제 : 응결시간 촉진
③ 소포제 : 큰 기포 발생 방지
④ 유동화제 : 유동성 증가(펌프 압송성 우수, 워커빌리티 우수)

7) PAC공법(Preplaced Aggregate Concrete, 프리플레이스트콘크리트, Prepacked concrete)

(1) 정의

거푸집 설치 후 골재를 미리 채우고 설치된 파이프에 고유동 모르타르을 주입하는 공법

(2) 특징

① 장점 : W/B 감소, 골재 부착력 증가, 방수성 증가, 수중 시공에 유리
② 단점 : 블리딩이 크고 품질 확인 곤란함

(3) 적용

① 해양구조물, 소구경 CIP, 원자로 차폐구조물
② 협소한 장소, 레미콘 보급이 어려운 장소

5 수밀콘크리트

1) 개요

(1) 투수, 투습에 의해 안전성, 내구성, 기능성, 유지관리 및 외관변화가 없도록 수밀콘크리트 시공
(2) 적용 : 지하구조물, 수리구조물, 저수조, 터널, 상하수도시설

2) 요구조건

(1) 수밀성이 크고 건조수축에 의한 균열이 없을 것
(2) 투수, 투습에 의해 안전성과 기능성을 유지할 것

3) 관리방안

(1) 재료 : 방수제, 팽창재(수축 저감용 혼화제), 고성능 AE감수제 사용
(2) 배합 : 수밀성 W/B 50% 이하, 슬럼프 180mm 이하, 공기량 4% 이하

(3) 시공

① 콜드 조인트, 이어치기부, 허니컴 등 재료분리가 없도록 타설
② 시공이음, 신축이음구간 : 지수판, 수팽창지수재, 충진재 시공
③ 거푸집 긴결재위치에 방수 실시

⚓ 지하구조물 누수원인 및 대책

① 원인 : 시공 불량, 양압력 균열, 방수 불량, 이음부 불량, 주변 지하수 유입
② 대책
　㉠ 수밀콘크리트, 방수 처리(내부, 외부), 이음부 지수 처리
　㉡ 지하수위 저하 및 차단공법

---

6 해양콘크리트(폴리머시멘트콘크리트)

1) 적용범위

(1) 해중이나 해상 또는 해안에서 250m 이내에서 시공하는 콘크리트

(2) **적용** : 부두, 도크, 해저터널, 해상교량, 방파제, 호안

(3) 설계기준강도 30MPa 이상

2) 요구조건

염해 저항성, 유동성, 자기충전성, 재료분리 저항성, 강도

3) 종류(합성수지콘크리트)

(1) 일반콘크리트＝시멘트＋골재＋고로슬래그혼화재

(2) 폴리머콘크리트(액상수지)＝폴리머＋골재(시멘트 없음)

(3) 폴리머시멘트콘크리트＝폴리머＋시멘트＋골재

(4) 폴리머함침콘크리트＝일반콘크리트 표면에 액상폴리머 도포 → 침투

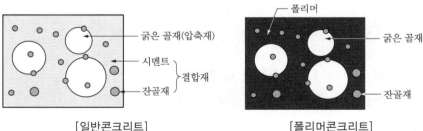

[일반콘크리트]　　　　　　　[폴리머콘크리트]

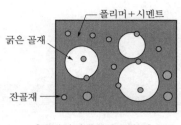

[폴리머시멘트콘크리트]

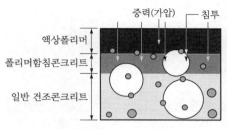

[폴리머함침콘크리트]

4) 문제점 및 원인

(1) **시공 시** : 품질관리 난이, 재료분리 발생, 다짐 곤란, 시공관리 어려움

(2) **공용 시** : 화학적 침식, AAR, 염해(철근부식), 중성화(육상공장), 동결융해, 파랑에 의한 표면 마모

> **Tip** 해양 강재부식속도(mm/yr) : 해상대기부 0.1, 비말대 0.3(부식 大), 간만대 0.1~0.25, 수중부 0.1, 해저면 0.03

5) 관리방안

(1) **재료** : 혼화재료(고로슬래그), 내황산시멘트, 폴리머시멘트, 폴리머함침콘크리트

(2) **배합**

① W/B : 해상대기부 50% 이하, 비말대·간만대 40% 이하, 해중 50% 이하

② G_{max} : 40mm 이하

(3) **시공**

① 콘크리트 피복 t=100mm 이상

② 감조부 구간 시공이음금지 : HWL. +0.6m~LWL. −0.6m구간

③ 수중콘크리트 시공관리

(4) **부식대책** : 방식성 강재 사용, 도장, 에폭시철근, 전기방식 실시

7 프리스트레스콘크리트(PSC : Prestressed concrete), 프리캐스트콘크리트(PC)

1) 개요

(1) 외력에 의하여 발생되는 인장응력을 상쇄시키기 위하여 미리 압축응력을 도입한 콘크리트부재

(2) **원리** : 응력, 하중평형, 강도개념 도입

2) 특징

(1) 처짐에 대한 탄력성과 복원성 우수 → 경간을 길게

(2) 콘크리트 단면 감소

(3) 변형이 크고 진동하기 쉬움

3) PS방식

구분	Pre-Tension	Post-Tension
원리	타설 전 긴장	타설 후 긴장
장소	공장제작	현장제작
PS도입시기	강도 30MPa 이상	강도 25MPa 이상
정착방식	부착식(강선 부착)	정착식(정착장치)
제작방식	연속식, 단독식	부착식(그라우팅), 비부착식(그리스)
특징 (장단점)	• 대량생산 가능 • 시스관, 정착장치 없음 • 거푸집, 동바리 설치 없음 • 긴장재 곡선배치 없음	• 대형구조물에 적합 • 텐돈의 곡선배치 가능 • 재긴장 가능, 품질관리 곤란 • 동바리, 거푸집 가능

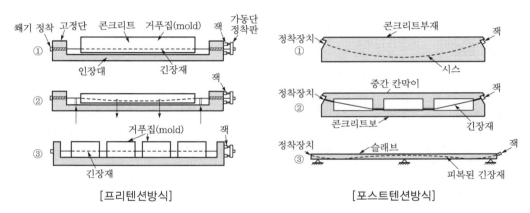

[프리텐션방식]　　　　　　[포스트텐션방식]

4) Prestress방법 `기, 화, 전, 프`

(1) **기계적인 방법** : Jack을 이용하여 텐돈을 정착

(2) **화학적인 방법** : 팽창콘크리트를 이용한 스트레스

(3) **전기적인 방법** : 전류저항에 의한 열로 늘어날 때 정착

(4) **Pre-Flex방법** : Pre-Flex Beam 거더 이용

5) 응력손실(응력이완, Relaxation)

(1) **정의** : 강재의 하중 증가가 없음에도 시간 의존적 응력이 감소하는 현장

(2) 분류

$$순 릴랙세이션 = \frac{\Delta P(인장응력\ 감소량)}{P_i(최초\ 인장응력)}$$

$$\Delta P(인장응력\ 감소량) = 최초\ 인장응력 - 현재\ 인장응력$$

$$겉보기\ 릴랙세이션 = 순릴랙세이션 + 2차\ 응력손실$$

※ 강재의 응력손실량 : 강봉 3%, 강선 5%

(3) PS응력손실원인

① 즉시손실(초기손실)
 ㉠ 정착장치의 활동(2%)
 ㉡ 콘크리트의 탄성수축(1%)
 ㉢ 긴장재의 시스관마찰(파상마찰)
② 시간 의존적 손실(장기손실)
 ㉠ 강재의 릴랙세이션(강선 3%)
 ㉡ 콘크리트 2차 응력(건조수축 4%, 크리프 5%)
 ㉢ 물리적 하중 : 교통하중, 외부충격, 지진
③ 유효PS = 초기PS량 − 즉시손실량 − 장기손실량
   = 초기PS량 × 유효율(프리텐션 0.8, 포스트텐션 0.85)

6) PSC그라우팅(그라우트)

(1) 목적

① PS강선의 부식 방지
② PS강선과 콘크리트의 일체화
③ PS강선 Relaxtion 억제, PS강선 보호

(2) 요구조건 `강도, 고, 침, 부, 수, 팽`

강도, 고결시간, 침투력, 부착성, 수밀성, 팽창성

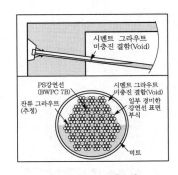

[그라우팅 미충전]

(3) 그라우팅 미충전 시 문제점

덕트 내의 공극 → 염소이온침투 → 부식 진행 → 텐돈파괴 → 교량 붕괴

※ 서울 정동천 고가교(2016. 10.) : 슬래브 수분침투에 의한 텐돈파괴, 정밀점검 시 발견

(4) 그라우팅관리방안

① 품질관리 : W/B 45% 이하, 팽창재(팽창률), 10% 이하, 블리딩수율 5%, 유동화제
② 시공관리
 ㉠ PS긴장 후 8시간 경과 후 실시하고, 7일 이내 완료
 ㉡ 주입압 $P = 3kg/cm^2$, 주입량은 유출 시까지 주입

ⓒ 자동주입계 이용 : 주입량, 주입압, 주입시간 측정 → 그래프 확인

ⓔ 그라우트 주입 후 5일간은 5℃ 이상 유지

ⓜ 그라우트확인검사 : 타음진동법(해머 이용 음파 판정)

8 숏크리트(S/C : Shotcrete)

1) 적용범위

(1) 콘크리트나 모르타르를 호스를 통하여 고속의 공기압에 의해 시공면에 뿜어 붙여 시공하는 콘크리트

(2) **적용** : 터널 및 지하공간 건설, 사면안정(법면보호), 굴착공사 소일네일링공법

2) 요구성능

(1) **사면안정 및 일반공사** : 설계기준압축강도 f_{ck} =21MPa 이상(재령 28일)

(2) **터널지보재** : 설계기준압축강도 f_{ck} =35MPa 이상, 부착강도 1MPa 이상(재령 28일)

(3) **요구조건** : 휨강도, 휨인성, 수밀성, 내구성

3) 종류 및 특징

구분	건식	습식
원리	분사노즐에서 물과 혼합하여 분사	공장에서 물과 배합 후 분사
운반거리	장거리	단거리
시간제약	시간제약 없음(2hr 이상)	시간제약(2hr 이내)
반발량	많음(25% 정도)	적음(12% 정도)
품질관리	품질관리 난이 (물 배합량을 정확히 모름)	품질관리 용이 (물 배합량을 정확히 산정 배합)
적용	용수 大	용수 小
분진	많음	적음

4) 시공순서 [골, 비, 숏, 노]

(1) 건식

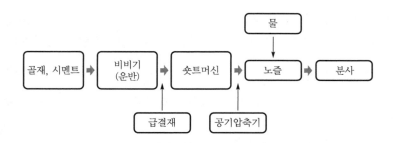

(2) 습식

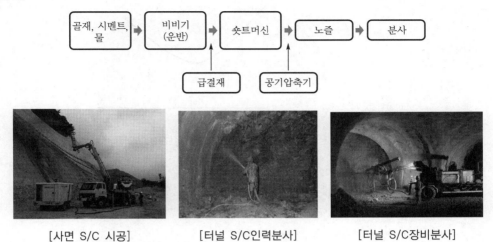

[사면 S/C 시공]　　　[터널 S/C인력분사]　　　[터널 S/C장비분사]

5) 관리방안(리바운드 저감대책)

(1) 재료

① 급결재, $G_{\max}$ 15mm 이하(이상이면 반발량 大)

② 고성능 AE감수제, 강섬유보강재

(2) 배합

① W/B 40~60%, Slump 120mm 이상

② 단위수량 : 용수 있는 곳 4% 정도, 용수 없는 곳 8% 정도

(3) 시공

① 사전처리 : 뜬돌 제거, 배수처리, 빙설 제거, 나무뿌리 등 이물질 제거

② 용수처리 : 건식분사, 배수파이프, 도수공, 유도배수공으로 배수처리

③ 보강재 설치

　㉠ 와이어메시철망(100×100)은 작업면과 20cm 이격 설치

　㉡ 섬유보강재 혼입

④ 뿜어 붙이기 작업

　㉠ 배합 후 뿜어 붙이기 시간 : 건식 45분 이내, 습식 60분 이내

　㉡ 급결제를 첨가한 후는 바로 뿜어 붙이기 작업 실시

　㉢ 1회 타설두께 100mm 이내로 지그재그 반복 분사(두꺼우면 흘러내림)

　㉣ 같은 압력, 분사거리 1m 유지, 벽면에 직각으로 분사

　㉤ 리바운드량(반발량)

$$\text{Rebound율} = \frac{\text{리바운드된 재료의 전체 질량}}{\text{토출된 재료의 전체 질량}} \times 100[\%]$$

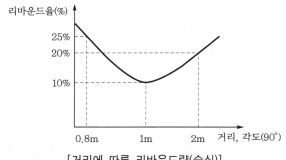

[거리에 따른 리바운드량(습식)]

⑤ 마무리 및 양생
ㄱ 숏크리트가 저온, 건조양생 방지 및 급격한 온도변화 방지
ㄴ 발파진동영향 주의
⑥ 안전 및 환경
ㄱ 방진마스크 착용(진폐증), 터널 환기설비 가동
ㄴ 사면 추락 및 전도위험 주의, 작업 후 리바운드 숏크리트는 즉시 처리

(4) 품질관리 : 핀으로 두께 측정(20m마다), 강도시험(200m^{2}마다), 육안관찰(변상)

6) 직업병 예방 및 친환경적인 개선안

(1) 직업병 예방관리

① 건강장해
ㄱ 분진에 의한 진폐증, 폐렴
ㄴ 피부병, 안질환
② 예방대책
ㄱ 습식방식 적용, 환기설비 가동
ㄴ 방진마스크 착용, 정기적인 건강검진

(2) 친환경적인 개선안

① 대기오염 : 습증기분사장비 이용, 습식 시공
② 소음, 진동 : 터널 방음문 설치, 가설방음벽, 트렌치 설치(진동)
③ 폐기물
ㄱ 리바운드율이 최소가 되도록 관리
ㄴ 폐기물 위탁 처리
④ 수질오염 : 폐수처리시설 설치 및 가동 → 공사 사용수 재사용
⑤ 지반오염 : 폴리에틸렌필름을 깔고 작업
⑥ 시공방법 : 강섬유 사용, 거푸집 이용 타설 → 리바운율 감소

9 스마트콘크리트

1) 정의

콘크리트 내부에 각종 센서 및 특수기능을 부여해 온도, 습기, 항균, 균열, 지진 등 외부환경에 스스로 대응하고 치유하는 콘크리트

2) 종류 및 원리

(1) **자기인식콘크리트** : 열화, 온도, 습도에 따라 색상이 변화하는 콘크리트

(2) **자율변화콘크리트** : 소성의 성질을 가지고 있어 이상 발생 시 형상이 변화하는 콘크리트

(3) **자기제어콘크리트** : 센스에 의해 지진, 진동, 충격에 감쇄작용으로 대응하는 콘크리트

(4) **자기치유콘크리트**

① 에폭시캡슐혼입(작은 균열보수) : 에폭시캡슐을 콘크리트에 혼입하여 균열 발생 시 스스로 충진보수

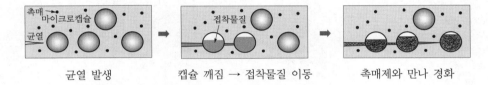

균열 발생   캡슐 깨짐 → 접착물질 이동   촉매제와 만나 경화

② 에폭시튜브혼입(큰 균열보수)
③ 형상기억합금 이용
④ 미생물 및 박테리아 이용 : 미생물 석출, 생명 유지가 필요

3) 특징

(1) 구조물의 예방적 유지보수로 내구성 및 내하력 확보

(2) 내구수명 연장으로 경제적인 구조물

(3) 초기공사비가 증가하고 시공실적이 적음

(4) 다양한 특성자료가 미확보상태이며 연구개발투자가 미흡

4) 향후 개발방향

(1) 시공실적이 부족하므로 체계적인 연구개발투자비 지원 필요

(2) 다양한 특성의 콘크리트 개발 필요

(3) 고기능성 및 친환경구조물에 확대 적용 필요

MEMO

CHAPTER **03**

강재

강 재

강재 일반 → 연결방법

강재의 종류

1. 탄소강(강도 ↑, 용접성 ↓)
2. 열처리강(고온, 저온균열)
3. 합금강(강도 ↑, 용접성 ↑, 고가)
4. TMCP강(강도 ↑, 용접성 ↑)
5. 무도장 내후성 강(친환경)

강재의 문제점

1. 결함(실금) 및 손상(흠)
2. 부식
   • 습식부식 : 전해부식(전기), 자연부식(세균)
   • 건식부식(고온가스)
3. 지연파괴(수소이온환경), 응력부식(응력부), 피로파괴(반복하중)
4. 고온균열(550℃ 이상), 저온균열(300℃ 이하)
5. 파괴
   • 연성파괴, 취성파괴, 피로파괴

부식 방지대책

1. 재료
   • 내식성 강(부식), 내후성 강(기후)
   • 무도장 내후성 강, 부식대 공제값
2. 콘크리트
   • 자체 밀실
   • 폴리머함침, 내황산시멘트
   • 피복두께 증가, 콘크리트 표면 도장
3. 강재, 철근 도장
   • 에폭시철근 사용, 방청제
   • 도장 : 하도, 중도, 상도
4. 전기방식
   • 희생양극법, 외부전원법
5. 기타 : 제습설비, 환기구(강Box) 설치

종류

1. 야금적(용접이음)
   • 필릿용접(모살용접)
   • 홈용접(Groove용접)
   • 플러그용접(Plug용접)
   • 모살슬롯용접(Slot용접)
2. 기계적(볼트이음)
   • 고장력 볼트 : 마찰이음, 지압이음, 인장이음
   • 리벳이음

용접결함

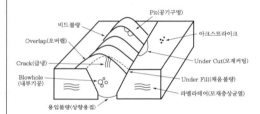

용접검사

1. 용접 전 : 트임새, 간격, 예열
2. 용접 중 : 용접전류, 속도, 자세
3. 용접 후
   • 육안검사
   • 비파괴시험 : UT, RT, MT, PT

용접 시 주의사항

1. 용접환경 : 온도 0℃ 이상
2. 용접사 자격 확인 : 경력 2년 이상
3. 용접절차서(WPS) 작성 준수
4. End Tap(엔드탭) 및 뒷댐재 설치
5. Scallop(스캘럽) 처리

가조립검사

해뜨기 전에 설치

Chapter 03 강재
(문제점＋부식＋용접결함＋연결방법)

1 강재 일반

1 강재의 종류

(1) **탄소강** : 탄소(C), 철, 망간이 주성분, 저가

　　※ 탄소가 많으면 강성은 좋으나 용접성이 떨어짐

(2) **합금강** : 탄소 대신 합금원소 사용 → 강성 大, 용접성 좋음, 고가

(3) **열처리강** : 열처리를 통해 고강도 강재 제작 → 고온균열, 저온균열

(4) **TMCP강(Thermo Mechanical Control Process)**

　　① 탄소(C)함량을 낮추고 용접성을 향상시킨 강재

　　② 강도와 내진성이 우수, 인성 증가(취성파괴 방지), 용접성 증가

　　③ 국내 인천대교(사장교), 광안대교 적용

(5) **무도장 내후성 강**

　　① 탄소, 구리, 크롬, 니켈, 인 등을 합성 → 안전녹층 형성으로 부식진행 방지

　　② 부식대 공제값 적용

　　③ 도장이 없으므로 친환경 시공이며 결함 발견이 쉬움

2 강재의 문제점 및 대책

1) 강재의 문제점

(1) 결함(실금) 및 손상(흠)　　　　　　　(2) 부식 발생

(3) 지연파괴, 응력부식, 피로파괴　　　　(4) 고온균열과 저온균열

(5) **파괴** : 연성파괴, 취성파괴, 피로파괴

2) 결함(실금) 및 손상(흠)

(1) 제작 및 시공 시 취급부주의로 발생

(2) 공용 시 충돌, 충격, 지진 등의 영향으로 발생

3) 부식

(1) 부식의 종류

① 습식부식

    ㉠ 전해부식(전기부식) : 강구조물에 전류가 흘러 부식 발생

    ㉡ 자연부식 : 국부전지, 농담전지(염류농도), 세균부식, 이종금속접촉부식

② 건식부식 : 고온가스, 비전해질부식

(2) 부식과정

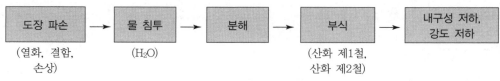

도장 파손	→	물 침투	→	분해	→	부식	→	내구성 저하, 강도 저하
(열화, 결함, 손상)		(H_2O)				(산화 제1철, 산화 제2철)		

$$\text{산화 } Fe \rightarrow Fe^{2+}+2e^{-}$$

$$Fe^{2+}+H_2O+\frac{1}{2}O \rightarrow Fe(OH)_2 \qquad \text{산화 제1철(붉은 녹)}$$

$$Fe(OH)_2+\frac{1}{2}H_2O+\frac{1}{4}O \rightarrow Fe(OH)_3 \qquad \text{산화 제2철(검붉은 찌든 녹)}$$

(3) 부식(방식)대책(철근, 강재)

① 재료

    ㉠ 내식성 강(부식), 내후성 강(기후), 무도장 내후성 강 사용

    ㉡ 부식두께를 설계에 반영(부식대 공제값 고려)

② 콘크리트

    ㉠ 자체 밀실, 폴리머함침, 내황산시멘트 사용

    ㉡ 피복두께 증가

    ㉢ 콘크리트 표면 도장, 거푸집 존치, 라이닝시공

③ 도장

    ㉠ 에폭시철근 사용, 모르타르 바름, 방청제

    ㉡ 도장 : 하도, 중도, 상도

④ 전기방식

구분	희생양극법	외부전원법
원리	아연 등을 설치하여 내부에서 전원을 공급하여 부식 방지	외부에서 전원을 지속적으로 공급하여 부식 방지
특징	아연 7kg(내구연한 15년)	일반전기공급
장점	유지관리 불필요, 해상구조물 유리 (외부전원이 없는 장소)	초기투자비 저렴, 육상시설, 도심지 (외부전원이 인접한 장소)
단점	초기투자비 고가, 재설치	유지관리 필요

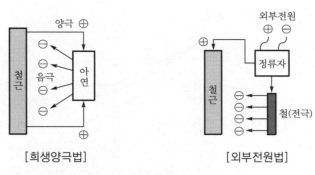

[희생양극법]　　　　　　[외부전원법]

⑤ 기타 : 제습설비 설치(이순신대교 보강거더), 환기구(강Box), 습기 제거

4) 지연파괴, 응력부식, 피로파괴

(1) 특징

구분	지연파괴	응력부식	피로파괴
원인	용접부의 수시간 수소이온의 침입(고압팽창)으로 시간 의존적 취성파괴	강재의 응력이 발생되는 부위에 부식 발생	동적하중의 반복에 의한 허용강도 이내에서 파괴
하중	정적응력(지속하중) +수소침입환경조건	반복하중(지속응력) +부식환경	동적반복하중
파괴형태	항복하중 이내 취성파괴	응력부식균열, 취성파괴	허용응력 이내 파괴
발생 부위	용접 부위, 잔류응력, 열영향부	PS강선, 볼트조임부, 응력집중 부위	장대교량, 강교, 포장

(2) 피로파괴

① 피로파괴 발생요인

기온차이	→	중량물 운행	→	반복운동하중	→	반복하중
(계절, 지역)		(기계, 기구, 장비 등 운행)		(중차량의 반복운행)		(파랑, 풍하중)

② 피로를 받는 구조물
　㉠ 장대교량, 강교량
　㉡ 고속철도구조물
　㉢ 해양구조물
　㉣ 기계기초, 포장

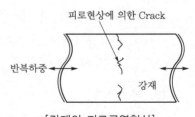

[강재의 피로균열현상]

③ 피로한도사이클 및 피로한도지점

구분	콘크리트	강재
피로한도사이클 (반복횟수 N)	1×10^6	2×10^6
피로한도지점	불명확	명확

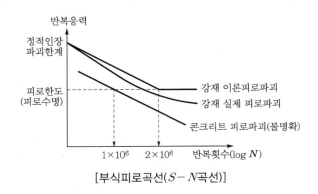

[부식피로곡선($S-N$곡선)]

④ 특징

㉠ 강재의 이론파괴곡선보다 실제는 더 작은 반복횟수에서 파괴 발생

㉡ 반복횟수가 증가하면 탄성변형률도 증가함 : 탄성계수 감소

5) 고온균열과 저온균열의 특징

구분	고온균열	저온균열
원인	• 고온에서 내·외부의 온도차이로 균열 발생	• 저온에서 급냉에 의한 수축응력으로 발생
온도	• 고온 550℃ 이상	• 저온 300℃ 이하
특성	• 고온에서 황(S), 인(P) 등 불순물이 있는 경우 강재가 취약함(적열취성)	• 용접부의 수소, 급냉으로 과도한 구속응력에 의한 용접부(모재) 경화조직
발생장소	• 용접 부위 • 강재제작 냉각 시	• 용접부 모재의 열영향 부위 • 강재제작 급냉 시
방지대책	• 불순물인 황(S), 인(P)이 적은 강재 사용 • 용접부의 개선각도 적절한 조정	• 저수소계 용접봉 사용 • 예열 및 층간온도 준수 • 용접 직후의 후열처리

6) 파괴의 분류

(1) 연성파괴 : 극한강도에서 소성변형이 발생되어 파괴

(2) 취성파괴(지연파괴, 응력부식)

① 항복강도에서 소성변형 없이 갑자기 파괴

② 지연파괴, 응력부식, 저온냉각 시, 하중의 갑작스런 집중재하 시 발생

(3) 피로파괴

반복하중에 의해 부재에 응력집중(용접부) → 미세균열 발생 및 성장 → 설계허용강도보다 낮은 응력에서 파괴

2 강재의 연결방법

1 종류 (용, 고, 리)

1) 야금적(용접이음)

    (1) Fillet용접(모살용접) : 겹침용접

    (2) 홈용접(Groove용접) : 맞대기용접

    (3) 플러그용접(Plug용접) : 강재 두 장 중 윗장의 구멍을 용접으로 채움

    (4) Slot용접(모살슬롯용접) : 강재 두 장 중 윗장의 구멍 테두리를 모살로 용접

      [필릿용접]

      [홈용접]   [슬롯용접, 플러그용접]

2) 기계적(볼트이음)

    (1) 고장력 볼트 : 마찰이음, 지압이음, 인장이음

    (2) 리벳이음

2 요구조건

    (1) 연결부 구조가 단순할 것

    (2) 편심이 일어나지 않을 것

    (3) 잔류응력 및 2차 응력이 생기지 않을 것

    (4) 응력전달이 확실하고 응력집중이 생기지 않을 것

3 용접이음과 고장력 볼트이음의 특징

구분	용접이음	고장력 볼트이음
원리	용접봉에 의한 모재의 직접접합	고장력 볼트와 연결부재로 모재 연결
장점	연결부재 불필요, 구조 간단	연결이 간단
단점	용접부 잔류응력, 모재의 변형(열응력), 용접부 취성파괴	연결부재 필요, 볼트, 연결판 중량 증가, 단면 결손(볼트구멍)
시공성	연결 복잡	연결 간단
품질관리	품질관리 어려움	품질관리 간단
적용성	소부재 공장용접	대부재 현장연결
안전관리	건강재해	가설공사 추락위험

3 용접이음

1 용접이음의 종류 및 특징

1) 필릿용접(모살용접)

(1) 홈(개선각)이 없는 2개의 모재연결 부분(90° 부분)에 용접하는 방법

(2) 힘을 받는 부재에 적용

(3) 언더컷, 오버랩 등 용접결함이 발생하기 쉬움

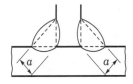 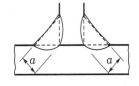

여기서, a : 목두께

[필릿용접의 형태와 목두께]

2) 홈용접(그루브용접)

(1) 맞대기용접에서 모재 사이의 홈(groove)에 용착금속을 채워 넣은 용접

(2) 힘을 받는 부재에 적용

  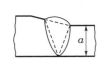 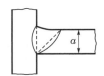

[그루브용접의 형태와 목두께]

✒ **용접방법에 따른 분류**

① 피복아크용접(SMAW : Shield Metal Arc Welding) : 수동용접(용접사)
   ㉠ 전류를 이용하여 아크열로 피복아크용접봉과 모재를 동시에 녹여 용접하는 방법
   ㉡ 수동용접으로서 결함이 많음
② 서브머지드아크용접(SAW : Submerged Arc Welding) : 자동용접(기계식)
   ㉠ 기계장치를 이용하며 대전류를 이용하여 아크열에 의한 용접와이어를 녹여서 모재와 용접하는
      방법
   ㉡ 용접깊이가 깊고 속도가 빠름
   ㉢ 용접결함이 적음

---

2 용접결함의 종류 및 원인

(1) 용입불량(상향용접, 자세불량)

(2) Blow hole(내부기공, 수소용접봉)

(3) 균열(급냉)

(4) 언더컷(과대전류, 속도 빠름)

(5) Over lap(과소전류, 속도 느림) (6) Pit(표면구멍, 과소전류)

(7) 라멜라테어(모재 층상균열) (8) 비드불량(용접경험 부족)

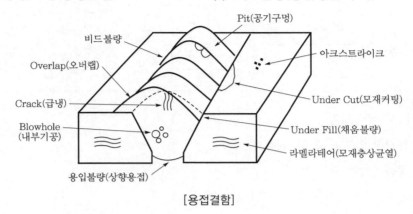

[용접결함]

3 용접검사

1) 검사방법

(1) **용접 전** : 트임새, 간격, 개선각도, 예열, WPS, 환경, 시험용접

(2) **용접 중** : 용접전류, 속도, 자세

(3) **용접 후** : 육안검사, 비파괴시험(UT, RT, MT, PT)

2) 비파괴검사

(1) **육안검사** : 육안으로 직접 표면결함검사 실시, 언더컷, 오버랩 등

(2) **비파괴시험**

구분	UT (초음파탐상)	RT (방사선투과)	MT (자분탐상)	PT (침투탐상)
원리	초음파를 이용하여 반사파에 의한 내부결함검사	방사선을 투과시켜 필름에 촬영하여 검사	자분가루로 음극과 양극을 이용한 검사	침투제를 균열부에 침투시켜 검사
조사 부위	내부결함 (균열, 기공 등)	내부결함 (균열, 기공 등)	표면결함 (갈라짐균열)	표면결함 (미세균열)
특징 (장단점)	정확한 결함위치 파악가능, 검사비용 저렴, 결함종류 식별 난이, 검사자에 따라 결과 상이	결함종류 확인 가능, 필름기록 보존, 검사비용 고가, 방사선피폭오염	부재의 크기, 형상영향 없음, 시험비용 저렴, 강부재만 적용 가능, 유경험자 필요	부재형상이 복잡해도 사용 가능, 검사비용 저렴, 육안으로 판독
판독	즉시 (초음파장비의 화면관찰)	3시간 이후 (필름촬영기록지 판독)	즉시 (직접 육안관찰)	즉시 (직접 육안관찰)

구분	UT (초음파탐상)	RT (방사선투과)	MT (자분탐상)	PT (침투탐상)
시험 방법	탐측자　결함 송신파　결함부	선원 방사선 결함　제조계 시험체 필름 결함상	Electromagnetic yole　Magnetic Field Weld Workpiece　Discontinuities	침투액

3) 검사 시 유의사항

(1) 측정장비 검교정 및 초기치 보정

(2) 적용범위와 규격 확인 → 시방서

(3) 온도, 습도, 재령 등과 시간인자보정

(4) 손상 발견 시 전수검사 실시

4 용접결함보정방법

(1) **그라인딩법** : Over lap, Arc strick(용접불순물), 비드표면 불규칙

(2) **보수용접** : Under Cut, 각장 부족, 용입 부족, Blow hole, 슬래그 혼입

(3) **재용접** : 균열, 층상균열

5 용접결함 방지대책

(1) 용접작업계획 수립 및 실시

(2) **용접환경**

　　① 온도 0℃ 이상　　② 상대습도 80% 이하　　③ 풍속 10m/s 이하

(3) **용접사 자격 확인** : 기량Test 실시, 강구조물공사 2년 이상 경험

(4) 용접절차서(WPS) 작성 준수

(5) 시험용접 실시

(6) 저수소용접봉 사용

(7) **용접부의 청소 및 건조** : 녹, 도료, 기름 제거

(8) **예열 실시** : 최소 표면온도 20℃ 이상, 일반적 50℃ 이상

(9) **가용접 실시** : 가용접 실시 후 본용접 실시

(10) **End Tap(엔드탭) 및 뒷댐재 설치**

　　① End Tap : 용접의 품질 확보(50mm 이상 길게)

　　② 뒷댐재 : 엔드탭의 위치 확보(판두께 9mm 이상)

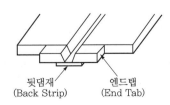

　　뒷댐재　　　　엔드탭
　(Back Strip)　　(End Tab)

[엔드탭과 뒷댐재]

(11) Scallop(스캘럽) 처리 : 용접선의 교차 방지로 결함 방지

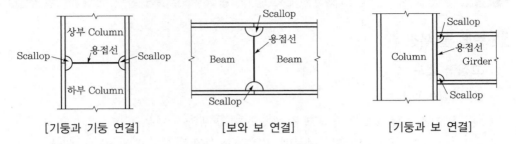

[기둥과 기둥 연결]　　　　[보와 보 연결]　　　　[기둥과 보 연결]

(12) 용접검사 실시

(13) 현장 고소용접 시 안전한 작업공간 확보 : 협소한 장소, 야간공사 지양

> **Tip** 차별화 Point : 용접작업 근로자의 건강재해 및 안전관리

4 고장력 볼트 연결

1 종류 및 특징

1) 고장력 볼트

(1) 마찰이음

① 고장력 볼트를 사용하고 장력이 크게 발생하는 경우
② 장력이 매우 커 조임 부분에 지압과 판재에 마찰력이 발생되는 이음
③ 판재가 변형하여 장력이 적어질 경우 지압이음이 됨

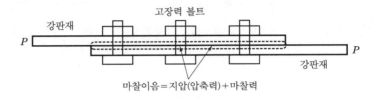

(2) 지압이음

① 일반볼트를 사용하고 장력이 적은 경우
② 조임 부분만 지압이 발생하며 장력이 적어 판재에 마찰이 발생하지 않음

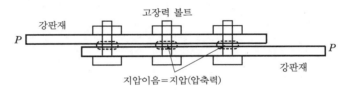

(3) 인장이음

① 고장력 볼트 또는 일반볼트 사용
② 인장력을 받는 부재의 이음

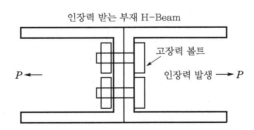

2) 리벳이음

강판과 강판에 리벳을 박아 체결하는 이음

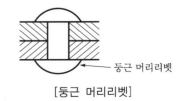

[둥근 머리리벳]

2 체결검사 [토, 너, 조]

1) 토크관리법

(1) 토크렌치의 토크값에 의한 축력관리

(2) 조임 완료 후 볼트군의 10%의 토크값이 평균토크의 ±10% 이내이면 합격

2) 너트회전법

(1) 1차 조임 후에 금메김에서 너트회전량이 120°±30°의 범위이면 합격

(2) 모든 볼트에 대해 실시

3) 조합법

너트회전량에 차이가 많은 볼트군에 대해 토크관리법 실시

4) 볼트조임검사의 결과 조치

(1) 고장력 볼트, 너트, 와셔가 동시 회전, 너트회전량이 이상, 볼트의 나사산이 과대 및 과소한 경우에는 세트로 교체한다.

(2) 한 번 사용한 볼트는 재사용할 수 없다.

3 고장력 볼트 연결 시 주의사항

(1) Bolt구멍지름 5mm 이하로 관리

(2) 임팩트 렌치로 조임 실시

(3) 조임 후 Nut 밖으로 3개 이상 나사산이 나오도록 체결

(4) 강우, 강설 시 작업 중단

(5) 조임순서

① 중앙에서 외부로 조임 실시

② 1차 조임(70%) → 금메김 실시 → 2차 본조임(100%)

(6) 마지막 조임 시 토글값 정확히 Check

(7) 한번 사용한 볼트는 재사용금지

(8) Net회전량에 이상이 있는 경우 세트(볼트, 너트, 와셔)로 교체

(9) 보관볼트 사용 시 필요량만 반출관리

(10) 볼트 체결작업은 당일 100% 체결 완료

(11) **조임검사** : 축력계 정밀도 3% 이내일 것

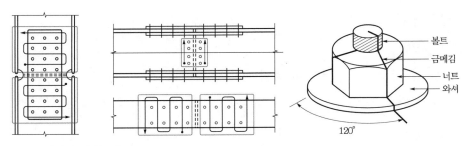

- ⬚⬚⬚ : 조임 시공용 볼트의 군
- •━━▶ : 조이는 순서
- 볼트군마다 이음의 중앙부에서 판의 단부 쪽으로 조여간다.

[볼트조임순서] [금메김]

▲ 합격 ▲ 회전 과다 ▲ 회전 과소 ▲ 너트, 볼트 동시 회전

[볼트조임검사에 따른 판정]

CHAPTER

04 토공(기본, 전문)

기본토공

일반

흙의 3상

→ 다짐 : 공기 제거
→ 물 제거 : 압밀
전단강도 $\tau_f = c + \sigma' \tan\phi$
유효응력 $\sigma' = \sigma - u$

흙의 구조

1. 사질토
   • 단립구조, 붕소구조
   • 골재 맞물림
2. 점성토
   • 이산구조, 면모구조
   • 점착력(전기적 결합)

조사 및 시험

1. 예비조사 : 기존 자료, 위성사진
2. 현장 답사 : 주변 구조물, 현장 여건
3. 본조사
   • 지표지질조사 : 지반상태, 불연속면
   • 현장 시험(원위치시험)
     − 사운딩시험 : SPT, CPT, CBR
     − 재하시험 : PBT, 공내재하시험
     − 암반시험 : 루전테스트
   • 실내시험
     − 역학시험 : 다짐, 전단, 압밀
     − 물리적 시험 : 입도, 비중, 함수량
     − 화학시험 : pH시험
   • 물리탐사 [탄성, 전자, 방, 전]
     − 파 이용 : 탄성파탐사(TSP), 전자기파(GPR)
     − 파 미이용 : 방사능, 전기비저항
     − 시추공 물리탐사(시추공 영상촬영) : BIPS(카메라), BHTV(초음파)

분류, 문제점

분류

1. 흙의 성인(생성원인)
   • 잔적토 : 화강풍화토, 유기질토
   • 운적토 : 붕적토(애추), 풍적토, 충적토
2. 공학적 분류
   • 통일분류법(USCS)
     − #200체(0.074mm) 통과량 50% 기준
     − 사질토 50% 이하, 점성토 50% 이상
   • AASHTO분류법
     − #200체(0.074mm) 통과량 30% 기준

사질토 분류특성

1. 입경가적곡선
2. 균등계수(C_u)
3. 곡률계수(C_q)

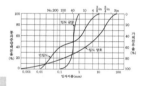

점성토 분류특성

1. 애터버그한계
2. 소성지수
   $PI = LL - PL$
3. 소성도

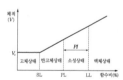

문제점 및 현상

1. 사질토
   • Boiling, Bucking, Quick Sand
   • Piping, 액상화
   • 침윤선과 유선망, 싱크홀
2. 점성토
   • Heaving, 예민비, Quick Clay
   • Leaching, 틱소트로피현상
   • Swelling, Slacking, Squeezing
   • 측방유동, 부마찰력
   • 동상(동결 → 동상, 융해 → 연화)

토공계획

성토재료의 요구조건

1. 전단강도가 클 것
2. 공학적 안정할 것
3. Trafficability(주행성)가 좋을 것
4. 입도가 양호할 것
5. 지지력이 클 것

토량배분방법

1. 유토곡선 : 선형토공
2. 화살표법 : 단지토공

토공계획

1. 유토곡선

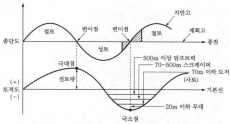

2. 토취장 : 육상, 해상(준설)
3. 사토장 : 환경문제
4. 토석정보공유시스템(Tocycle)
   • 대상 : 순성토 및 사토량 1,000m³ 이상인 공사
   • 국토교통부관리
5. 토량환산계수(f, 체적환산계수)

   • 팽창률 $L = \dfrac{\text{흐트러진 토량}}{\text{자연상태 토량}}$

   • 압축률 $C = \dfrac{\text{다져진 토량}}{\text{자연상태 토량}}$

현장토공사

절토

1. 비탈면 표준 경사 및 소단기준

구분	표준 구배	소단
토사	• 5m 이하 1 : 0.8~1.2 • 5m 이상 1 : 1.2~1.5	• 높이 10m 이상 소단 설치
풍화암	1 : 1.0~1.2	• 높이 5~20m마다 소단폭 1.0~3.0m 설치
연암	안정해석을 통해 결정	

2. 암 판정(암판정위원회) : 공사감독자, 건설사업관리기술인, 기술지원기술인(토질 및 기초분야), 현장대리인 입회

성토

1. 성토 시공법
   • 수평층쌓기(도로, 철도)
   • 전방층쌓기(매립, 사토)
   • 비계층쌓기(큰 성토 매립, 진입 불가)
2. 흙쌓기 품질관리

구분	노체	노상	뒷채움
1층 다짐두께	30cm 이하	20cm 이하	20cm 이하
다짐도 ($\gamma_{d\max}$)	90% 이상	95% 이상	95% 이상
골재 최대 치수	300mm 이하	100mm 이하	75mm 이하
소성지수(PI)	–	10 이하	6 이하

3. 암성토 : 일반암 600mm 이하

취약공종

1. 절토부 : 용출수, 불연속사면
2. 성토부
   • 고성토(10m ↑) : 하부지반, 성토부문제
   • 저성토(2m ↓) : 하부지반문제
3. 취약 5공종
   • 토공과 토공접속구간 : 간극비 차이
     – 횡방향 절성경계부
     – 종방향 절성접속부
     – 도로확폭구간
   • 구조물과 토공접속구간 : 압축성 차이
   • 연약지반구간 : 잔류침하 발생

다짐관리

다짐원리

1. 다짐원리곡선 : 공기 제거 → 지지력 증가

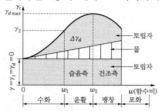

2. 최적함수비(OMC)
3. 영공기 간극곡선(ZAVC) : 포화곡선

다짐효과 영향요인

1. 함수비   2. 토질종류
3. 다짐에너지(E_c)   4. 유기질토

다짐규정(판정)

1. 품질규정항목 **강, 변, 다, 포, 상**
   - 강도(지반) : PBT 지지력계수(k치)
   - 변형량 : Proof Rolling시험
   - 다짐도($\gamma_{d\max}$) : 다짐상태
   - 포화도(s) : 고함수비 점성토
   - 상대밀도(D_γ) : 사질토 지반평가
2. 공법규정항목(다짐시험으로 규정)
   - 다짐두께
   - 다짐횟수
   - 다짐속도

다짐공법

1. 평면다짐
   - 넓은 장소
     - 사질토 : 진동식 Roller(10ton)
     - 점성토 : 전압식 Roller(12.5ton)
   - 협소한 장소 : 래머, 댐퍼
2. 비탈면다짐
   - 윈치＋소형 롤러다짐, 백호평판다짐
   - 완경사다짐 후 절취
   - 더돗기다짐 후 절취

사면안정

사면종류

1. 토질별 : 토사사면, 암반사면
2. 성인별 : 자연사면, 인공사면(절·성토)
3. 형태별 : 유한사면, 무한사면, 복합사면
   (유한＋무한)

사면파괴

1. 무한사면파괴
2. 유한사면파괴 : 사면 내, 사면선단파괴,
   사면저부파괴
3. 암반사면파괴 : 원형, 평면, 쐐기, 전도
※ Land Slide(응력 증가)와 Land Creep
   (강도 저하)

사면안정성 검토

1. 경험적 방법 : SMR등급
2. 기하학적 방법 : 평사투영법(주향, 경사)
3. 한계평형해석법 : 모멘트평형법
4. 수치해석법 : 유한요소법, 개별요소법

취약공종

1. 사면보호공법 : 안전율 유지, 억제공
2. 사면보강공법 : 안전율 증가, 억지공

3. 낙석방지공법
   - 낙석예방공 : 숏크리트, Rock Bolt
   - 낙성방호공 : 피암터널, 낙석방지망
4. 토석류(Debris Flow) : 사방댐
5. 계측관리 : 자동화시스템 구축

토공

(조사·시험＋흙의 분류＋발생현상＋토공계획＋토공사＋취약 5공종 ＋다짐＋사면안정)

1 토공 일반

1 흙의 3상

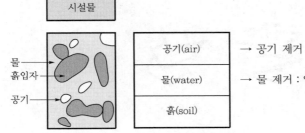

→ 공기 제거 : 다짐(순간적 제거), 도로, 댐 성토

→ 물 제거 : 압밀(장기간 소요), 연약지반개량

2 전단강도, 공극수압

1) 전단강도

$$전단강도\ \tau_f = c + \sigma' \tan\phi\ [t/m^2]$$
$$유효응력\ \sigma' = \sigma - u\ [t/m^2]$$

여기서, c : 점성토 점착력(t/m^2), σ : 전응력(물과 흙, t/m^2)

u : 공극수압(간극수압 t/m^2), ϕ : 사질토 내부마찰각(°)

(1) 공극수압이 클수록 유효응력이 작아져 흙의 전단강도가 작아진다.

(2) **활용** : 안전율 $F_s = \dfrac{저항력}{작용력} = \dfrac{\tau_f(전단강도)}{\tau(전단응력)}$

2) 전단강도의 특성

구분	사질토	점성토
특성	• 단립구조, 붕소구조 • 골재 맞물림(회전, 활동, 분쇄, 엇물림)	• 이산구조, 면모구조 • 점착력(전기적 결합)

※ 엇물림(interlocking) : 촘촘한 모래에서 서로 물려(쐐기) 있는 상태

3 흙의 구조 〔사단봉, 점이면〕

1) 흙의 구조

① 사질토 : 동적다짐(골재 맞물림＝회전, 활동, 분쇄, 엇물림)

　㉠ 단립구조 : 조밀, 맞물림효과 大 → 강도 큼

　㉡ 붕소구조 : 느슨, 공극 大 → 침하 큼

　　　[단립구조]　　　　　　[붕소구조]

② 점성토 : 정적다짐(점착력＝전기적 결합)

　㉠ 이산구조 : 강도 小, 차수 大, 교란상태

　㉡ 면모구조 : 강도 大, 차수 小, 불교란상태

　　　[이산구조]　　　　[면모구조]

2) 점토광물(점성토) 〔KIM〕

구분	Kaolinite(카올리나이트)	Illite(일라이트)	Montmorillonite(몬모릴로나이트)
통일분류	ML	CL	CH
특징	• 2층 구조 • 공학적 안정	• 3층 구조 • 공학적 보통 안정	• 3층 구조 • 공학적 불안정(팽윤현상) • 팽창성 大 • 차수재(터널, 매립장) • 벤토나이트용액(지하연속벽)

4 점성토의 확산이중층

1) 정의

점토입자는 양이온과 음이온으로 물과 대전되어 흡착하는데, 이때 흡착수(물)의 범위를 확산이중층이라고 함

2) 면모구조와 이산구조의 특징

구분	면모구조	이산구조
특징	• 자연상태(틱소트로피상태) • 강도 大 • 투수성 大 • 인력 우세 • 확산이중층두께 얇음 • 다짐 시 건조상태	• 교란상태 • 강도 小 • 투수성 小 • 반반력 우세 • 확산이중층두께 두꺼움 • 다짐 시 습윤상태

2 흙의 조사 및 시험

1 분류

1) 예비조사

기존 자료조사, 지형도, 지질도, 항공사진, 현장 인접 시공자료

2) 현장답사

지표수 및 지하수, 주변 구조물, 지장물, 수송로, 현장 여건상태

3) 본조사

(1) 지표지질조사

지형 및 지질상태, 비탈면상태, 암반상태, 불연속면, 비탈면조사, 시굴조사

(2) 현장시험(원위치시험)

① 사운딩시험 : SPT(표준관입시험), CPT(콘관입시험), CBR(지지력시험), 베인전단시험, 이스키미터(인발시험)
② 재하시험 : PBT(평판재하시험), 공내재하시험(시추공내재하시험)
③ 암반시험 : 수압파쇄시험(Lu Test), 시추공시험발파시험, 균열절리영상분석
④ 기타 시험 : 투수시험, 유황, 유속, 지시크리킹

(3) 실내시험

① 역학시험 : 다짐, 전단, 압밀, 압축시험
② 물리적 시험 : 입도, 비중, 함수량, 함수비, 함수율, 간극비, 간극률
③ 화학시험 : pH시험

(4) 물리탐사(현장)

① 파 이용방법 : 탄성파탐사 – 터널TSP, 전자기파(레이더) – GPR
② 파 미이용방법 : 방사능(밀도), 전기비저항
③ 시추공 물리탐사 : 시추공 영상촬영(BIPS – 카메라, BHTV – 초음파), 토모그래피(시추공 2개, 레이더 이용)

2 조사 및 시험

1) 예비조사

(1) 기존 자료조사 이용   (2) 지형도, 지질도 및 고지형도

(3) 인공위성 및 항공사진   (4) 현장 부근의 시공자료

(5) 수문조사, 개략적인 지하수위조사   (6) 지장물 현황조사

2) 현장답사

(1) 삽 또는 핸드오거 등의 간단한 조사장비 이용

(2) **조사항목** : 지형변화, 지표수 및 지하수, 인근 구조물상태, 지하매설물, 수송로

3) 지표지질조사

(1) **조사방법** : 암석해머, 클리노컴퍼스, 프로파일게이지, 고도계, 도면과 야장 이용

(2) **조사항목** : 비탈면 지질상태, 불연속면의 상태 여부, 산사태 발생 여부

4) 현장시험(원위치시험)

(1) 사운딩시험

① 정의 : 원위치시험의 일종으로 Rod 선단을 지반에 삽입하여 관입, 회전, 인발에 의한 저항치로 토층상태를 측정하는 시험

② 종류

　㉠ 동적사운딩 : SPT(표준관입시험), DCPT(동적콘관입시험)

　㉡ 정적사운딩 : CPTu(정적콘관입시험), Vane Test(베인전단시험), 이스키미터

③ 특징

구분	동적		정적		
	SPT	DCPT	CPTu	Vane Test	이스키미터
원리	로드 타격횟수	로드 타격횟수	선단 콘 관입저항치	+형 Vane 회전저항치	인발저항치
산정값	N값	N값	q_c(콘저항강도), C(점착력)	계산에 의한 전단강도(τ_f)	계산에 의한 전단강도(τ_f)
적용	단단한 토질	단단한 토질	연약지반	연약점성토지반	연약점성토지반
심도	20m 이상	15~20m	20~30m	5~10m	10~15m

(2) SPT(Standard Penetration Test, 표준관입시험)

① 정의 : 보링장비의 로드를 타격하여 지반에 30cm 관입하는데 타격횟수(N)를 기준으로 지반물성치를 측정하는 시험

② 시험방법 : 중량 63.5kg 해머를 76cm에서 로드를 타격하여 로드 선단에 부착한 표준관입시험용 샘플러를 지반에 30cm 관입하는데 타격횟수(N)를 산정

③ 시험순서 : 천공 및 심도 확인 → 시험장치 조립 → 예비타격(15cm) → 본타격(관입 30cm) → 결과 정리 및 토질주상도 작성

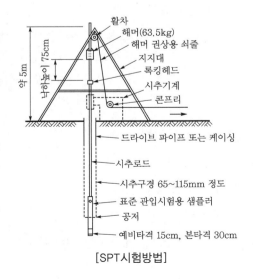

[SPT시험방법]

④ 특징

　㉠ N값을 통해 지층구분 및 시료를 직접 눈으로 확인 가능

　㉡ N값은 지반의 역학적 특성과 상관관계가 크므로 활용도가 높음

　㉢ 간편하게 시험을 할 수 있음

　㉣ 초연약지반 및 자갈층에 적용 곤란

⑤ 적용

　㉠ 지반지내력 측정, 토층 구성상태 파악, 시료 채취, 토질주상도 작성

　㉡ 상대밀도, 내부마찰각, 일축압축강도, 말뚝지지력 추정

⑥ N값 보정방법　로, 토, 상

　㉠ 로드길이에 대한 수정(N_2) : 심도가 깊어지면 주면마찰로 인해 N값이 커짐(이중
　관 사용)

$$N_2 = 15 + \frac{1}{2}(N_1 - 15)$$

　여기서, N_1 : 로드길이에 의해 보정된 N값

　㉡ 토질에 대한 수정

　　• 조밀한 모래일수록 N값이 커서 상대밀도(D_r)가 큼

　　• 내부마찰각 보정식 : 입도가 양호하고 토립자가 둥글 때 $\phi = \sqrt{12N} + 20$

　㉢ 상재압크기에 대한 수정

　　• 심도가 깊어질수록 상재압으로 인하여 N값이 커짐

　　• 지반의 일축압축강도(q_u) 추정 : $q_u = \frac{1}{8}N$

⑦ 시험 시 주의사항

　㉠ 초기 15cm 타격 시 N값은 버림

　㉡ 경험이 많은 숙련자가 시험을 해야 정확도가 높음

　㉢ 점성토는 가능한 피하고, 전석층은 타 시험법과 병행 실시

(3) 상대밀도(D_r)

① 정의 : 사질토의 조밀한 정도를 나타내는 정도(밀도)

[가장 느슨한 상태]　　　[자연상태]　　　[가장 조밀한 상태]

② 관계식

$$상대밀도 \ D_r = \frac{e_{\max} - e}{e_{\max} - e_{\min}}$$

여기서, e_{max} : 가장 느슨한 상태의 간극비

e_{min} : 가장 조밀한 상태의 간극비

e : 자연상태의 간극비

③ 이용 및 활용성

  ㉠ 얕은 기초의 파괴형태 판단 : 전반, 국부, 관입전단파괴

  ㉡ 액상화 판단 : D_r 40% 이하 액상화 발생

  ㉢ 다짐도 판정, 내부마찰각 추정

✒ 폐공처리

① 목적 : 지하수의 오염 방지, 공내로 유입되는 지표오염원 차단
② 공매재료 : 양질의 토사 또는 시멘트모르타르
③ 폐공처리방법 : 공내조사 → 공내재료 타설 → 표면 정리(식생 고려 1.5m 양질토사 메움)

---

(4) CBR시험(California Bearing Ratio, 노상토 지지력비)

① 정의 : 캘리포니아 다짐쇄석을 100으로 할 때 현장의 노상토 지지력을 상대적으로 판정하는 지수

② CBR의 종류 및 이용

  ㉠ 실내CBR(실내시험 – 설계 시)

    • 수정CBR : 수침CBR값을 이용하여 산정 → 현장 조건 고려, 성토재료 선정

    • 설계CBR : CBR값 각 지점의 평균과 통계적 계수를 이용하여 산정 → 기층, 보조기층두께 산정 등 포장설계 적용

  ㉡ 현장CBR(현장시험 – 시공 시) : 노상토 지지력 확인, 중장비 Trafficability 결정

③ 시험방법(수정CBR) : 실내시험

$$CBR = \frac{시험하중}{표준하중} \times 100[\%]$$

관입량	표준 단위하중	표준 하중
2.5mm	$70kg/cm^2$	1,370kg
5mm	$105kg/cm^2$	2,030kg

[수정다짐시험]　　　　[CBR시험]

④ 시험순서 : 시료 준비 → 공시체 제작(3개) → 수침 → 팽창량 측정 → 관입시험 → 수정CBR, 설계CBR 산정과 그래프 작성

⑤ CBR값기준 : 노체 2.5 이상, 노상 10 이상, 보조기층 30 이상, 기층 80 이상

(5) PBT(Plate Bearing Test, 평판재하시험), 지반반력계수(k)

① 정의 : 지반에 재하판을 설치하고 상부에 하중을 가하여 침하량에 따른 지지력을 구하는 원위치시험

② 시험방법 : 재하판(직경 30~75cm), 반력대, 침하량게이지, 하중계, Jack, 하중(덤프, 백호), 모래

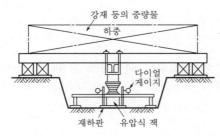

[평판재하시험]

③ 시험 시 주의사항

    ㉠ 세립모래을 깔아 평탄성을 확보 후 재하판을 설치한다.

    ㉡ 침하량은 좌우 2개의 다이얼게이지로 측정하여 평균치로 한다

④ 시험결과의 활용

    ㉠ 지반반력계수(k) 산정

    ㉡ 항복하중 산정

    ㉢ 다짐관리(노체, 노상, 보조기층)

    ㉣ 기초지반 지지력 측정

    ㉤ 구조물 전단파괴형태 파악

⑤ 결과 이용 시 주의사항 　스, 지, 침

    ㉠ Scale effect(크기효과)를 고려해야 한다.

    ㉡ 지하수위의 위치와 그 변동을 알아야 한다.

    ㉢ 침하량을 토질에 종류에 따라 고려해야 한다.

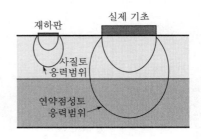

[Scale effect(크기효과)]

✎ **지반반력계수(지지력계수, k)**

① 기초에 작용하는 하중에 대한 지반침하량의 비

② 하중 – 침하량관계 산정(평판재하시험) : 하중 – 침하량관계에서 P(하중)가 작용할 때 S(침하량)가 발생한다는 의미

$$k = \frac{P[\text{kg/cm}^2]}{S[\text{cm}]} \, [\text{kg/cm}^3]$$

③ 이용

    ㉠ 지반 지내력 측정, 노상 및 보조기층의 지지력 측정

    ㉡ 포장설계 이용

(6) CPT(콘관입시험)

① 정의 : 로드 선단에 부착된 콘을 압입하여 발생하는 저항력을 측정하는 원위치시험

② 종류

ㄱ 정적 콘관입시험 : 연약지반(관입저항력(q))

ㄴ 동적 콘관입시험 : 단단한 지반, 타격 실시(N값)

③ 건설장비 Trafficability 판정

(7) Vane Test(베인전단시험)

로드 선단에 부착된 +형 날개를 지반에 삽입하여 회전시켜 저항력을 측정하여 지반의 전단강도를 구하는 시험

(8) 들밀도시험

① 정의 : 지반의 밀도를 측정해서 다짐 정도를 판정하는 시험

② 종류

ㄱ 모래치환법 : 표준사 이용

ㄴ 고무막법 : 물 이용

ㄷ 코어절삭법 : 관 삽입 이용

ㄹ 방사선법 : 방사능으로 밀도 측정

③ 이용 : 다짐 정도 판정(노체 90% 이상, 노상 95% 이상, 뒷채움 95% 이상)

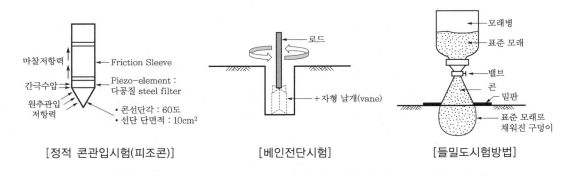

[정적 콘관입시험(피조콘)] [베인전단시험] [들밀도시험방법]

노상지내력을 구하는 시험

① 들밀도시험 ② CBR시험 ③ PBT시험

④ 방사능시험 ⑤ Proof Rolling시험

---

5) 물리탐사(현장) 탄성, 전자, 방, 전

(1) 탄성파탐사(터널TSP탐사)

① 정의 : 지표에서 발생시킨 탄성파가 지층경계면에서 반사되어 되돌아오는 신호를 수신하여 영상화하는 탐사기법

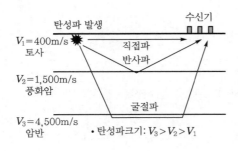

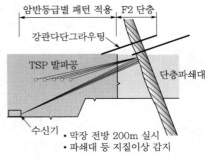

| [탄성파탐사] | [터널TSP탐사] |

② 종류 : 직접파(지표지층), 반사파(지층경계), 굴절법(2개층 이상 지층 내부)

③ 지반탐사심도

　　㉠ 발파방법(다이너마이트) : 막장 전방 $L = 200\text{m}$ 정도

　　㉡ 미발파방법 : $L = 30\text{m}$ 이내

④ 이용

　　㉠ 암석의 종류, 강도, 균열의 정도, 풍화 및 변질상태 파악

　　㉡ 단층 파쇄대의 존재 및 규모, 굴착난이도 파악, 토공량계산

⑤ 적용상 문제점

　　㉠ 단층 파쇄대를 정확하게 측정이 어려우므로 지질조사와 비교 분석

　　㉡ 지층경계에 따라 탄성파의 차이가 있어야 구분 가능

✍ 토모그래피탐사

두 개의 시추공에 송신원과 수진기를 설치하고 탄성파의 도달시간을 측정하여 탐사하는 방법

---

(2) 전자기파탐사(레이다탐사, 지표면 GPR탐사)

① 정의 : 전자기파 25~2,600MHz의 지반에 방사시켜서 반사파를 수신하여 영상화하는 탐사기법

② 종류 : 지표레이다탐사(GPR), 시추공레이다탐사

③ 특징

　　㉠ 100MHz 이하의 저주파수 : 10m 이내 지반조사

　　㉡ 100MHz 이상의 고파수 : 콘크리트 비파괴조사

④ 이용

　　㉠ 콘크리트 비파괴조사 : 철근탐사, 피복두께, 강지보재, 라이닝두께 및 배면 공동, 균열

　　㉡ 지반조사 : 지하매설물, 지하공동, 지하수위, 단층 파쇄대

⑤ 한계성 및 주의사항

　　㉠ 상부층 전기전도도가 높을 경우 하층부 조사 곤란

ⓛ 지반의 개략적 특성 파악

ⓒ 시추조사와 병행하여 판단 실시

(3) 방사능탐사(밀도)

① 정의 : 방사선 중 감마선을 이용하여 지반을 탐사하는 방법

② 특징

　ⓞ 측정장치를 이동하면서 간편하게 측정하고 넓은 지역 효율적 탐사

　ⓛ 지표 10m 이내, 개략 탐사에 이용

　ⓒ 피복에 주의하고 다른 조사와 비교 분석 필요

(4) 전기비저항탐사

① 정의 : 지반의 전위차에 의한 매질변화를 측정하여 전기비저항분포를 탐사하는 방법

② 원리

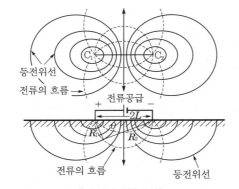

[전기비저항탐사]

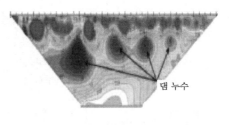

[전기비저항탐사의 예 : 댐체 누수탐사]

③ 정보의 이용

　ⓞ 지하수의 분포, 하수관로조사

　ⓛ 단층 파쇄대, 지층·암반의 경계면, 지하공동 등 조사

　ⓒ 지질성상 파악(토질, 암반), 암반등급 산정, 지보형식 선정

(5) 시추공 영상촬영(BIPS – 카메라, BHTV – 초음파)

구분	BIPS	BHTV(텔레뷰어, ATV)
방법	시추공 영상촬영 (카메라)	초음파 이용 지반 내부 측정 (초음파 도달시간)
촬영심도	시추공 내 표면촬영	암반 내부
공내수	탁도가 높으면 촬영 불가	반드시 지하수 필요, 탁도영향 없음
조사내용	암층 구분, 절리 파악, 코어이미지 재현	암반강도 추정, 절리연장성 파악

3 흙의 분류 및 특성

1 흙의 분류

1) 성인(생성원인)

(1) **잔적토** : 제 위치에 잔류토 – 화강풍화토, 유기질토

① 온도, 습도, 바람, 비에 의해 풍화작용

② 조립토로서 성토재로 좋음 → 과다짐 시 입자가 잘게 부서져 지지력 저하

(2) **운적토** : 이동된 퇴적토 – 붕적토, 풍적토, 충적토

① 붕적토(애추) : 암과 토사가 풍화되어 붕괴된 흙 → 강도 적음, 연약지반

② 풍적토(바람 – 황사, 사구)

③ 충적토(물 – 해성점토, 하천지역)

2) 공학적 분류

(1) **흙의 분류목적**

① 유사거동의 파악   ② 분류에 의한 그룹화   ③ 역학적 특성 파악

④ 시험계획의 수립   ⑤ 시공계획 수립에 활용

(2) **공학적 분류 및 특징**

구분	통일분류법	AASHTO법
분류기준	입경을 기준으로 입도와 Consistency를 고려한 분류	입도, 군지수, Atterberg한계를 이용한 분류
조립토, 세립토 구분	#200체(0.074mm) 통과량 50% 기준	#200체(0.074mm) 통과량 35% 기준
모래, 자갈 구분	#4체 통과량 50% 기준	#10체 이용하여 구분
이용	범용	도로, 활주로 설계

(3) **통일분류법(USCS)에 의한 흙의 분류**

구분	1문자(6문자)	2문자(6문자)	비고
조립토	G S	W, P M, C	G(자갈, Gravel), S(모래, Sand), W(입도 양호), P(입도불량), M(실트질), C(점토질)
세립토	M, C O, Pt	L H	M(실트질, Silt), C(점토질, Clay), O(유기질토), Pt(이탄토), L(압축성 낮음), H(압축성 높음)

※ 기타 : 이탄토 Pt(석탄), 유기질토 O(동식물부패, 침하 大), 석회암(공동)

② 사질토의 분류 및 특성(입경가적곡선)

1) 입경가적곡선(입도분포곡선)

(1) 정의

토사의 입경분포를 체분석, 비중계분석을 실시하여 가로축에 체의 눈금을, 세로축에 통과중량백분율을 반대수용지에 작성한 곡선

(2) 입도분석방법

① 체분석시험 : 조립토
② 비중계분석시험(침강분석법) : 세립토

(3) 입경가적곡선

① 입도분포 균등 : 같은 입경분포
② 입도분포 불량(빈입도) → Cu, Cg 불만족
③ 입도분포 양호 : 지지력 좋음

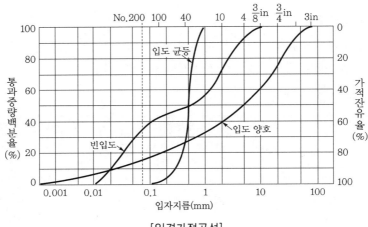

[입경가적곡선]

(4) 입도양호조건

① 유효입경 D10 : 가적통과율 10%에 해당하는 입경

② 균등계수 : $C_u = \dfrac{D_{60}}{D_{10}}$

• 양호조건 : 자갈 4 이상, 모래 6 이상
 → 균등계수가 클수록 입도분포가 좋아 지지력 큼

③ 곡률계수 : $C_g = \dfrac{{D_{30}}^2}{D_{10} \times D_{60}}$

• 양호조건 : $1 < C_g < 3$
 → 적당한 곡률계수(거칠기 정도)일수록 맞물림이 좋아 지지력 큼

(5) 활용

① 필터재의 선정 : 댐 필터, 옹벽 뒷채움, 매립지 배수층

② 동상 여부 판정 : C_u < 5이고 0.02mm체 통과율 10% 이상 시 동상 가능

③ 액상화 가능성 판단 : D_r 40% 이하 발생

④ 균등계수, 곡률계수 산정 : 입도 양호상태 파악

⑤ 주행성(Trafficability) 판단 → 연약지반 Sand Mat, 가설도로

2) 필터의 기능 및 필터조건(댐, 하천, 배수재)

(1) 상류측 : 간극이 커서 신속 배수역할 → 수압 상승 방지, 잔류수압 방지

• 필터규정 : $4 < \dfrac{F_{15}}{D_{15}} < 20$

(2) 하류측 : 공극이 작아 토립자 유실 방지 → 파이핑 방지

• 필터규정 : $\dfrac{F_{15}}{D_{85}} < 5, \ \dfrac{F_{50}}{D_{50}} < 25$

(3) 활용 : 댐 필터, 옹벽 및 구조물 뒷채움, 맹암거 등 배수재

3 점성토의 분류 및 특성(애터버그한계, 소성도, 소성지수)

1) 연경도(애터버그한계, Consistency한계) 고, 반, 소, 액

(1) 정의

점성토가 함수비의 변화에 따라 밀도와 강도가 변화하는 성질

(2) 애터버그한계

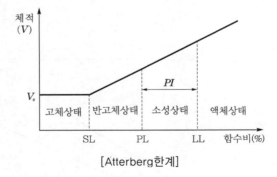

[Atterberg한계]

① 수축한계(SL : Shrinkage Limit)

㉠ 고체와 반고체상태의 경계함수비

㉡ 함수량을 감소해도 흙의 부피가 감소하지 않는 한계

② 소성한계(PL : Plastic Limit)

    ㉠ 반고체와 소성상태의 경계함수비

    ㉡ 파괴 없이 변형시킬 수 있는 최소의 함수비

③ 액성한계(LL : Liquid Limit)

    ㉠ 소성과 액성상태의 경계함수비

    ㉡ 외력에 전단 저항력이 0이 되는 최소의 함수비

    ㉢ 액성한계가 클 경우 문제 : PI가 큼, 흡수력 大 → 팽창 大, 압축성 大

(3) 소성지수(PI : Plasticity Index)

① 정의

    ㉠ 소성상태로 존재할 수 있는 함수비의 범위로 액성한계와 소성한계의 차이

$$\text{소성지수 } PI = LL - PL$$

    ㉡ 소성지수가 클수록 물을 많이 함유 → 연약지반

② 소성지수가 큰 지반의 문제점

    ㉠ 점토비율이 높음, 공학적 불안정

    ㉡ 팽창성 높음 → 침하량이 큼, 다짐효과 저하 및 전단강도 저하

③ 대책

    ㉠ 연약지반 처리 : 치환공법, 프리로딩공법, SCP공법

    ㉡ 기초 : 말뚝기초 적용

    ㉢ 터널 : 분할 단면 굴착, 보조공법 적용

2) 소성도(Plasticity Chart)

(1) 정의

세립토를 분류하기 위해 세로축은 소성지수, 가로축은 액성한계로 표시한 도표

(2) 특성

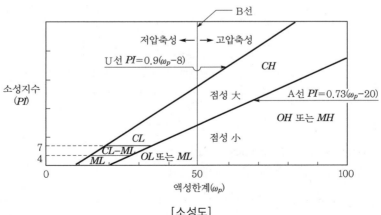

[소성도]

① A선 : 점토(상부)와 실트(하부)로 구분, $PI = 0.73(WL - 20)$

② B선 : 점토의 소성 정도 판정, 오른쪽은 소성 大, 왼쪽은 소성 小

③ U선 : 소성지수와 액성한계의 상한한계선, $PI = 0.9(WL - 8)$

　→ U선을 벗어난 점토는 존재하지 않음

3) 연경도, 소성도, 소성지수의 활용

(1) 통일분류법에 의한 흙의 분류 : 순수 모래 PI=0% 이하, 실트 PI=10% , 점토 PI=50% 정도

(2) 차수재료 : 댐 차수Zone, 매립장 차수재, 안정액(몬모릴로나이트)

(3) 성토재료 품질관리 : 노상 및 동상방지층, 뒷채움(PI > 10 이하), 보조기층(PI > 6 이하)

(4) 활성도(A) 및 소성도의 작성

4) 사질토와 점성토의 차이점

구분		사질토	점성토
일반특성	분류	#200체(0.074mm) 통과율 50% 이하	#200체(0.074mm) 통과율 50% 이상
	구조	단립구조, 봉소구조(골재의 맞물림)	이산구조, 면모구조(전기적 결합)
	단위중량(γ_t)	1.6~2.0t/m³	1.4~1.8t/m³
	투수계수(k)	$10^{-1} \sim 10^{-3}$cm/s(수압 小)	$10^{-3} \sim 10^{-6}$cm/s(수압 大)
	침하	즉시침하	압밀침하
전단특성	전단강도 (τ_f)	▲ 일반 흙($c \neq 0$, $\phi \neq 0$)　▲ 모래($c=0$, $\phi \neq 0$)　▲ 점토($c \neq 0$, $\phi = 0$) $\tau = c + \sigma\tan\phi$　$\tau = \sigma\tan\phi$　$\tau = c$	
	특성	전단강도 크다, 지지력 크다	전단강도 작다, 지지력 작다
	다짐	동적다짐	정적다짐
	현상 및 문제점	Boiling, Bucking, Quick Sand, Piping, 액상화	Heaving, Quick Clay, Leaching, 예민비, 틱소트로피, Swelling, 동상, 부마찰력, 측방유동

4 흙에 발생하는 현상 및 문제점

▶ 흙에 발생하는 현상

사질토	점성토
• Boiling(수두차 붕괴) • Bucking(표면장력 팽창) • Quick Sand(분사성 모래) • Piping(세굴 공동) • 액상화(수평하중, 간극수압)	• Heaving(중량차 붕괴) • Swelling(흡수 팽창) • Quick Clay(해성점토), 예민비(S_t) • 틱소트로피(강도 회복), Leaching(용출) • 측방유동(수평하중, 편토압) • 동상(동결 → 동상, 융해 → 연화) • 부마찰력(말뚝 하향마찰력)

1 사질토에 발생하는 현상

1) Quick Sand(분사현상), Boiling(보일링), Piping(파이핑)

(1) 정의

① Quick Sand : 상향의 침투수압에 의해 흙이 솟구쳐 오를 때의 분사현상(전단강도 $\tau_f = 0$인 상태)

② Boiling : 상향의 침수수압에 의해 흙이 보일러처럼 끓어오르는 현상(전단강도 $\tau_f < 0$인 상태)

③ Piping : 침투수압에 의해 흙입자의 세굴로 구멍이 난 상태의 흐름 → 댐 제체의 급속한 붕괴(전단강도 $\tau_f < 0$인 상태)

(2) Mechanism 및 발생구조물

① 수두차 → 유선의 집중 → 누수 → Quick Sand → Boiling → 세굴 → Piping → 붕괴

② 흙막이 벽, 댐, 하천 제방, 산사태

(3) 문제점

① 지반강도 저하 → 흙막이 벽 붕괴, 댐 붕괴

② 주변 지반침하 → 인접 구조물 부등침하, 지하지장물 파손

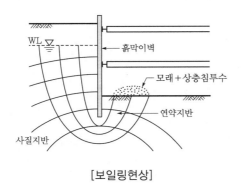

[보일링현상]

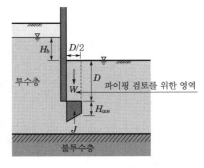

[보일링 검토]

(4) 원인

① 직접 : 상·하류 수두차 발생 → 강우에 의한 지하수위 증가, 상하수도 누수

② 간접 : 설계오류에 의한 흙막이 벽 근입깊이 부족

(5) 검토방법

① 테르자기의 간이법 : $F_s = \dfrac{W(흙중량)}{J(침투수력)}$

② 한계동수경사법 : $F_s = \dfrac{i_c(한계동수경사)}{i(동수경사)} = \dfrac{\dfrac{G_s - 1}{1 + e}}{\dfrac{\Delta h}{L}}$

③ 유선망법 : 유선망을 이용한 방법

④ 가중크리프비에 의한 방법(댐, 제방)

(6) 대책

① 설계 시 지하수조사 및 근접 시공을 고려한 설계

② 흙막이 벽의 근입깊이 깊게

③ 차수 흙막이 벽 시공

④ 기초저면 보강, 소단 형성(Berm)

☞ 차별화 : 현장 공사 중 Quick Sand, Boiling, Piping 발생 시 긴급조치방안

2) Piping(파이핑)

(1) 정의

누수에 의한 토립자가 세굴되어 공동 발생으로 유수가 흐르는 현상

(2) 파이핑형태

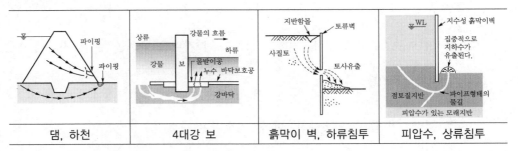

| 댐, 하천 | 4대강 보 | 흙막이 벽, 하류침투 | 피압수, 상류침투 |

(3) 문제점 : 파이핑 발생 후 급격히 댐, 제방, 흙막이 붕괴

(4) 원인

① 직접 : 동물구멍, 식물고사, 유선 집중, 접합부 시공불량, 배수통문 이질재료 사용

② 간접 : 차수벽 설계불량, 수두차 증가, 파이핑대책 수립 불량, 하천 제방 훼손

(5) 파이핑대책(댐 기준)

    ① 차수벽 설치 : 제체코어층, 지반그라우팅

    ② 제체 내 배수층 시공

    ③ 시공 시 양질의 재료 사용 및 시공기준 준수

    ④ 유지관리 : 홍수기 특별점검, 계측관리 실시

3) 액상화(유동액상화)

(1) 정의

    느슨한 사질토 지반에서 지진 및 충격에 의해 간극수압이 크게 증가하고 지반의 전단강도가 감소하여 갑자기 붕괴되는 현상(전단강도 $\tau_f = 0$인 상태)

(2) 발생과정(유동액상화)

원지반상태	지진 시	지진 후
		침하 발생
느슨한 사질토 지반	간극수압 상승 → 상부하중 물이 지지	입자 재배열로 침하 및 조밀상태

    ① 전단강도 $\tau_f = c + \sigma'\tan\phi$

    ② 지진 시(간극수압 u 상승) 유효응력 $\sigma' = \sigma - u \uparrow = 0$, 사질토 $c = 0$, $\tau_f = 0$

    ③ 과정 : 지진 → 간극수압 상승($\sigma' = \mu = 0$) → 물이 상부하중지지 → 전단강도 저하 ($\tau_f = 0$) → 지지력 저하 → 지반 붕괴

    ④ 검토구조물 : 하천 제방, 댐구조물, 항만구조물, 지하수위가 높은 지반, 지하구조물 발생

(3) 문제점 : 구조물 부등침하, 지하지장물 파손, 가벼운 구조물 부상, 지반의 이동

(4) 원인(발생조건)

    ① 물 : 포화상태

    ② 외력 : 지진, 충격(동다짐, 발파, 지속적인 진동)

    ③ 지반

        ㉠ 상대밀도 $D_r = 40\%$ 이하 지반

        ㉡ 지하수위가 높은 지반(포화사질토 지반)

        ㉢ 소성지수(PI)가 10 이하이고, 점토성분이 20% 이하 지반

        ㉣ 세립토함유량이 35% 이하인 지반

        ㉤ 입도분포균등계수(C_u)가 5 이하인 지반

(5) 액상화 예측방법

① 간편법

㉠ 콘지수(q_c) 이용

㉡ 표준관입시험 N값 이용

㉢ 입도분포에 의한 방법

㉣ 액상화안전율(F_s) 이용 : $F_s = 1.5$ 이하인 경우 정밀법 검토

② 정밀법

㉠ 실내액상화시험

㉡ 지진응답스펙트럼 해석

(6) 대책

① 지하수 제거 : Well Point공법, Deep Well공법

② 외력 차단 : Sheet Pile공법, 지중연속벽

③ 지반 강화

㉠ 밀도 증대 : 동치환공법, SCP공법

㉡ 전단변형 억제 : Sheet pile공법, 지중연속벽

㉢ 입도 개량 : 치환공법, 약액주입공법

④ 구조물 보강 : 말뚝기초, 구조물 자체 강성 증대

☞ 차별화 : 포항지진(2017) 진도 5.4로 유동액상화 국내 최초 발생

4) 유선망과 침윤선

(1) 유선망(댐, 흙막이 벽)

① 정의 : 구조물 좌우의 수두차에 의해 물이 침투하는 유선과 수압이 동일한 등수두선으로 작성한 망

② 형태 : 필댐 제체, 필댐 기초지반, 흙막이 벽, 옹벽 배면유선망

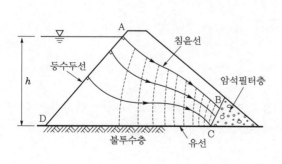

[필댐 제체]

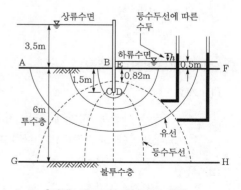

[필댐, 콘크리트댐 하부지반]

③ 작성 및 성질
  ㉠ 유선(4~5개)을 그린 후 등수두선 작성
  ㉡ 침윤선이 결정되어야 유선망을 그리는 4가지 경계조건을 알 수 있음
    • AB, EF : 등수두선
    • BCDE, GH : 유선
  ㉢ 이론상 각 망은 정사각형이며, 유선과 등수두선은 직교함
  ㉣ 각 유로의 유량은 서로 같음
④ 이용방법
  ㉠ Quick sand 및 Piping현상 추정
  ㉡ 침투유량 및 간극수압 산정
  ㉢ 동수경사 결정
  ㉣ 침투수압 및 침투수력 산정

(2) 침윤선

① 정의 : 흙댐의 제체 내 최상단 유선으로 대기압과 접하는 유선
② 기본가정
  ㉠ 상류측 사면은 등수두선이다.
  ㉡ 침윤선은 상류측 사면에 직교한다.
  ㉢ 등수두선의 수압차는 동일하다.
  ㉣ 침윤선은 포물선이다.
③ 이용
  ㉠ 유선망 작도에 이용
  ㉡ 배수층 설치위치 결정 및 제방폭의 결정
  ㉢ 침윤선으로 제체의 간극수압을 구하여 사면안정해석에 이용
④ 침윤선 저하대책
  ㉠ 제체의 폭을 넓게(친환경 zone 설치)
  ㉡ 심벽 설치
  ㉢ 배수층 설치

5) Bulking(표면장력 팽창)

(1) 개요

① 건조한 사질토 지반에 물을 가하면 모래의 표면장력으로 체적이 팽창하는 현상
② 모래표면에 표면장력이 발생되어 겉보기 점착력이 증가되기 때문임

(2) 특성

① 함수비가 5~6%인 경우 최대 표면장력 팽창 → 체적 125% 팽창
② 함수비가 6% 이상되면 표면장력파괴로 수축이 발생되어 체적이 감소됨 → 수체현상
   으로, 이 원리로 물다짐 이용

(3) Sand bulking 지반대책

① 포장면의 융기 및 침하 → 하부지반 안정화 처리, 지하수 저하

② 기조지반 슬래브의 융기, 균열 발생 → 팽윤압을 고려 설계, 깊은 기초 시공

③ 물다짐 이용 : 가시설 엄지말뚝 제거 후 모래 채움 → 물다짐

2 점성토에 발생하는 현상

1) Heaving(히빙현상)

(1) 정의

점성토 지반의 중량차이에 의한 굴착 내부지반
이 부풀어 오르는 현상

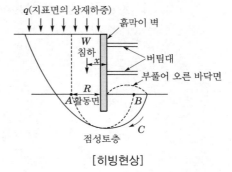

[히빙현상]

(2) 문제점

① 지반 전단강도 저하

② 배면지반의 침하 발생

(3) 원인

① 직접

㉠ 흙막이 벽 근입깊이 부족

㉡ 편토압에 의한 중량차이

㉢ 배면 상재하중 재하

② 간접 : 지반조사 불량, 과다 굴착

(4) 검토방법 : 모멘트균형법

$$\text{안전율 } F_s = \frac{M_r(\text{저항모멘트})}{M_d(\text{활동모멘트})} = \frac{\widehat{ABCR}}{Wx} > 1.5 \text{ 이상}$$

(5) 대책(시공순서에 따라)

① 배면 그라우팅 실시

② 배면 적재금지로 토압 증가 방지

③ 굴착 바닥면 그라우팅 실시

④ 흙막이 벽 근입깊이 깊게

⑤ 계측관리 실시 및 배면관찰

☞ 차별화 : 현장 공사 중 Heaving 발생 시 조치방안은 긴급조치, 후속조치

2) 예민비, 틱소트로피현상, Leaching, Quick Clay지반

(1) 점토의 틱소트로피과정

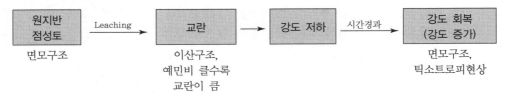

(2) 예민비(S_t)

① 정의 : 원지반 강도에 따른 교란된 강도의 비로, 예민비가 클수록 강도 저하가 큰 지반임

$$예민비\ S_t = \frac{불교란흙의\ 일축압축강도(q_u)}{교란흙의\ 일축압축강도(q_{ur})}$$

※ 불교란(면모구조) → 교란(이산구조)

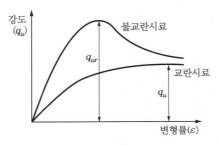

[강도-변형률관계]

② 예민비의 판정

구분	비예민	예민	초예민 (Quick Clay)	지극히 예민 (Extra Quick Clay)
예민비(S_t)	1 이하	1~8	8~64	64 이상
지반	사질토	보통 점토	해성점토	해성점토

☞ 해성점토는 해수에 퇴적된 토사로서 염분의 리칭현상으로 공극이 큼

③ 특성(예민비가 클 경우 문제점)
 ㉠ 전단강도 감소, 말뚝의 부마찰력 발생
 ㉡ 공학적 성질이 불량하여 연약지반처리공법 적용
 ㉢ 리칭 발생된 해성점토가 예민성이 매우 큼

④ 이용
 ㉠ 점성토의 토질공학적 성질 파악(전단강도)
 ㉡ 예민성에 따른 연약지반처리공법 선정
 ㉢ 기초공법 선정

(3) 틱소트로피현상(Thixotropy)

① 정의 : 교란된 지반이 시간 의존적으로 강도가 회복되는 현상으로 예민성이 큰 지반일수록 강도회복이 큼

② 특징

    ㉠ 원지반(면모구조) → 교란상태(이산구조) → 회복상태(면모구조)

    ㉡ 지반의 전단강도 증가

    ㉢ 원지반 강도만큼 회복되지 않음

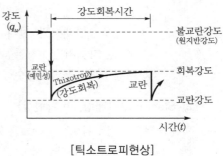

[틱소트로피현상]

(4) Leaching(용출현상), Quick Clay지반

① 정의

    ㉠ 해수에 퇴적된 점토가 지반융기로 강우, 담수, 지하수에 의해 염분이 빠져나가는 현상으로 전단강도가 크게 저하되는 Quick Clay지반이 된다.

    ㉡ 문제 : 염분 유출 → 리칭 → 지반공극 → 전단강도 저하 → 구조물 침하

② Quick Clay지반

    ㉠ 예민비 : $S_t=8$ 이상은 Quick Clay, $S_t=64$ 이상은 Extra Quick Clay지반

    ㉡ 해성점토는 리칭에 의해 강도가 크게 저하하는 Quick Clay지반

    ㉢ 충격, 진동 시에 교란이 심하게 발생하는 토질

③ 대책

    ㉠ 연약지반처리 : 치환공법, 그라우팅, 프리로딩공법

    ㉡ 구조물 말뚝기초 적용

3) Swelling(팽윤현상), Slacking(비화현상), Squeezing(압착현상)

(1) Swelling(스웰링, 팽윤현상)

① 정의 : 건조점토 및 점토암반(이암, 셰일)이 물을 흡수하여 팽창하는 현상

② 문제점

    ㉠ 지하수를 흡수 팽창하여 지반융기

    ㉡ 포장융기, 구조물기초 변형, 지하지장물 변형

    ㉢ 터널 굴착 시 팽윤에 의한 붕괴

③ 팽윤이 심한 지반

    ㉠ 점성토 지반 : 점토광물토사 → Montmorillonite(팽창성 大)

    ㉡ 암반지반 : 점토광물암반(이암, 셰일, 편암)

④ 대책

ㄱ 팽윤압시험에 의한 보강공법 선정

ㄴ 사면 : 수평배수관 설치 및 숏크리트 시공

ㄷ 포장, 기초지반 : 치환공법, 안정처리, 지하수 유입 차단

ㄹ 터널 : 보조공법, 차수공법 등 적용

(2) Slacking(슬래킹, 비화현상)

① 정의 : 점토암반이 물을 흡수, 건조에 의한 팽창, 수축을 반복하여 입자 간 결합력이 저하되어 쪼개지는 현상

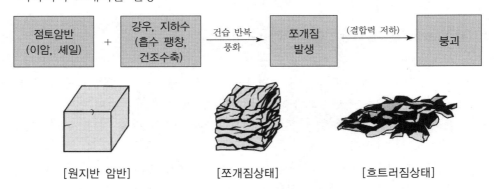

[원지반 암반] [쪼개짐상태] [흐트러짐상태]

② 문제점

ㄱ 사면의 표면 탈락, 낙석, 산사태

ㄴ 터널의 굴착 시 암반(이암)의 팽창으로 낙석 및 지보공에 큰 지압 발생

③ 슬래킹이 심한 암석(점성토암석) : 이암, 셰일, 사문암, 녹니암

④ 대책

ㄱ 슬래킹 내구성시험 실시 : 내구성지수 $= \dfrac{건조중량}{수침\ 후\ 중량}$

ㄴ 사면 : 수평배수관 설치 및 숏크리트 시공

ㄷ 터널 : 보조공법, 차수공법 적용

(3) Squeezing(스퀴징, 압착현상), 초기지압(현지응력)

① 암반 굴착 시 굴착면의 응력 해방에 의해 편압력이 발생되어 붕괴

② 초기지압이 큰 지반에 압착이 크게 발생 : 이암지반

③ 터널의 굴착 시 막장면 붕괴의 원인

④ 록볼트 및 그라우팅 등 보조공법 보강

4) 동상(frost heaving)과 연화(frost boil)현상, 동결심도 결정방법

(1) 정의

① 동상 : 흙 속의 공극수가 동결로 팽창하여 지반이 융기되는 현상

② 연화 : 동결지반이 융해로(녹아) 배수불량에 의한 지반이 연약화되는 현상

(2) 동상의 과정

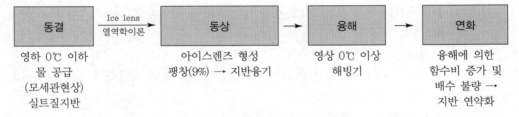

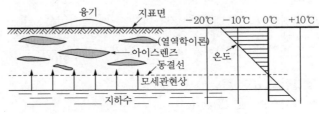

[동상 Mechanism]

(3) 동상에 의한 구조물의 영향

① 지반융기로 포장면 파손 : Blow up, 균열
② 구조물기초의 부등침하, 옹벽의 전도
③ 사면의 낙석, 낙반의 붕괴 발생(해빙기)

(4) 동상의 원인

① 직접원인
  ㉠ 온도 0℃ 이하
  ㉡ 지속적인 물의 공급
  ㉢ 실트질 지반
② 간접원인
  ㉠ 지역의 동결심도를 미고려한 설계
  ㉡ 동상방지층 미설치

(5) 대책

① 온도대책 : 단열재 설치(스티로폼), 기포콘크리트 시공, 지반 열선 설치
② 지반대책
  ㉠ 동결심도를 고려한 동상방지층 시공
  ㉡ 치환공법
③ 물의 차단대책
  ㉠ 성토고의 증대 : 지하수에서 $\Delta h = 2\text{m}$ 이상
  ㉡ 소일시멘트층 설치, 아스팔트 안정처리
  ㉢ 지하수위 저하 : Deep well, Well point

(6) 동결심도 결정방법

① 현장조사에 의한 방법 : 2월 하순에 굴착하여 아이스렌즈깊이 측정 또는 매설온도계로 측정

② 동결지수에 의한 방법

    ㉠ 영하 이하로 된 날을 기점으로 일평균기온을 누계 적산하여 최대치와 최소치의 차이를 동결지수라 함

    ㉡ 동결지수, 수정동결지수, 동결심도

        • 동결지수(F) = 0℃ 이하 기온(℃)×지속일자(day)

        • 수정동결지수(F') = $F + 0.9 \times$ 동결기간 $\times \dfrac{표고차(m)}{100}$

        • 동결심도(Z) = $C\sqrt{F'}$ [cm]

          여기서, C : 토질상수(3~5)

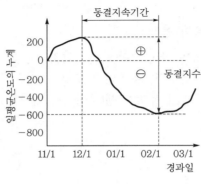

[동결지수]

    ㉢ 동결지수(심도)의 활용

        • 도로포장두께 산정기준

        • 상하수도관 매립깊이 산정기준

        • 옹벽 등 기초구조물의 근입깊이 산정기준

③ 열전도율에 의한 방법 : 지반에 열이 전도되는 공식으로 동결심도 산정

(7) 동결에 의한 포장두께 설계방법

① 완전 방지법 : 비동결성 재료를 설치, 비경제적

② 노상관입허용법 : 일부 동결 허용, 동상방지층 설치, 경제적

③ 감소노상강도법 : 동결에 의한 노상지지력 저하를 기준, 사용하지 않음

5 토공계획

1 토공계획절차

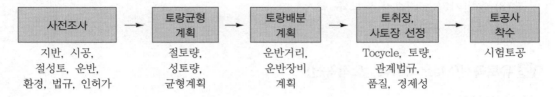

사전조사	토량균형 계획	토량배분 계획	토취장, 사토장 선정	토공사 착수
지반, 시공, 절성토, 운반, 환경, 법규, 인허가	절토량, 성토량, 균형계획	운반거리, 운반장비 계획	Tocycle, 토량, 관계법규, 품질, 경제성	시험토공

2 사전조사

(1) **지반조건** : 지형, 지질상태, 연약지반 여부

(2) **시공조건** : 가설도로계획 여부, 장비 진입 여부, 교통통제계획

(3) **절성토조건** : 토취장, 사토장조건, 토량, 품질 여부, 운반거리, 법규, 인허가

(4) **환경조건** : 소음 · 진동영향, 상수원보호지역 여부, 특정공사 사전신고

(5) **기타** : 특수시설, 문화재, 관계법규, 지장물 여부, 민원

3 토공균형계획

(1) 시공기면을 고려

(2) 토취장, 사토장의 토량, 관계법규, 시기, 위치를 고려

(3) 현장의 지층분포상태를 고려

(4) 운반거리 및 토량변화율을 고려하여 절 · 성토균형계획 수립

4 토량배분계획

1) **토량배분방법**

(1) **유토곡선** : 도로, 제방 등 선형토공에 이용

(2) **화살표법** : 택지, 경지정리 등 단지토공에 이용

2) **토량배분절차**

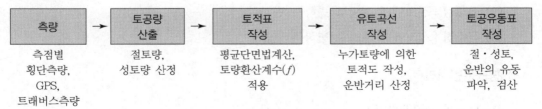

측량	토공량 산출	토적표 작성	유토곡선 작성	토공유동표 작성
측점별 횡단측량, GPS, 트래버스측량	절토량, 성토량 산정	평균단면법계산, 토량환산계수(f) 적용	누가토량에 의한 토적도 작성, 운반거리 산정	절 · 성토, 운반의 유동 파악, 검산

3) 토량배분원칙

(1) 높은 곳에서 낮은 곳으로 이동

(2) 한 곳에 모아 일시에 이동

(3) 운반거리는 최소가 되도록

(4) 동일장비 이용

5 유토곡선(Mass Curve, 토적곡선)

1) 작성목적

(1) 절·성토량 효율적 배분

(2) 운반거리에 따른 토공장비의 선정

(3) 평균운반거리 산출

2) 유토곡선의 작성

종단측량과 횡단측량 실시 → 횡단면도 작성 → 성토량과 절토량계산 → 누가토량 산정 → 종단도 토적도 작성 → 토량 배분

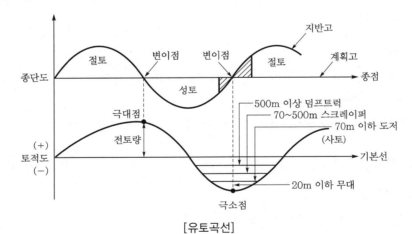

[유토곡선]

3) 유토곡선의 성질

(1) Curve : 상향곡선 – 절토구간, 하향곡선 – 성토구간

(2) 극대점 : 절토에서 성토로 변하는 변곡점

(3) 극소점 : 성토에서 절토로 변하는 변곡점

4) 평균운반거리

(1) 덤프의 평균운반거리 : $L = \dfrac{A + B}{2}\,[\text{m}]$

(2) 도저의 평균운반거리 : $L = \dfrac{B+C}{2}[\text{m}]$

(3) 무대의 평균운반거리 : $L = \dfrac{C+D}{2}[\text{m}]$

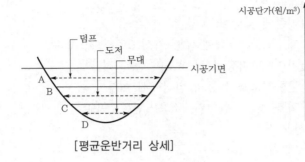

[평균운반거리 상세]

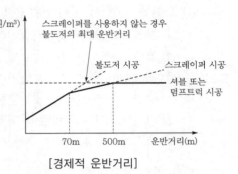

[경제적 운반거리]

5) 유토곡선 작성 시 유의사항

(1) 토량계산은 토사, 리핑암, 발파암을 구분하여 산출

(2) 토량변화율(f)은 획일적으로 적용하기보다 시험 시공결과를 적용

(3) 토량배분은 운반거리를 가능한 짧게

6) 유토곡선 활용상 유의사항

(1) 도로확장공사의 횡무대가 교통통행에 따른 덤프 운반 실시

(2) 민원으로 토공유동의 변화

(3) 잦은 설계변경으로 토공유동의 변화 발생

6 토취장, 사토장, 토석정보공유시스템(Tocycle)

1) 토취장

(1) 종류

① 육상 토취장
② 해상 토취장(준설)

(2) 토취장 선정 시 조사 및 검토사항

토질, 토량, 방재대책, 법적규제, 운반로, 현지조건, 환경조건, 인허가, 민원

(3) 성토재료의 요구조건 〔전, 공, T, 입, 지〕

① 전단강도가 클 것 : C(점착력, 인장강도)와 ϕ(내부마찰각)가 클 것
② 공학적 안정할 것 : 압축성 및 투수성이 작고, 지지력이 클 것

③ Trafficability(주행성)가 좋을 것 : 반복주행에도 침하가 없이 주행성이 좋을 것

④ 입도가 양호할 것 : $C_u > 10$, $1 < C_g < 3$

⑤ 지지력이 클 것

(4) 토취장 선정 시 고려사항(주의사항)

① 토질이 양호할 것 : 시방기준에 적합한 흙일 것

② 토량이 충분할 것 : 성토재, 노상재, 뒷채움재, 가설도로재 등 고려

③ 경제성이 있을 것 : 운반거리, 토취장계획, 복구비 등 고려

④ 관련법규를 고려할 것 : 문화재보호법 등의 법적규제 여부

⑤ 환경 및 민원의 영향이 적을 것 : 비산먼지, 소음·진동, 민원

⑥ 토석정보공유시스템 우선 이용

(5) 토취장 복구대책

① 복구계획 수립 : 주변 토지이용현황, 주민의견을 수렴하여 복구계획 수립

② 마무리 정리대책 : 굴착장소 및 성토 부분이 없도록 하고 평탄하게 마무리

③ 배수처리대책 : 편경사로 마무리 및 배수로 설치

2) 사토장

(1) 정의

흙을 버려야 하는 장소

(2) 사전조사 및 검토

사토량, 방재대책, 법적규제, 운반로, 현지조건, 용지보상, 민원

(3) 사토장 선정 시 고려사항(주의사항)

① 우선적으로 토석정보공유시스템을 이용하여 효율성 증대

② 위치는 도로 인접지역으로 선정

③ 사토량은 토량변화율을 고려하여 계획

④ 운반로는 거리, 연도상황, 교통량, 도로폭 고려

⑤ 방재계획 수립 : 토사유출과 붕괴위험

3) 토석정보공유시스템(Tocycle) – 건설기술진흥법, 국토교통부

(1) 목적

① 사토현장의 흙을 유용하여 토석자원의 재활용

② 예산 절감, 자연훼손 최소화

(2) 대상공사 : 공공건설공사로 사토량 및 순성토량이 1,000m³ 이상인 공사

(3) 사용주체 : 발주자, 설계자, 건설사업관리기술자, 시공자

(4) 공사 등록 및 토석정보관리절차

설계단계	→	시공단계	→	토석정보변경	→	준공처리

- 설계자
- 설계기본정보
- 설계토석정보(발생량, 사토량, 순성토량)

- 시공자, 건설사업관리기술자
- 시공기본정보
- 시공토석정보(발생량, 사토량, 순성토량)

- 설계변경토석정보
- 일부 반출입된 토석정보(발생량, 잔여사토량, 순성토량)

- 시공자, 건설사업관리기술자
- 토석의 반출입이 완료된 경우
- 토공사가 준공된 경우

(5) 운영관리방법

① 설계변경 발생일로부터 10일 이내 토석정보 갱신

② 발주담당자는 기성 및 준공검사 시 토석정보관리현황 확인

7 토량환산계수(체적환산계수, f)

1) 정의

자연상태의 토량을 절토, 운반, 성토에 따라 토량이 변화되는 체적변화비

2) 토량변화율

(1) 토량변화율

① 팽창률 : $L = \dfrac{\text{흐트러진 토량}}{\text{자연상태 토량}}$ ② 압축률 : $C = \dfrac{\text{다져진 토량}}{\text{자연상태 토량}}$

(2) 토량환산계수(f)

구분	자연상태(1)	흐트러진(L)	다져진(C)
자연상태(1)	1	L	C
흐트러진(L)	$1/L$	1	C/L
다져진(C)	$1/C$	L/C	1

① 산정예시 : 흐트러진 토량$(\text{m}^3) \times \dfrac{C}{L} =$ 다져진 토량(m^3)

② 국토교통부 적용기준(f값=압축률(C)) : 토사 0.9, 리핑암 1.1, 발파암 1.28

3) 활용

(1) 장비의 작업능력 산정 → L값에 의해 운반량, 운반장비대수 결정

(2) 토공사 시공계획 수립 및 토공장비의 선정

6 현장 토공사

1 토공사절차

준비공	→	절토	→	운반	→	성토	→	다짐	→	마무리
사전조사, 장비계획, 운반로		사면안정, 암 판정, 발파		운반거리, 운반장비, 가설도로		노체, 노상, 암성토		다짐시험, 다짐방법		평탄성

2 준비공

(1) 절성토구간에 측량을 실시하여 규준틀 설치, 암반선의 확인

(2) 땅깎기 및 흙쌓기 전에 배수시설 설치

(3) 벌개 제근 나무뿌리는 폐기물 처리

(4) 기존 구조물 및 지장물 제거

(5) 공사용 가설도로 및 가교의 설치

(6) 장비의 선정 및 조합, 시험토공(다짐장비 선정)

(7) 사토장, 토취장의 인허가, 환경관리(세륜기, 방음벽), 안전관리(장비유도신호수)

3 절토(흙깎기)

1) 절토지층의 파악 : 토사, 풍화암, 발파암

2) 흙깎기 효율성 확보방안

(1) 계단형으로 절취하여 중력을 최대한 이용

(2) 작업반경을 넓게 확보하여 작업 실시

(3) 싣기 높이는 되도록 낮게 하여 깎기 작업 실시

(4) 경사지는 배수문제를 고려하여 절토

3) 흙깎기 비탈면의 표준 경사 및 소단기준

구분	표준 구배	소단
토사	• 5m 이하 1 : 0.8~1.2 • 5m 이상 1 : 1.2~1.5	• 높이 10m 이상 소단 설치 • 높이 5~20m마다 소단폭 1.0~3.0m 설치
풍화암	1 : 1.0~1.2	
연암	안정해석을 통해 결정	

4) 흙깎기 지반처리방법

(1) **성토 비탈면** : 모따기 실시(상·하 1.0m 정도)

(2) **비탈면 표면수 및 용출수의 처리** : 수평배수공, 소단배수로 등 설치

(3) **붕괴되기 쉬운 지반** : 비탈면안정대책공 시공

(4) **낙석대책** : 뜬돌 제거, 비탈면보호공법 및 낙석예방공법 시공

(5) **흙깎기 허용오차**

① 노상 : 토사 ±30mm

② 비탈면 : 토사 ±100mm

5) 암 판정

(1) **목적**

① 현장 암반선의 확인 → 토사, 리핑암, 발파암 구분

② 구조물 기초지지력에 대한 암반상태의 육안 확인

③ 설계변경 실시

(2) **암 판정절차**

암판정위원회 구성	측량 및 준비	암 판정 및 심의	결과보고
공사 착공 시 구성	암반선의 노출 및 측량	현장 암 판정 실시 및 심의 후 암반선 확정	도면(암질구분), 물량증감표, 공사비증감대비표

(3) **암 판정방법**

① 암 판정 요청체계도 작성

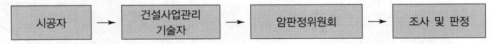

시공자	건설사업관리기술자	암판정위원회	조사 및 판정

② 암판정위원회의 구성 및 운영

㉠ 구성 : 공사감독자, 외부전문가 및 건설사업관리기술인, 기술지원기술인(토질 및 기초분야), 현장대리인 입회

㉡ 발주청은 공사 착공 시 암판정위원회를 상시 구성·운영

㉢ 암반선 노출 즉시 암 판정 실시 → 직접 육안 확인, 필요시 추가시험 실시

③ 준비사항 : 측량기, 줄자, 카메라, 깃발 등을 준비

④ 결과보고 : 물량증감현황표, 토적표, 횡단도(암질구분 표시), 공사비증감대비표

6) 암 발파

(1) **보안시설물**

① 도심지 : 주거지역, 학교, 병원, 특수시설물, 도로, 지하철, 지하 지장물

② 외곽지 : 주거지역, 도로, 철도, 특수시설물, 축사 및 양식장, 고압 송전탑

(2) 암발파공법

① 미진동 굴착공법(40m 이내)　② 정밀 진동제어발파(40~80m)

③ 소규모 진동제어발파(80~140m)　④ 중규모 진동제어발파(140~260m)

⑤ 일반발파(260~460m)　⑥ 대규모 발파(460m 이상)

이때 ( ) : 보안물건의 거리

(3) 시험발파

장약량, 공간격, 천공장 등 여러 타입의 시험발파로 최적공법 선정

4 운반

(1) 운반로 : 가설도로, 가교(하천), 축도 및 가도(하천), 일반도로

→ Trafficability 확보, 안전, 환경 고려

(2) 유토곡선을 이용하여 평균운반거리 산정

(3) 거리별 장비 선정 및 조합

5 성토(흙쌓기)

1) 성토 시공법

(1) 수평층쌓기 : 수평으로 층층이 쌓기, 도로, 철도 적용

(2) 전방층쌓기 : 전방에 흙을 투하, 매립 및 사토 시 적용

(3) 비계층쌓기 : 가교식 비계 위에 레일을 깔아서 투하, 진입이 어려운 지역, 큰 성토 매립 시

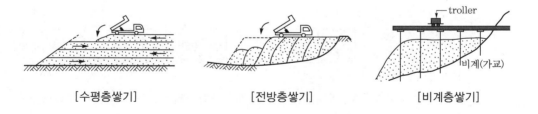

[수평층쌓기]　　　[전방층쌓기]　　　[비계층쌓기]

2) 시공관리

(1) 원지반 처리

① 성토부 용출수 처리, 연약지반에 대한 조치

② 비탈면 원지반 층따기 : 폭 1.0m 이상, 높이 0.5m 이상

(2) 성토 비탈면

① 비탈면경사 1 : 1.5, 성토높이 H=5~10m마다 B=1~3m 소단 설치

② 비탈면다짐방법 : 백호 평판 이용 다짐, 더돗기 다짐 후 절취

(3) **흙쌓기**

노체 및 노상 다짐두께 준수, 쌓기면은 2% 구배로 물고임 방지

(4) **구조물 주변 흙쌓기**

① 교대배면, 암거박스 주변은 양측 동일하게 성토하여 편토압에 의한 밀림 방지
② 구조물에 영향이 없도록 소형 다짐장비 이용

(5) **절성경계부 시공** : 횡방향 절성경계부 1 : 4 정도 경사처리

(6) **구조물 접속부 시공**

뒷채움 20cm, 노체 30cm, 소형 진동다짐롤러

(7) **토공의 마무리** : 노상면 – 계획고 30mm 이내, 3m 직선자로 요철 10mm 이내

3) 다짐 및 품질관리

(1) **다짐도검사** : 들밀도시험, PBT시험, 방사선시험, 프루프 롤링시험

(2) **시험 시공 실시** : 규모는 400m^3, 다짐장비, 다짐방법 결정

(3) **프루프 롤링(proof rolling)** : 15ton 덤프트럭 운행 및 벤켈만 빔시험 실시(허용변형량 5mm 이내)

(4) **흙쌓기 재료의 품질관리 및 다짐 판정기준**

구분	노체	노상	뒷채움(입상재료)
1층 다짐두께	30cm 이하	20cm 이하	20cm 이하
다짐도($\gamma_{d\max}$)	90% 이상	95% 이상	95% 이상
골재 최대 치수(D)	300mm 이하	100mm 이하	75mm 이하
소성지수(PI)	–	10% 이하	6% 이하
수정CBR	2.5% 이상	10% 이상	50% 이상
침하량(PBT시험)	0.25cm 이하	0.25cm 이하	0.25cm 이하

4) 암성토

(1) **개요**

① 암성토는 현장 암을 유용하고 잔여량을 활용하므로 친환경공법임
② 암버럭쌓기는 노체 완성면 600mm 이하 성토

(2) **암버럭 최대 치수**

① 일반암 600mm 이하
② 연약암(쉽게 부서지는 풍화암, 이암, 셰일, 천매암) 300mm 이하

(3) 품질관리

① 암버럭쌓기는 노체 완성면 600mm 이하 성토

② 암쌓기 1층 다짐두께는 600mm 이하

③ 노체의 상부 600mm 구간은 필터층 설치 → 입상재료 또는 소일시멘트 중간층 설치

(4) 시공관리

① 암버럭의 큰 입경과 작은 입경을 고르게 섞어 쌓기 실시

② 말뚝박기 구간, 구조물 설치부는 암쌓기 금지

③ 암거, 종·횡배수관 및 구조물 상부 60cm 이내에는 암쌓기 금지

④ 규격보다 큰 암괴는 2차 소할 파쇄

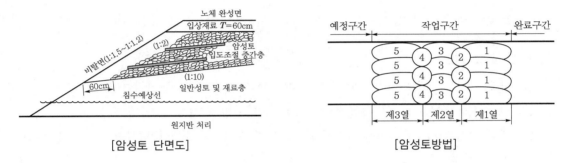

[암성토 단면도] [암성토방법]

(5) 다짐관리

① 암성토 10톤 이상의 대형 진동다짐장비 이용

② 다짐속도는 4km/h 이내, 진동수는 1,000~3,000rpm 사이 작동

③ 1층 포설 후 최소 8회 이상 진동다짐 실시

7 취약공종

1 절토부

(1) 지표수 및 용출수의 처리

(2) 토사 및 암반경계면에 대한 안정조치

(3) 사면안정처리 : 단층 파쇄대, 절리, 습곡 등 불연속면에 대한 대책 수립

2 성토부

1) 고성토(성토 10m 이상 정도) – 하부지반, 성토부문제

(1) 문제점

① 성토부 : 사면 불안정, 압밀침하, 구조물 단차, 지하매설물 파손, 포장체 파손

② 원지반 : 고성토에 따른 지지력 부족(침하), 측방유동, 히빙

③ 시공 중 다짐효과의 감소

(2) 원인 : 고성토에 의한 하부층의 측방변위, 성토부는 압밀침하

(3) 대책

① 성토부

㉠ 단계성토로 원호활동 방지, 양질의 재료성토, 층다짐 실시, 시방규정 준수

㉡ 구조물 단차 방지 접속슬래브 설치

㉢ 경량성토공법(EPS), 압성토 실시

② 원지반 : 표층처리공법, 치환공법, Pre-loading 실시, 심층혼합처리공법(DCM)

2) 저성토(성토 2m 이하 정도) – 하부지반문제

(1) 문제점

① 성토 초기 : 침하에 의한 장비주행성 불량, 다짐작업 곤란

② 공사하중으로 하부지반 교란 및 지하수 상승 → 침하

③ 교통하중에 의한 침하로 포장 파손

④ 교통하중에 의한 지반의 모세관현상으로 지하수 상승 → 동상, 연화, 침하로 포장 파손

(2) 원인 : 하부연약지반의 지지력 부족

(3) 대책

① 원지반 배수처리로 적정 다짐함수비 확보 → 유입수 및 용출수는 배수로 설치

② 습지도저를 이용하여 작업 실시

③ Sand mat 및 토목섬유 포설 → 장비주행성 확보 및 지하수 상승 차단

④ 양질토 치환 및 표층처리공법 적용, 맹암거 설치, 지반개량공법 적용

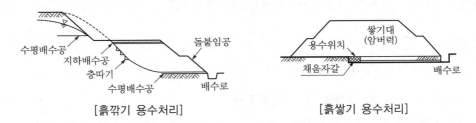

[흙깎기 용수처리]   [흙쌓기 용수처리]

3 취약 5공종, 구조물 부등침하 방지대책

1) 취약 5공종의 분류

(1) **토공과 토공접속구간** : 간극비 차이

① 횡방향 절성경계부　　② 종방향 절성접속부　　③ 도로확폭구간

(2) **구조물과 토공접속구간** : 압축성 차이 → 공용 중 단차 발생

(3) **연약지반구간** : 잔류침하 발생

2) 취약공종의 문제점

(1) **부등침하 발생** : 차량주행성 저하, 확폭부 연동침하 발생

(2) **포장 파손** : 우수 침투, 도로 파손 가속화, 구조물 및 지하지장물 파손

3) 원인

(1) **설계** : 교통량 산정오류, 접속슬래브 설계오류

(2) **재료** : 성토재료의 불량, 유해물함유

(3) **시공** : 원지반처리 불량, 배수처리 불량, 다짐관리 불량, 품질관리 불량

(4) **유지관리** : 적기에 보수, 과적차량 단속

4) 방지대책

(1) **토공과 토공접속구간**

① 횡방향 흙깎기 및 흙쌓기 경계부 : 배수구 및 배수층 설치
② 종방향 흙깎기 및 흙쌓기 접속부 : 완만한 기울기로 노상 저면에서 접속
③ 도로확폭구간 : 신설도로 지반개량공법 적용, 연결부 차단벽 설치, 층따기

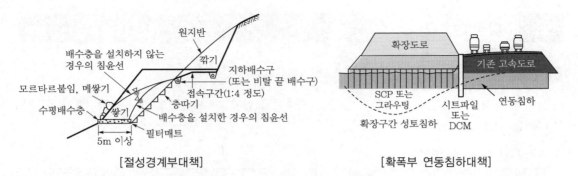

[절성경계부대책]   [확폭부 연동침하대책]

(2) 구조물과 토공접속구간

① 접속슬래브 및 완충슬래브 설치

② 뒷채움구간 연장 및 노체연결부 다짐순서 준수

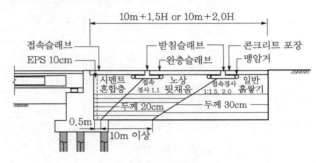

[교대 뒷채움]

(3) 연약지반구간

① 연약지반개량 : 프리로딩, 치환공법

② 교량부 측방유동대책 : 사항, 압성토

8 다짐

1 정의

흙에 롤러장비로 압력을 가하여 공기를 배출시켜 입자 간 치밀하게 하여 전단강도를 증가시키는 과정

▶ 다짐과 압밀의 차이점

구분	다짐	압밀
원리	공극(공기) 제거	수극(물) 제거
목적	전단강도 ↑	전단강도 ↑
방법	순간적, 다짐롤러	장기간, 하중재하
지반	사질토	점성토
적용	성토부	원지반개량

2 목적

(1) 지반의 전단강도 증진 → 지지력 증가

(2) 흙의 압축성을 감소시켜 지반침하량 감소

(3) 투수성을 감소시켜 동상 및 액상화 방지

3 다짐원리

(1) 흙에 롤러장비로 압력을 가하여 공기 배출

(2) 압력에 의해 흙입자 치밀 → 밀도 증가 → 단위질량 증가 → 전단강도 증가

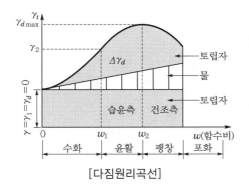

[다짐원리곡선]

$$\gamma_d = \frac{r_t}{1+w} = \frac{G_s\,\gamma_w}{1+e}\,[\text{t/m}^3]$$

여기서, γ_d : 건조단위중량(t/m³)
γ_t : 습윤단위중량(t/m³)
γ_w : 물의 단위중량(t/m³)

4 최적함수비(OMC), 영공기 간극곡선(포화곡선)

1) 최적함수비

(1) **정의** : 흙이 가장 잘 다져질 때의 함수비로 최대 단위중량(최대 건조밀도, $\gamma_{d\max}$)에 해당하는 함수비

(2) **특성** : OMC 초과 시 흙의 공극이 물로 채워져 건조밀도 감소 → 전단강도 감소

(3) **이용** : 다짐시험 실시 및 다짐도관리, 다짐함수비의 결정

2) 영공기 간극곡선(Zero Air Void Curve, 포화곡선)

(1) 포화도(S)가 100%일 때(공기가 없음) 건조밀도와 함수비의 관계곡선임

(2) 다짐곡선은 영공기 간극곡선 왼쪽에 위치하며, 오른쪽으로 작성되면 시험오류임

(3) 포화도(S)가 100%이므로 이론적인 최대 건조밀도를 나타냄

5 다짐특성

1) 다짐특성

구분	건조측	습윤측
구조	면모구조	이산구조
전단강도	大	小
공극	大	小
투수계수	大	小
적용	도로 → 전단강도가 목적이므로 건조측 다짐	댐 코어층 → 차수가 목적이므로 습윤측 다짐

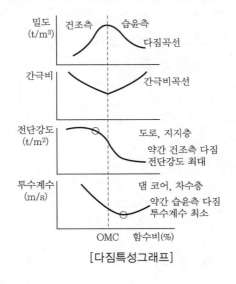

[다짐특성그래프]

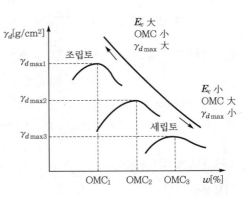

[토질 및 다짐에너지의 그래프]

2) 다짐효과에 영향을 주는 요인 [함, 토, 에, 유]

(1) 함수비

① 함수비 多 : Sponge현상으로 전단강도 저하
② 함수비 小 : Interlocking현상으로 다짐 안 됨

(2) 토질

① 조립토 : 건조밀도(전단강도)가 크고, OMC가 작음
② 세립토 : 건조밀도(전단강도)가 작고, OMC가 작음

(3) 다짐에너지(E_c)

① 조립토 : 진동에 의한 동적다짐 – 에너지 크게
② 세립토 : 압력에 의한 정적다짐 – 에너지 작게
③ 다짐에너지 : 너무 크면 입자파쇄로 강도 저하(과다짐), 너무 적으면 압축침하

(4) 유기질토 : 유기물이 많으므로 성토재료로 부적정 → 압축침하 大

6 다짐규정방법(다짐관리방법, 다짐도평가 및 판정방법)

1) 다짐규정항목(공사 시에 해당되는 다짐규정항목으로 다짐시험평가)

(1) 품질규정항목 [강, 변, 다, 포, 상]

① 강도(지지력) : 암괴, 암버럭 다짐 시 지지력계수를 이용하여 평가 판정
※ 지지력계수 : PBT시험은 k값, CBR시험은 CBR값, 콘관입시험은 콘지수
② 변형량 : 노상, 보조기층 다짐 시는 Proof rolling시험에 의한 변형량으로 평가 판정
③ 다짐도(건조밀도($\gamma_{d\max}$)) : 도로 및 댐 성토 시 다짐도를 적용하여 평가 판정
④ 포화도(s) : 고함수비 점성토다짐 시 포화도로 평가 판정(85~95%)
⑤ 상대밀도(D_γ) : 사질토 지반다짐 시 상대밀도로 평가 판정

(2) 공법규정항목 : 다짐시험으로 규정

① 다짐두께 : 다짐두께로 다짐평가
② 다짐횟수 : 다짐횟수로 다짐평가
③ 다짐속도 : 다짐롤러속도로 다짐평가

2) 다짐제한이유(규정이유)

(1) 품질규정

공사의 목적과 토질의 상태에 따라 요구하는 품질을 확보하기 위해 시험방법 및 평가를 규정함

(2) 공법규정

① 다짐두께(Scale Effect) : 너무 두꺼우면 다짐불량, 과소하면 입자가 깨짐

② 다짐횟수 : 많으면 과다짐, 적으면 과소다짐 발생, 침하 발생

③ 다짐속도 : 너무 빠르면 과소다짐, 너무 늦으면 과다짐 발생, 시공성 불량

☞ 토질종류 및 목적에 따라 시험다짐을 실시하여 다짐, 두께, 횟수, 속도를 결정

3) 공법규정에 의한 다짐관리방법(다짐시험 시공)

(1) 현장 다짐시험 시공으로 다짐관리

(2) 다짐시험사례(○○현장) : 노상 $L=180m$, $B=7.0m$, 6개 구간 선정

① 구간별 다짐횟수, 포설두께, 속도를 바꿔가면서 장비로 다짐 실시

② 다짐장비 : 진동Roller 10ton 1대, 타이어Roller 12.5ton 1대

①	②	③	3.5m
④	⑤	⑥	3.5m
60m	60m	60m	

[위치 : STA.3+000~3+180]

(3) 시험결과 판정

① 시방기준인 다짐두께가 노상 20cm 이하를 만족

② 다짐횟수가 가장 작은 구간을 최종 선정(③번)

③ 선정된 구간의 들밀도시험을 실시하여 다짐도를 만족하면 합격

(4) 이용

① 다짐장비 선정

② 포설(다짐)두께, 다짐횟수, 다짐속도 규정

③ 최적다짐함수비관리(현장 13.7% → 살수차 운행 16.8%)

7 과다짐(Over Compaction, 과전압)

(1) **정의** : 습윤측에서 높은 에너지로 다질 때 흙입자가 전단파괴되어 강도가 저하되는 현상

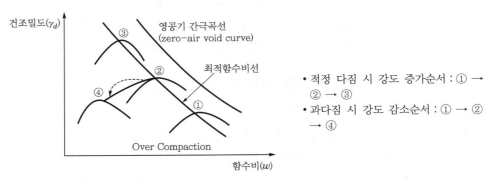

[과다짐그래프]

• 적정 다짐 시 강도 증가순서 : ① →
  ② → ③
• 과다짐 시 강도 감소순서 : ① → ②
  → ④

(2) **과다짐 토질** : 고함수비 점성토, 화강풍화토, 화산질 점성토

(3) **대책**

   ① 양질의 성토재료 성토

   ② 시험성토 실시

   ③ 다짐횟수, 다짐속도, 다짐에너지 준수

8 다짐공법(다짐방법, 전압방법)

1) 평면다짐

(1) **넓은 장소**

   ① 일반성토구간의 넓은 장소 다짐

   ② 진동식 장비 : 진동Rollr(10ton), 사질토 적용, 인터로킹 감소

   ③ 전압식 장비 : 타이어Roller(12.5ton), 탬핑Roller, 점성토 적용, 전압으로 다짐(점착
     력 증가)

(2) **협소한 장소**

   ① 구조물 근접 성토, 구조물 뒷채움, 구조물 되메우기 구간

   ② 래머, 탬퍼 등 충격식 다짐

2) 비탈면다짐

(1) 불도저에 의한 다짐, 윈치+소형 롤러 이용, 백호 평판 이용 다짐

(2) 완경사다짐 후 절취, 더돋기다짐 후 절취

(3) 피복토 설치 후 다짐 실시

(4) 특징

구분	완경사다짐 후 절취	윈치 + 소형 롤러 다짐	인력 + 소형 장비 다짐	백호 + 평판다짐
방법				
적용	• 쌓기고가 높은 구간 • 3층마다 상·하주행	• 소규모 비탈면 • 구조물 뒷채움	• 피복토 설치 시 층따기 실시	• 백호 충격 이용 다짐 • 적용성이 큼

9 현장 다짐관리방안

(1) **품질관리계획 수립** : 품질관리계획 및 품질시험계획, 시방기준 준수

(2) **양질토의 성토재료 선정** : 전단강도가 클 것

(3) 다짐시험결과에 의한 다짐장비 선정

(4) **성토단계에 따른 품질시험 실시** : 토취장, 다짐 전, 다짐 후, 완성면에 시험 실시

(5) 성토부는 2% 구배로 배수성 확보

(6) 살수차에 의한 최적함수비관리

(7) 품질관리자 선임 및 품질시험실, 시험기구 비치

9 사면안정

1 사면의 종류

(1) **토질별** : 토사사면, 암반사면

(2) **성인별** : 자연사면, 인공사면(절토, 성토)

(3) **형태별** : 유한사면(단순, 직립), 무한사면, 복합사면(유한+무한)

2 사면파괴의 종류 및 특징

1) **유한사면** : 사면 상단과 하부가 평행을 이루는 사면, 도로, 제방, 댐

   (1) **사면 내 파괴** : 사면 53° 이상일 때, 용출수 발생 시, 절리사면, 여러 지층 사면

   (2) **사면 선단파괴** : 급경사, 균일한 점성토 지반, 점착성이 작은 경우

   (3) **사면 저부파괴** : 연약지반

   (4) **직립사면** : 연직 절취사면, 흙막이 굴착사면, 70~90° 정도

2) **무한사면**

   (1) 사면의 활동길이가 깊이보다 큰 지반

   (2) 암반과 토사사면 경계면에서 많이 발생

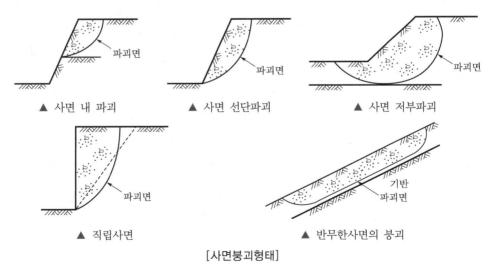

▲ 사면 내 파괴   ▲ 사면 선단파괴   ▲ 사면 저부파괴

▲ 직립사면   ▲ 반무한사면의 붕괴

[사면붕괴형태]

3) **암반사면** 　원, 평, 쐐, 전

   (1) **원형파괴** : 풍화대, 파쇄대, 연약대, 토사지반

   (2) **평면파괴** : 불연속면방향이 1방향

(3) **쐐기파괴** : 불연속면방향이 2방향

(4) **전도파괴** : 수직절리면, 주상절리

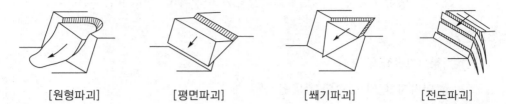

| [원형파괴] | [평면파괴] | [쐐기파괴] | [전도파괴] |

3 Land Slide와 Land Creep

구분	Land Slid	Land Creep
원인	전단응력 증가, 강우에 의한 상부하중 증가	전단강도 감소, 유수 유입으로 내부지반강도 저하
시기	강우 중, 강우 직후	강우 후 시간경과 후
형태	소규모, 순간적	대규모, 천천히 이동
지형	급경사면(30° 이상)	완경사면(30° 이하)
지질	풍화암, 사질지반, 불연속면	파쇄대, 연질암 내, 점성토

4 사면붕괴

1) 문제점

(1) **1차적** : 인적 및 물적 피해, 사회적 손실

(2) **2차적** : 수목 유실, 하천 유입으로 구조물 충돌 피해, 하천 범람

2) Mechanism

(1) **안전율** : $F_s = \dfrac{저항력}{작용력} = \dfrac{\tau_f(전단강도)}{\tau(전단응력)} = \dfrac{M_r(저항모멘트)}{M_d(활동모멘트)} \geq 1.2$

① 전단강도 : $\tau_f = c + \sigma' \tan\phi$

② 유효응력 : $\sigma' = \sigma - u$

여기서, c : 점착력, σ' : 유효응력, σ : 전응력, u : 간극수압, ϕ : 내부마찰각(사질토)

☞ 간극수압이 클수록 유효응력이 작아져 흙의 전단강도가 작아진다.

(2) **전단강도 감소**($\tau_f \downarrow$)

① 강우, 유수의 유입으로 지하수위 상승($u \uparrow$)

② 풍화, 침식으로 전단강도 감소

③ 사면지반의 전단강도 저하로 안전율이 저하되어 사면붕괴

(3) 전단응력 증가($\tau \uparrow$)

    ① 강우에 의한 상부하중 증가, 지형변화, 성토하중 등으로 전단응력 증가

    ② 외부영향으로 전단응력 증가됨으로써 안전율이 저하되어 사면붕괴

3) 원인

(1) 지형, 지질학적 요인

    ① 연약지반 및 풍화된 지반인 경우

    ② 불연속면이 굴착면으로 경사진 경우

    ③ 지층이 다른 지반으로 구성된 경우(암반 위 토사)

    ④ 유수에 의하여 파이핑으로 붕괴

(2) 기상학적 요인

    매우 심한 폭우, 장기간 강우, 기후에 의한 동결융해, 지반의 해빙

(3) 물리적 요인

    화산폭발, 지진

(4) 인위적인 요인

    ① 개발행위, 산림훼손, 복구 미흡, 광산활동, 발파

    ② 조사, 설계, 시공, 유지관리 불량

4) 사면안정성 검토방법 〔경, 기, 한, 수〕

(1) 절차

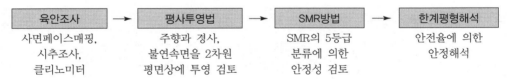

육안조사	→	평사투영법	→	SMR방법	→	한계평형해석
사면페이스매핑, 시추조사, 클리노미터		주향과 경사, 불연속면을 2차원 평면상에 투영 검토		SMR의 5등급 분류에 의한 안정성 검토		안전율에 의한 안정해석

(2) 경험적 방법(SMR : Slope Mass Rating)(암사면)

    ① 관계식 : $SMR = RMR + f_1 f_2 f_3 + f_4$

        ㉠ 불연속면과 사면경사의 방향성계수 : $f_1 f_2 f_3$

        ㉡ 굴착방법계수 : f_4

    ② SMR 5단계 등급별 보강 실시

(3) 기하학적 방법(암사면)

    • 평사투영법 : 주향, 경사, 불연속면의 방향성을 이용한 2차원적인 안정해석방법

(4) 한계평형해석법(토사, 암사면)

① 절편법 이용 : Fellenius법, Bishop법, Janbu법

② 모멘트평형법

$$F_s = \frac{저항력}{작용력}$$

$$= \frac{M_r (저항모멘트)}{M_d (활동모멘트)} \geq 1.2$$

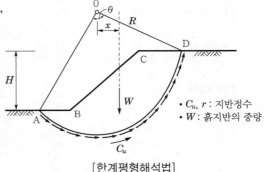

· C_u, r : 지반정수
· W : 흙지반의 중량

[한계평형해석법]

(5) 수치해석법(토사, 암사면)

① 유한요소법(FEM) : 연속체해석

② 개별요소법(DEM) : 불연속체해석

5) 대책

(1) 사면보호공법(안전율 유지, 억제공)

① 배수로 : 산마루측구, 소단측구, 수평배수공

② 블록공, 피복공(S/C, 녹생토), 식생공(거적덮기, 식생)

③ 표층안정처리

(2) 사면보강공법(안전율 증가, 억지공)

① 공통 : 절토공(구배 완화), 압성토공, 옹벽, 기대기 옹벽

② 토사 : 어스앵커공, Soil Nailing공, 억지말뚝공, 마이크로파일

③ 암반 : 록앵커공, Rock Bolt공

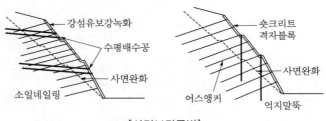

[사면보강공법]

(3) 낙석방지공법

① 낙석예방공 : 뜬돌 제거, 숏크리트, Rock Bolt

② 낙성방호공 : 피암터널, 낙석방지옹벽, 제방, 낙석방지망, 낙석방호책

6) 피암터널

(1) 정의

낙석, 토사 및 암반 붕괴로부터 도로 및 철도구조물과 인명을 방호하기 위해 설치하는 터널로서 RC, PC, 강재 및 혼합형이 있음

(2) 설치도

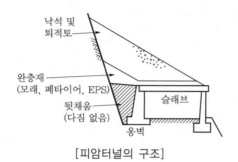

[피암터널의 구조]

[터널형 피암터널]

5 토석류(Debris Flow)

1) 정의

집중호우에 의해 산사태가 발생되어 물, 토사, 암석, 유목 등이 섞어 빠른 속도로 계곡을 따라 흘러 내려가는 현상

2) 발생과정

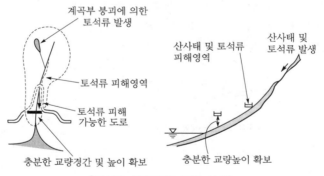

[토석류 발생지역 교량 설치]

6 평사투영법, 주향과 경사

1) 정의

현장의 3차원 사면을 2차원적인 평면상에 투영하여 안정해석하는 방법

2) 특징

(1) 장점

① 현장에서 간단하게 사면안정성평가 실시

② 클리노미터를 이용하여 불연속면의 주향과 경사 측정

(2) 단점

① 불연속면의 방향성만 고려 : 주향과 경사

② 절리면의 공학적 특성 미고려 : 절리면 연장성, 틈새 충전물질, 지하수 여부

3) 해석방법

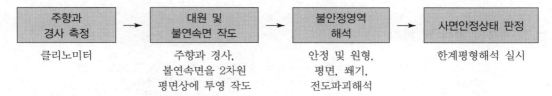

주향과 경사 측정	→	대원 및 불연속면 작도	→	불안정영역 해석	→	사면안정상태 판정
클리노미터		주향과 경사, 불연속면을 2차원 평면상에 투영 작도		안정 및 원형, 평면, 쐐기, 전도파괴해석		한계평형해석 실시

4) 암반사면의 평사투영방법

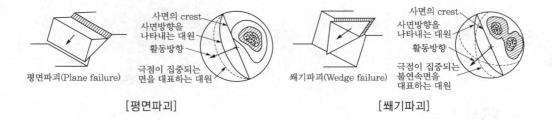

[평면파괴]   [쐐기파괴]

5) 주향과 경사

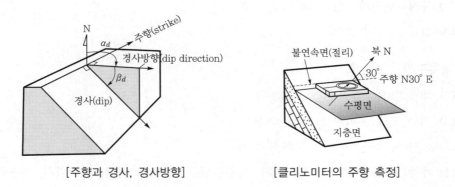

[주향과 경사, 경사방향]   [클리노미터의 주향 측정]

(1) 주향(strike)

① 진북방향(N)을 기준으로 불연속면의 교선과 이루는 각도(시계방향)

② 표시 : N30°E - 교선의 방향이 북동방향으로 30°인 경우

(2) **경사(dip)** : 수평면과 불연속면이 이루는 각도

(3) **경사방향(dip direction)** : 주향과 경사방향은 반드시 직각을 이룸

(4) **사면조사 준비물** : 클리노미터, 확대경, 시약, 카메라, 줄자

7 계측관리

1) 계측목적

(1) 안전한 시공을 위한 정보 파악

(2) 시공관리 및 위험징후에 사전 대처

(3) 새로운 공법개발을 위한 자료로 활용

2) 계측의 종류 및 배치

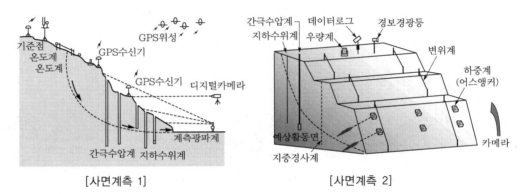

[사면계측 1]　　　　　[사면계측 2]

3) 계측의 빈도

(1) **시공단계** : 일 1회 또는 주 3회

(2) **유지관리단계** : 연 4~6회

(3) **긴급 시** : 일 1~2회

4) 계측관리

(1) 계측기기는 검교정을 실시

(2) 시공 전에 초기치를 측정, 기록

(3) 공사 중 손상이 없는 위치에 설치

(4) **계측기록지관리** : 사업명, 위치, 비탈면명, 측점, 계측항목, 계측위치, 측정일시, 측정자

(5) 계측이 큰 변위가 발생된 경우 즉시 대피하고 지체 없이 보고하여 조치

CHAPTER 05

건설기계

건설기계

일반

구비조건

1. 내구성 : 충격 및 마모저항
2. 안전성 : 안전한 장비
3. 정비성 : 점검, 정비 용이
4. 범용성 : 여러 조건에서 사용
5. 시공능력 : 경제성 확보
6. 신뢰성 : 고장 없이 가동될 것

작업능력(시공효율)

1. 작업능력 <mark>센놈</mark>
   $$Q = CEN[\text{m}^3/\text{h}]$$
   여기서, C : 1회 작업량, E : 작업효율
   N : 1시간당 작업횟수
2. 시공효율 <mark>작, 가, 시</mark>
   • 작업효율$(E) = E_1$(작업가동률) E_2(작업시간율)
   • 가동률＝실가동대수/총대수
   • 작업시간율＝실작업시간/가동시간

경제수명

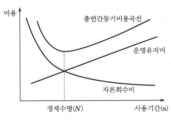

[경제수명그래프]

기계경비

1. 직접경비
   • 기계손료 : 감가상각비, 정비비, 관리비
   • 운전경비 : 운전노무비, 연료비
2. 간접경비
   • 운송비, 조립해체비

선정과 조합

장비 선정원칙

1. 비용이 저렴할 것
2. 새로운 장비일 것
3. 특수기능장비
4. 수리비가 적을 것
5. 대형화
6. 표준장비 선정

선정 및 조합방법

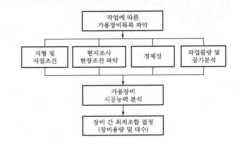

선정 시 고려사항

1. 공사종류 및 규모(작업량)
2. 운반거리별 선정
3. 건설기계의 작업능력 고려
4. 건설기계의 Cycle Time 고려
5. 장비의 주행성(Trafficability)
6. 리퍼빌리티(Ripperability)
7. 소음과 진동
8. 범용성과 신뢰성 높은 장비
9. 경제성

조합원칙 <mark>병, 주, 시, 예</mark>

1. 병렬조합
2. 주작업과 보조작업의 조합
3. 시공속도의 균형(사이클타임)
4. 예비기계수의 결정
5. 경제성이 있을 것
6. 인접 영향이 적을 것

※ 임팩트크러셔 : 회전, 충격, 타격 파쇄

건설기계
(작업능력＋선정 및 조합＋건설기계자동화)

1 건설기계 일반

1 목적

(1) 공기단축

(2) 원가 절감

(3) 품질관리

(4) **안전 확보** : 위험작업 대체

(5) 환경보호

2 구비조건 〔내, 안, 정, 범, 시, 신〕

(1) **내구성** : 충격, 마모, 부식에 충분히 견딜 수 있을 것

(2) **안전성** : 취급 및 조작이 쉽고 안전할 것

(3) **정비성** : 점검, 정비, 수거 등이 용이할 것

(4) **범용성** : 열악한 조건에서도 사용이 가능하고 다용도로 사용 가능할 것

(5) **시공능력** : 최소의 인원과 경비로 최대의 능력을 발휘할 것 → 경제성 유지

(6) **신뢰성** : 고장 없이 만족하게 가동될 것

3 작업능력(시공능력, 시공효율)

1) **작업능력 산정기본식** 〔센놈〕

$$Q = CEN = qfEN[\text{m}^3/\text{h}]$$

여기서, C : 1회 작업량($= q$(1회 작업량(m^3)) f(토량환산계수))

　　　　E : 작업효율($= E_1$(작업능률계수) E_2(작업시간율))

　　　　N : 시간당 작업횟수($= 3,600/C_m$)

　　　　C_m : 1회 사이클타임(min)

2) 시공효율 　작, 가, 시

① 작업효율$(E) = E_1$(작업가동률)E_2(작업시간율)

　　여기서, E_1 : 현장 여건을 고려한 계수(토질, 규모, 숙련도 등)

② 가동률 $= \dfrac{\text{실가동대수}}{\text{총대수}}$

③ 작업시간율 $= \dfrac{\text{실작업시간}}{\text{장비가동시간}}$

→ 작업효율이 좋고 가동률이 크며 작업시간율이 클수록 시공효율이 좋다.

3) 작업능률 저해요인

(1) 직접요인

① 미숙련공의 운전 미숙
② 악천 후 조건의 작업
③ 불량한 지질조건(용수 발생, 함수비가 높은 점성토 지반)
④ 기계배치조합의 불균형
⑤ 기계정비 및 조명, 환경 불량

(2) 간접요인

① 시공계획 및 준비의 미흡
② 장비 선정 및 조합 불량

4) 작업능률 향상방안

(1) 직접적

① 시간당 작업량 증대 : 1회 작업량 크게, 운반거리 짧게, 수행속도 빠르게, 다른 기계 병행작업
② 작업시간의 증대 : 실작업시간의 증대
③ 월평균가동률 증대 : 작업가동률 저하요인 분석 및 대책 수립
④ 주작업의 선정 후 보조작업과 균형 유지

(2) 간접적

① 공정계획 수립
② 기계능력 산정
③ 천후관리에 의한 작업 실시

4 경제수명과 기계경비

1) 경제수명

(1) **정의** : 장비의 시간당 평균비용이 최저가 되는 때의 누계시간

(2) **특징**

① 운영유지비가 자본회수비보다 크게 되면 경제적 수명에 도달

② 경제적 수명에 도달했을 때 신장비로 대체하는 것이 경제적임

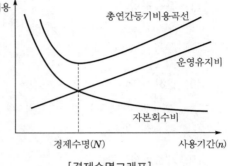

[경제수명그래프]

(3) **경제수명 감소요인**

① 정기적인 점검 및 일상정비의 불량, 특수기계인 경우

② 운전자의 조작 미숙, 무리한 작업 시행

(4) **건설현장 경제수명연장방안**

① 운전시간과 운전비용에 대한 기록 관리

② 장비의 정기적인 점검 및 검사, 정비

③ 무리한 작업 지양(작업능력에 맞게 작업 실시), 운반로의 주행성 확보

2) 기계경비

(1) **분류**

① 직접경비

　㉠ 기계손료

　　• 감가상각비 : 기계의 사용에 따르는 가치의 감가액

　　• 정비비 : 고장으로 분해수리비와 정기적인 기계의 기능유지비

　　• 관리비 : 보유관리이자 및 보관비용

　㉡ 운전경비 : 운전노무비, 연료비, 전력비, 소모성 부품비

② 간접경비

　㉠ 운송비 : 현장 반입, 반출비용

　㉡ 조립해체비

(2) **적산요령**

① 기계경비는 조립 및 분해조립비용도 포함

② 기계손료는 8시간 기준으로 계산하며, 초과해도 8시간으로 계산

③ 국산기계는 공장도가격(원)으로, 외산기계는 달러화($)로 표시

5 주행저항 동, 경, 가, 공

1) 정의

건설장비가 주행할 때 발생되는 저항으로 작업능력에 영향을 미침

2) 종류 및 특징

(1) 전동저항

① 차륜에 의한 지면저항
② 타이어식과 궤도식이 있음

[전동저항 : 타이어 변형 및 침하]

(2) 경사저항

경사면 주행 시 경사 1%일 때 총중량 1tf당 10kgf의 증감이 있음

(3) 가속저항

주행 시 장비의 속도를 증감하는 관성저항

(4) 공기저항

① 속도가 빠를수록 증가함
② 10km/h 이하의 저속에서는 무시함

3) 현장 건설기계 주행저항 감소방안

(1) 지반지지력을 확보하여 타이어가 침하되지 않도록 하고 접지압을 작게 한다.

(2) 경사면은 완만하게 하고 골재 등을 포설하여 주행한다.

(3) 차량의 적정 주행속도를 준수하고 과적하지 않도록 한다.

(4) 공기저항은 장비의 전면투영면적을 작게 한다.

2 장비의 선정 및 조합

1 건설기계의 선정 및 조합절차

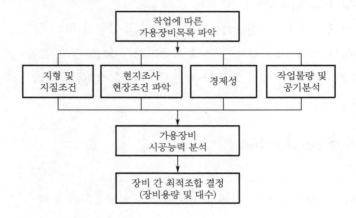

2 사전조사

(1) **지반조건** : 경암, 연암, 사질토, 점성토, 연약토 등 지반조사내용 파악

(2) **작업종류 및 물량** : 절토, 운반, 성토, 정지, 다짐 등 공사내용 파악

(3) **운반거리** : 단거리, 중거리, 장거리 등

(4) **작업장소** : 산간지역, 해안지역, 시가지작업 등 작업환경

(5) **사용가능장비 파악**

(6) **기타**

   ① 민원 여부 및 관련법규, 토취장, 사토장, 운반도로용 부지 및 상황

   ② 기상조건(온도, 우천일수), 지하수위변화, 인근의 상황, 공사기간, 가설용지

3 장비 선정원칙 [비, 새는 특, 수, 대, 표]

(1) 비용이 저렴할 것

(2) 새로운 장비일 것

(3) 특수기능장비(특수조건 사용)

(4) 수리비가 적을 것

(5) 대형화(작업범위가 클 것)

(6) 표준 장비 선정

4 선정 시 고려사항

(1) **공사종류 및 규모** : 작업종류별 토량의 규모를 고려하여 선정

(2) **운반거리별 선정** : 평균운반거리를 고려하여 장비 선정

(3) **건설기계의 작업능력** : 건설기계의 Cycle Time을 고려하여 시간당 작업능력이 큰 장비를 선정

(4) **장비의 주행성(trafficability)** : 건설기계의 주행성능

(5) **리퍼빌리티(rippability)** : 리퍼의 굴착성능

(6) **소음과 진동** : 소음·진동관리법에 적합하고 민원이 없는 장비 선정

(7) **범용성과 신뢰성** : 보급률이 높고 사용범위가 넓은 기계 선정

(8) **경제성** : 공사기간 내에 완료할 수 있는 시공능력이 큰 장비

(9) **기타**

5 장비의 주행성(trafficability)

1) 정의

건설기계의 주행성능으로, 주행성이 좋을수록 시공효율이 좋다.

2) 건설장비 주행성 판정

(1) 콘지수(콘관입시험)에 의한 건설장비 주행성 판정

장비명	초습지도저	습지도저	중형도저	대형도저	스크레이퍼	덤프트럭
콘지수 q_c [kg/cm²]	2 이상	3 이상	5 이상	7 이상	10 이상	15 이상

(2) 연약지반 지지력에 의한 주행성 판정

$$F_s = \frac{Q_{ult}(\text{지반지지력})}{P(\text{장비접지하중} + \text{모래부설하중})} > 1.5$$

• 적용 : PBD 부설작업, SCP작업, 초기성토 후 장비 진입 시 적용

(3) 흙의 입도분포에 따른 주행성 판단

① A곡선 : 점토 및 실트지반, 지지력 작음 → 습지용 도저 이용

② B곡선 : 실트 및 고운 모래지반 → 불도저 및 피견인식 스크레이퍼 이용

③ C곡선 : 모래 및 자갈혼합토로 양호한 흙 → 덤프트럭 이용

④ 함수비에 따라 지지력이 달라지므로 콘지수에 의한 방법과 비교 검토하여 적용

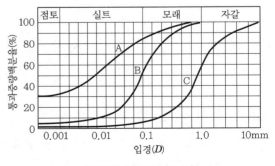

[토질별 입도분포곡선]

3) 특징

(1) **영향요인** : 흙의 종류, 함수비, 장비의 제원

(2) 주행성 불량 시 건설기계의 작업성능 저하, 지반교란, 원가 증가의 문제 발생

(3) **주행성 검토방법** : 흙의 입도나 함수비, 콘지수, 지지력에 의한 방법

4) 건설현장 주행성 확보방안

(1) **배수 처리** : 지표수 처리, 지하수 처리, 트렌치(배수로) 설치

(2) **표층개량공법** : Sand Mat, 대나무매트, 복토, 순환골재 사용

(3) **장비 접지압을 크게** : 초습지도저, 궤도폭을 크게, 경량장비 사용

(4) **별도 운반로 개설** : 경제성과 시공성 고려

6 리퍼빌리티(rippability, 리퍼의 굴착성능)

1) 정의

도저에 리퍼를 달아 암반을 긁어 일으킬 수 있는 굴착능력으로 탄성파속도로 판정함

2) 특징

(1) **지배요인**

암반의 강도, 불연속면의 간격, 충진물, 절리면의 방향, 풍화 정도, 시공장비, 시공방법

(2) **절취방법의 구분**

토사(일반장비), 리핑암(도저, 리퍼), 발파암(발파)

(3) **리퍼빌리티 판정방법**

탄성파속도, RQD, 암반풍화도방법

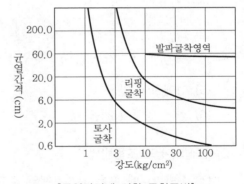

[균열간격에 의한 굴착공법]

3) 장비별 탄성파속도

도저종류	21톤 도저	32톤 도저	42톤 도저
탄성파속도(km/s)	1.5 이하	2.0 이하	2.5 이하

4) 활용

(1) **굴착장비의 선정** : 도저, 리퍼, 터널 TBM 헤드비트의 선정

(2) 암반분류

5) 건설현장 리퍼빌리티의 개선방향

(1) 실제 현장에서는 굴착규모 및 효율성을 고려하여 브레이커로 굴착하는 경우가 많음 → 브레이커 굴착능력평가기준이 필요

(2) 풍화 단면이 있는 경우 리핑암과 발파암 구분이 모호함

7 조합

1) 조합의 원칙 　병, 주, 시, 예

(1) 병렬조합

병렬조합작업으로 하면 1대 기계고장 시 정지하지 않고 작업을 할 수 있음

(2) 주작업과 보조작업의 조합

주작업을 기준으로 보조작업을 계획하여 효율성을 높임
① 주작업 : 절토, 운반, 성토
② 보조작업 : 사면집토, 살수, 사면 정리, 다짐, 배수로작업

(3) 시공속도의 균형

사이클타임에 의한 작업소요시간을 일정하게 관리

(4) 예비기계수의 결정

$$X = n(1-f)$$

여기서, f : 가동률, n : 사용기계대수

(5) 경제성이 있을 것
(6) 인접 영향이 적을 것

2) 건설기계의 조합방법

(1) 운반거리에 따른 건설기계의 조합

구분	거리(m)	건설기계의 종류	
단거리	70 이하	• 불도저 • 트랙터쇼벨	• 버킷도저
중거리	70~500	• 스크레이퍼 • 트랙터쇼벨+쇼벨+덤프트럭	• 쇼벨계 굴착기+덤프트럭
장거리	500 이상	• 모터스크레이퍼 • 트랙터쇼벨+덤프트럭	• 쇼벨계 굴착기+덤프트럭

(2) 작업종류에 따른 건설기계의 조합사례(현장 경험에 의한 조합사례 적용)

작업종류	굴착	적재	운반	성토	다짐	마감
축제공	불도저	드래그라인, 파워쇼벨	벨트컨베이어	불도저	롤러	불도저
도로공	불도저, 백호	파워쇼벨, 로더, 백호	덤프트럭, 벨트컨베이어	불도저	롤러	모터 그레이더

8 건설기계의 운용관리

(1) **건설기계의 구비조건** : 내구성, 안전성, 정비성, 범용성, 시공능력, 신뢰성

(2) **건설기계 선정 시 고려사항** : 작업여건, 경제성

(3) **건설기계의 작업능력** : 시공단가, 시간당 작업량, 토량환산계수

(4) **기계경비 산정**

(5) **건설기계의 선정 및 조합 시공**

(6) **건설기계의 유지관리** : 정비계획(일상, 정기), 부품계획, 타이어관리

9 기계화 시공의 발전방향 　다, 대, 표, 환, 인

다기능, 대형화, 표준화, 친환경, 인간 중심적

10 스마트 건설기술을 이용한 토공장비자동화기술(Machine Control System)

Machine Control System은 굴삭기, 도저, 그레이더, 페이버, 롤러 등 건설 중장비에 Tilt Sensor와 고정밀 GPS를 장착(위치정보)하여 작업과정을 실시간 컴퓨터가 제어하는 시스템이다.

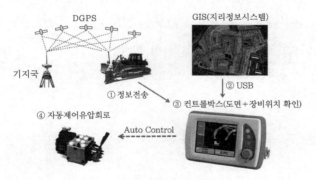

[실시간 컴퓨터 자동관리체계]

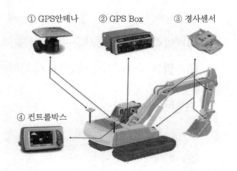

[백호에 부착한 스마트센서장비]

3 건설기계의 종류 및 특징

1 토공사장비

[불도저(Bulldozer)]

[로더]

[파워쇼벨(버킷 앞방향)]

[파워쇼벨(백호)]

[모터스크레이퍼]

[덤프트럭]

[벨트컨베이어
(인천국제공항 2단계)]

[클램셸 버킷]

> **Tip** 쇼벨계 굴삭기의 종류 : 파워쇼벨, 백호, 로더, 클램셸

2 크레인의 종류 및 특징

1) 이동식 크레인

(1) **트럭크레인** : 타이어 부착식으로 기동성이 매우 뛰어남, 단시일 공사에 적합

(2) **크롤러크레인** : 무인궤도식으로 접지력이 좋고 안정성이 큼, 강교 등 거치

(3) **케이블크레인** : 현수교에서 케이블에 타고 이동하면서 강상형 설치

(4) **데릭크레인** : 교량 PFCM공법에 의한 기성세그먼트 설치 시 사용

(5) **갠트리크레인** : 레일에 설치하여 이동하는 크레인, 케이슨 제작 등 공장에 설치

2) 고정식 크레인

(1) **타워크레인** : 주탑, 굴뚝 등 높은 구조물 설치 시 필요

(2) **기타** : 고정되어 있는 크레인

3 크러셔(임팩트크러셔, Impact Crusher)

1) 정의

압축, 전단, 충격, 마찰 등의 기계적인 힘을 가하여 파쇄 및 분쇄하는 장치

2) 크러셔의 분류(정치식) 및 파쇄원리

(1) **1차 조쇄** : Impact Crusher 이용 → 원심력에 의해 타격, 충격력으로 파쇄

(2) **2차 중쇄** : Cone Crusher 이용 → 압축력으로 중간 크기 파쇄

(3) **3차 분쇄** : Rod Mill 이용 → 마찰력에 의해 작게 파쇄(석분)

3) Impact Crusher

(1) 고속회전하는 원통에 넣어 원심력을 이용하여 원석을 반발판에 강한 타격, 충격력으로 파쇄

(2) 원석을 1차로 파쇄

(3) 타격, 충격에 의한 편석이 많이 발생

(4) 회전에 의한 골재의 각을 둥글게 하여 입형개선효과가 뛰어남

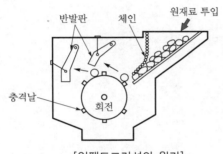

[임팩트크러셔의 원리]

[이동식 크러셔]

4) 고정식 크러셔와 이동식 크러셔의 차이점

구분	고정식 크러셔	이동식 크러셔
규모	대형, 복잡	소형, 간단
생산능력	대량생산(400톤/h 이상)	소량생산(400톤/h 이하)
적용	석산공장 설치	현장 설치

5) 사용 시 주의사항

(1) 현장에서 생산량, 사용량 및 투자비를 고려하여 고정식 또는 이동식을 설치

(2) 대형 암괴 발생 시 소할이 필요 → 사용목적에 맞게 발파 실시

(3) **환경문제대책 수립** : 소음, 진동(가설방음벽), 수질오염(침사지, 세륜시설), 민원

(4) **순환골재 파쇄** : 품질기준 및 사용기준에 맞게 파쇄

4 건설기계자동화

1 건설자동화

1) 개요

(1) 건설공사의 대형화, 복잡화되면서 건설업의 기능인력 부족, 작업환경이 열악하므로 건설자동화가 요구된다.

(2) 건설공사자동화를 통하여 경제성 및 안전성 확보가 필요하며, 이에 대한 준비가 필요하다.

2) 건설공사자동화의 요구조건

(1) 복잡한 작업공정에 대응

(2) 소형화, 경량화, 기동성 등 요구

(3) 진동, 충격 등 열악한 작업환경에 대응

(4) 취급부재의 중량이 크므로 과부하에 견딜 수 있는 구조

3) 건설공사의 자동화분야

(1) Slurry Wall공사용 로봇화

(2) 토공정리작업용 로봇화

(3) 용접용 로봇화

(4) 타일 하자감지용 로봇화

4) 건설자동화의 효과

(1) 노동력 부족에 대처

(2) 공사기간 단축

(3) 품질 향상

(4) 원가 절감

(5) 안전 확보

(6) 악천후에도 공사 가능

(7) 인력으로 어려운 작업 처리

(8) 위험공사 가능

5) 건설자동화의 문제점

(1) 기술적 측면

① 작업공정이 많고 연속성이 적음

② 작업내용 불명확, 반복작업이 적음

③ 고감도 센서의 개발 필요

(2) 구조적 측면

① 시설물품질평가방법 미확립(정량적)
② 작업시간의 제약이 많음

(3) 경제적 측면

① 초기투자비 과다
② 전용성이 적음
③ 협력업체 영세성으로 투자 어려움

6) 활용방안

(1) 고소작업 : 교량 유지보수점검, 접근이 어려운 장소에 활용

(2) 지하공간작업

① 터널 갱내 붕괴위험, 가스 발생 등 굴착작업
② 하수관로 밀폐공간 보수 및 보강공사
③ 잠함공사
④ 쓰레기 및 폐기물 부패, 가스 발생지역의 작업

(3) 유해, 위험장소의 작업

① 발파 및 폭파작업장소
② 기타 위험작업

7) 개발방향

(1) 새로운 System 분석, 설계기술개발 도입

(2) 시공방법을 로봇 중심으로 변화 시도

(3) 고감도센서 개발

(4) 설계단계부터 로봇작업여건의 연구개발

2 건설공사자동화의 활용

(1) **BIM 가상현실(VR), 증강현실(AR)에 활용**

(2) **3D 프린트 이용** : 건설부재 모듈화 제작 시공

(3) **인공지능 탑재(AI) 건설로봇** : PC제품 자동조립 시공

(4) **드론 이용**

(5) **사물인터넷(IoT : Internet of ThingsIot)센서 이용** : 정보의 쌍방향 소통

(6) **초소형(마이크로) 로봇의 활용**

(7) **건설로봇의 활용**

CHAPTER 06

연약지반

연약지반

시공관리 → 대책공법

연약지반 판정기준

1. 절대적 기준
   - 사질토 : $N < 10$ 이하
   - 점성토 : $N < 4$ 이하
2. 상대적 기준
   - 상부구조물을 지지할 수 없는 지반
3. 매립지, 유기질토 지반

공학적 문제

1. 지지력 부족 : 전도, 활동파괴
2. 침하 : 부등침하, 압밀침하
3. 말뚝 부마찰력
4. 유동 : 측방유동, 히빙, 사면유동
5. 액상화
6. 투수성 : Quick Sand, Piping

시공관리

1. 계측관리

   - 배치간격 : 100~200간격
   - 빈도 : 성토 시 일 1회, 성토 후 주 1회
2. 안정관리
   - 육안관찰 후 징조 파악
   - 해석 : Matsuo법(마수오법)
   - 성토 중지 : 수평변위 50mm/일 이상
   - 한계성토고관리(H_c)
3. 침하관리
   - 압밀침하량계측 실시
   - 해석 : 쌍곡선법, 호시노법
   - 단계성토 실시

압밀이론

1. 전체 침하량
   $$S_t = S_i(\text{즉시 침하}) + S_c(\text{1차 압밀}) + S_s(\text{2차 압밀})$$
2. 압밀도, 과압밀비

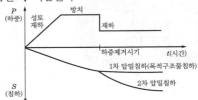

[하중-침하그래프]

표층개량공법

1. 장비진입 불가능
   - 공기 긴 경우 : 자연건조, 표층개수
   - 공기 짧은 경우 : 대나무네트
2. 장비진입 가능 : 샌드매트, 복토

대책공법

1. 하중조절
   - 하중균형 : 압성토
   - 하중경감 : EPS(경량블록), 경량골재
   - 하중분산 : Sand Mat
2. 지반개량
   - 지수 : 약액주입(LW), 분사주입
   - 치환 : 굴착치환, 강제치환
   - 고결 : 약액주입, DCM
   - 탈수
     - Pre Loading, 진공압밀
     - PBD, Pack Drain, Sand Drain
     - Deep Well, Well Point
   - 다짐 : SCP, 동다짐
3. 지중구조물
   - 파일기초, 지중Box

1 연약지반 일반

1 연약지반의 정의

(1) 강도가 약하고 압축되기 쉬운 지반

(2) 간극이 큰 유기질토, 이탄토, 느슨한 모래 등으로 구성된 지반

(3) 구조물의 안정과 침하, 측방유동, 액상화 등의 문제를 발생시키는 지반

2 연약지반 판정기준

1) 판정기준

(1) **절대적 기준** : 사질토 $N < 10$ 이하, 점성토 $N < 4$ 이하 [사, 십, 점, 사]

(2) **상대적 기준** : 상부구조물을 지지할 수 없는 지반

(3) **매립지, 유기질토** : 시간 의존적 침하 발생

2) 판정방법

(1) 연약지반 유무 판단은 시추조사와 병행하여 실시

(2) 표준관입시험(N값)과 콘관입시험(q_c)으로 판단

3) 연약지반 토질별 특성

구분	사질토 지반	점성토 지반
판정기준	$N < 10$	$N < 4$
특징	• 상대밀도가 낮고 입도분포와 입경이 불량함 • 느슨한 사질토 → 액상화	• 예민비가 크고 동상 및 융해가 쉽게 일어남 • 함수비가 많으면 강도가 적음

3 연약지반에 발생하는 공학적 문제

(1) **지지력 부족** : 구조물 활동파괴, 전도, 사면활동파괴

(2) **침하** : 부등침하, 압밀침하, 말뚝 부마찰력

(3) **유동** : 측방유동, 히빙, 무한사면유동

(4) **액상화** : 지진 시 액상화

(5) **투수성** : Quick Sand, Piping

4 연약지반대책공법 선정 시 고려사항(검토항목) 지, 시, 구, 환

(1) **지반조건** : 토질상태, 지층상태, 연약층 두께, 배수층(모래층) 협재 유무

(2) **시공조건** : 공사기간(압밀), 재료(흙) 구득 여부, 시공기계 가동성

(3) **구조물조건** : 구조물의 종류 및 형태

(4) **환경조건** : 대기오염, 소음, 진동, 폐기물, 수질오염, 지반변위의 영향 검토

✎ 계측기 손망실원인 및 보호대책

① 손망실원인
  ㉠ 성토사면의 활동(파괴)에 의한 손상
  ㉡ 시공장비 등에 의한 손상
  ㉢ 성토 시 매몰
  ㉣ preloading 제거 시 망실
② 보호대책
  ㉠ 성토지반의 사면파괴가 발생하지 않도록 성토속도 및 사면의 경사를
    조정한다.
  ㉡ 계측기 설치 부근은 중장비작업을 금한다.
  ㉢ 계측기 설치 부근은 감독관 입회하에 인력 또는 소형 장비로 성토작
    업을 실시한다.

[지표침하계 보호]

---

2 연약지반 시공관리(안정과 침하관리)

1 계측관리(선행재하공법기준)

1) 계측목적

(1) 기본목적

① 설계의 불확실성에 대한 대책 수립

② 계측자료를 향후 설계에 반영

③ 대민홍보 및 법적인 근거 마련

(2) **안정관리** : 한계성토고예측, 측방유동예측, 융기관리, 전단파괴예측

(3) **침하관리** : 압밀도의 추정, 성토 제거시기 판정, 장래침하량예측, 잔류침하량예측

2) **계측관리 항목 및 배치(양산 물금택지 2-1공구현장, 2000년)**

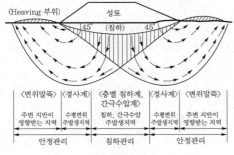

[안정과 침하관리]

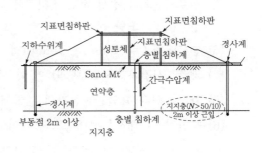

[계측관리 항목 및 배치]

(1) **안정관리(수평변위계측)** : 지중경사계, 수평변위말뚝, 신축계

(2) **침하관리(수직침하계측)** : 지표면침하판, 층별 침하계, 간극수압계, 지하수위계

3) **계측의 배치**

계측기기	배치간격	설치위치	비고
지표면침하판	100~200m	중앙부 및 양끝단부	현장 여건을 고려하여 설치 → 계측항목, 설치위치, 간격, 수량 은 감독원과 협의하여 설치
지하수위계	200~400m	좌·우측 사면 선단부	
층별 침하계	200m	중앙부	
간극수압계	200m	중앙부	
지중경사계	200m	양측 사면 선단부	

4) **계측빈도(수동계측)**

(1) **성토 완료~1개월까지** : 1일 1회   (2) **1~3개월까지** : 1주 1회

(3) **3개월 이후** : 2주 1회   (4) **유지관리계측** : 3개월 1회

※ 자동화계측 : 실시간 측정 가능

5) 연약지반계측의 안정관리기준

관리등급		1단계 (안정상태)	2단계 (주의상태)	3단계 (이상상태)	4단계 (한계상태)
시공 중	지표변위	5mm 이하/10일	5mm 이상/10일	–	10~100mm 이상/일
	지중수평변위	1mm 이하/10일	1mm 이상/10일	5~50mm 이상/5일	–
대처계획		허용변위상태, 지속적 계측관리	책임자 보고, 계측체계 강화, 기준치 검토, 이상원인 검토	해당구간 계측 강화, 대책 검토, 관리기준 조정	시공 중지, 점검 및 원인분석, 대책공법 실시 후 확인, 관리기준치 확인

2 안정관리

1) 안정관리방법

(1) **현장 수시로 육안관찰** : 활동파괴 징조를 사전에 파악

(2) **성토사면의 안정성 검토 실시** : 계측에 의한 성토 중앙부의 침하량과 성토사면부의 변형량, 변형속도를 분석

(3) **검토방법** : Matsuo-Kawamura법, Kurihara법, Tominaga-Hashimoto법

(4) **계측분석결과** : 성토사면의 안정, 불안정 여부를 판단

(5) 계측분석과 육안관찰결과에 의한 사면파괴예측 시에는 신속하게 감독관에게 보고

(6) **불안정 시 대책** : 성토속도의 제어, 시공의 일시중지 또는 성토의 일부 제거

(7) 수동보다는 자동화계측을 구축하여 실시간 이상 유무를 판단할 수 있도록 함

2) 안정관리 해석방법 　마, 구, 토

(1) Matsuo-Kawamura법(마수오법)

　① 성토하중에 의한 침하와 수평변위의 파괴기준선을 산정

　② 계측치가 파괴기준선에 근접 시 불안정 상태

　③ 계측치가 좌측이동 시 안정

(2) Kurihara-Ichimoto법(구리하라법)

　계측치의 변위가 2cm/day 이하면 안정이고, 그 이상이면 불안정상태로 판정

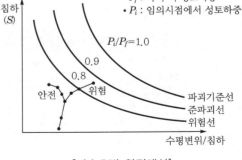

[마수오법 안정해석]

(3) Tominaga-Hashimoto법(도미나가법)

　측방변위와 침하량을 기준으로 한 안정분석방법

3 침하관리

1) 침하관리방법

(1) 현장 침하판 계측(침하량)

연약지반의 침하량과 압밀 진행을 분석하여 향후 압밀도를 추정

(2) 단계성토 지반거동 추정

설계 시 산정한 침하량과 현장 실측침하량을 비교 분석하여 다음 단계성토의 지반거동을 추정

(3) 단계별 성토 시에 시추조사 및 실내시험 실시

단계별 성토 시에 지반개량효과의 확인 및 단계별 사면안정성검토 실시

(4) 성토 방치기간 및 필요시 여성고 결정

(5) 연약지반개량공사 완료 시

연약지반개량 완료시기 결정과 설계하중에 대한 잔류침하량 예측

(6) 침하량 분석방법

Hyperbolic법(쌍곡선법), Hoshino법(호시노법), Asaoka법(아사오카법)

2) 침하관리 해석방법

(1) 현장 실측침하량 측정

① 계측에 의한 현재의 침하량을 측정하여 향후 침하량(장래 침하량) 예측
② 침하량(압밀도)예측 → 성토 제거 판정

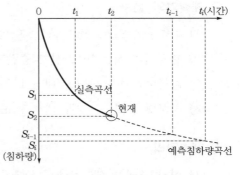

[현재 및 장래 예측침하량곡선]

(2) 장래 예측침하량 산정방법

① Hyperbolic법(쌍곡선법) : "침하속도가 쌍곡선적으로 감소한다"는 가정하에 초기침하량으로부터 장래의 침하량을 예측하는 방법
② Hoshino법(호시노법) : 침하는 시간의 평방근에 비례한다는 가정을 토대로 장래의 침하량을 예측하는 방법
③ Asaoka법(아사오카법) : 1차원 압밀방정식에 의거 임의의 시점에서 침하량을 구할 수 있는 도식적인 방법

4 현장 계측관리방안

1) 사전검토

(1) 현장조건이 설계도면과 일치되는지 확인

(2) 설계도면에 표시된 계측기의 종류와 수량 검토

2) 계측계획 수립

수동계측 및 자동화계측을 계획하고 운영체계 수립

3) 계측기의 선정

시방서기준을 만족하는 계측기의 선정

4) 계측기의 매설위치 선정

(1) 대상지역 전체를 대표할 수 있는 지점

(2) 지반조건이 충분히 파악된 취약지점

5) 계측기의 배치

(1) 설계도면상의 배치를 검토하고 현장 여건에 따라 수량조정

(2) 상세배치도를 작성 후 설치

6) 계측기의 설치

(1) 침하판은 Sand Mat 포설 후 설치

(2) 층별 침하계는 PBD 설치 중간지점에 1공씩 설치

(3) 간극수압계는 보링공 내경 100mm 이상의 계획심도까지 천공하여 설치

(4) 지하수위계는 보링공 내경 75mm 이상의 계획심도까지 천공하여 부식포 감쌈

7) 계측관리

(1) 설치 후에는 작동성을 검사하고 필요시 보정 후 초기치를 측정해야 함

(2) 계측치가 특이하게 나오는 경우 이상 유무 확인 후 보정

3 연약지반대책공법

1 연약지반개량원리

$$전단강도\ \ \tau_f = c + \sigma'\tan\phi\,[t/m^2]$$
$$유효응력\ \ \sigma' = \sigma - u\,[t/m^2]$$

여기서, c : 점착력(t/m^2), 주입공법의 공극채움으로 인장강도(점착력) 증가

σ : 전응력(t/m^2), 탈수공법에 의한 물을 제거하여 지반을 압밀시켜 강도 증진

u : 간극수압(t/m^2), 탈수공법에 의한 물을 제거하여 지반을 압밀시켜 강도 증진

ϕ' : 내부마찰각(°), 사질토 지반의 다짐공법으로 조밀하게 하여 강도 증진

2 표층개량공법의 분류

1) 인력장비 진입이 불가능한 경우

(1) 공기가 긴 경우

① 자연건조(천일건조)

② 표층개수 : 트렌치공법, PMT장비공법, 수평진공배수공법(PBD)

(2) 공기가 짧은 경우

① 토목섬유, 대나무매트, 로프네트

② 샌드매트, 치환공법, 혼합처리공법(시멘트＋토사교반), 침상공법

2) 인력장비 진입이 가능한 경우

(1) 점성토 지반 : Sand Mat, 복토　　　　**(2) 사질토 지반** : 표층개량공법 불필요

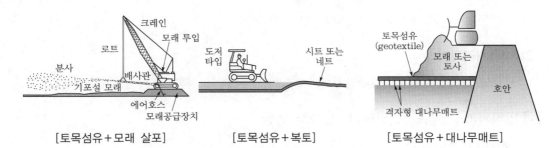

[토목섬유＋모래 살포]　　　　[토목섬유＋복토]　　　　[토목섬유＋대나무매트]

3 연약지반대책공법의 종류 　하, 지, 지-지, 치, 고, 탈, 다

1) 하중조절

(1) 하중균형 : 압성토공법

(2) 하중경감 : EPS(경량블록), 경량골재, 중공구조물

(3) **하중분산** : Sand Mat(장비 Trafficability, 배수처리), 침상공법(대나무지지말뚝매트)

2) 지반개량

(1) **지수** : 약액주입공법(LW), 분사주입공법(JSP)

(2) **치환** : 굴착치환, 강제치환(SCP, 동치환, 자중치환, 폭파치환)

(3) **고결** : 약액주입공법, 심층혼합처리공법(DCM), 소결공법(열), 동결공법(온도)

(4) **탈수**

① 하중재하공법 : Pre loading(선행재하), 진공압밀
② 연직배수공법 : PBD, Pack drain, Sand drain
③ 지하수저하공법 : Deep well, Well point, 생석회 말뚝

(5) **다짐** : SCP(수직진동), Vibro flotation(수평진동), 동다짐

3) 지중구조물

파일기초, 지중Box, 파일캡(아칭효과), 성토지지말뚝

4 연약지반 심도별 대책공법

1) 표층처리공법

(1) **심도 1~2m 이내**

① 표층배수 : 트렌치, 자연건조, 표층배수처리, PMT공법
② 토목섬유, Sand Mat, 대나무매트, 표층혼합처리(시멘트)

(2) **심도 3~5m 이내**

① 굴착치환, 강제치환(자중, 폭파)
② 수평진공배수공법, 대기압공법

2) 심층처리공법

• 심도 5~6m 이상 : 약액주입공법, 프리로딩, SCP, 동치환, 동다짐, 지하수저하공법

5 압밀원리, 압밀도, 과압밀비, 1, 2차 압밀

1) 테르자기 압밀이론

(1) **압밀** : 포화된 점성토에서 오랜 시간에 걸쳐 물이 배출되면서 압축되는 현상

(2) **원리** : 하중재하 → 과잉간극수압 발생 및 소산 → 압밀침하 → 전단강도 증가

$$\text{전단강도 } \tau_f = c + \sigma' \tan\phi$$
$$\text{유효응력 } \sigma' = \sigma - u$$

(3) 압밀침하량과 압밀시간

$$전체\ 침하량\ S_t = S_i(즉시\ 침하) + S_c(1차\ 압밀) + S_s(2차\ 압밀)$$

$$1차\ 압밀침하량\ S_s = \frac{C_c}{1+e} H \log \frac{P_o + \Delta P}{P_o}$$

여기서, e : 간극비, P_o : 상재하중, C_c : 압축지수, ΔP : 재하성토하중

H : 연약층 두께

$$압밀시간\ t = \frac{T_v}{C_v} H^2$$

여기서, H : 배수거리(양면배수), T_v : 시간계수, C_v : 압밀계수

2) 압밀도(U_z)

(1) 압밀도

연약지반 하중재하 시 과잉간극수압 소산에 따른 압밀의 진행 정도를 나타냄

$$압밀도\ U_z = \frac{u_i - u_t}{u_i} = 1 - \frac{u_t}{u_i}$$

여기서, u_i : 초기과잉간극수압

u_t : 임의시간경과 과잉간극수압

$u_i - u_t$: 소산된 과잉간극수압

✒ **압밀도그래프**

① 양면배수조건(압밀시험)
② 경시곡선 : 시간에 따른 과잉간극수압 소산을 나타낸 곡선

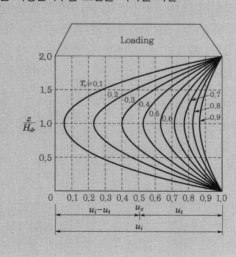

---

(2) 평균압밀도

연약지반의 깊이에 따라 압밀침하량이 다르므로 전체 두께에 대한 압밀침하량을 평균한 값

$$\text{평균압밀도 } \overline{U} = \frac{S_{ct}}{S_c}$$

여기서, S_{ct} : 임의시간 t에서의 압밀침하량

S_c : 전체 압밀침하량

3) 과압밀비(OCR : Over Consolidation Ratio)

(1) 정의 : 현재 지반에 작용하는 하중보다 과거에 작용한 하중의 비

(2) 과압밀비(OCR)

$$OCR = \frac{P_c(\text{과거 선행압밀하중})}{P_o(\text{현재 유효상재하중})}$$

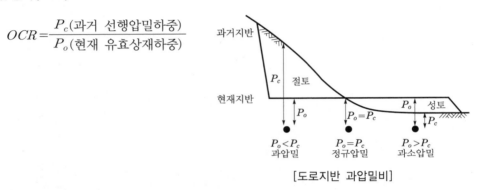

[도로지반 과압밀비]

(3) 판정

① OCR > 1 : 과압밀상태(O.C) → 과거에 큰 하중으로 단단한 지반, 굴착 시 팽창

② OCR = 1 : 정규압밀상태(N.C) → 과거와 현재가 작용하중이 같음

③ OCR < 1 : 과소압밀상태(U.C) → 현재 압밀침하가 진행되는 연약지반

(4) 과압밀원인

① 과거에 하중을 재하한 경우

② 과거 지반이 침식한 경우

③ 지하수의 저하 및 강우로 압밀된 경우

4) 압밀침하단계

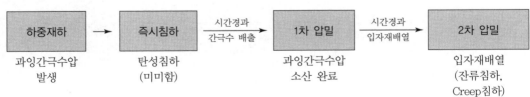

① 점성토 : 압밀침하(즉시침하는 탄성침하로 미미하여 고려하지 않음)

② 사질토 : 즉시침하(주로 사질토에서 하중재하 즉시 발생)

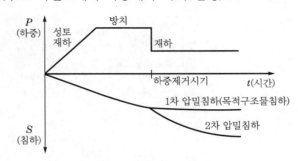

[하중 – 침하그래프]

5) 1차 압밀과 2차 압밀의 차이점

구분	1차 압밀	2차 압밀(잔류침하)
발생시기	하중재하~과잉간극수압 소산	과잉간극수압 소산 이후
원인	간극수 배출	입자 재배열
압밀시간	단기(1~2년 정도)	장기(10년 정도)
침하량	많음	적음
적용성	설계 시 고려	설계 시 미고려

> **잔류침하량허용기준(한국도로공사 도로설계요령, 2021)**
> ① 허용기준 : 도로 노면요철 10cm 이내, 배수시설 15~30cm 이내
> ② 대책 : Box 컬버트 더올림허용기준 30cm 더올림 시공 → 단차 최소화

6 선행재하공법(Pre Loading Method)

1) 재하공법의 종류 선, 수, 대, 지

(1) 선행재하공법(＝PBD＋성토재하) (2) 수재하공법

(3) 대기압공법(＝진공압밀공법) (4) 지하수저하공법

2) 시공방법

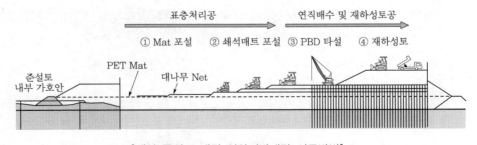

표층처리공   연직배수 및 재하성토공

① Mat 포설   ② 쇄석매트 포설   ③ PBD 타설   ④ 재하성토

준설토
내부 가호안   PET Mat   대나무 Net

[해안 준설토 매립 연약지반개량 시공방법]

3) Pre Loading공법 시공순서

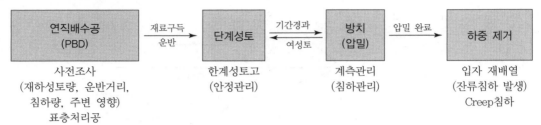

연직배수공 (PBD)	재료구득 운반 →	단계성토	기간경과 여성토 ⇄	방치 (압밀)	압밀 완료 →	하중 제거
사전조사 (재하성토량, 운반거리, 침하량, 주변 영향) 표층처리공		한계성토고 (안정관리)		계측관리 (침하관리)		입자 재배열 (잔류침하 발생) Creep침하

4) 특징

(1) 대량의 재하성토재료가 필요

(2) PBD공법과 병행으로 배수에 의한 침하 촉진

(3) 연약지반성토계획 시 프리로딩공법 병행 실시

(4) 넓은 지역에 적용성이 좋음 : 택지현장, 도로현장

5) 한계성토고(H_c)

(1) 정의

연약지반성토 시 원지반의 전단파괴가 발생되지 않는 최대 성토높이

(2) 목적

① 지반의 전단파괴 방지 → 측방유동 방지, 사면안정 및 활동 방지

② 재하성토두께의 결정

③ 원지반개량 여부의 판정

(3) 한계성토고 부적절 시 문제점

① 인접 구조물의 피해 : 측방변위에 의한 주변 도로, 철도, 상하수도 등 피해

② 측방유동에 의한 연직배수재의 파단 및 기능 상실

(4) 한계성토고 검토

$$H_c = \frac{q_d}{\gamma_t F_s} = \frac{5.14\,C_u}{\gamma_t F_s}\,[\mathrm{m}]$$

여기서, γ_t : 쌓기흙의 단위중량($\mathrm{tf/m^3}$)

$\quad\quad q_d$: 연약지반 극한지지력($\mathrm{tf/m^2}$)

$\quad\quad C_u$: 점착력($\mathrm{tf/m^2}$)

$\quad\quad F_s$: 안전율(1.2)

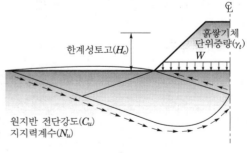

[한계성토고와 응력분포]

(5) 한계성토고관리방안

① 토질별 한계성토고 : 점토지반 3cm/일, 보통지반 5cm/일, 양호지반 10cm/일

② 단계성토 시 지반의 강도 증가율을 고려하여 결정

③ 계측관리에 의한 침하량에 산정 및 측방변위 실시간 확인

④ 건설사업관리자의 성토고 확인

6) 시공관리

(1) **사전조사 실시** : 연약지반, 재하성토량(국토교통부 토석정보시스템 이용)

(2) 재하성토재의 재료구득과 사토처리에 대한 검토

(3) 표층처리공법에 의한 Trafficability 확보

(4) 연직배수공법 시공관리

(5) **양질의 토사로 재하성토** : 도로성토 시 노체, 노상의 시방규정 준수

(6) 한계성토고관리

(7) **하중 제거시기의 결정** : 계측결과로 설계침하량 확인, 제거 시 지반 리바운드에 주의

(8) **압성토관리** : 사면전단파괴 방지

(9) 계측에 의한 안정관리 및 침하관리

(10) 계측관리

(11) **환경관리** : 배출수 수질오염 및 활용방안(세륜시설, 비산먼지, 소음·진동)

(12) **안전관리** : 토취장 사면, 장비 충돌, 전도, 침하

7 압성토공법

1) 정의

연약지반성토 시 사면부 활동파괴가 예상될 때 측면부 성토를 실시하여 하중조절의 원리로 안정성을 확보하는 방법

2) 범위 및 시공방법

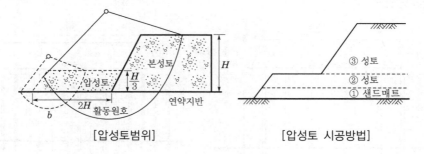

[압성토범위]　　　　　　　[압성토 시공방법]

3) 특징 및 이용

(1) 주변 지역 완충지대 역할

(2) 보통 폭 3~15m, 높이 1~3m 정도 많이 사용

8 진공압밀공법(대기압공법)

1) 원리

지반에 연직배수재를 설치하여 진공압에 의한 지하수를 배수하여 압밀침하를 촉진시켜 전단강도를 증가시키는 개량공법

2) 특징

(1) 재하성토가 필요 없음 → 재료구득 및 사토처리가 없음, 성토에 의한 전단파괴 없음

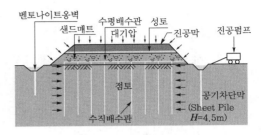

[진공압밀공법의 원리]

(2) 초연약지반에 적용하고, 넓은 면적의 지반개량에 적용은 어려움

▶ 선행재하공법, 진공압밀공법, 압성토공법의 차이점

구분	선행재하공법(Pre Loading)	진공압밀공법	압성토공법
원리	지반개량(탈수)	지반개량(탈수)	하중조절(균형)
하중	상재하중	대기압(진공압)	측면하중
응력변화	전응력(σ) 증가	간극수압(u) 감소	−
효과	전단강도(τ_f) 증가	전단강도(τ_f) 증가	사면안정

9 연직배수공법(압밀촉진공법)

1) 개요

(1) 프리로딩공법과 조합으로 시공하므로 압밀촉진공법

(2) 연직배수재를 지반에 삽입하여 수평배수거리를 단축시켜 지하수를 배수하므로 압밀침하가 촉진됨

2) 시공 단면도

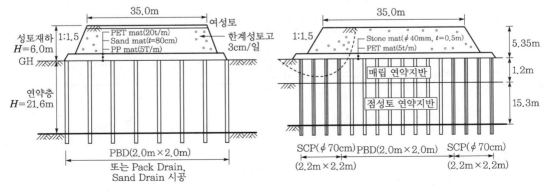

[PBD 연직배수공법]   [PBD+SCP : 사면 불안정 시]

3) 종류 및 특징

구분	페이퍼드레인 (PBD)	팩드레인 (Pack Drain)	샌드드레인 (Sand Drain)
구성재료	플라스틱보드 +토목섬유(부직포) $T=4mm$, $B=10cm$	모래+토목섬유망 $\phi 12cm$	모래 $\phi 25\sim80cm$
최대 시공심도 (평균)	33m(20m)	50m(25m)	50m(25m)
경제성	1,300원/m	2,200원/m	1,800원/m
특징 (장단점, 문제점)	• 중량이 가벼워 취급 용이 • 시공속도가 신속 • 타입 시 교란 적음 • 치환에 의한 강도 증가 없음 • 필터 막힘현상 발생 • 장심도문제	• 모래 사용량이 적음 • 4본 동시타입으로 시공속도 빠름 • 4본 동시타입에 의한 미개량 지반 발생 • Pack Drain 꼬임 발생 • 모래 수급 곤란	• 모래치환강도 증가효과 • 지반개량효과 확실 • 파일의 절단 발생 • 장비의 중량이 커서 초연약 지반에 적용 어려움 • 모래 수급 곤란 • 모래 사용 → 생태계 파괴
설치방식	유압식(맨드럴) 타입	진동식 타입	진동식 타입
배수효과	보통	양호	양호
드레인재 절단	절단 있음	절단 없음	절단 있음
사례	• 인천 송도기반시설 • 인천대교 진입도로	• 양산물금택지 2단계	• 서해안고속도로 • 인천국제공항 1단계

4) 시공순서(PBD)

표층처리공 → 장비 거치 → Casing 드레인재 관입 → 인발 → 두부 절단 → 이동

5) 문제점

(1) 시공 관련 문제

① 시공장비 진입문제 : Trafficability 확보, 접지력 검토, 표층처리공 실시

② 근입깊이문제 : 연약층 깊이가 다른 경우 미개량토 발생

③ Sand Seam분포 : 타입 곤란, 압밀의 불균질 발생

④ 공상문제 : 케이싱을 인발 시 드레인재 인발

⑤ 삽입 시 절단문제 : 시공속도가 너무 빠른 경우

⑥ 수평배수재 구득문제 : 쇄석 대체

⑦ 급속성토재하 시 사면활동파괴로 드레인재 절단 : 한계성토고 준수

(2) 압밀 관련 문제(배수효과 저하)

① 입밀에 의한 드레인제 파손 : 압밀침하에 의한 드레인재 변형, 꺾임, 절단

② 응력집중 : 하부로 갈수록 측압(응력) 증가 → 단면적 감소

③ Smear Zone Effect(스미어존효과) : 교란으로 배수효과 저하($2\sim3D$)

④ Well Resistance(배수저항)

    ㉠ 드레인재의 변형, 통수 단면 감소, 마찰손실수두영향

    ㉡ 드레인재에 토립자의 간극 막힘, 눈 막힘, 필터케이크 형성

⑤ Mat Resistance(샌드매트저항) : 재하성토압축으로 간극이 작아짐

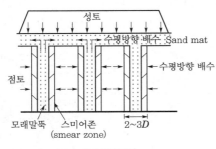

[스미어존]

[Sand Drain 및 Pack Drain문제]

⑥ 지층의 불균질 및 배치간격으로 미개량토 발생 : 팩드레인 4본 동시 시공으로 미개량토 발생 → 6축 삼각배열로 미개량토 없음

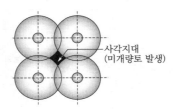

[기존 4축 Pack Drain]

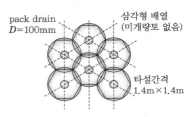

[신기술 6축 Pack Drain]

⑦ 장심도문제 : 깊이가 깊을수록 측압에 의한 통수 단면 감소

6) 연직배수재(PBD)의 통수능력

(1) 통수능력의 크기

Sand Mat(100ℓ/min) > PBD(80ℓ/min) > 원지반(60ℓ/min)

(2) 통수능력에 영향을 주는 요인

① 원지반 : 동수구배, 공극, 투수계수, 배수거리(H), 지층구조, Sand Seam

$$\text{압밀시간 } t = \frac{T_v}{C_v}H^2$$

여기서, H : 배수거리, T_v : 시간계수, C_v : 압밀계수

② 연직배수재 : 통수 단면적, 공극크기, 필터재의 유효입경, 배수재간격(삼각배치, 사각배치), 배수재의 길이

③ Sand Mat : 두께, 모래입경, 입도, 투수계수, 공극, 배수거리, 통수 단면적

④ 기타 : 재하성토하중, 교란 정도, 양면배수, 연약지반깊이, 지층구조, 웰저항, 압밀 시 드레인재 변형

7) 시공 시 주의사항(PBD)

    (1) 맨드럴(Mandrel)방식 타입기 사용 : 필터의 손상 방지

    (2) 맨드럴(케이싱) 선단 앵커판은 소단면 폐단면 앵커판을 사용하여 교란 최소화

    (3) 타입한계깊이를 설정, 수직도는 2° 이내

    (4) PBD는 수평배수층 상단 30cm 이상 여유 두고 절단

⑩ 약액주입공법

1) 개요

    (1) 지반에 시멘트모르타르 등 약액을 주입하여 차수 및 강도를 증진시키는 공법

    (2) 주입방법에 따라 약액주입공법(저압주입)과 고압분사주입공법이 있음

2) 요구조건 강, 도, 고, 침, 용

    (1) 강도 증가 및 강도 유지될 것

    (2) 고결시간조절이 가능할 것

    (3) 침투능력이 클 것

    (4) 용출이 작을 것

3) 분류 및 특징

구분	약액주입공법(저압)	고압분사주입공법(고압)
원리	주입재를 지중에 저압으로 주입하여 토립자 공극을 충진시켜 밀도 증진	주입재를 지중에 고압으로 분사주입하여 개량체(기둥) 형성(주열식)
주요 목적	차수 증진 → 구조물 변형 방지	강도 증진, 차수 증진 → 지지력 증대
적용성	• 지하수의 용수 방지 • 흙막이 벽 지수 및 차수 • 댐, 제방 차수, 사면안정	• 연약지반의 지지력 보강 • 히빙 방지, 사면붕괴 방지 • 가설구조물의 보호
공법	LW, SGR, MSG	CCP, JSP, RJP, SIG

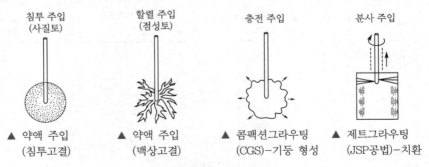

침투 주입   할렬 주입   충전 주입   분사 주입
(사질토)   (점성토)

▲ 약액 주입   ▲ 약액 주입   ▲ 콤팩션그라우팅   ▲ 제트그라우팅
(침투고결)   (맥상고결)   (CGS)-기둥 형성   (JSP공법)-치환

[주입공법별 주입방식]

> **주입공법별 원리**
> ① 약액주입공법(저압)
>   ㉠ LW, SGR, MSG
>   ㉡ 침투주입(사질토), 할렬주입(점성토)
> ② 분사주입공법(고압)
>   ㉠ 교반주입 : JSP, CCP
>   ㉡ 치환주입 : RJP, SIG
> ③ 충전주입공법 : CGS(콤팩션그라우팅)

4) 주입약액의 종류

(1) 현탁액(A액)

시멘트(급결재), 벤토나이트, 아스팔트 → 강도 증진

(2) 용액형(B액)

물유리(LW), 고분자계(Cr^{6+}, 수질오염, 피부병) → 차수 증진

※ 현탁액과 용액형을 혼합하면 고결화(gel화)됨

5) 주입방식

구분	1.0 Shot 주입	1.5 Shot 주입	2.0 Shot 주입
주입방식			
고결시간 (Gel Time)	20분	2~10분	즉시
지하수 유속	유속 느린 지반	유속 보통 지반	유속 빠른 지반
침투거리(반경)	먼 경우	보통	짧은 경우
적용공법	시멘트밀크 주입, CCP (1액, 단관)	LW, 우레탄 (2액, 1.5관)	SGR, JSP (2액, 2중관)

☞ 침투되는 거리가 길수록 고결시간을 길게

6) 주입방법

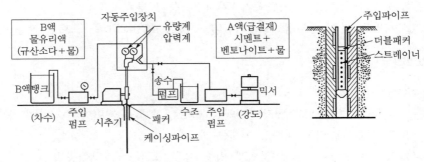

[LW그라우팅 – 1.5 Shot 주입]

7) 문제점

(1) 내구수명이 짧음(2년) → Leaching현상으로 강도 저하

(2) **개량범위가 불확실** : 압력이 작은 지반으로 계속 주입, 지하수 유동 시 유출 발생

(3) 고결시간조절이 곤란

(4) **환경오염** : 수질오염, 토양오염

(5) **인체영향** : 고분자계 재료 Cr^{6+}, 피부병 등 건강장해

(6) 그라우팅 팽창압에 의한 지반융기, 수압파쇄(암반), 미충전구간 발생

8) 약액주입공법의 시공관리

(1) **시공관리**

① 주입공배치도 작성

② 천공위치 및 천공심도 확인관리

③ 수직도관리

④ 주입압 및 주입량관리 : 자동주입계관리, 주입압 및 주입량기록지 확인

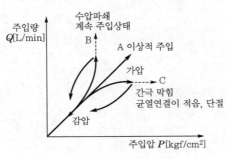

[$P- Q$관리그래프]

• A : 이상적 주입, 주입압, 주입량 적정
• B : 주입량 계속 증가상태, 암반수압 파쇄상태,
　지하구조물 유입
• C : 주입압 계속 증가상태, 주입간극이 막힘, 암
　반균열이 매우 작거나 단절

(2) 안전관리

① 하수관 침투영향, 지반융기, 지하구조물 침투

② 시멘트 인체 피부병, 호흡기질환, 시멘트 MSDS관리, 보호구 착용

9) LW그라우팅

(1) 개요

① 물유리용액(A액)과 현탁액(B액, 시멘트경화제)을 지반에 주입하여 차수 및 강도 증진

② 리칭현상에 의한 내구성 저하(효과 2년)

③ 차수가 필요한 흙막이공법과 병행 사용 : 토류판 흙막이공법, CIP

(2) 특징

① 차수효과가 우수하며 지반오염이 적고 경제적임

② 강도가 적음

③ 실트질 및 사질토 등 침투주입공법 적용

(3) 흙막이 벽 LW그라우팅

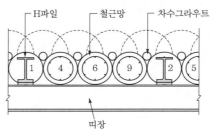

[CIP+LW그라우팅]

⚡ 용탈현상(Leaching현상)

① 정의 : LW그라우팅 주입 후 시간이 경과함에 따라 실리카성분이 빠져나가는 현상

② 문제점

　㉠ 차수효과 저하 → 흙막이 벽 누수

　㉡ 시멘트의 규산소다(크롬) 독성성분 유출 → 수질오염, 토양오염, 인체영향

③ 대책

　㉠ 물유리농도의 증가

　㉡ 반응률이 큰 경화제 사용, 약액의 수분이 적은 배합설계

　㉢ 용탈이 적은 주입재 선정, 무기질계 급결재 사용

　㉣ 가시설인 경우 공사기간 내 공사 완료

10) 고압분사주입공법의 특징

구분	JSP공법	SIG공법	RJP공법
시공도	2중관 rod ϕ 54~90cm / 슬라임 / 압축공기 7kgf/cm^2 / 초고압경화재 200kgf/cm^2	1차 절삭 2차 약액 주입	3중관 rod / 압축공기 (7~17kgf/m^2) / 1차 절삭 / 2차 약액 주입 / 시멘트(0~80kgf/cm^2) / 물(0~800kgf/cm^2)
공법개요	• 주입관 선단노즐에서 초고압력으로 경화재와 에어를 동시 분사하여 절삭과 동시에 경화재가 토사와 교반 • 교반에 의한 원주형 고결체의 구근 형성	• 1차 : 지반 절삭 및 배토(초고압공기+물) • 2차 : 약액 주입(초고압공기+주입재) • 지반을 치환하여 원주형 고결체의 구근 형성	• 1차 : 지반 절삭 및 배토(초고압공기+물) • 2차 : 약액 주입(초고압공기+주입재) • 지반을 치환하여 원주형 고결체의 구근 형성 ※ SIG와 차이점은 압력의 차이임
주입관	2중관 (주입재관, 고압공기관)	3중관 (물주입관, 주입재관, 고압공기관)	3중관 (물주입관, 주입재관, 고압공기관)
주입재 구성	시멘트+물+(혼화제)	시멘트+물+(혼화제)	시멘트+물+(혼화제)
주입압력	200kg/cm^2	400~600kg/cm^2	• 고압수 : 400kg/cm^2 • 경화재 : 400~600kg/cm^2

☞ CCP : 2중관, 교반공법으로 1970년대 사용하였으나 현재는 거의 사용하지 않음

11) 충전주입공법(CGS : Compaction Grouting System, 콤팩션그라우팅)

(1) **저유동 모르타르주입공법** : 슬럼프 5cm 이하

(2) 비배출공법에 의한 시멘트모르타르 충전으로 고결재(기둥) 형성

(3) 경사주입 가능

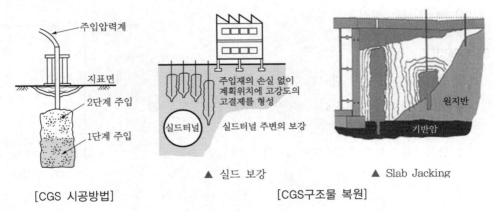

▲ 실드 보강   ▲ Slab Jacking

[CGS 시공방법]   [CGS구조물 복원]

11 SCP공법(Sand Compaction Pile, 모래다짐말뚝), GCP(쇄석다짐말뚝)

1) 개요

(1) SCP장비를 이용하여 케이싱을 상하진동으로 삽입하면서 모래를 투입해 다져서 말뚝을 형성하는 공법

(2) **GCP(쇄석다짐말뚝)** : 모래의 고갈로 쇄석을 이용하여 다짐말뚝 형성

(3) **종류**

① 진동식 : 바이브로해머

② 타입식 : 내관과 외관케이싱 구성 – 내관타입

2) 특징

(1) **사질토 지반** : 다짐효과 → 밀도 증대 → 강도 증진, 액상화 방지

(2) **점성토 지반**

① 치환효과(점토+모래 복합지반) → 전단강도 증진, 침하 방지

② 사면활동 방지, 방파제, 케이슨 등 기초연약지반처리

(3) **치환율 및 배치형태**

① 배치형태 : 정방향 배치, 삼각형 배치

② 치환율 : $a_s = \dfrac{A_2}{A_1 + A_2}$

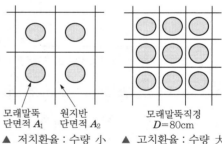

ㄱ 저치환율 : 육상연약지반 20~40%

ㄴ 고치환율 : 해상연약지반 60~80%

③ 부산 신항만 치환율 70% 적용

(4) 모래말뚝의 직경 800~2,000mm

(5) 경사말뚝 시공 가능(타입식)

(6) Sand Mat 불필요

모래말뚝 단면적 A_1　원지반 단면적 A_2　모래말뚝직경 $D=80cm$

▲ 저치환율 : 수량 小　▲ 고치환율 : 수량 大

[치환율 및 정방향 배치형태]

3) SCP파괴거동

(1) **전단파괴** : 선단이 단단한 지반인 경우

(2) **팽창파괴** : 점성토 지반의 긴 말뚝인 경우(2~3D구간 발생)

(3) **관입파괴** : 선단이 연약층이고 짧은 말뚝인 경우

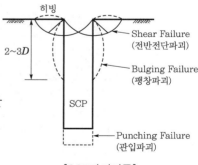

히빙

2~3D

SCP

Shear Failure (전반전단파괴)

Bulging Failure (팽창파괴)

Punching Failure (관입파괴)

[SCP파괴거동]

4) 시공방법

(1) 장비구성

① 육상 : 크레인, 바이브로해머, 컴프레서, 케이싱, 모래투입구, 발전기
② 해상 : 기본장비(육상장비)＋바지선, 모래운반선, 예인선, 연락선

(2) 시공순서

장비조립 및 거치 → 케이싱 관입 → 인발 시 모래 투입 → 모래 압입(압축) → 인발, 압입
반복 → 모래말뚝 조성 → 완료

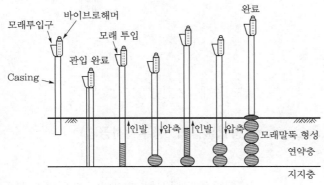

[SCP 시공방법]

[SCP 시공 전경]

5) 시공 시 주의사항

(1) 현장 시추조사를 실시하여 설계도서와 부합 여부 검토

(2) 장비진입에 대한 표층처리공법 검토

(3) 해상공사와 육상공사에 따른 장비조합 실시

(4) 사용장비는 자동기록장치 부착 사용

(5) 시공관리

　　① 허용연직도의 유지
　　② 치환율, 모래투입량, 개량강도에 대해서는 공사시방서의 규정 준수

(6) 시공기록사항 : 강관의 관입속도, 심도별 투입재료량

(7) 시공 중 보완대책 수립사항

　　① 도면 또는 공사시방서에서 정한 개량강도에 못 미치는 경우
　　② 말뚝이 절단된 경우 또는 재료투입량이 부족한 경우

(8) 안전관리 : 연약지반의 장비 전도

12 진동다짐공법(Vibroflotation)

1) 개요

  (1) Vibroflotation : 진동다짐공법 – 사질지반 적용

  (2) 느슨한 사질토 지반에 바이브로플로테이션을 삽입하여 진동과 물을 분사하면서 모래지반을 다져서 밀도를 증대시키는 방법(필요시 모래 투입)

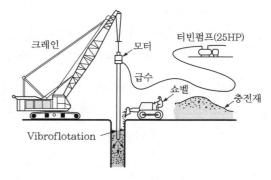

[진동다짐공법]

2) 특징

  (1) 느슨한 사질지반 적용

  (2) 진동과 물 분사 → 다짐효과 → 밀도 증대 → 전단강도 증진

13 동다짐공법(Dynamic Compaction, 동압밀공법, 중추낙하공법)

1) 개요

  (1) 크레인을 이용하여 무거운 추를 연약지반에 낙하시켜 충격에너지에 의한 심층까지 다짐하여 전단강도를 증대시키는 방법

  (2) 종류

    ① 동다짐공법 : 사질토

    ② 동압밀공법 : 점성토

2) 원리

  (1) **점성토** : 충격파 → 과잉간극수압에 의한 방사형 균열 → 간극수 배출(소산) → 유효응력 증가 → 전단강도 증가

  (2) **사질토**

    ① P파(압축파) : 물에 작용 → 간극수압 증가 → 유효응력 감소 → 전단강도 상실 → 액상화문제

    ② S파(전단파) : 흙에 작용 → 흙입자 재배열 → 간극 감소 → 전단강도 증가

    ③ R파(표면파) : 인접 구조물 피해

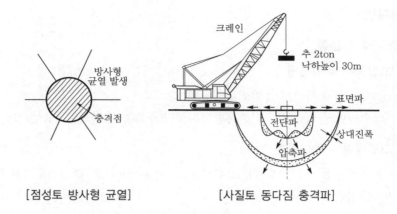

[점성토 방사형 균열]   [사질토 동다짐 충격파]

3) 특징

(1) 적용심도

① 유압해머다짐공법 : 심도 10m 이하

② 중추낙하공법 : 심도 10~40m

(2) 사질토와 건조점토의 효과 확실

(3) 소음·진동에 의한 인접 영향, 사질토 지반 액상화 발생

4) 적용성

(1) 초연약지반 제외($N \leq 2$), 지하수위가 낮은 연약지반 적용(건조점토)

(2) 도심지 외곽의 민원이 없는 장소

(3) 단기간에 연약지반개량이 필요한 장소

5) 시공관리

(1) **사전검토** : 연약지반 심도조사 및 인접 영향 검토(소음·진동)

(2) 다짐순서도 작성

(3) **장비접지압 확보** : 트랙에 보강철판 부착, 쇄석 부설

(4) **개량효과 확인** : 시추조사 및 물리탐사

(5) **계측관리** : 수평변위계, 간극수압, 소음·진동계

(6) **안전관리** : 대형장비 전도위험

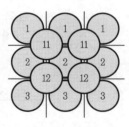

[동다짐순서도]

14 고결공법

1) 고결공법의 분류

(1) 고결물질 주입방법

① 충전방식(사질토) : 약액주입공법

② 교반방식(점성토) : 심층혼합처리공법(DCM), 생석회말뚝공법(간극수 탈수, 복합지반)

(2) 고결물질 미주입방법

① 소결공법 : 보링 후 가열(300℃) → 탈수 → 강도 증진, 유기질토 및 이탄토 적용

② 동결공법

　㉠ 파이프 지중 삽입 → 액화질소 주입 → 지반동결 → 굴착

　㉡ 가설흙막이 벽으로 이용, 지하수 유속이 클 때와 동결융해문제

2) 심층혼합처리공법(DCM : Deep Cement Mixing)

(1) 개요

① 연약지반에 시멘트밀크를 주입하면서 지반과 회전, 교반하여 개량체를 형성하는 공법

② 종류

　㉠ 혼합교반 : DCM, DWM, SCW

　㉡ 분사교반 : CCP, JSP, RJP

(2) 특징

① 목적물에 따른 지반개량강도 조절

② 개량 시 주변 지반의 변형이 작음

③ 모든 연약지반의 개량에 적용 : $N \leq 40$이면 가능

④ 지반 내 교반으로 해수의 오탁이 적고, 저진동 저소음공법

⑤ 개량체 직경 : $D = 500 \sim 1,000$mm

⑥ 시공심도 : 최대 심도 50m

⑦ 대형 전용 장비 이용 : 2축 또는 4축 시공으로 공기단축

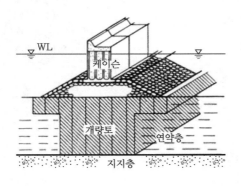

[해상방파제 시공]

[DCM 시공 전경]

(3) 이용

① 해상 안벽 및 방파제 기초지반개량

② 흙막이 가시설벽체로 이용

③ 구조물 기초지반개량 : 액상화 방지, 침하 방지

④ 실드터널 굴착 시 전면부 연약지반 보강 이용

[흙막이 벽체]

15 치환공법, 모래(쇄석)말뚝공법

1) 치환공법의 종류

(1) **굴착치환** : 부분굴착치환(연약층 일부), 전체 굴착치환(연약층 전체)

(2) **강제치환** : SCP, 동치환, 자중치환, 폭파치환 **S, 동, 자, 폭**

2) 굴착치환공법

치환심도 3.0m 이내 적정, 깊으면 치환토 및 연약토 처리문제 → 경제성 불량

3) 강제치환공법

(1) 자중치환

① 치환성토의 자중에 의한 밀어내기로 치환하는 공법으로 매우 연약한 지반에 적용

② 점토보다 치환토(모래)가 무거워 잔류침하 발생

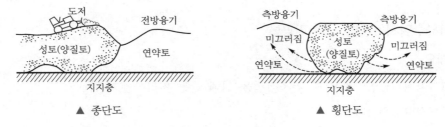

▲ 종단도   ▲ 횡단도

[자중치환]

(2) 폭파치환

① 폭파에 의한 치환으로 보통 6m 이하 지반에 적용

② 순서 : 화약 설치 → 성토 → 폭파 → 치환

[Under Fill Blasting]

(3) 동치환(Granular Pile, 모래말뚝, 쇄석말뚝, 스톤칼럼공법)

① 연약지반에 쇄석을 깔고 크레인에 추를 달아 쇄석을 타격하여 지반에 쇄석기둥을 형성하는 공법

② 적용성 : 초연약점성토 지반, 쓰레기매립지반, 고성토구간 지지력 확보, 중량구조물 기초, 사면활동 방지

③ 개량효과 : $H = 4.5m$ 이내

④ 시공관리

　ⓐ 사전검토 : 개량심도 결정 및 인접 소음·진동영향

　ⓑ 중추의 무게 및 낙하고의 결정

　ⓒ 시험 시공 실시 : 다짐간격 및 타격횟수 결정

　ⓓ 개량효과 확인, 장비 전도예방조치

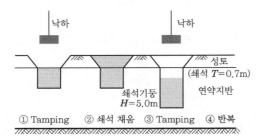

[동치환 시공과정]

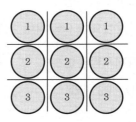

[시공순서도]

16 지하수위저하공법, 물처리공법

1) 개요

(1) **물처리공법** : 공사 중 건조작업을 위해 물을 처리하는 공법

(2) **지하수위저하공법**

① 지하수위를 저하시켜 압밀 촉진에 의한 연약지반개량공법

② 종류 : Deep Well(중력배수), Well Point(강제배수)

2) 물처리공법

(1) **지표수** : 측구, 토사배수로

(2) **지하수** : Deep Well(중력배수), Well Point(강제배수), 복수공법(Recharge)

(3) **공사 사용수** : 오폐수처리시설 → 배수 또는 재사용

3) 지하수위 저하 시 문제점

(1) **굴착사면의 하중 증가로 붕괴**

수중단위중량($\gamma_{sub} = 0.8t/m^3$, 부력작용) → (굴착, 배수) → 습윤단위중량($\gamma_t = 1.8t/m^3$) 증가

(2) 압밀침하 발생, Boiling 발생, 말뚝의 부마찰력

(3) 인접 구조물 피해, 지하지장물 파손, 우물 고갈

4) Deep Well(심정공법, 중력배수공법)

① 터파기의 장내에 깊은 우물을 파고 Casing strainer를
삽입하여 수중pump로 양수하는 공법

② 시공순서

ㄱ 소정의 깊이까지 천공

ㄴ Casing strainer 삽입

ㄷ Strainer와 공벽 사이에 filter재료 충진

ㄹ 수중pump 설치 및 양수

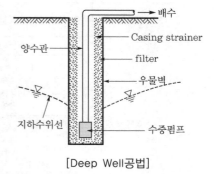

[Deep Well공법]

5) Well Point(웰포인트공법)

강관의 선단에 웰포인트를 부착하여 진공펌프에 의한 흡입작용으로 지하수를 저하시키는
공법

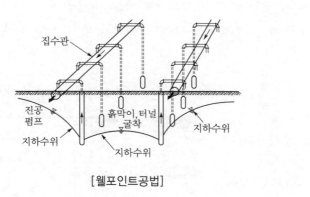

[웰포인트공법]

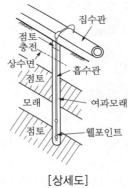

[상세도]

17 측방유동(교대부, 성토부)

1) 정의

연약지반상에 교대 축조 후 배면성토에 의한 편재하중과 연약지반침하에 의한 측방으로 소성
유동이 발생하는 현상

2) 분류

(1) 교대부 측방유동

(2) 성토부 측방유동

3) 교대 측방유동 발생형태

구분	교대 전면이동	교대 배면이동
이동방향	전면이동	배면이동
침하량	침하가 작은 경우(보통지반)	침하가 큰 경우(연약지반)
Mechanism	교대토압 → 교대 전면이동 → 말뚝이동	배면침하 → 지반이동 → 말뚝이동 → 교대 배면이동
말뚝토압	주동말뚝(주동토압)	수동말뚝(수동토압), 부마찰력 발생
측방유동형태		

4) 문제점

(1) **배면침하** : 교대 측방유동, 단차 발생, 상부포장체 파손, 교통장애

(2) **교량** : 낙교, 주형과 흉벽 폐합, 신축이음 파손, 교좌장치 파손, 말뚝 파손

5) 원인

(1) **직접원인**

① 교대 배면성토하중 적재

② 연약지반 기초처리 불량 : 전단 강도 부족

③ 두꺼운 연약지반의 침하 및 유동

④ 기초지반 부등침하

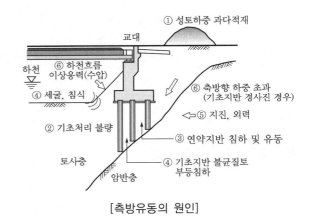

[측방유동의 원인]

(2) **간접원인**

① 지반조사의 미흡

② 측방유동 안정검토오류

6) 측방유동의 판정

(1) **측방유동지수(F)**(한국도로공사 도로공사설계요령, 2020)

$$F = \frac{C}{\gamma_t HD} \ (F \leq 0.04일 \ 때 \ 발생 \ 가능)$$

여기서, C : 연약층의 점착력(t/m²), γ_t : 성토의 단위체적중량(t/m³)

H : 성토고(m), D : 연약층 두께(m)

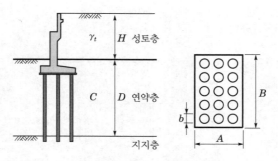

(2) 측방유동 판정지수(I)(국토교통부 도로교표준시방서, 2016)

$$I = \mu_1 \mu_2 \mu_3 \frac{\gamma_t H}{C} \, (I \geq 1.2일 \ 때 \ 발생 \ 가능)$$

여기서, u_1 : 연약지반두께의 보정계수($= D/l$), u_2 : 기초폭의 보정계수($= b/B$)
u_3 : 교대길이의 보정계수($= D/A$)

(3) 원호활동에 대한 안정검토방법
(4) 수직변위와 수평변위에 의한 판정방법

7) 대책

(1) 배면성토하중 경감 : EPS공법, 연속Culvert Box공법, 파이프매설공법
(2) 배면토압 경감 : 압성토공법, 소형 교대공법, 성토지지말뚝공법
(3) 연약지반개량 : 프리로딩공법, SCP, 약액주입공법, 치환공법
(4) 교대형식 : 소형 교대, 교대의 위치 조정(교량 연장)
(5) 기초부 : 기초강성 증대

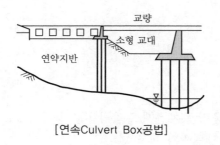

[연속Culvert Box공법]

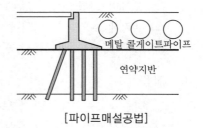

[파이프매설공법]

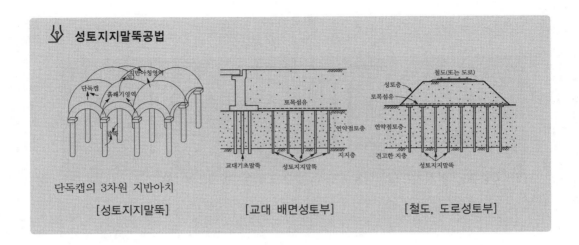

성토지지말뚝공법

단독캡의 3차원 지반아치

[성토지지말뚝] [교대 배면성토부] [철도, 도로성토부]

18 EPS공법(Expandable Poly - Styrene, 경량성토공법)

1) 개요

(1) 경량제품인 발포폴리스틸렌(EPS)을 성토재료로 활용하여 성토하중을 경감시키는 공법

(2) **종류** : 형내발포블록(2.0m×1.0m×0.5m, 성토용), 압출발포블록(2.0m×1.0m×0.1m, 도로 동상방지용)

2) 특징

(1) 장점

① 중량은 토사의 1/10 → 토압 저감, 지반침하 감소, 하중 경감효과, 측방유동 방지
② 압축강도 큼($10t/m^2$)

(2) 단점

① 공사비 고가
② 부력에 취약하고 변형에 약함
③ 열에 약하고 내약품성 취약

(3) 적용

① 하중경감 : 연약지반 성토재, 교대, 옹벽 뒷채움재로 측방유동 방지
② 급경사지의 성토, 재해복구용 성토, 매설관의 기초
③ 터널 여굴 발생 시 채움재 사용

(4) 시공방법

배수공 → 모래 부설 → EPS블록 쌓기 → 콘크리트 슬래브 → 복토

① 배수공 설치 및 지반 정리

② 최하층 EPS블록의 수평을 잡기 위해 5cm 정도의 레벨링모래를 포설

③ EPS블록쌓기

④ 연결핀으로 블록과 블록을 연결

⑤ EPS블록은 서로 엇갈리게 설치하며, 아래·위층 간의 단차는 1cm 이내

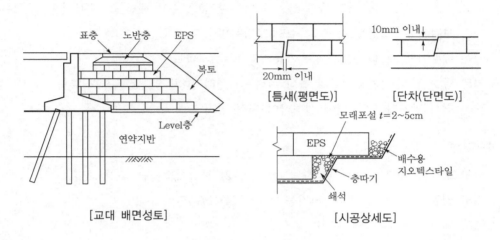

[교대 배면성토]   [시공상세도]

19 토목섬유(토목합성재료)

1) 개요

합성섬유 및 합성고분자섬유를 이용하여 지반(흙)에 사용하는 제품

2) 종류

(1) **지오텍스타일(Geotextile)** : 분리, 필터, 배수기능

　① PP Mat(폴리프로필렌) : 직포

　② PET Mat(폴리에틸렌) : 부직포

(2) **지오그리드(Geogrid)** : 보강기능+분리, 보호, 마찰기능

(3) **지오멤브레인(Geomembrane)** : 방수, 차수기능+마찰, 보강, 차단기능

(4) **지오컴포지트(Geocomposite)** : 여러 섬유 복합형(PBD=부직포+플라스틱압출제품)

[Geotextile]　　[Geogrid/Geonet]　　[Geomembrane]　　[Geocomposite]

3) 기능 [분, 필, 보, 배, 방, 침]

(1) 분리기능

연약지반과 Sand Mat와 분리, 철도 노상과 노반의 분리 → PET Mat

(2) 필터기능(여과)

토사 유실을 방지하고 물만 배수 → PBD(부직포), 옹벽 배면배수재(부직포), 유공관(부직포)

(3) 보강기능 : 보강토 옹벽 그리드, 보강사면

(4) 배수기능 : 필터기능과 방수기능으로 배수성 확보

(5) 방수 및 차단기능 : 물의 출입 차단 → 쓰레기매립장, 댐 제체(상류측), 터널 방수재

(6) 침식 방지기능 : 사면에 설치하여 침식 방지

4) 이용

(1) 보강토 옹벽   (2) 보강성토사면

(3) 맹암거 및 옹벽 배수필터기능   (4) PBD필터기능

(5) 노상과 보조기층의 분리

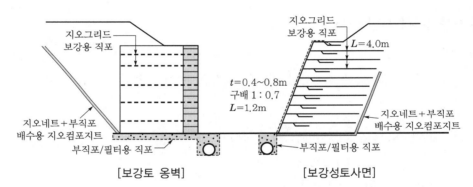

CHAPTER 07

흙막이, 물막이

흙막이, 물막이

흙막이 일반, 공법

흙막이 가시설

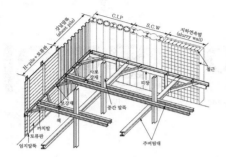

문제점

1. 흙막이 벽 : 변위, 히빙 및 보일링
2. 주변 영향 : 구조물침하, 지장물 파손
3. 지하수위 : 압밀침하, 세굴, 싱크홀

흙막이공법

1. 지지구조
   - 자립식
   - 버팀대식 : 스트럿(수평), 레이커(경사)
   - 타이로드식 : E/A, S/N
2. 벽체구조
   ① 개수성 : H-Pile+토류벽
   ② 차수성
      ㉠ 연성 : Sheet Pile(강널말뚝)
      ㉡ 강성(지중연속벽)
         - 벽식 : Slurry Wall, 기성판넬
         - 주열식
           - 콘크리트벽 : CIP, PIP, MIP
           - 소일시멘트 : SCW, JSP, DCM
           - 강관시트파일
3. 보조공법
   - 지반 보강 : 액액주입공법, 동결공법
   - 물처리공법 : 지표면 측구, 복수공법, Deep Wall, Well Point

근접 시공

1. 영향
   - 지반침하, 지하수 저하
   - 구조물 파손, 지장물 파손
2. 원인 : 설계불량, 시공불량
3. 예측방법
   - Peck방법(1969), Caspe방법(1966)
3. 대책
   - 강성벽체 및 차수공 설치
   - 기존 구조물 보강(지반, 구조물)
   - 지하매설물 보호
   - 지하안전관리에 관한 특별법 준수(2018.1)

계측관리

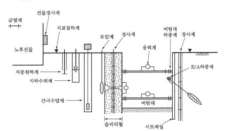

계측 이상징후 발생 시 조치방안

물막이공법 (하천, 항만)

1. 중력식
   - 토사제방식(사석재), 지오튜브
   - Box식(강재), 케이슨식, 셀블록식
2. 강널말뚝식
   - 자립식, 버팀대식, 링빔식
   - 1겹 강널말뚝식, 2겹 타이로드식
3. 특수식
   - 강관시트파일, 강관셀식, 강각케이슨

최종 물막이공법 (항만)

1. 완속 : 점고식, 점축식, 혼합식
2. 급속 : 케이슨식, 폐선식(서산방조제)

흙막이, 물막이

(문제점＋굴착공법＋근접 시공＋계측관리)

1 흙막이 일반

1 흙막이 각 부재의 역할

1) 흙막이의 정의

지반의 굴착이나 성토에 의한 지반변형이나 붕괴를 방지하기 위하여 수직이나 경사로 설치하
는 막이 구조물

2) 흙막이 각 부재의 역할

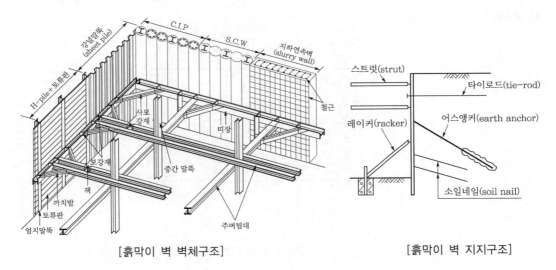

[흙막이 벽 벽체구조]　　　　　[흙막이 벽 지지구조]

(1) 엄지말뚝

① 토류판으로부터 전달되는 작용토압을 띠장 및 버팀대로 전달

② 굴착 저면의 히빙 방지

③ 흙막이 설계에 기준이 되는 부재

(2) 띠장(wale)

① 엄지말뚝을 고정시키고 토압을 버팀대로 전달

② 대좌를 통하여 어스앵커로 전달, 버팀대의 상하간격의 기준역할

(3) **버팀대(strut, 수평)와 레이커(raker, 경사)**

　① 버팀대

　　㉠ 수평으로 설치하여 양측 띠장으로부터 전달되는 토압을 저항

　　㉡ 길이가 길면 처짐 및 좌굴 발생 → 중간말뚝 설치로 방지

　② 레이커

　　㉠ 경사로 설치하여 띠장으로부터 전달되는 토압을 지반으로 전달

　　㉡ 버팀대보다 저항력은 작으나 작업공간 확보가 용이

(4) **토류판(timber)**

　① 배면토압을 직접 저항하며, 작용토압을 엄지말뚝으로 전달

　② 굴착 시 토사유출 방지

(5) **잭(jack)** : 버팀대에 설치하며 흙막이 벽에 선행하중을 주어 밀착하는 역할

(6) **기타** : 사보강재(띠장 토압저항), 까치발(버팀대 좌굴 보강), 중간말뚝(버팀대 처짐 및 좌굴 방지)

2 흙막이 굴착 시 검토항목(고려사항) 벽, 지, 바, 주, 지

1) 흙막이 벽의 안정성

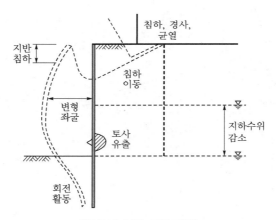

[굴착에 의한 지반거동]

(1) **벽체의 안정성** : 벽체 자체의 응력, 변위, 지지력, 강성

(2) **지지구조의 안정성** : 지지구조의 축력, 모멘트, 전단력

(3) **바닥의 안정성** : heaving, boiling

2) 주변 영향

(1) **주변 구조물** : 침하, 부등침하, 수평변위 → 구조물 자체의 균열, 파손, 도로 파손

(2) **지하지장물** : 처짐, 이탈, 파손, 누수

3) 지하수위

(1) **지하수위 저하** : 압밀침하(주변 구조물 침하), 굴착부 하중 증가($\gamma_{sub} \rightarrow \gamma_t$)

(2) **지하수의 흐름** : 누수, 세굴, 지반침하, 싱크홀

③ 굴착공법의 분류

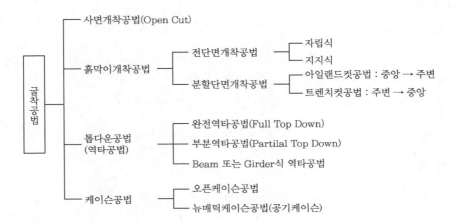

④ 아일랜드컷공법과 트렌치컷공법의 비교

구분	아일랜드컷(Island Cut)공법	트렌치컷(Trench Cut)공법
개요도	① 중앙부　② 외부　③ 완료	① 외부　② 중앙부　③ 완료
굴착공법	흙막이 벽+사면개착	흙막이 벽 2중 설치
시공순서	중앙부 → 외부 → 시공 완료	외부 → 중앙부 → 시공 완료
장점	• 얕고 넓은 구조물에 적당 • 버팀대 등 가설재 적게 소요 • 장스판 버팀대 보완	• 지반이 연약하여 전면 굴착이 어려울 때 • 깊고 넓은 구조물에 적합 • 굴착면적이 넓어 버팀대 가설이 어려울 때
단점	• 깊은 굴착에 부적당(10m 이내) • 연약지반에 부적당 • 지하공사 2회 시공 → 공기가 길어짐	• 중앙 부분 공간활용 • 흙막이 2중 설치로 비경제적 • 아일랜드컷공법보다 공기가 김

2 흙막이공법

1 종류

1) 지지구조

  (1) 자립식

  (2) 버팀대식

    ① 스트럿(Strut) : 수평 – 길이 50m 이하

    ② 레이커(Raker) : 경사 – 길이 10m 이하

  (3) 타이로드식(Tie Rod) : 어스앵커(E/A), 소일네일링(S/N)

2) 벽체구조

  (1) 개수성 : H-Pile + 토류벽

    ※ 필요시 차수 보강 LW그라우팅

  (2) 차수성

    ① 연성 : Sheet Pile(강널말뚝)

    ② 강성 : 지중연속벽

      ㉠ 벽식

        • Slurry Wall(슬러리월) : 현장 타설

        • 조립식 벽체 : 기성판넬

      ㉡ 주열식

        • Concrete Wall : CIP, PIP, MIP – 무근

        • Soil Cement Wall : SCW(교반), JSP(분사치환), DCM(심층혼합)

        • Steel Pipe Wall : 강관시트파일

3) 보조공법

  (1) 지반 보강 : 약액주입공법, 동결공법

  (2) 물처리공법 : 지표면 측구, 복수공법(Recharge공법), Deep Wall, Well Point

2 H-pile + 토류벽 시공 시 주의사항(띠장 설치 및 해체)

1) 사전조사 및 검토

  (1) 인접 시설물 연도변조사 실시

  (2) 현장 조건을 고려한 설계공법 적합성 검토 및 교통처리계획

2) 지하지장물조치

(1) 물리탐사 및 줄파기 실시

(2) 관계기관 협의, 매달기 및 이설조치

3) 엄지말뚝 시공

(1) 측량 및 가이드빔 설치

(2) 엄지말뚝 수직도 확인, 암반 천공 시 T4장비 사용

(3) 바이브로해머 및 크레인, 장비의 작업공간 확보

4) 띠장 설치 및 해체

(1) 띠장 및 버팀대 설치 후 굴착 실시

(2) **띠장받침 설치** : 철근 또는 앵글을 이용하여 엄지말뚝과 용접 실시

(3) **띠장 설치** : 엄지말뚝에 밀착하여 설치하고 띠장과 간격재를 이용하여 용접

(4) 띠장과 띠장은 플레이트로 용접이음 실시

(5) 띠장높이 및 상하간격 준수

(6) 띠장 설치 시 작업발판이 없으므로 추락위험방지조치(안전벨트 등)

(7) 해체 시는 하부에서 단계별 되메우기 하면서 버팀대와 띠장 해체

5) 굴착 및 토류판 설치

(1) 과굴착금지 및 토류판 배면공극 없도록 뒷채움 실시

(2) 굴착 부분은 당일 토류판 설치 완료

(3) 협소한 작업장 굴착장비 및 토류판 근로자 협착, 충돌위험주의

6) 지하수 처리 및 문제

(1) **지하수 처리** : 웰포인트공법, 심정공법

(2) **발생문제** : 히빙, 보일링 → 인접 지반침하

7) 계측관리

(1) **배치** : 위험 단면 집중배치

(2) **항목** : 흙막이 가시설(응력계, 변위계), 지반(지중수평변위계), 인접 시설물(균열계, 경사계)

8) 안전관리

지하안전관리에 관한 특별법에 의한 지하안정성평가 실시, 안전관리계획서 작성

9) 환경관리

장비 소음·진동, 암반 발파 시 진동 → 가설방음벽, 저소음 저진동장비 사용

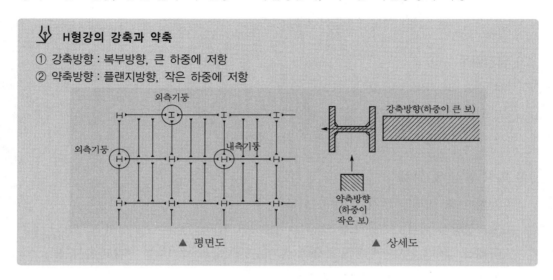

⇕ **H형강의 강축과 약축**

① 강축방향 : 복부방향, 큰 하중에 저항
② 약축방향 : 플랜지방향, 작은 하중에 저항

▲ 평면도   ▲ 상세도

3 Sheet Pile(시트파일, 강널말뚝)

1) 개요

크레인과 바이브로해머를 이용하여 시트파일을 지중에 연속적으로 시공하는 공법으로 차수성이 우수하고 시공이 간단한 흙막이공법

2) 시공순서

작업장 확보 → 장비 세팅 → 가이드빔 설치 → 파일록 → 시트파일 관입 → 띠장 및 버팀대 설치 → 굴착 → 구조물 시공 → 되메우기 → 인발 → 완료

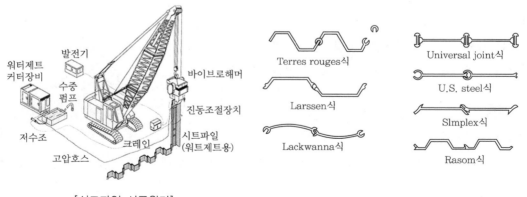

[시트파일 시공원리]   [시트파일의 종류]

3) 시공방법

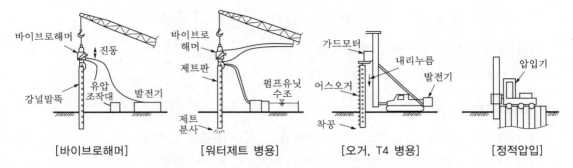

[바이브로해머] [워터제트 병용] [오거, T4 병용] [정적압입]

4) 특징

(1) 장점

① 수밀성이 좋아 지하수 및 토사유출 방지
② 재질이 균질하여 자재 신뢰성 높음

(2) 단점

① 전석층 또는 풍화암층 근입 불가
② 항타 시 소음과 진동 발생 → 도심지 시공 어려움
③ 시공이음능률과 정밀도문제로 깊은 굴착 곤란

5) 시트파일의 시공 시 문제점 및 대책

(1) 바이브로해머 시공 시 자갈층, 전석층 타입 곤란

• 대책 : 워트제트 병용 장비 이용 시공

(2) 선단부가 모래, 자갈층, 전석층은 물 유입, 누수, 근입부 불안정 발생

• 대책 : 그라우팅 등 보조공법 보강

(3) 선단부가 경사진 암반지반은 Window 발생으로 보일링 및 파이핑 발생

• 대책 : T4장비로 암반 천공 후 근입 또는 그라우팅보조공법 보강

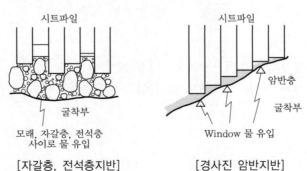

[자갈층, 전석층지반] [경사진 암반지반]

(4) **진동해머에 의한 타입과 인발 시 배면지반의 이완으로 인접 지반침하**

  • 대책 : 정적 압입(인발)장비 사용, 그라우팅 등 보조공법 보강

(5) **강성 부족에 의한 벽체 변형이 큼**

  • 대책 : 띠장 및 지지구조공법 적용

6) 주의사항

(1) **사전검토** : 주변 영향검토, 지하수영향검토, 도심지 작업장 확보

(2) **시공계획 수립** : 설계도면 및 시방서를 기준으로 계획서 수립

(3) **지하지장물조사 및 관계기관 협의** : 줄파기 실시하여 지하지장물 확인

(4) **자재 반입 및 장비조립 설치** : 크레인 40톤, 바이브로해머 30kW 1대, 발전기 1대, 백호 1대, T4천공장비(암반, 전석층), 워트제트장비 1대

(5) **가이드빔 설치** : 측량 및 선형변화구간을 고려하여 설치

(6) **파일룩 시공**

  ① 표준 도포량 : 한쪽 연결부 0.2kg/m

  ② 도포 후 24시간 건조 후 시공

[도포 시]   [팽창 시]

(7) **시트파일 설치**

  ① 전석층 및 암반구간 T4천공하여 근입

  ② 수직도 유지하여 일정한 속도로 관입 → 연결부
    이탈 방지

(8) **굴착관리**

  ① 인접부 침하 등 영향점검 실시

  ② 히빙, 보일링, 파이핑영향 → 배면그라우팅 실시

(9) **띠장 및 버팀대 설치** : 자립성 부족 시 설치

(10) **계측관리** : 선형변화구간 및 구조물 인접부 집중배치

(11) **안전관리**

  ① 크레인장비 전도위험 → 아웃트리거 설치

  ② 줄파기하여 지하지장물조사 및 확인

4 슬러리월공법(Slurry Wall, 지하연속벽)

1) 개요

클램셀장비를 이용하여 지반 굴착 시에 안정액을 이용하여 공벽 붕괴를 방지하면서 굴착하는 공법

2) 시공순서 `장, 굴, 철, 콘, 마`

가이드월	→	장비 거치	→	굴착	→	안정액 주입	→
측량, 굴착 기준		• 작업장 확보 • 전도 방지(철판)		• 1차 토사 : 클램셸(hang grab) • 2차 암반 : BC cuter장비(하이드로밀)		• 일수현상 방지 • Desanding장비	

슬라임 처리	→	철근망 삽입	→	수중콘크리트	→	두부 정리
석션펌프 이용		수직도 확인 (Coden Test)		• 트레미파이프 설치(콘크리트 2.5m 이상) • 인터로킹파이프 인발 : 초기경화 시(4시간 정도)		Cap Beam 시공

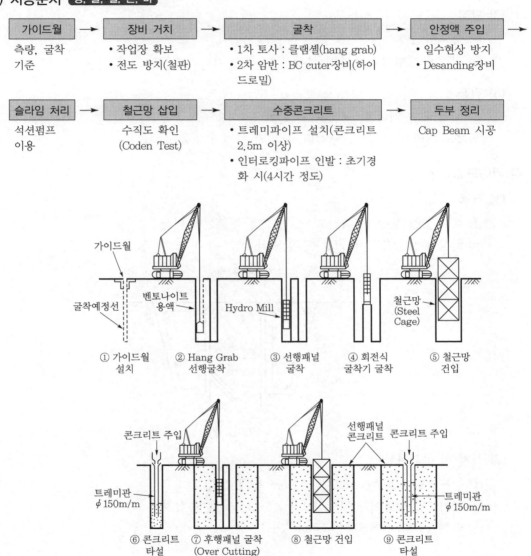

① 가이드월 설치 ② Hang Grab 선행굴착 ③ 선행패널 굴착 ④ 회전식 굴착기 굴착 ⑤ 철근망 건입

⑥ 콘크리트 타설 ⑦ 후행패널 굴착 (Over Cutting) ⑧ 철근망 건입 ⑨ 콘크리트 타설

[슬러리월 시공방법]

3) 특징

(1) 장점

① 벽체의 강성이 매우 커서 영구벽체로 이용 가능

② 차수성이 우수하고 인접 지반영향이 적음

③ 최대 시공깊이 80~100m 가능

(2) 단점

① 공사비 고가

② 장비가 대형이고 공종이 복잡

(3) 적용

① 지하차도, 지하철, 공동구 및 암거 등 이용

② 오수처리장, 정수장, 방진벽, 오염지 차폐벽 이용

4) 가이드월

(1) 목적

① 평면선형, 높이, 굴착심도, 수직도 등 기준선의 역할

② 굴착장비의 지지 및 표토 붕괴 방지

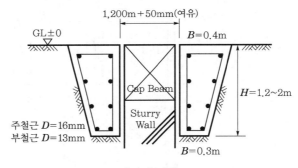

[가이드월]

(2) 설치 시 유의사항

① 슬러리월의 계획높이보다 1~1.5m 높게 설치

② 가이드월 상단이 지하수위보다 1.5~2.0m 높게 설치

③ 슬러리월의 두께보다 +50mm 여유

5) 안정액

(1) 종류

벤토나이트안정액(15배 팽창), 폴리머안정액, CMC안정액

(2) 기능

① 굴착벽면 붕괴 방지
② 지하수 유입 방지
③ 굴착토사의 침전 억제

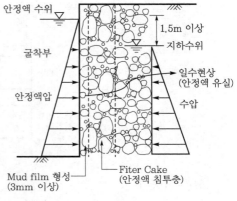

[안정액관리]

(3) 문제점

① 일수현상
    ㉠ 정의 : 안정액이 주변 지반으로 유출
        되는 현상
    ㉡ 원인 : 안정액의 비중불량, 공동, 지질
        변화, 지하수 저하
    ㉢ 대책 : 비중 증가, 일수방지제 사용, 지하공동 방지, 지하수위 저하 방지
② Mud Cake에 의한 주면마찰력 감소
③ Gel현상으로 유동성 저하

(4) 품질 및 시공관리

① 비중 : 1.04~1.2 → 비중 저하 시 톱밥 및 증점제 사용
② 유동성(점성) : 22~40초 - 깔대기에 흘러내리는 시간 측정
③ 사분율 15% 이하, 조막성(Mud Film두께) 3mm 이상
④ 지하수보다 1.5m 이상 높게 관리

6) 판넬이음방식 및 시공 후 이음부 처리방법

① Interlocking Pipe방식
② Over Cutting방식 : 하이드로밀장비로 기타설 콘크리트 커팅

7) 유의사항

(1) 사전검토사항

① 지반지질조사 및 현장 현황조사, 설계도서와 현장조건의 부합 여부 검토
② 줄파기 및 물리탐사에 의한 지하지장물조사 실시

(2) 시공계획 수립 : 도심지 및 교통통제, 구간별 판넬 설치순서 및 배치도 작성 고려

(3) Guide Wall 설치

① 슬러리월의 평면선형과 높이에 따른 설치
② 토질조건에 따른 형상과 철근 및 콘크리트강도를 고려하여 시공

(4) 장비 거치

① 지반지지력 확보 → Trafficability 확보

② 잡석 포설 및 철판 설치($t=32$mm)

		(1) 선행패널 ($L=6 \sim 8$m)		(3) 후행패널 ($L=2 \sim 3$m)		(2) 선행패널 ($L=6 \sim 8$m)	
굴착순서	①	③	②	④	①	③	②

콘크리트 시공순서	①	③	②

[슬러리월 시공순서(평면도)]

(5) 굴착공사

① 1차 토사굴착 : 클램셀 굴착(hang grab장비)

② 2차 암반굴착 : BC Cuter장비(하이드로밀)

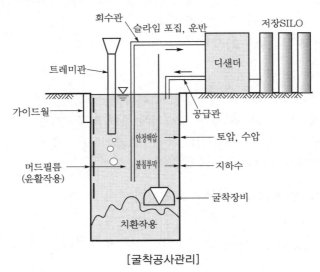

[굴착공사관리]

(6) 안정액 주입

① 안정액의 비중관리(1.04~1.2)

② Desanding 실시

(7) Slime 처리 및 수직도 확인, 인터로킹파이프 설치

① Suction Pump방식, Air Lift방식(수심 10m 이상), Sand Pump방식

② Koden Test : 수직도 확인(1/100)

③ 양측 인터로킹파이프 관입

(8) 철근망 삽입

① 크레인 이용 철근망 인양 및 삽입

② 피복두께 스페이스 설치($D=100$mm 이상)

(9) 수중콘크리트 타설

① 트레미관 수정 2.5m 이상 관입 타설

② 수중불분리성혼화제 사용

③ 인터로킹파이프 인발 : 초기경화 4~5시간 경과 시 인발

(10) 두부 정리 및 Cap Beam콘크리트

두부 불량콘크리트 파쇄 및 캡빔콘크리트 시공

5 어스앵커(그라운드앵커)

1) 개요

(1) 지반에 앵커체를 형성하여 PC강선에 의한 인장력으로 흙막이 벽을 지지하는 공법

(2) 지반에 따라 그라운드앵커(Ground anchor)와 암반앵커(Rock anchor)가 있음

2) 시공도(흙막이 가시설)

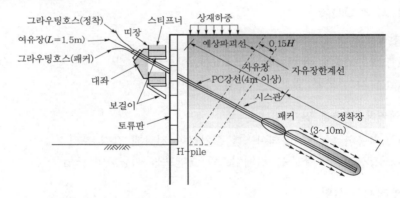

3) 종류

(1) **정착지지방식** : 마찰형, 지압형, 혼합형 [마, 지, 혼]

(2) **기간별**

① 가설앵커 : 2년 미만, 두부캡 없음, 자유장에 그리스 채움(제거용 U-tum앵커)

② 영구앵커 : 2년 이상, 두부캡 있음, 자유장에 그라우팅 채움

4) 시공순서

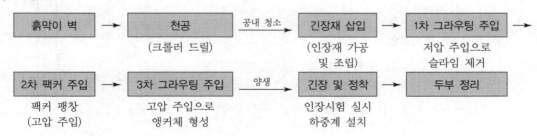

5) 특징

(1) 장점

① 버팀대가 불필요
② 버팀대에 비해 작업공간이 넓어 굴착 원활
③ 평면의 형상이 복잡하고 지반이 경사져 있어도 시공 가능

(2) 단점

① 천공 시 지하수 유입에 의한 지하수위 저하 우려
② 정착지반이 연약한 경우에는 적합하지 않음

(3) 용도

가설 토류벽의 지보공, 영구앵커 토류벽, 송전탑기초, 댐의 보강, 지하구조물의 부력앵커, 사면 보강

6) 시공 시 주의사항

(1) 천공

① 천공지름은 앵커지름보다 40mm 이상 커야 함
② 토사 붕괴가 우려되는 곳은 케이싱 삽입

(2) 앵커체의 가공 및 조립

① 적당한 위치에 스페이스를 설치하여 긴장재 간격 유지
② 강선과 주입호스를 스페이스와 클램프를 이용하여 조립

(3) 앵커체의 삽입

① 삽입 시 천공구멍에 손상이 가지 않도록 삽입
② 삽입 후 지지대로 앵커를 공내에 고정시킴

(4) 그라우팅 주입

① 1차 주입은 저압 주입으로 공내 슬라임을 토출시킴
② 시험 : 그라우팅을 실시하여 주입압, 주입량, 겔타임을 결정
③ 혼합된 그라우트는 90분 이내에 주입하고, 초과 시 사용하지 말 것

(5) 긴장 및 정착작업

① 긴장작업은 한 곳의 여러 강선을 동시에 긴장 실시
② 재긴장을 할 수 있는 여유길이를 두어야 함

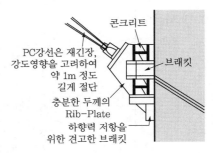

[정착작업]

(6) 계측관리

① 흙막이 가시설 : 하중계(E/A), 변형률계(버팀대)

② 지반 : 지중수평변위계, 지하수위계, 지표침하계, 토압계

③ 인접 시설물 : 경사계, 균열계

(7) 안전관리

① 육안관찰(1일 1회) : 벽체 누수, 변형 여부, 배면침하 여부

② 배면에 자재 및 컨테이너 적재금지 : 배면침하, 균열 등 관찰이 안 됨, 하중 증가

7) 어스앵커의 군효과, 최소 심도, 간격

(1) 최소 심도 및 앵커간격

① 최소 심도 : $D=$ 가상파괴면거리 $+0.15H$

② 최소 토피 : 두부 1.5m 이상, 정착부는 토사 5.0m 이상, 암반 1.5m 이상

③ 앵커간격 : 수평 $4D$(앵커체직경) 이상, 수직 $3.5D$ 이상 → 군효과 고려

(2) 각도(α) : 30~40°

• 목적 : 주변 간섭 회피, 지질이 깊을수록 저항력 증대, 그라우팅 주입 수월

(3) 군효과(Group Effect)

① 유효반경(R)>앵커체간격(a) : 인접한 앵커체의 간섭효과로 인발저항력 저하됨

② 영향요인 : 앵커체의 간격, 토질조건(ϕ), 앵커길이, 앵커체직경

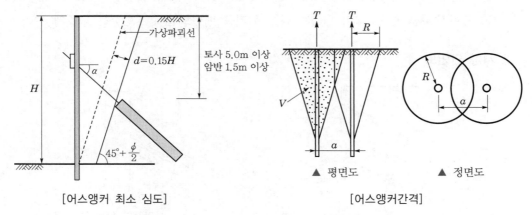

[어스앵커 최소 심도]   [어스앵커간격]

8) 문제점(손상) 및 대책

(1) 지하수문제

① 지하수 유동이 10m/분 이상인 경우 정착 실패

• 대책 : 지하수위저하공법 적용

② 정착부 그라우트의 Leaching현상으로 내구성 저하(효과 2~3년)
- 대책 : 수밀콘크리트 W/B 50% 이하 관리

(2) 공사 완료 후 그라우트와 강선이 지반에 잔류
- 대책 : 흙막이 가시설은 제거식 앵커 사용

(3) 진행성파괴

① Ⅰ → Ⅱ → Ⅲ 진행성 지반파괴
② 연쇄파괴 : 1개의 앵커가 파괴되면 연쇄적
급속파괴 진행
  - 대책 : 앵커체간격을 넓게

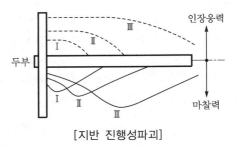

[지반 진행성파괴]

(4) 릴랙세이션 발생(강선의 인장응력손실)
- 대책 : 각 강연선에 앵커축력이 균일하게 배
분, 잭체어간격 조정, 하중계 설치(축력관리)

(5) 기타

강재의 부식, 강선의 파단, 그라우트파괴로 인발, 주면마찰력의 부족

6 소일네일링(Soil Nailing)

1) 개요

(1) 지반에 네일(철근)을 삽입하여 흙과 네일을 일체화시켜 원지반강도를 증대시킨 공법
(2) 중력식 흙막이구조체의 개념과 같은 원리로 배면토압에 저항하는 구조체

2) 시공 단면도

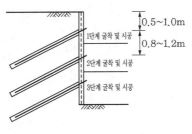

[Soil Naliing공법 단면도]

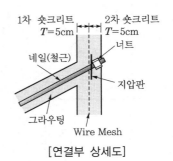

[연결부 상세도]

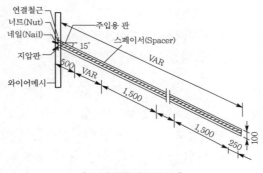

[소일네일링 구조도]

3) 시공순서

1단계 굴착 → 1차 숏크리트 → 측량, 마킹 → 천공 및 네일 삽입 → 그라우팅 → 양생 → 지압판 설치 및 너트 체결 → 와이어메시 설치 및 연결철근 설치 → 2차 숏크리트 → 2단계 굴착(반복) → 본공사 완료 후 단계별 되메우기 및 해체

4) 특징

(1) 장점

① 지반 자체를 지보공으로 이용하므로 안정성이 높음
② 장비가 소형이며 작업공정이 간단함
③ 일부 네일이 파손되어도 전체에 미치는 영향이 적음

(2) 단점

① Nail을 정착하는 동안 굴착면 자립 필요
② 대심도 굴착에는 적용 곤란

5) 용도

① 지반 굴착면의 안정으로 흙막이 지보공 이용
② 사면의 안정 및 보강
③ 터널의 지보공 이용
④ 옹벽구조물의 보강 및 기존 옹벽의 보강
⑤ 인접 구조물의 보강

6) 주의사항

(1) 천공

① 설계천공각도 유지(오차는 3° 이내), Crawler Drill 사용(천공직경 105mm)
② 공의 내부청소는 물을 사용하지 말고(공벽 붕괴) 고압공기로 이물질 제거

(2) 네일 삽입

① Nail은 간격재를 사용(2.0m마다)하여 피복 확보

② 연장이 긴 경우 커플링을 사용하여 이음 실시

(3) 그라우팅

① 그라우팅강도는 재령 28일, 21MPa 이상

② 홀 아래쪽에서 위쪽으로 그라우팅 실시(중력식은 무압, 가압식은 100~500kPa)

③ 강도 80% 이상 시(3일 정도) 다음 단계 굴착 실시

(4) 지압판 설치

지압판은 철판(규격 300mm×300mm×12mm) 사용

(5) 지하수처리대책

사면 하단부에 수발관(PVC 50mm, 1EA/4m^2)을 5~10° 경사로 설치

7) 소일네일링의 파괴유형

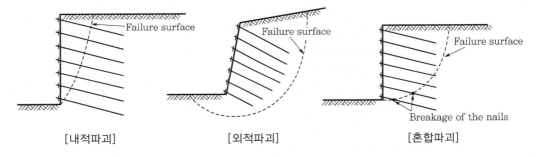

| [내적파괴] | [외적파괴] | [혼합파괴] |

8) 어스앵커와 소일네일링, 버팀대의 비교

구분	어스앵커	소일네일링	버팀대
원리	앵커체 마찰력	지반 일체화 구조체	버팀대의 압축력저항
작용하중	인장력	전단력, 인장력	압축력
종류	영구앵커, 제거식 앵커	중력식, 가압식	수평, 레이커
보강재 전면판	PS강선 띠장, 대좌	철근 D=25mm 철판	H-Beam 띠장
보강재길이	길이가 길다	비교적 짧다	버팀대 50m 이내 제한
문제점	앵커체 인발, 강선 파단	부식, 원호파괴	횡좌굴, 휨좌굴
시공성	복잡	용이	용이

７ 역타공법(톱다운공법, Top Down공법)

1) 개요

(1) 1층 바닥슬래브 시공 후 지하층공사와 지상층공사를 동시에 시공하는 공법

(2) 지하 및 지상층 동시 시공으로 공기단축이 가능하며 주변 지반에 영향이 없어 도심지의 공사에 적합한 공법

2) 시공순서(완전역타공법)

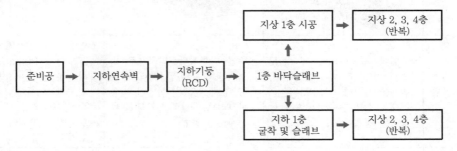

3) 시공방법에 따른 분류

(1) **완전역타공법** : 지하층 전체를 톱다운공법 시공, 지상(↑)과 지하(↓) 동시 시공

(2) **부분역타공법** : 지하층 기둥을 먼저 시공하고, 굴착 후에 지상(↑)과 지하(↑)를 동시 시공

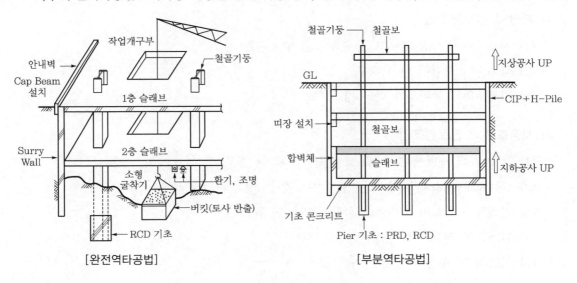

[완전역타공법]　　　　　　　　[부분역타공법]

8 SCW공법, CIP공법, JSP공법의 비교

구분	SCW공법(+H-Pile) (Soil Cement Wall)	CIP공법 (Cast-In-Placed)	JSP공법 (Jumbo Special Pile Pattern)
개념도			
시공법	• 주열식 지중벽으로 계획심도까지 천공 후 주입재를 주입, 벽체를 형성하고 H-Pile을 응력재로 삽입하여 토류벽을 형성하는 공법	• 주열식 현장타설말뚝으로 소정의 직경을 유압시추기로 천공 후에 철근을 삽입한 다음 콘크리트 타설로 토류벽을 형성시키는 공법	• 연약지반개량공법으로 초고압 $(P=200\sim300kg/m^2)$분사방식을 이용하여 지반 절삭, 파쇄, 제트노즐에 의한 지반의 틈에 그라우팅 실시 • 토사와 주입재의 혼합원주형 고결재 조성
두께	55cm	40cm	30~100cm
공사비	270,000원/m^2	160,000원/m^2	70,000원/m^2

9 흙막이 벽체의 편토압 발생조건

1) 지반의 편토압조건

(1) 지표면이 경사진 경우로 좌우측의 높이가 다른 경우

(2) 좌우측의 토질이 다른 경우

(3) 지하수위의 높이차가 다른 경우

2) 시공조건의 편토압조건

(1) 흙막이 벽 배면에 자재 및 토사 등 적재하는 경우

(2) 한쪽으로 유수가 유입 또는 펌핑하는 경우

(3) 인접하여 흙막이 배면에 시설물이 있는 경우

(4) 인접하여 터널(지하 공동)이 있는 경우

(5) 버팀대 및 띠장의 높이가 다른 경우

(6) 좌우측의 흙막이벽공법이 다른 경우

3 근접 시공

1 근접 시공의 문제점(주변에 미치는 영향)

1) 굴착에 의한 주변 지반의 영향

(1) **벽체 변형 발생** : 배면침하, 붕괴 → 인접 시설 부등침하, 지하지장물 이탈

(2) **지하수 저하 발생** : 압밀침하 → 인접 시설 부등침하, 지하지장물 이탈

(3) **지하수 유동 발생** : 세굴, 싱크홀 → 인접 시설 침하, 붕괴, 지하지장물 파손

(4) **히빙, 보링 발생** : 배면침하, 붕괴 → 인접 시설 부등침하, 지하지장물 파손

2) 인접 구조물의 영향

(1) 도로 침하, 교량 측방유동, 인접 건물 부등침하, 터널의 변형

(2) 특수시설의 사회적 문제 발생

3) 지하지장물의 영향

상수관 누수, 하수관 누수, 도시가스 파손

4) 인접 구조물이 가설구조물에 미치는 영향

편하중 증가, 흙막이 구조계산 복잡

> ✎ **근접 시공 시 피해예측이 어려운 이유**
> ① 지반의 변형특성을 정확히 파악하기 어렵다.
> ② 인접 구조물의 기초 및 허용변위를 예측하기가 어렵다.

2 원인

1) 설계 시 원인

(1) 토질조사의 미흡

(2) **공법 선정 부적정** : 과도한 경제성을 고려한 공법 선정

(3) 설계 시 구조계산오류

2) 시공 시 원인

(1) **기술적 원인**

① 흙막이 벽체 강성 부족으로 벽체의 변위

② 차수공법 불량 시공으로 지하수 저하

③ 굴착에 따른 지하수 저하로 압밀침하

(2) 관리적 원인

① 설계흙막이공법과 현장 조건의 부합 여부 검토 미흡
② 착수 전 현장 지질조사 및 설계주상도 비교검토 미흡
③ 인접 시설물조사 및 안정성 검토, 보강대책 미실시

3 인접 지반침하예측방법

(1) Peck방법(1969)

① 현장 계측결과를 이용
② 굴착깊이에 따른 배면거리별 침하량 산정
③ 조밀한 모래지반에 적용
④ 강성이 낮은 시트파일에 적용

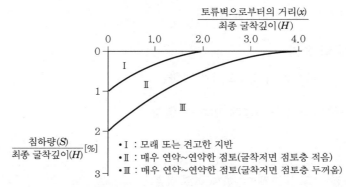

[굴착깊이에 따른 거리–침하량곡선]

(2) Caspe방법(1966) : 현장 계측결과를 이용

(3) Clough방법 : 계측결과와 수치해석방법을 병행하여 배면침하량 산정

(4) 수치해석법 : 유한요소법(FEM)과 유한차분법(FDM)

(5) 각변위에 의한 침하량 산정방법 : 기울기에 의한 침하량 산정

4 근접 시공대책

1) 사전조사 및 사전검토

(1) 토질조사, 인접 시설물조사, 지하수위조사, 지하지장물조사

(2) 설계공법의 적정성 검토, 가시설의 안정성 검토, 토질주상도 검토

2) 시공계획 수립

(1) 도심지의 협소한 작업장소를 고려하여 시공계획 수립

(2) 순차적으로 작업계획 수립

(3) **공사시기의 결정** : 장마철, 혹서기, 혹한기, 주·야간공사계획

3) 굴착 시 대책

(1) 과다굴착금지

(2) 지하수의 저하관리

4) 강성벽체 및 차수공 설치

(1) 엄지말뚝+토류판+LW그라우팅 실시

(2) 지하연속벽, CIP+차수그라우팅, JSP공법, SCW공법

5) 지반의 강화 및 개량

(1) **흙막이 배면지반 강화** : 그라우팅

(2) **기존 구조물 기초지반 강화** : 그라우팅

(3) **기존 구조물 주변 지반 강화** : 그라우팅

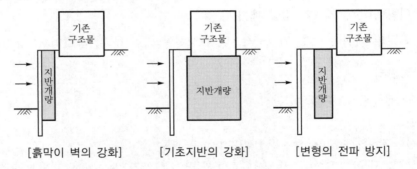

[흙막이 벽의 강화]　　　[기초지반의 강화]　　　[변형의 전파 방지]

6) 차단방호공 설치

(1) 기존 구조물과 신설 구조물 사이 지반에 차단방호공 설치

(2) **차단방호공** : 강관널말뚝, 지중연속벽, 시트파일, CIP

7) 기설구조물의 보강

(1) **구조물 자체의 보강**

브레이싱, 기둥의 보강 및 증설, 벽의 보강 및 증설, 보의 보강

(2) **기초의 보강**

말뚝의 보강 및 추가 설치, 앵커의 보강, 타이로드에 의한 보강, 언더피닝 실시

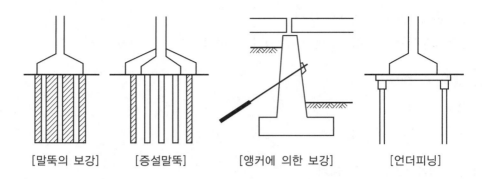

[말뚝의 보강]　　　[증설말뚝]　　　[앵커에 의한 보강]　　　[언더피닝]

8) 안전관리

(1) 굴착 시 1일 1회 이상 흙막이 가시설 및 주변 지반, 인접 시설 점검

(2) 장비의 전도, 협착, 근로자 추락방지보호구 착용

(3) **흙막이 붕괴 예상 시 조치계획의 수립** : 긴급조치, 후속조치

9) 계측관리

(1) 향후 작업이 예상되는 위치에 계측기 설치금지

(2) **위험 단면에 계측기 집중 배치**

　　흙막이 가시설 선형 변경구간, 인접 시설물 근접 구간, 토압이 큰 구간

10) 환경관리

소음·진동관리, 수질오염관리

> ✒ **지하안전관리에 관한 특별법(2018.1.1. 제정)**
> 분기별 지하수의 영향을 조사 및 검토하여 지하안전영향평가 실시 → 흙막이 벽과 인접 지반의 안전성
> 검토 및 대책 수립

5 굴착 시 진동이 주변 지반에 미치는 영향 및 대책

1) 원인

(1) **토류벽 설치 시 장비 진동** : 엄지말뚝 항타 진동, 바이브로해머작업 진동, 장비의 작업 진동

(2) **암반 굴착 시 진동** : 착암기, 브레이커작업, 발파 진동

2) 진동이 주변에 미치는 영향

(1) **액상화 발생** : 느슨한 모래지반은 진동 또는 충격으로 전단강도 상실

(2) 진동에 의한 느슨한 사질토는 다짐효과로 침하 발생

(3) 점성토 지반은 진동에 의한 교란 발생으로 전단강도 감소

(4) 점성토 지반은 진동에 의한 과잉간극수압 발생 후 소산으로 압밀침하 발생

(5) 진동이 큰 경우 구조물에 균열, 파손 발생

3) 대책

(1) 토류벽 시공 시

① 토류벽 설치 시 항타 및 바이브로해머 사용을 지양하고 천공 후 설치

② 진동이 적은 장비 사용 : 고주파 장비, 유압해머

③ 주요 구조물 시공 시 방진구 설치

(2) 암반 발파 및 굴착 시

① 시험발파 실시 : 발파 시 허용진동치 이하로 관리

② 저폭속, 저비중 폭약 사용

③ 무진동발파 : 미진동파쇄기(CCR), 팽창재(팽창시멘트), 유압잭(할암봉) 사용

④ 제어발파 실시 : 라인드릴링블라스팅, 쿠션블라스팅

6 지하매설물보호공법

1) 가스관 보호조치(매다는 경우)

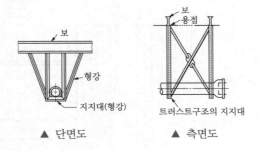

▲ 단면도   ▲ 측면도

2) 상수관 보호조치(받치는 경우)

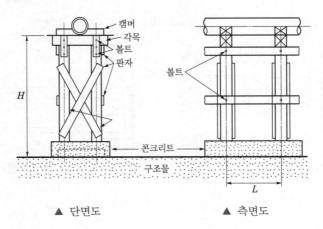

▲ 단면도   ▲ 측면도

4 계측관리

1 개요

흙막이 벽체의 변형 등을 미리 발견하고 조치하기 위하여 계측기기를 설치하고 관리하는 것

2 목적

(1) 지반 및 흙막이 벽체의 거동정보 입수

(2) 계측자료를 이용한 흙막이공법을 보완하여 안전한 시공관리

(3) 지반 및 흙막이, 인접 시설물에 대한 위험징후를 사전예측하여 대처

(4) 새로운 공법개발을 위한 자료로 활용

(5) 계측자료는 향후 민원 발생 시 객관적 자료로 활용

3 계측의 종류 및 배치

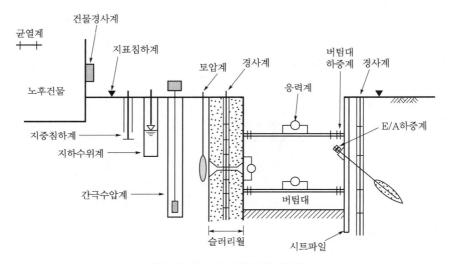

[흙막이 가시설 계측기의 배치]

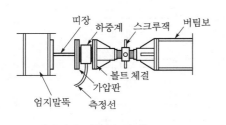

[버팀대 하중계 설치]

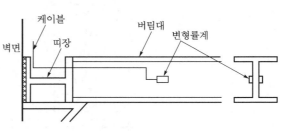

[버팀대 변형률계(응력계) 설치]

4 계측기별 계측항목 및 설치위치

종류	계측항목(용도, 활용)	설치위치
지중경사계	인접 지반 수평변위 → 토류구조물의 변위상태 파악	토류벽 또는 배면지반
지표침하계	지표침하 → 가설구조물의 안전도 및 침하상태 파악	굴착 단면 좌·우측의 지표침하가 예상되는 곳
지하수위계	지하수위변화 계측 → 각종 계측자료와 연계 이용, 지하수위 여부, 지하수 흐름, 압밀침하, 보일링, 싱크홀	토류벽 또는 배면지반
변형률계	토류구조물 부재의 변위, 인근 구조물의 변위, 타설콘크리트 응력변화 계측 → 부재의 변형 파악과 안전대책 수립 이용	H-Pile 및 Strut Wale
건물경사계	인근 구조물의 기울기 및 변형상태 계측 → 침하를 파악하여 안전대책 수립	인접 구조물
균열측정계	균열부 변위량, 변위속도 및 수렴상태 측정 → 주위 건물의 영향 및 안전성 판단	현장 구조물 및 인접 시설의 균열부 진행이 예상되는 지점

☞ 소음 및 진동계 : 중장비 및 발파작업에 의한 주변 건물의 소음과 진동에 대한 영향을 측정

5 계측관리기준 및 단계별 조치

구분	관리기준 (F_s : 안전율)	현장 조치방안
안전	F_s =1.2 이상	• 공사 지속, 지속적 계측 관찰
주의	F_s =1.2~0.8	• 원인분석 및 감독실 보고 • 계측기 이상 유무 확인 • 계측빈도 강화, 계측기 추가 설치 • 보강공법 검토
위험	F_s =0.8 이하	• 즉시 공사 중지 및 근로자 대피 • 현장 재해예방조치 • 후속 대책 수립(보강 또는 공법 변경) • 역해석 실시로 보강공법 선정

☞ 안전율(F_s) = 계측관리기준치/현장 계측치

6 계측관리빈도

구분	굴착 시	굴착 완료 후
계측빈도	1주 2회 이상	1주 1회 이상

7 계측기의 설치시기

(1) **굴착 전** : 지중경사계, 지표침하계

(2) **버팀대과 어스앵커 설치 후** : 버팀대하중계, 어스앵커하중계

(3) **흙막이작업 전** : 건물경사계, 균열계, 소음·진동계

(4) 계측기는 작업 전에 해당 위치에 설치

8 계측이상징후 발생 시 조치계획

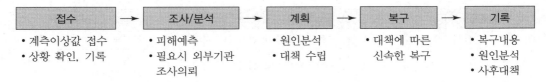

접수	→	조사/분석	→	계획	→	복구	→	기록
• 계측이상값 접수 • 상황 확인, 기록		• 피해예측 • 필요시 외부기관 조사의뢰		• 원인분석 • 대책 수립		• 대책에 따른 신속한 복구		• 복구내용 • 원인분석 • 사후대책

9 건설현장 계측의 불확실성을 유발하는 인자 및 오차의 원인

1) 직접영향

(1) **계측기 설치에 따른 영향** : 곡면부에 설치 시, 응력집중 부분에 설치

(2) 각도오차영향

(3) 온도, 습도, 직사광선에 의한 영향

(4) 리드와이어길이에 의한 영향(계측기와 측정장비의 길이)

(5) 잡신호의 영향

2) 간접영향

(1) 계측점검자의 측정오류

(2) 계측기준치의 설정오류

(3) 자동화계측장비의 고장 및 오류

(4) 분석 시 계산의 오류

10 계측위치의 선정

(1) 지반거동을 미리 파악할 수 있는 곳

(2) 구조물의 전체를 대표할 수 있는 곳

(3) 교통량이 많은 곳. 다만, 교통흐름의 장해가 되지 않는 곳

(4) 지하수가 많고 수위의 변화가 심한 곳

(5) 시공에 따른 계측기의 훼손이 적은 곳

11 계측관리

1) 계측기기의 선정 시 고려사항

(1) 정밀도가 높을 것

(2) 계측범위가 넓고 신뢰도가 있을 것

(3) 측정기간 동안 내구성을 유지할 것

(4) 구조가 간단하고 설치가 용이할 것

(5) 온도, 습도에 대해 영향이 적을 것

2) 계측기기의 검교정 실시

계측기기는 설치 전 및 설치 직후에 작동성능을 검사하고 보정 실시

3) 계측기기의 설치

(1) 제작사가 제공한 지침서를 준수하여 설치

(2) 계측기기는 공사로 손상되지 않도록 보호조치 → 지반은 콘크리트 고정 또는 접근금지 펜스, 안전표지판, 시건장치

(3) 굴착 전, 부재의 변형이 발생되기 전에 설치

(4) 위험 단면에 집중 설치하여 상호 비교 확인

4) 계측 초기치의 측정관리

(1) 시공 전 반드시 초기값을 측정 → 계측값 변화 시 기준값이 됨

(2) 계측명, 위치, 초기측정일자와 초기측정값이 기록된 표시판을 계측기 주변에 설치

5) 굴착에 따른 인접 지반의 영향거리(가설흙막이공사 표준시방서)

지반구분	수평영향거리
사질토	굴착깊이의 2배
점성토	굴착깊이의 4배
암반	굴착깊이의 1배(불연속면이 있을 경우에는 2배)

6) 역해석 실시

기측정한 계측값(물성치)을 이용하여 역해석을 실시하여 잔여공사의 안전성을 예측하여 적용

7) 인접 구조물관리

(1) 건축물의 기존 균열사항을 건물주와 상세히 조사 실시

(2) 균열측정기를 설치하여 흙막이공사로 인한 균열의 증가 여부를 판정

8) 계측관리

(1) 전담계측요원을 배치하여 계측관리 실시

(2) 최종분석은 경험과 전문지식을 가진 기술자가 종합적으로 분석평가

(3) 모든 계측결과는 기록 및 보존

5 물막이공법

1 가물막이공법의 분류

(1) **가물막이공법** : 물을 막는 공법

(2) **물돌리기(체절방식)** : 전체적, 부분체절, 단계체절

2 공법 선정 시 고려사항

(1) 설치장소의 지형, 기상조건(강우량)

(2) 수심과 굴착깊이

(3) 수압, 파압, 토압의 안정성

(4) 선박의 항행에 따른 영향

(5) 주변 환경에 대한 영향

(6) 시공성과 경제성 등

3 가물막이공법의 종류 중, 강, 특

1) **중력식**

(1) 토사제방식(사석재)

(2) 지오튜브식

(3) Box식(목재 또는 강재상자)

(4) 케이슨식

(5) 셀블록식

2) **강널말뚝식**

(1) 자립식

(2) 버팀대식(1겹 강널말뚝식)

(3) 2겹 강널말뚝식(타이로드식)

(4) 링빔식

3) **특수식**

(1) 강관시트파일

(2) 원형셀식

(3) 강각케이슨식

☞ 자립형 가물막이공법 : 토사식, 강널말뚝식, 케이슨식, 셀블록식

4 종류별 특성

1) **중력식**

(1) **토사제방식**

① 토사로 축제하는 방식

② 적용수심 : 약 5m 정도

③ 수심이 얕고 유속이 느린 장소

④ 시공이 용이하고 소규모 단기간 공사에 적합

(2) 지오튜브식(Geotextile Tube)

① 토목섬유인 지오텍스타일튜브에 물, 토사로 충진

② 적용수심 : 약 2~10m 정도

③ 시공성이 좋고 현장토 이용으로 경제성이 좋음

(3) Box식(목재 또는 강재상자)

① 목재 또는 강재상자에 자갈 등으로 채워 고층으로 쌓아 토압, 수압에 저항하는 형식

② 적용수심 : 약 5m 정도

③ 유속이 있는 하천에서 암반인 경우 적당

(4) 케이슨식

① 케이슨을 거치하고 토사로 속채움 실시

② 적용수심 : 약 30m 정도

③ 수심이 깊고 유속과 파랑이 있는 하천, 항만공사에 적합

(5) 셀블록(Cellular block)식

① 소형 중공block을 정해진 위치에 설치한 후 속메움을 실시하고 층으로 쌓아 시공하는 공법

② 블록 간 별도의 차수각 필요 → 콘크리트 사용

③ 적용수심 : 약 5m 정도

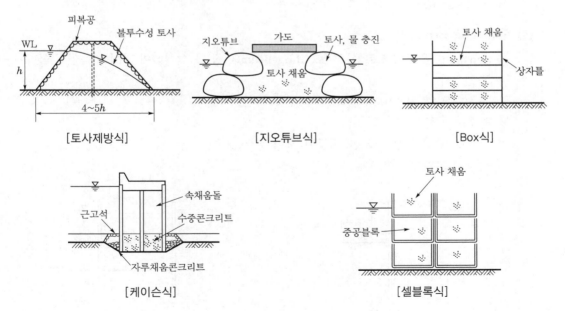

[토사제방식]　　　[지오튜브식]　　　[Box식]

[케이슨식]　　　[셀블록식]

2) 강널말뚝식(Sheet Pile)

(1) 자립식

① 강널말뚝을 자립식으로 설치하여 수압에 저항하는 형식

② 적용수심 : 약 5m 이하

③ 시공이 용이하고 차수성이 우수함

④ 자체 강도가 적고 연약지반에 부적합

(2) 버팀대식(1겹 Sheet Pile식)

① 강널말뚝을 버팀대로 지지하는 방식

② 연약지반에도 적용 가능

③ 적용수심 : 약 5m 정도

④ 깊은 수심 적용 가능

⑤ 소규모 공사에 적합하고 차수성이 우수함

(3) 2겹 Sheet Pile식(타이로드식)

① 2겹의 강널말뚝을 설치하고 타이로드 지지 후에 토사로 채우는 방식

② 적용수심 : 약 10m 정도

③ 수심이 깊은 대규모 공사 가능

④ 차수성과 안전성이 좋음

⑤ 토사채움 완료 시까지 불안정에 유의

(4) 링빔(Ring Beam)식

① Sheet Pile을 원형으로 설치하고 Ring Beam(띠장)을 설치하여 강성을 높인 가물막이 공법

② 적용수심 : 약 5~10m 정도

③ 차수성이 좋음

④ 버팀보가 없어 본 구조물 시공이 용이

⑤ 원형의 크기에 제한적임

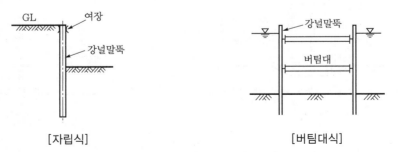

[자립식]　　　　　　　　　　[버팀대식]

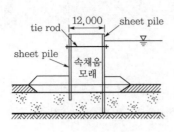

[2겹 Sheet Pile식]

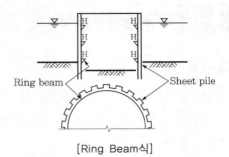

[Ring Beam식]

3) 특수식

(1) 강관시트파일

① 강관에 이음부를 용접하고 바이브로해머로 연결하여 시공한 시트파일

② 강관의 규격에 따라 적용수심이 다름(20m 이상 가능)

③ 차수성이 좋고 수평저항력이 큼

④ 시공이 용이하고 차수성이 좋음

⑤ 유속이 크고 파랑이 있는 장소 적용

⑥ 강관을 사용하므로 공사비가 비쌈

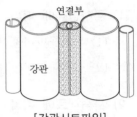

[강관시트파일]

(2) 원형셀식(서해대교 주탑기초, 2002년 2월, 시공기간 1년)

① 원형셀(ϕ24.83m, H=25m)과 아크셀(ϕ3.79m)로 구성하여 16기를 연결한 가물막이

② 1개의 원형셀은 156개의 시트파일로 제작 → 해상크레인 1,800ton으로 거치

③ 원형셀 내부는 모래 속채움 실시

(3) 강각케이슨식(규모 47m×18m×26.5m, 1,600톤, 영종대교 교각기초, 1998년 2월)

① 트러스형태의 사각Box로 제작하고 외부에 강판을 부착하여 차수성 확보

② 암반이 초기에 노출되어 강관시트파일의 근입장 확보가 어려운 교각에 적용

　→ 거치 후 하부 차수콘크리트 타설

③ 적용수심 : 약 5~20m 정도

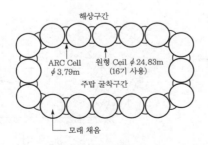

[서해대교 원형셀식 가물막이]

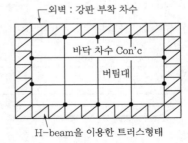

[영종대교 강각케이슨식 가물막이]

6 최종 물막이공법

1 개요

(1) 항만매립공사 및 간척사업 시에는 방조제공사를 시행하게 된다.

(2) 방조제의 최종 물막이공사는 조류의 유속이 매우 빠르므로 안전한 공법으로 시행되어야 한다.

(3) 최종 물막이계획 시에는 방조제의 위치, 기상, 해상, 지형, 지질, 토질, 수리조건 등을 감안하고 끝막이용 축조재료의 생산과 운반을 고려하여 공법을 계획하여야 한다.

2 최종 물막이공법의 분류

1) 공사방식에 따라

(1) **완속물막이공법** : 점고식, 점축식, 병용식(시화방조제)

(2) **급속물막이공법** : 케이슨식, 폐선식(서산방조제)

2) 사용재료에 따라

(1) 사석재공법   (2) 간이공법

(3) 돌망태공법   (4) 콘크리트블록공법

(5) 대형 철망에 사석재 채우기 공법   (6) 강철판 이용 공법

3 완속물막이공법의 특징 및 유의사항

1) 점고식

(1) 일부 또는 전구간의 기초에 수평으로 쌓아가는 공법

(2) 유속이 점축식보다 작아 축조재료의 크기를 줄일 수 있음

2) 점축식

(1) 축제선의 양안에서 쌓아가는 공법

(2) 유속이 커지므로 지반유실이 심함

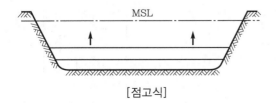
[점고식]

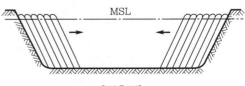
[점축식]

3) 병용식(점고식 + 점축식)

(1) 완전 월류 시까지는 점고식, 그 이후는 점축식으로 시공하는 공법

(2) 대규모 방조제 물막이에 적합한 방식

(3) 육·해상장비의 활용도가 큼

(4) 우리나라의 방조제 대부분이 이 방식으로 시공

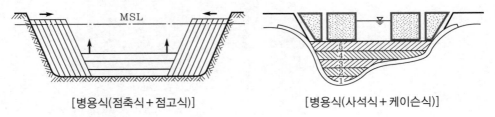

[병용식(점축식 + 점고식)]   [병용식(사석식 + 케이슨식)]

4 급속물막이공법의 특징 및 유의사항

1) 케이슨식(문비케이슨)

(1) 케이슨을 이용하여 단시간에 막는 공법

(2) **문비케이슨** : 문비를 설치한 케이슨을 이용하여 막는 공법

2) 폐선식(VLCC방식, 서산방조제)

(1) 서산방조제에 유조선 폐선박을 이용한 공법으로 정주영공법이라고도 함

(2) **시공방법**

① 최종 물막이구간에 대형 폐유조선을 침수시켜 조류를 차단

② 하부는 돌망태로 고정하고, 상부는 바지선으로 고정

③ 최종 물막이구간을 축조재료로 성토

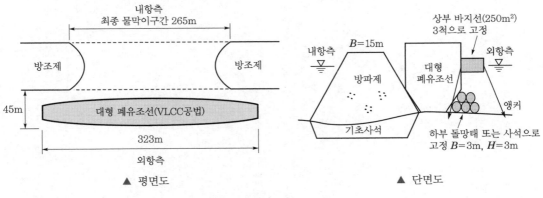

▲ 평면도   ▲ 단면도

[폐선식 공법]

MEMO

CHAPTER
08

기초

기초(1)

종류 → ### 시공관리 →

얕은 기초

1. 확대기초(Footing)
   - 독립기초(기둥 1개), 복합기초(기둥 2개)
   - 연속기초(옹벽), 캔틸레버기초(L형 옹벽)
2. 전면기초(Mat기초)
   - 전면기초(케이슨, 정수장기초)

깊은 기초

1. 기성말뚝
   - 타입(타격) : 타격, 진동
   - 매입(굴착)
     - 선굴착(SIP, SDA)
     - 중공굴착(PRD)
     - 압입(회전압입), 사수(물분사)
     ※ 하이브리드파일(강관+PHC)
   - 기능에 따라
     - 개단과 폐단말뚝
     - 마찰과 지지말뚝
     - 단항과 군항말뚝
2. 현장 타설말뚝
   - 대구경(굴착) 【심벌(B, E, R)】
     - 심초공법 : 인력 → 기계굴착
     - Benoto(All Casiong)
     - Earth Drill
     - RCD
   - 소구경(치환)
     - CIP, PIP, MIP
3. 케이슨기초
   - 오픈케이슨
   - 뉴매틱케이슨(공기, 잠함)
   - 박스케이슨(항만방파제, 안벽)

특수기초

1. 보상기초
2. 재킷기초
3. 석션파일
4. 파일레프트

얕은 기초파괴

1. 관입전단파괴
2. 국부전단파괴
3. 전반전단파괴
※ 부력과 양압력

기성말뚝 시공관리

1. 시험항타 실시
2. 파일쿠션 및 파일캡관리
3. 항타순서 준수
4. 말뚝이음 : 밴드이음, 용접이음
5. 타격관리 : 편심주의
6. 최종 관입량관리 : 리바운드 체크
7. 안전관리

현장 타설 말뚝관리

1. 공사준비
2. 장비 선정 및 조립
3. 굴착공사 : 안정액관리, 일수현상, 공벽붕괴, 수직도관리
3. 슬라임 제거 : Desanding 실시
4. 철근망 삽입 : 공상주의
5. 수중콘크리트 타설 : 트레미
6. 마무리(Capping)
7. 지지력 및 건전도시험

말뚝 발생현상

1. 부마찰력
2. Time Effect(경시효과) : 타입말뚝
3. 하중전이효과(Lode Transfer)
4. 주동말뚝과 수동말뚝

※ 기타
   - 사항
   - 희생강관
   - 파일벤트 : 단일말뚝
   - 기초이음방법 : A방법, B방법
   - 마이크로파일, 선단 확대말뚝

기초(2)

지지력 산정 → 케이슨

지지력 산정

허용지지력

1. 말뚝 지지력의 종류와 작용하중
   - 수평지지력 : 지진, 측방유동, 편토압, 파랑, 파압
   - 연직지지
     - 압축 : 상재하중
     - 인발 : 부력, 양압력
   - 회전모멘트 : 편하중, 편토압
2. 허용지지력 산정공식
   - 허용지지력 : $p_a = \dfrac{q_u(극한지지력)}{3(안전율)}$
   - 허용지지력 : $p_a = \dfrac{q_u(항복지지력)}{2(안전율)}$

지지력 산정

1. 설계 시
   - 정역학적 공식(지반 실내시험결과)
     → Meyerhof, Terzaghi공식
   - 원위치시험으로 추정
     - SPT(표준관입시험) : N값
     - CPT(콘관입시험) : 콘관입저항치(q_c)
     - PMT(공내재하시험) : 수압
     - DMT(수평재하시험) : 수평지력
2. 현장 시공 시
   - 시항타(시험항타) : 시공 전
     - 드롭해머 → Rebond Check(관입량)
       → 동역학적 공식(Sand, Hiley공식)
   - 재하시험 : 시공 후
     - 동재하시험 : PDA방법
     - 정재하시험 : 사하중, 반력말뚝공법, 반력앵커공법
     - 정동재하시험 : 서해대교 적용
     - SPLT(간편재하시험)
     - 양방향재하시험(O-cell) : 현타말뚝
     - 수평재하시험 : 인접 말뚝의 반력 이용

케이슨

거치방법

1. 육상거치 : 육상에 우물통 시공(현타)
2. 수중거치
   - 예항법 : 수심 5m 이상
   - 축도법 : 수심 5m 이하
   - 비계법 : 수심이 작은 곳
   - 강재우물통 : 전체 거치 후 내부 굴착

침하촉진공법

1. 침하조건

하중(W)	>	저항력(Q)
=케이슨하중(W_1)		=선단저항(P)
+재하중(W_2)		+주면마찰력(F)
		+부력(B), 양압력(U)

2. 침하촉진공법
   - 하중 증가
     - 재하중(콘크리트블록)
     - 물하중(케이슨 내부 물채움)
   - 저항력 저하
     - 선단저항 저하 : 발파관리, 사수(워터Jet 이용)
   - 주면마찰 저하
     - 송기식(공기주입), 송수식(물주입)
     - 마찰력 저하(도막식, sheet식 도포)
     - 마찰 끊기 : $t = 50 \sim 100mm$
   - 부력, 양압력 저하 : 지하수위저하공법

시공관리

1. 기계설비
   - 조정관리실
   - 굴착 및 운반설비
   - 감압설비(잠함병) 및 송기설비
   - 안전설비 : 통신, 응급조치, 계측
2. 시공관리
   - 케이슨거치, 침하촉진공법
   - 굴착 및 침설 : 편기관리, 발파관리
   - 콘크리트 타설관리 : 저판콘크리트

08 기초

(종류＋특성＋기성＋현타＋지지력＋재하시험＋케이슨)

1 기초 일반

1 기초의 기능 및 역할

(1) 상부구조물의 하중을 지반깊이 전달

(2) 구조물의 하중을 침식이나 세굴로부터 안전하게 지반깊이 전달

(3) 토압, 수압, 파압, 빙압, 선박 충격력 등 수평력 지지기능

(4) 굴착면의 보호

(5) 양압력의 인장력에 저항

2 기초의 구비조건

(1) 상부하중을 안전하게 지지할 것

(2) 지지력이 충분하고 침하가 없을 것

(3) 지진, 홍수, 파랑 등 환경조건에 안전할 것

(4) 세굴 및 동상을 방지하기 위해 최소 근입심도를 가질 것

(5) 경제적인 설계와 안전한 시공이 가능할 것

3 기초의 종류와 지지층

구분	직접기초	깊은 기초	
		말뚝기초	케이슨기초
개념도	P(하중) 접지압 (토사)	P(하중) 주면 마찰력 선단지지력 (토사, 암반)	P(하중) 해저 지지층 (암반)

2 │ 기초의 종류

1 얕은 기초

1) 확대기초(Footing)

독립기초(기둥 1개), 복합기초(기둥 2개), 연속기초(옹벽), 캔틸레버기초(L형 옹벽)

2) 전면기초(Mat기초)

전면기초(케이슨기초, 정수장기초, Box기초, 건축물기초)

2 깊은 기초

1) 기성말뚝

(1) **시공법에 따라**

① 타입(타격) : 타격(드롭해머, 증기해머, 디젤해머, 유압해머), 진동
② 매입(굴착) : 선굴착(SIP, SDA), 중공굴착(PRD), 사수(물분사), 압입(회전압입)

(2) **기능에 따라** : 개단 · 폐단말뚝, 마찰 · 지지말뚝, 단항 · 군항말뚝

2) 현장 타설말뚝

(1) **대구경(굴착)** `심벌(B, E, R)`

① 심초공법 : 인력 → 기계굴착 발전, 흙막이 설치
② Benoto(All Casiong)
③ Earth Drill
④ RCD

(2) **소구경(치환)** : CIP, PIP, MIP

3) 케이슨기초

(1) 오픈케이슨   (2) 뉴매틱케이슨(공기, 잠함)

(3) 박스케이슨(항만방파제, 안벽)

3 특수기초

(1) 보상기초   (2) Jacket기초

(3) Suction Pile   (4) Pile Raft(=말뚝+전면기초)

3 얕은 기초

1 종류

1) 확대기초(Footing)

독립기초(기둥 1개), 복합기초(기둥 2개), 연속기초(옹벽), 캔틸레버기초(L형 옹벽)

2) 전면기초(Mat기초)

전면기초(케이슨기초, 정수장기초, Box기초, 건축물기초)

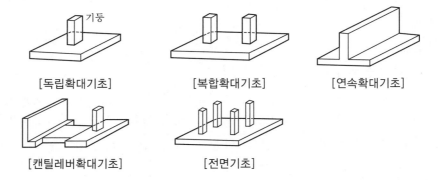

[독립확대기초]　　　　[복합확대기초]　　　　[연속확대기초]

[캔틸레버확대기초]　　　　[전면기초]

2 얕은 기초와 깊은 기초의 차이점

구분	얕은 기초(직접)	깊은 기초(말뚝)
정의	• $\dfrac{D(깊이)}{B(폭)} \geq 1$ 또는 $D=4\text{m}$ 이하	• $\dfrac{D(깊이)}{B(폭)} \leq 1$ 또는 깊이 $D=4\text{m}$ 이상
종류	• 확대, 전면기초	• 말뚝, 케이슨
하중전달	• 기초가 직접전달	• 말뚝기초로 간접전달
특징	• 시공 시 지지층 확인 • 하천 인접 지역 차수대책 필요	• 항타 시공 시 소음, 진동 발생 • 굴착토공량 감소
적용	• 지반 양호 • 지지층 심도 6m 이하인 경우	• 지반불량 • 지지층 심도 6m 이상인 경우

3 기초침하의 종류

1) 점성토의 침하

침하량 $S_t = S_1(즉시\ 침하량) + S_2(1차\ 압밀침하량) + S_3(2차\ 잔류침하량)$

(1) **즉시 침하량(S_1)** : 즉시(탄성) 침하량은 미미하여 고려하지 않음

(2) **1차 압밀침하량(S_2)** : 하중에 의한 압밀침하 발생

(3) **2차 잔류침하량(S_3)** : 하중 없이도 흙입자의 재배열에 따라 잔류침하 발생

2) 사질토의 침하

$$침하량 \ S_t = S_1 (즉시 \ 침하량)$$

(1) 사질토에서 공극이 감소하여 즉시 침하(S_1) 발생

(2) 사질토에서는 압밀 및 잔류침하 없음($S_2 = 0$, $S_3 = 0$)

3) 기초침하원인

(1) **지반적인 측면**

    ① 연약지반 위에 구조물 시공 시   ② 경사진 암반에 시공한 경우

(2) **설계, 시공측면**

    ① 종류가 다른 복합기초   ② 인접하여 터파기 및 성토 시
    ③ 지하수위의 저하(Pumping)

(3) **유지관리측면**

    ① 구조물의 개축 및 증축 불량   ② 지진 발생 시

4) 기초침하대책

(1) 지반조사 철저

(2) 지반조건과 현장 조건에 맞는 공법 선정

(3) **연약지반개량 실시** : 그라우팅(주입공법), 치환공법, SCP

(4) 말뚝기초 적용

(5) 구조물 인접 공사 시 강성 및 차수흙막이 벽 설치

4 기초의 파괴

1) 기초의 전단파괴

구분	관입전단파괴	국부전단파괴	전반전단파괴
파괴형태	관입형태 파괴 (액상화형태)	지표면으로 부분적 진행 파괴(융기)	급작스런 파괴 지표면까지 전반적 파괴(융기)
기초폭	좁은 경우	넓은 경우	넓은 경우
지반	연약한 지반	보통지반	단단한 지반
상대밀도(D_r)	40% 이하 (액상화 가능)	40~67%	67% 이상

2) 기초파괴대책

   (1) 지반조사 철저

   (2) 지반조건과 현장 조건에 맞는 공법 선정

   (3) **연약지반개량 실시** : 그라우팅(주입공법), 치환공법, 프리로딩, SCP

   (4) 말뚝기초 적용

   (5) 구조물 인접 공사 시 강성 및 차수흙막이 벽 설치 → 지하수흐름 파악 및 계측관리

5 부력과 양압력

1) 부력과 양압력의 차이점

구분	부력(B)	양압력(U)
개념	물에 잠긴 체적으로 물의 비중보다 작을 때 부상하려는 힘	물의 수두차에 의한 상향압력
수두차	수두차 없음	수두차 있음
수압	정수압	침투수압
수압분포	전체 균등수압	위치에 따라 수압이 다름
해석 및 관계식	해석 간단, 정수압계산	해석 복잡, 유선망 및 침투해석 실시
적용	기초, 정수장, 케이슨	댐, 제방, 강우 시 구조물
관계식	$B = V r_w\,[\text{t}]$ 여기서, V : 체적(m^3) r_w : 물의 단위중량(t/m^3)	$U = \dfrac{1}{2} A r_w \Delta h\,[\text{t}]$ 여기서, A : 면적(m^2), Δh : 수두차평균(m)

2) 부력의 영향(피해)

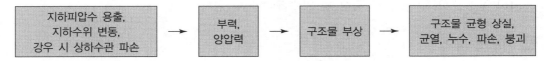

3) 부력대책

   (1) 하중의 증대

     사하중(부력 1.25배 재하), 기초하부에 공간을 설치하여 골재, 물 채우기

   (2) 영구배수 및 차단

     기초하부에 배수층 및 배수공 설치, 강제배수공법

   (3) 부력방지시설

     부력 방지 앵커(록앵커, 록볼트), 브래킷(매립토하중), 마찰말뚝 설치

4 기성말뚝

1 종류

1) 시공법에 따라

    (1) **타입공법** : 타격식, 진동식

    (2) **매입공법** : 선굴착(SIP, SDA), 중공굴착(PRD), 사수(물분사), 압입(회전압입)

2) 기능에 따라

    (1) 개단과 폐단말뚝

    (2) 마찰과 지지말뚝

    (3) 단항과 군항말뚝(무리말뚝)

2 타입공법과 매입공법의 특징

구분	타입공법	매입공법
원리	• 기성말뚝 직접 항타 관입	• 기성말뚝 굴착 후 매입
시공순서	• 말뚝 세우기 → 항타 → 관입	• 굴착 → 모르타르 주입 → 말뚝 매입 → 경타
장점	• 지지력이 확실 • 시공속도 빠름 • 공사비 저렴	• 소음, 진동이 적음 • 대구경 말뚝도 시공 가능 • 인접 영향이 적음
단점	• 소음, 진동 발생 → 건설공해 • 15m 이상 이음 필요 • 직경 증가 → 중량 大 → 취급 불편	• 배토처리가 필요 • 지반을 교란 → 지지력 저하 • 공사비 고가
품질관리	• 간단, 양호	• 복잡, 시공관리 곤란
적용성	• 외곽지, 민원 없는 장소	• 도심지, 구조물 및 특수시설 주변

3 타입공법(항타장비의 종류, 해머의 종류)

1) 개요

항타장비의 해머를 이용하여 말뚝을 지지층에 관입하는공법

2) 타격식 공법의 종류 및 발전

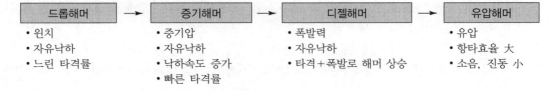

드롭해머	→	증기해머	→	디젤해머	→	유압해머
• 윈치 • 자유낙하 • 느린 타격률		• 증기압 • 자유낙하 • 낙하속도 증가 • 빠른 타격률		• 폭발력 • 자유낙하 • 타격+폭발로 해머 상승		• 유압 • 항타효율 大 • 소음, 진동 小

3) 디젤해머와 유압해머의 특징

구분	디젤해머	유압해머
적용토질	• 경질지반에서 유리 • 연약한 점토층은 타입능률이 떨어짐	• 토질의 영향을 별로 받지 않음 • 지반이 견고하거나 연약함에 관계없이 능률적으로 시공
장단점	• 타격력이 크고 시공능률이 좋음 • 소음, 진동 → 민원 발생 • 항타 시 실린더 윤활유 비산으로 환경공해 • 전석층, 호박돌층이 있는 지반에서는 말뚝의 파손 우려	• 모든 토질에 적용 가능 • 낙하고를 조절하여 타격에너지 조정 용이 • 상대적으로 유연 • 소음 및 진동 적음

4) 진동식 공법(바이브로해머)

(1) Vibro Hammer로 진동을 주어 말뚝을 지중에 관입시키는 공법

(2) 연약지반에서 관입속도가 빠르고 관입과 인발이 용이

(3) 소음은 작지만 진동이 크고 견고한 층, 자갈층, 암반에 관입이 곤란

5) 시공 시 유의사항

(1) **항타장비 선정 및 조립**

① 항타기는 말뚝의 형상, 치수, 길이, 해머의 종류 및 무게, 소음, 진동 등을 고려하여 선정

② 리더길이＝(말뚝길이＋해머길이)×1.2배

(2) **보조말뚝 사용**

① 굴착 시에 장비 진입이 곤란한 경우 → 협소한 장소, 흙막이 가시설인 경우

② 연약지반인 경우 장비 진입이 곤란하여 성토를 하는 경우

(3) **파일쿠션 및 파일캡**

① 기능 : 항타 시 에너지을 말뚝에 고루 분산시키고 말뚝두부를 보호

② 파일쿠션재의 문제점

㉠ 내경이 과다하면 → 편타 유발, 에너지 전달 불규칙, 리바운드로 항타효율 저하

㉡ 내경이 과소하면 → 파일쿠션재 파손, 말뚝두부 손상, 소음·진동 증가

③ 관리사항

㉠ 합판 또는 목재 등 두께 100mm 사용 → 관행적으로 현장에서 쉽게 구하는 재료를 사용하고 있는 실정임

㉡ 검정된 항타 전용 쿠션제품 사용

④ 말뚝캡 : 항타 시 말뚝두부를 보호하고 쿠션재를 설치(파일외경보다 +15mm 크게)

(4) **시험항타**

① 착공 시 설계말뚝공법의 적정성과 지지력 확인을 위해 실시

② 항타장비의 해머중량과 낙하고의 결정

(5) 항타순서

① 평지 : 중앙에서 → 주변

② 해안 : 육상에서 → 해상측

③ 경사 : 높은 곳에서 → 낮은 곳

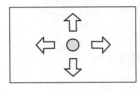

- 중앙부 → 주변부
  – 주변 다짐효과 최소화

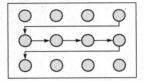

- 일정한 한쪽방향으로 항타
  – 장비이동곡선 및 작업용이성 고려

[파일박기순서]

(6) 말뚝이음

① 강관말뚝 : 용접이음

② 콘크리트말뚝

   ㉠ 공장 제작 시 이음 부분 미리 설치 → 밴드이음, 용접이음, 볼트이음

   ㉡ 충전식 이음 → 콘크리트 타설

(7) 말뚝의 보관 및 운반

① 2단 이하 적재, 구름 방지용 쐐기 설치

② 지게차 운반 시 휘어짐에 유의

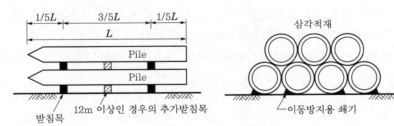

[말뚝의 적재 및 보관방법]

(8) 타격관리

① 말뚝 세우기 : 위치 4D 또는 10cm 이내, 연직도 1/100 이내 → 광파기 및 트랜싯 측정

② 항타 중 리더의 움직임이 없도록 함

④ 항타가 시작되면 연속적으로 실시

⑤ 항타 시 인접 말뚝 솟아오름 발생 시 → 재항타하여 원지반 이하까지 항타

⑥ 항타 시 말뚝파괴 시 인접 위치에 추가 보강항타 실시

(9) 최종 관입량관리

리바운드를 체크하여 관입량이 타격당 1~2mm 이하인 경우 타격 종료하고 지지력 확인

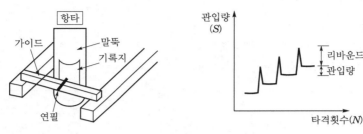

[항타시험(관입량 check)]

(10) 지지력 확인

① 동적지지력시험 : PDA분석기 이용
② 동적지지력공식 : Hiley공식, Sand공식 이용
③ 설계지지력을 비교하여 판정

(11) 안전관리

① 장비 전도관리 → 철판 보강, 지반골재 포설 및 평탄성 확보
② 작업장 간 이동 시 반드시 해체 후 이동하여 재조립 실시

(12) 환경관리 : 소음, 진동(가설방음벽), 계측관리 → 특정공사 사전신고 실시(구청)

6) 항타공법의 문제점 및 대처방안

(1) 말뚝의 손상

① 강재말뚝 : 압축력에 의한 좌굴, 지중장애물에 의한 말뚝두부의 손상
② 콘크리트말뚝 : 과잉항타에 의한 말뚝두부의 손상 발생
③ 대처방안 : 적정 해머 및 불량쿠션재 사용금지, 편타 방지 항타 실시

(2) 소음 및 진동

① 인접 구조물의 균열 및 파손, 침하와 민원 발생
② 방음커버를 사용하거나 유압해머를 이용하여 저감

(3) 최종 관입깊이 부족 : 불충분한 지반조사, 지중장애물 등 영향

(4) 말뚝의 편심 및 경사의 영향 : 시공관리 불량

(5) 인접 지반 및 구조물의 변위

① 말뚝관입으로 흙이 측방으로 이동하여 지반변위 발생
② 느슨한 사질토는 항타 시 다짐(조밀한 상태)이 되어 관입 부족현상 발생

4 매입공법

1) 굴착방식에 의한 분류 및 특징

구분	선굴착공법	중굴공법 (내부굴착말뚝공법)	회전압입공법
개요	• 오거로 굴착 후 시멘트밀크 주입 후 본체 말뚝을 삽입하고 최종 경타하여 시공하는 공법	• 중굴공법 : 파일 본체를 케이싱역할을 하면서 내부굴착개념(1970년 일본) • 내부굴착말뚝공법 : 말뚝 본체 내부를 굴착하면서 시공하는 공법으로 중굴과 같은 개념임	• PHC파일 선단에 특수드릴슈를 부착하여 회전압입하는 공법으로 특수드릴슈에 고압수를 분사하여 굴착 병행
케이싱	• SIP : 케이싱 없음 • SDA : 케이싱 있음	• 말뚝을 케이싱으로 사용	• 말뚝 본체
시공순서	• 굴착 → 시멘트밀크 주입→ 말뚝 삽입 → 경타 → 케이싱 제거	• 말뚝(케이싱) 내부굴착 → 시멘트밀크 주입 → 최종 경타	• 말뚝 선단 특수드릴슈 부착 → 말뚝을 회전하면서 지반에 압입
특징	• SIP는 공벽 붕괴 우려 • 경타에 의한 소음, 진동	• 별도의 케이싱이 필요 없음 • 말뚝 본체의 손상 가능 • 경타에 의한 소음, 진동	• 굴착 없이 말뚝을 회전압입 시공
주요 공법	SIP, SDA	PRD	회전압입공법

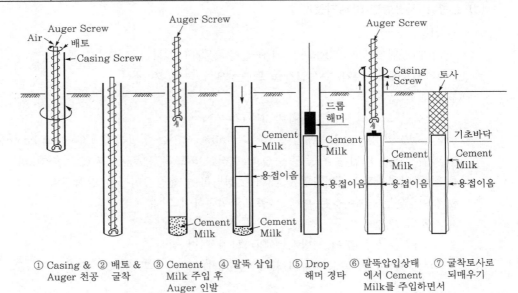

① Casing & Auger 천공
② 배토 & 굴착
③ Cement Milk 주입 후 Auger 인발
④ 말뚝 삽입
⑤ Drop 해머 경타
⑥ 말뚝압입상태에서 Cement Milk를 주입하면서 Casing 인발
⑦ 굴착토사로 되매우기

[SDA공법 시공방법]

2) 시공 시 유의사항

(1) 시공준비

① 줄파기를 실시하여 지하매설물 확인

② 작업장은 평탄하게 다지고 항타기 깔판용 강판 설치

③ 말뚝위치는 광파측량과 레벨측량을 실시 → 꽃띠로 정확하게 표시

④ 천공장비의 리더는 50cm마다 눈금 표시

⑤ 말뚝은 50cm마다 눈금과 100cm마다 말뚝길이 표시

⑥ 드롭해머의 낙하높이를 확인할 수 있도록 리더 하부에 50cm 간격으로 마킹

(2) 시험 시공(시항타)

① 본항타 착수 전에 시항타(시험항타) 실시

② 위치 : 지형이 상이하고 지층변화가 예상되는 곳으로 선정

③ 시항타는 당초 설계된 길이보다 길이가 긴 파일 사용

④ 동재하시험 실시 : 지지력 및 말뚝의 관입성 확인

⑤ 시공관리항목 : 말뚝관입깊이, 시멘트풀배합비, 경타기준, 지지력 여부

⑥ 지층이 불량하여 시공이 어려운 경우 발주처에 보고하여 설계변경요청

(3) 본항타 시공방법(SDA기준)

① 천공

㉠ 천공위치에 AUGER+T4의 중심을 정확히 일치

㉡ AUGER+T4가 수직인가를 트랜싯으로 측정 후 굴진

② 시멘트그라우팅

㉠ 선단 고정액 주입 : 배합비 W/C=70%

㉡ 주변 고정액 주입 : 배합비 W/C=150%, 오거를 인발하면서 Cement Paste를 주입

③ 파일 건입 : 파일은 천공홀 중심과 수직이 되도록 세운 뒤 파일 자중에 의해 삽입

④ 최종 안착항타 : 관입파일을 해머로 경타하여 천공깊이까지 안착시킴

⑤ 케이싱인발 : 케이싱은 이중오거로 역회전하여 인발

⑥ 지지력 확인

㉠ 시험은 2주 후에 시방서에 의거하여 시험 실시

㉡ 정재하시험 및 동재하시험(PDA분석기)을 실시 후 지지력 확인

(4) 안전관리

① 장비의 전도관리 : 철판 사용, 경사진 장소 운행금지, 해머는 최대한 낮게 하여 이동

② 오거스크루 커버 설치 : 스크루 토사 낙하 및 비산 방지 → 덮개 설치

(5) 환경관리

① 시멘트페이스트에 의한 토양 및 지하수오염 유의

② 소음, 진동에 의한 가설방음벽 설치 → 계측관리

5 배토말뚝과 비배토말뚝

1) 토질공학적 분류

구분	배토말뚝 (displacement pile)	비배토말뚝 (nondisplacement pile)
원리	말뚝을 타입에 의해 시공 → 말뚝체적만큼 측방으로 밀림	말뚝을 굴착에 의해 시공 → 인접 지반이 굴착부로 밀림
토립자 이동방향	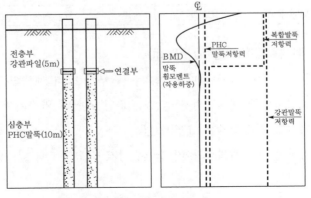	
인접 지반영향	인접 지반영향(히빙, 측방유동, 융기)	인접 지반영향 적음
특징	• 기성말뚝타입 시공 • 말뚝 주변 교란영역 큼 • 지지력 큼	• 굴착 후 매입, 현타 시공 • 말뚝 주변 교란이 적음 • 공벽 붕괴 유발 • 지지력 작음
대상공법	강관폐단말뚝, PHC말뚝, RC말뚝, PSC말뚝	내부굴착말뚝공법, SIP공법, RCD공법, 베노토공법

2) 시공법상 분류

(1) **배토말뚝** : 지반을 굴착하여 시공하는 말뚝

(2) **비배토말뚝** : 말뚝을 타입하여 시공하는 말뚝

※ 토질공학적 분류의 반대개념

6 하이브리드파일(복합말뚝)

1) 말뚝에 작용하중 메커니즘

[복합말뚝 휨모멘트 저항력도]

(1) **상부측(5m)** : 휨모멘트 발생 → 강관파일

(2) **하부측(10m)** : 압축력 발생 → PHC파일

2) 연결방법

(1) 결합구 이용

(2) 볼트연결

(3) 용접연결

7 개단말뚝과 폐단말뚝

1) 개요

(1) **개단말뚝** : 타입 시 선단부가 폐색이 발생되고 지지력 증가

(2) **폐단말뚝** : 제작 시 선단부가 완전 폐단된 말뚝

2) 개단말뚝과 폐단말뚝의 차이점

구분	개단말뚝	폐단말뚝
개념	선단부 개방말뚝	선단부 폐색말뚝
종류	H-Pile, 강관말뚝	PHC말뚝, PC말뚝, 선단 폐색 강관말뚝
장점	• 타입이 쉬움 • 주면마찰력이 큼 • 소음, 진동이 적음 • 인접 구조물에 영향이 적음	• 선단지지력이 큼 • 주면마찰력은 보통
단점	• 선단지지력이 작음	• 항타 시 두부 손상이 쉬움 • 항타 시 리바운드가 많음 • 소음, 진동이 큼 • 인접 구조물에 영향이 큼
폐색효과	토질에 따라 폐색 정도 반영(0~100%)	완전 폐색(100%)

3) 개단말뚝의 폐색효과(Plugging Effect)

(1) 개단말뚝을 지반에 타입할 때 말뚝의 선단부가 막혀 폐색되는 효과를 발생시키는 것

(2) 단단한 토질일수록 폐색효과가 큼($N \geq 30$인 지반의 완전폐색 설계에 반영)

(3) 파일이 가늘고 길수록 폐색효과가 큼

(4) 대구경 강관파일은 폐색효과 미고려(길이가 직경의 5배 이하인 경우)

4) 현장 개단말뚝의 폐색효과 발생 시 현상

(1) 부정측면

① 해머의 리바운드 증가 → 항타효율 저하
② 말뚝의 손상 발생
③ 인접 지반 히빙 및 기시공말뚝 솟음 발생
④ 소음, 진동 증가

(2) 긍정측면

① 폐색 정도가 클수록 선단지지력 증가
② 기초근입심도 감소

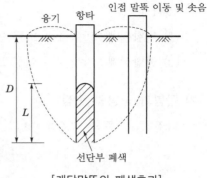

[개단말뚝의 폐색효과]

8 마찰말뚝과 지지말뚝

(1) 말뚝지지력

$$말뚝지지력(Q_{ult}) = 선단지지력(Q_p) + 주면마찰력(Q_f)$$

※ 각 말뚝의 합계지지력으로 판단

(2) 마찰말뚝 : 주면마찰력이 큰 경우(선단지지력(Q_p) < 주면마찰력(Q_f))

① 연약지반이 깊은 경우 주면마찰력이 하중을 지지할 수 있는 경우
② 선단지지력은 거의 없음
③ 부마찰력 발생 가능

(3) 지지말뚝 : 선단지지력이 큰 경우(선단지지력(Q_p) > 주면마찰력(Q_f))

① 주면마찰력으로 하중을 지지하기 부족한 경우 선단지지로 설계
② 선단부를 지지층(경질지반, 암반)에 도달하여 지지
③ 부마찰력 발생 없음

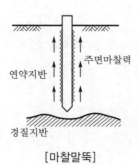

[마찰말뚝]

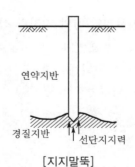

[지지말뚝]

9 단항과 군항(무리말뚝)

1) 정의

(1) **단항설계** : 말뚝 1개 또는 인접 말뚝의 응력이 간섭이 없는 경우

(2) **군항설계** : 말뚝 2개 이상 또는 인접 말뚝의 응력이 간섭되는 경우

2) 단항과 군항의 판정

말뚝 최소 중심간격(S) 판별식

$$\text{말뚝응력범위 } D = 1.5\sqrt{rl}$$

여기서, r : 말뚝반경, l : 말뚝길이

① $S > D$: 단항설계

② $S < D$: 군항설계

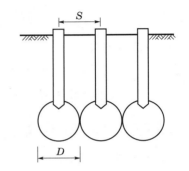

3) 단항과 군항의 차이점

구분	단항(외말뚝)	군항(무리말뚝)
지중응력	별개로 작용	중첩되어 무리로 작용
응력범위	작고 얕음	크고 깊음
특징	말뚝 선단 하부의 지반이 불량한 경우 지지력에 미반영 → 침하 발생	말뚝 선단 하부의 지반이 불량한 경우에도 지지력에 산정 → 침하 없음
지지력 산정	단항지지력합계	가상케이슨기초를 가정하여 지지력 산정

4) 말뚝의 지지력 산정

(1) **단항의 지지력 산정**

① 말뚝 1개의 지지력 = 선단지지력 + 주면마찰력

② 전체 지지력 = 말뚝 1개 지지력 × 말뚝개수

(2) **군항(무리말뚝)의 지지력 산정**

① 무리말뚝효과 : 각 말뚝의 응력이 중첩되어 효율(지지력)이 감소되는 것으로, 설계 시 이를 고려해야 함

② 무리말뚝효과(군효율)

$$\text{군효율 } \eta = \frac{Q_{ug}(\text{군항의 지지력})}{Q_{us}(\text{단항의 지지력합})}$$

③ 무리말뚝효과 고려방법

㉠ 암반층에 타입된 선단지지말뚝 : 무리말뚝효과를 고려하지 않음(단항설계)

㉡ 느슨 모래에 타입된 마찰말뚝 : 느슨한 모래는 진동에 의한 다짐효과로 지지력 증가로 상쇄되어 고려하지 않음(단항설계)

ⓒ 점성토에 타입된 마찰말뚝 : 무리말뚝효과를 고려함 → 가상케이슨 해석

④ 군항의 지지력 산정

ⓐ 단항의 지지력합과 가상케이슨의 지지력값 중 작은 값을 적용

ⓑ 말뚝 전체를 하나의 가상케이슨기초로 가정하여 해석 실시 → 깊은 응력범위가 발생되어 하부연약층까지 고려하여 지지력 산정

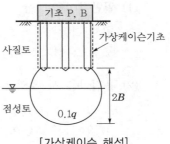

[가상케이슨 해석]

5) 기초말뚝의 최소 중심간격

(1) 말뚝 중심과 말뚝 중심 사이의 간격(S_1)

① 말뚝직경의 $2.5d$ 이상

② 최소한 80cm 이상

(2) 기초측면과 말뚝 중심의 간격(S_2) : 최소 $1.25d$ 이상

10 말뚝이음

1) 개요

기성말뚝은 운반 및 항타관계로 15m 이하로 제작하기 때문에 15m 이상의 말뚝일 경우 현장이음해서 사용한다.

2) 말뚝이음공법의 종류

(1) 기성말뚝

① 콘크리트말뚝 : 밴드식(장부식), 볼트식, 충전식, 용접식 **밴, 볼, 충, 용**

② 강재말뚝 : 용접식

(2) 현장 타설말뚝 : 철근이음

(3) 합성말뚝(하이브리드말뚝) : 결합구 이용(볼트이음)

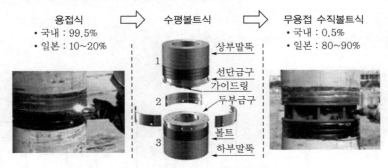

[말뚝이음공법의 발전]

3) 이음 시공 시 유의사항

(1) 일반적 유의사항

① 강관말뚝두부의 1m 이내 이음금지
② 이음에 사용하는 강관말뚝은 최소 3m 이상일 것

(2) 용접이음 시 유의사항

① 용접 후 자연냉각을 기본으로 한다.
② 용접 시 파일의 수직도 체크를 한다.

11 기초부 말뚝의 두부보강방법과 확대기초의 결합방법

1) 기초부 말뚝의 두부보강방법

(1) **합성형** : 강관 속채움 콘크리트 타설 후 두부에 수직보강철근용접
(2) **볼트식** : 강관두부에 +형 보강판 설치 후 덮개 설치
(3) **속채움 콘크리트** : 하부는 토사 채움, 상부는 보강철근 삽입 후 콘크리트 타설

2) 말뚝과 확대기초결합방법

구분	A방법(말뚝길이여유 O)	B방법(말뚝길이여유 X)
말뚝매입길이	기초에 1D 이상 매입	기초에 10cm 매입
하중저항	작용하중 → 확대기초와 말뚝 일체	작용하중 → 두부 보강부(RC기둥)와 확대기초 → 말뚝

12 말뚝 파손

1) 말뚝 파손의 분류

(1) **말뚝의 파손** : 설계오류, 재료불량, 시공불량 및 지반조건에 의한 말뚝 파손 발생
(2) **지반의 파손** : 측방유동 및 부마찰력(이음부 이탈), 원호파괴, 기타 외력으로 말뚝 파손 발생

☞ 문제가 요구하는 조건에 따라 넓게 서술할 것

2) 콘크리트말뚝

(1) 파손형태

[횡방향균열] [종방향균열] [전단파괴] [두부파괴] [선단부파손] [말뚝 부러짐] [이음부파괴]

(2) 파손원인 및 대책

① 재료측면

㉠ 말뚝강도의 부족 → 현장 반입 시 말뚝강도 확인

㉡ 말뚝두께의 결함 → 현장 반입 시 말뚝두께 확인

② 지반측면 : 지반 내에 전석층 및 지지층 경사 → 작업 전 시추조사 지층 확인 및 매입공법 변경

③ 시공측면

㉠ 해머의 용량 과다 → 적정 해머의 용량 선택

㉡ 과잉항타 → 타격에너지 및 낙하고 조정

㉢ 편타에 의한 파손 → 수직도 유지 및 축선 일치(중심선)

㉣ 쿠션재의 보강 부족 → 적정 항타 후 쿠션재 교체(T=50cm)

㉤ 이음불량 → 정밀이음 시공 후 검사 실시

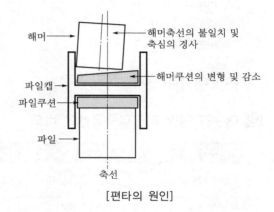

[편타의 원인]

3) 파손 시 보강대책

(1) 손상말뚝 제거하고 재시공

(2) 손상말뚝 옆에 재시공

(3) 기초의 확대

(4) 지반그라우팅 실시

5 현장 타설말뚝

1 종류

1) 대구경(굴착) 심벌(B, E, R)

① 심초공법 : 인력 → 기계굴착 발전, 흙막이 설치

② Benoto(All Casiong)

③ Earth Drill

④ RCD

2) 소구경(치환) : CIP, PIP, MIP

2 대구경 현장 타설말뚝공법의 비교

구분	올 케이싱	어스드릴	RCD
굴착장비	• 해머그래브(토사, 암반) • 케이싱비트(암반)	• 회전버킷	• 해머그래브(케이싱) • 회전비트(안정액)
공벽보호	케이싱(공벽 붕괴 방지 확실)	케이싱+안정액	케이싱+정수압(필요시 안정액)
굴착심도	80m 정도	60m 정도	120m 정도
시공관리	• 철근 공상 • 케이싱 수직도관리 • 장비중량이 크고 대형	• 안정액 비중관리 • 일수현상 • 슬라임 발생	• 지하수보다 2m 이상 수위 유지 → 공벽 붕괴 방지 • 깊은 굴착 피압수 유의
적용지반	모든 지반(얕은 연암 굴착)	토사, 풍화암	모든 지반(깊은 경암 굴착)

3 대구경 현장 타설공법의 특성 및 시공관리

1) 심초공법

(1) 개요

① 기존에는 인력굴착공법에서 최근에는 기계굴착공법으로 발전

② 흙막이 가시설을 하면서 인력이나 장비를 이용하여 굴착하고 콘크리트를 타설하여 말뚝을 시공하는 방식

③ 인력이나 장비로 직접 굴착하므로 소음·진동이 없음

(2) 시공관리

① 말뚝직경 D=1.2~5.0m 정도

② 용수 발생 시 차수공법 실시

③ 인력이나 장비로 굴착하므로 유해가스 및 산소결핍문제 발생 → 환기설비 및 유해가스 계측 실시

④ 지반변형문제 발생 → 흙막이 가시설 강성벽체 설치 및 차수공법 실시

Tip 현장여건에 따라 최근 2가지 이상의 굴착공법을 복합적으로 사용하고 있음
케이싱 사용 시에는 안정액을 사용하지 않고 해머그래브로 굴착

2) 올 케이싱공법(베노토공법)

(1) 전선회식(돗바늘공법)
① 특수장비를 이용하여 케이싱비트(선단 슈)를 360° 회전하면서 외부를 굴착하고 내부는 해머그래브로 굴착
② 토사 및 암반 적용

(2) 요동식
① 케이싱을 오실레이터장비를 이용하여 좌우 15° 회전하면서 삽입하고, 내부는 해머그래브로 굴착
② 토사 적용

(3) 특징
① 프랑스 Benoto사가 개발하여 Benoto공법이라 함
② 케이싱을 사용하므로 공벽 유지가 확실하며 히빙, 퀵샌드현상이 없음
③ 장비규모가 대형으로 소음·진동이 비교적 큼
④ 케이싱 인발 시 철근 공상 발생 가능

3) 어스드릴(Earth Drill)
(1) 회전식 드릴버킷으로 풍화암 정도 굴착 가능
(2) 공벽 붕괴와 깊은 굴착이 어려워 사용을 많이 안함
(3) 공벽 붕괴 방지를 위해 벤토나이트용액을 사용
(4) 비교적 굴착장비가 소형으로 좁은 장소에 작업 가능

4) RCD(Reverse Circulation Drill공법, 역순환공법)
(1) 1954년 독일의 Salz Gitter사에서 개발한 공법
(2) RCD장비를 이용해 정수압(안정액)으로 공벽 보호
(3) 인천대교 사장교 주탑기초에 직경 3,000mm RCD공법 이용
(4) 케이싱을 희생강관으로 활용
(5) 깊은 심도 굴착에 따른 피압수 발생 가능 → 히빙 및 급격한 공벽 붕괴 발생
(6) 장비가 대형이며 넓은 작업장소가 필요함 → 도심지 4차선 이상

> ⚓ **희생강관의 역할**
> ① 공사 중
>   ㉠ 굴착 시 공벽 붕괴 방지 → 말뚝직경 확보 → 말뚝품질 확보
>   ㉡ 굴착속도 증대 → 공기단축
> ② 공용 중
>   ㉠ 말뚝의 수평저항력 증대 → 지진저항성 증대
>   ㉡ 말뚝열화에 보호(염해, 중성화, 화학적 침식) → 내구성 증대

5) RCD 시공순서

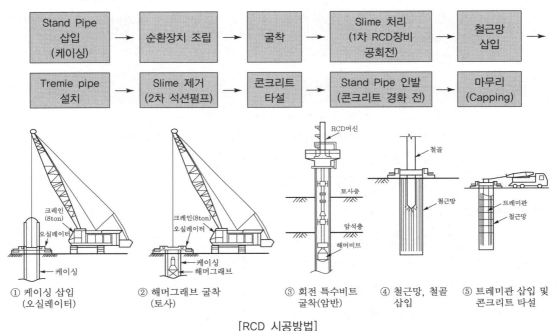

[RCD 시공방법]

4 단계별 시공관리(RCD기준) 장, 굴, 철, 콘, 마

1) 사전조사 및 사전검토

(1) 지층지질조사 실시 및 현장 조건조사(도심지, 해상, 하천)

(2) 현장 지반조건에 따른 장비의 시공계획 수립

2) 장비 반입 및 조립

RCD굴착 전용 장비, 역순환장치(석션펌프, Desanding Plant), 침전조, 저수조, 해머그래브 크레인, 보조크레인

3) 굴착공사

(1) **Stand Pipe(케이싱)** : 지표 붕괴 방지 및 굴착장비 거치

(2) **공벽 유지** : 케이싱, 정수압, 안정액을 선택하여 사용

(3) 케이싱 사용 시 해머그래브로 굴착(토사, 풍화암)

(4) 공내수위는 지하수위보다 2m 이상 유지, 안정액관리(일수현상) 주의

(5) **연직도 검측** : Coden Test 실시 – 초음파 탐상

4) Slime 제거(Desanding)

(1) **1차** : RCD장비 이용 공회전 실시

(2) **2차** : 석션펌프, 에어리프트펌프 이용

(3) **3차** : 공사감독자가 육안으로 직접 확인

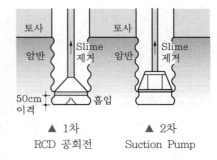

[선단 슬라임 제거]

5) 철근망 삽입

(1) 철근망이음은 커플링 이용

(2) 철근망을 삽입 시에는 크레인에 수평대를 이용하여 처침 방지

(3) 철근망 비틀림 방지를 위해 철근으로 X형태로 결속

(4) 스페이서는 깊이방향으로 3~5m 간격 설치

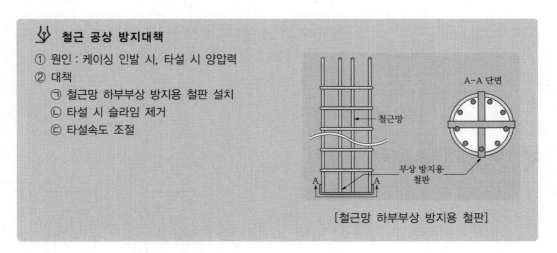

철근 공상 방지대책

① 원인 : 케이싱 인발 시, 타설 시 양압력
② 대책
　㉠ 철근망 하부부상 방지용 철판 설치
　㉡ 타설 시 슬라임 제거
　㉢ 타설속도 조절

[철근망 하부부상 방지용 철판]

6) 콘크리트 타설(수중콘크리트관리)

(1) Tremie Pipe $D=150$mm를 통해 Pump Car를 이용하여 압입 타설

(2) 콘크리트 타설량과 타설높이 체크

(3) **수중콘크리트관리** : 수중불분리성혼화제 사용, 피복 100mm 이상, 슬럼프 180mm

(4) 트레미는 콘크리트 속에 2m 이상 깊게 하여 연속성 있게 타설 → 공내 침전물 유입 방지

(5) 콘크리트 경화 전 케이싱 인발 실시

> **Toe Grouting**
> 콘크리트 타설 완료 후 선단부 지지력 확보를 위해 미리 설치한 강관파이프로 그라우팅 실시

7) 마무리(Capping)

- 말뚝 상부 불량콘크리트 제거 : 콘크리트의 타설 시 레이턴스 및 밀고 올라온 공바닥 침전물이 혼합되어 있음

8) 지지력시험 및 건전도시험

(1) **지지력시험** : 양방향 재하시험 실시

(2) **건전도시험** : 공대공초음파시험, 충격반향법(PDA)

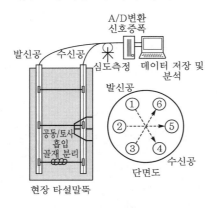

[공대공초음파시험(CSL)]

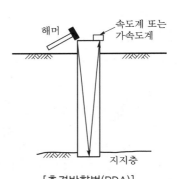

[충격반향법(PDA)]

5 현장 타설말뚝의 문제점 및 대책

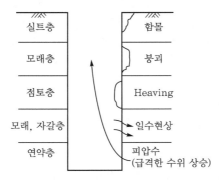

[현타말뚝 굴착 시 문제]

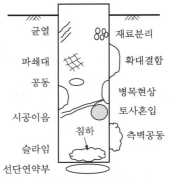

[현타말뚝 결함문제]

1) 굴착

(1) 공벽 붕괴

① 안정액의 성능 저하 : 안정액의 비중관리(비중 1.2)

② 일수현상 : 안정액관리 철저, 모래, 자갈층 사전확인

③ 공내수위 : 지하수보다 2m 이상 유지

(2) 굴착 불가 및 굴착능률 저하

① 지반 내 호박돌이 있는 경우 : 흡수구 철망 설치, 굴착공법 변경

② 경사진 지지층의 경우 : 굴착속도 천천히 굴착 및 굴진각도 확인

(3) 굴착공의 수직도 불량 : 공벽 붕괴관리, Coden Test관리

(4) 슬라임이 많은 경우 : 석션펌프 슬라임 제거 철저

2) 철근망

(1) 철근 공상 : 철근 하부에 부상 방지용 철판 및 철근 설치

(2) 철근망 비틀림 발생 : 조립 후 X형태로 철근으로 고정

3) 콘크리트말뚝

(1) 콘크리트품질 불량 : 석션펌프 이용하여 슬라임처리 철저

(2) 단면형상의 불량 : 안정액관리로 공벽 붕괴 방지

(3) 지지력 부족 : 석션펌프로 슬라임 제거, Toe Grouting 실시, 말뚝품질관리 철저

4) 지하수 저하 및 인접 지반

(1) 주변 지반 이완 및 침하 : 사전조사 및 언더피닝 실시

(2) 우물 고갈, 히빙, 보일링 : 그라우팅 실시

5) 기타

(1) 슬라임의 처리(환경오염) : 재활용방안 모색

(2) 장비진입문제 : 지반 트래피커빌리티 확보

6 소구경 현장 타설말뚝(Prepacked Concrete Pile)

1) CIP(Cast-in-place Pile)

• 시공순서 : 오거 굴착 → 철근망 근입 → 골재 채움 → 모르타르 주입(파이프)

2) PIP(Packed-in-place Pile)

- 시공순서 : 오거 굴착 → 오거 빼면서 모르타르 주입 → 철근망 또는 H-Beam 삽입(골재 없음)

3) MIP(Mixed-in-place Pile)

- 시공순서 : 교반날개의 오거 이용 → 지반에 모르타르를 주입, 교반하면서 굴착하고 빼면서 교반, 혼합하여 구근 형성 → 철근망 또는 H-Beam 삽입(골재 없음)

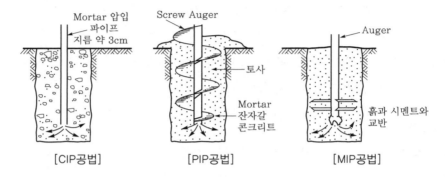

[CIP공법]   [PIP공법]   [MIP공법]

7 파일벤트공법(Pile Bent, 단일 현장 타설말뚝기초)

1) 정의

푸팅 없이 직경 약 2.0~3.5m의 철근콘크리트로 기초와 기둥을 연속 시공하는 공법

2) 적용범위

① 푸팅 시공이 곤란한 경우
② 항타말뚝 시공이 곤란한 경우
③ 세굴이 우려되는 경우

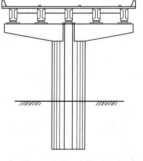

[T형 교각에 적용된 경우]

6 말뚝의 지지력과 재하시험

1 말뚝의 지지력

1) 말뚝지지력의 종류와 작용하중

(1) **수평지지력** : 지진, 측방유동, 편토압, 파랑, 파압

(2) **연직지지력**

① 압축 : 상재하중

② 인발 : 부력, 양압력

(3) **회전모멘트** : 편하중, 편토압 등

2) 허용지지력 산정공식

① 허용지지력 : $p_a = \dfrac{q_u (\text{극한지지력})}{3(\text{안전율})}$

② 허용지지력 : $p_a = \dfrac{q_u (\text{항복지지력})}{2(\text{안전율})}$

※ 극한지지력과 항복지지력은 설계 시에는 정역학공식으로 산정하고, 시공 시에는 재하시험으로 확인

2 지지력 산정방법

1) 설계 시

(1) **정역학적 공식**

① 현장 시추조사로 시료 채취하여 실내역학시험 실시

② 토질정수 C, ϕ, r_t 산정 → Meyerhof, Terzaghi공식으로 산정

(2) **원위치시험결과값을 이용하여 산정**

① SPT(표준관입시험) : N값으로 추정

② CPT(콘관입시험) : 콘관입저항값(q_c)으로 추정

③ PMT(공내재하시험) : 시추공에 팩커로 막은 후 물을 가압하여 지지력 측정

④ DMT(수평재하시험) : 시험기구를 지반에 삽입하여 수평지지력 측정

2) 시공 시

(1) **시항타(관입량 및 Rebond량 Check)-시공 전**

① 드롭해머로 항타하여 말뚝의 관입량과 Rebond량을 Check하여 기록

② 동역학적 공식 적용 : Sand공식(관입량), Hiley공식(리바운드량)으로 지지력 산정

(2) 재하시험-시공 후

① 동재하시험 : PDA방법(가속도계, 변형률계) - 파동방정식

② 정재하시험

㉠ 사하중재하, 반력말뚝공법, 반력앵커공법

㉡ 설계하중 2배 재하, 8단계 재하 → $P-S$곡선 작성하여 극한하중 산정

③ 정동재하시험

㉠ 서해대교 주탑 RCD말뚝 적용

㉡ 말뚝두부에 챔버 설치 후 폭발력 이용 → 광파기로 관입량 측정

④ SPLT(간편재하시험)

㉠ 기성말뚝 선단에 측정슈를 설치 후 항타 실시

㉡ 유압잭을 이용하여 말뚝의 인발 주면마찰력을 재하하중으로 선단슈에 하중을 가함
→ $P-S$곡선 작성, 선단지지력과 주면마찰력 분리 측정

⑤ 양방향재하시험(O-cell)

㉠ 대구경 현타말뚝에 적용 → 셀 설치 후 유압을 가압하여 시험

㉡ 선단지지력과 주면마찰력 분리 측정

⑥ 수평재하시험 : 인접 말뚝을 반력으로 하여 수평지지력 측정

3) 지지력 결과 판정

(1) 측정허용지지력(p_a) 산정

(2) 설계허용지지력과 비교하여 이상이면 파일작업 계속 진행

(3) 기성말뚝은 Time Effect 고려하여 산정

(4) 지지력 부족 시 원인분석 및 대책 수립

4) 지지력 부족 시 대처방안

(1) 비상주감리원 및 외부전문가에게 검토 의뢰

(2) 토질주상도의 지층 검토

(3) 보강공법

① 구조상 영향이 없는 위치에 파일 재시공

② 파일 추가 시공 및 저판 확대

③ Toe Grouting 및 JSP 등 지반그라우팅 보강

3 주요 지지력시험방법, 말뚝재하시험

1) 시항타(시험항타)

(1) 목적

① 허용지지력을 산정하여 설계허용지지력과 비교 검토

② 말뚝길이 및 관입량 결정 → 말뚝길이에 맞춰 주문 실시

③ 항타장비 선정, 해머용량 확인, 낙하고 결정

(2) 시험항타방법

① 드롭해머를 항타하여 말뚝의 관입량과 Rebond량을 Check하여 기록

② 동역학적 공식 : Sand공식(관입량), Hiley공식(리바운드량) 이용하여 지지력 산정

③ 측정사항 : 말뚝관입량, 라바운드량, 해머의 낙하고

④ 항타기록부 작성 : 말뚝번호, 말뚝 단면, 해머종류, 말뚝선단길이, 해머낙하높이, 관입량, 타격횟수

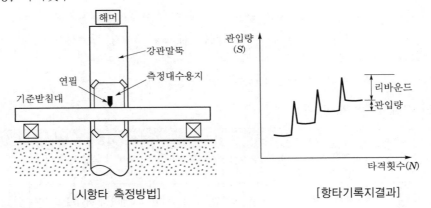

[시항타 측정방법] [항타기록지결과]

(3) 시항타 시 주의사항

① 말뚝은 중단 없이 연속적으로 타격하고 수직도를 유지할 것

② 1회 타격당 2~10mm일 때 시항타 완료

③ 시험말뚝은 3개 이상 실시, 소음, 진동계측 실시

2) 동재하시험(PDA항타시험)

(1) 원리

항타분석기를 이용하여 가속도와 변형률을 측정하여 파동방정식으로 지지력 산정

(2) 시험방법

① 시험말뚝 선정 및 항타장비 준비

② 가속도계, 변형률계를 두부에서 2D 이하 설치

  → 드릴로 천공 후 볼트로 부착

③ 항타를 실시하여 항타분석기로 측정

④ 파동방정식으로 지지력 산정

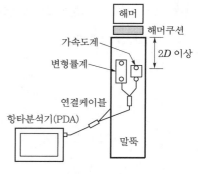

[동재하시험]

(3) 특징

① 시험이 간단하고 단시간에 측정

② 재하하중이 필요 없음

③ 항타장비와 해머가 필요함

④ 신뢰도가 낮음

(4) 시험결과의 활용

① 말뚝지지력의 확인

② 건전도 확인

③ 해머중량, 낙하고 결정 등 시공관리기준 설정

(5) 시험 시 주의사항

① 동재하시험은 신뢰성이 낮으므로 정재하시험과 비교하여 사용

② 항타분석기, 변형률계, 가속도계는 검교정 실시장비로 사용(2년 이내)

③ 시험말뚝은 지상 부분의 길이가 3D 이상 노출되어야 함

④ 건전도 측정 : 건전도지수 60 이하이면 파손

(6) 재하시험별 특징 비교

구분	동재하시험	정재하시험	정동재하시험	양방향재하시험
원리	타격에 의한 항타분석기(PDA)로 해석	실하중재하에 의한 말뚝변위 측정	챔버의 폭발력에 의한 말뚝변위 측정	유압에 의한 말뚝 내 O-cell장치의 변위 측정
시험장비	• 항타장비	• 실하중(철근, 블록)	• 챔버 내 화약의 폭발력	• 유압장치 • O-cell시험기
해석	파동방정식이론	$P-S$관계로 해석	$P-S$관계로 해석	$P-S$관계로 해석
특징	• 단시간(1일) • 비용 적음	• 장시간(3일) • 비용 보통	• 단시간(1일) • 비용 고가	• 장시간(3일) • 비용 고가
신뢰성	낮음	높음	보통	높음
적용성	• 많이 사용(기성, 현타)	• 적음(기성, 현타)	• 서해대교(최근 사용 안함)	• 대구경 현타말뚝 • 최근 많이 사용

3) 정재하시험

(1) 원리

말뚝에 사하중을 직접 재하하여 단계별 하중에 의한 침하량을 측정하고 $P-S$곡선을 작성하여 지지력을 산정하는 방법

(2) 종류

① 사하중재하방법

② 반력말뚝재하시험

③ 지중앵커재하시험

(3) 시험방법

① 시험하중은 설계하중의 2배(200%)로 8단계(25%씩 증가)로 나누어 재하

② 재하시간은 2시간까지 재하

③ 침하량이 시간당 0.25mm 이내인 경우 다음 단계 재하

④ 마지막 8단계에서는 12시간 재하

⑤ 하중재하는 4단계로 1시간 간격으로 제거

(4) 측정 및 분석

① 재하시간, 단계별 하중, 침하량을 측정, 기록

② 하중(P)-침하량(S)곡선을 작성하고 극한하중(극한지지력)을 산정

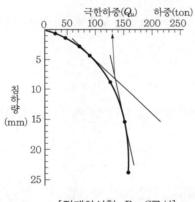

[정재하시험 $P-S$곡선]

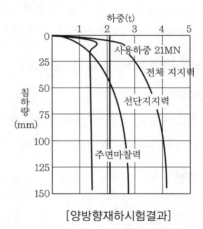

[양방향재하시험결과]

[사하중 정재하시험]

4) 양방향재하시험(O-cell시험 : Osterberg cell test)

(1) 원리

현타말뚝에 철근 삽입 시 오스터버그 셀을 삽입하여 콘크리트를 타설하고 양생 후 셀에 유압을 가하여 측정하는 재하시험

(2) 특징

① 대구경 현장 타설말뚝에 적용(최대 시험하중은 30,000kN/본, 양방향 60,000kN/본 가능)

② 선단지지력과 주면마찰력을 분리 측정

③ 사항지지력 측정 가능

④ 가격이 비쌈(O-cell 1개당 700만원 이상)

⑤ 문제점 : 재사용 불가, 셀 내부는 시험 후 그라우팅 실시, H-pile에 적용 곤란

(3) 시험방법

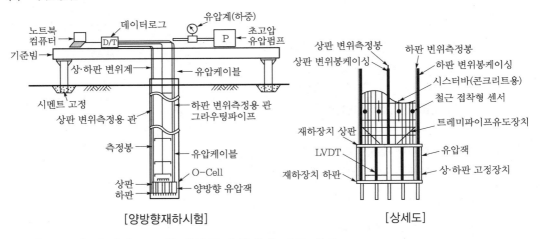

[양방향재하시험]　　　　　　　　[상세도]

① 초고압 유압펌프로 셀 내부의 유압잭에 가압 실시

② 유압단계에 따른 유압계(하중)와 상·하판변위계(변위량) 측정

③ 상판변위량(주면마찰력 측정) + 하판변위량(선단지지력 측정) = 전체 지지력 측정

4 하중전이효과(Lode Transfer)

1) 정의

말뚝에 하중이 증가함에 따라 초기에는 주면마찰력이 지지하다가 주면마찰력이 초과하면 선단지지력으로 전이되어 지지하는 현상

2) 특성

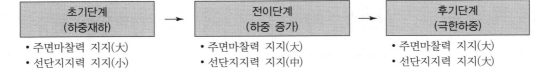

5 Time Effect(경시효과, 시간경과효과) – 타입말뚝 적용

1) 개요

(1) 타입말뚝 시공 후에 시간이 경과하면서 지지력이 증가 또는 감소되는 현상

(2) **영향요인** : 지반조건, 항타 시 교란, 주면마찰력, 선단부 파쇄, 무리말뚝작용, 세장비, 이음, 기타 등

2) 말뚝시간경과효과현상

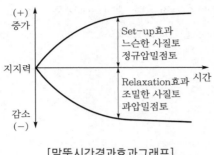

[말뚝시간경과효과그래프]

[현장 말뚝의 시간효과(Set-up)사례]

3) 현장 시공관리방안

(1) 항타 직후 지지력을 7~15일 경과 후 지지력 측정 실시 → 동재하시험

(2) 세트 업 효과(Set-up) 시에는 지지력 증가를 고려한 항타 시공관리기준을 작성하여 관리

(3) 릴랙세이션효과(Relaxation)로 주면마찰력 저하 시에는 외부전문가 검토 실시

(4) 필요시 설계변경하여 지반개량 및 말뚝공법 변경 실시

6 부마찰력(부주면마찰력)

1) 개요

(1) 말뚝지지력＝선단지지력＋주면마찰력((＋)정마찰력, (－)부주면마찰력)

(2) **부마찰력** : 지반침하에 의한 마찰력이 하향으로 작용하는 마찰력으로 지지력 감소 발생

2) 부마찰력의 발생메커니즘과 중립점깊이

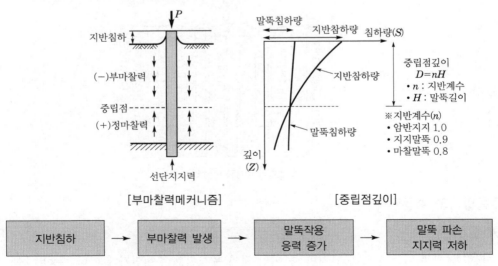

[부마찰력메커니즘]

[중립점깊이]

3) 문제점

(1) **말뚝** : 지반침하 → 부마찰력 발생 → 말뚝 수직응력 증가 → 말뚝 파손

(2) **구조물** : 말뚝 파손 → 구조물 침하, 균열 및 파손, 누수

4) 원인

(1) 지표면의 상재하중 증가로 지반침하

(2) 지하수위 저하로 압밀침하

(3) 인근 공사(터널)에 의한 지반침하

(4) 마찰말뚝인 경우

5) 부주면마찰력을 감소시키는 방법

(1) **지반침하 감소**

　① 연약지반개량 : 프리로딩 실시
　② 지표면 매립층 등 과재하 방지

(2) **말뚝에 의한 감소**

　① 말뚝직경이 작은 말뚝 설치 : 표면적 적음
　② 무리말뚝(군말뚝) 시공 : 말뚝본수의 증가
　③ 선단확대말뚝 설치
　④ 이중관 설치 : 외부케이싱 설치 후 내부에 말뚝 설치
　⑤ 말뚝표면에 역청재 도포(중립점까지) : Slip Layered 말뚝

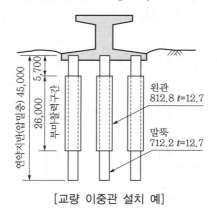

[교량 이중관 설치 예]

7 주동말뚝과 수동말뚝

1) 개념

수평력을 받는 말뚝은 말뚝과 지반 중 어느 것이 움직이는 주체인가에 따라 주동말뚝과 수동
말뚝으로 구분하여 설계한다.

2) 수평력을 받는 주동말뚝과 수동말뚝의 현상

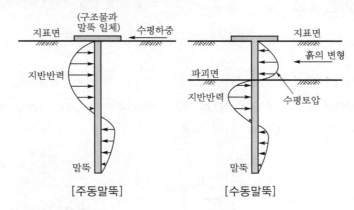

[주동말뚝]   [수동말뚝]

3) 주동말뚝과 수동말뚝의 차이점

구분	주동말뚝	수동말뚝
하중지지주체	말뚝(구조물)	지반
하중전달경로	수평토압 → 말뚝(구조물) → 지반	수평토압 → 지반 → 말뚝
지반상태	단단한 지반	연약지반
적용	• 수평력이 구조물에 작용 시 • 교대말뚝(단단한 지반 – 침하 小) • 해양구조물말뚝(구조물에 파압작용) • 잔교(구조물에 파압작용)	• 수평력이 말뚝에 작용 시 • 교대말뚝(연약지반 – 침하 大) • 억지말뚝 • 잔교(말뚝에 파압작용)
해석방법	Broms방법(수평지지력계수)	지반반력법, 탄성법

8 사항(경사말뚝)

사항은 기초에 경사지게 설치한 말뚝으로써 수직말뚝보다 수평저항력이 우수하나 시공이 매우 어려운 단점이 있다.

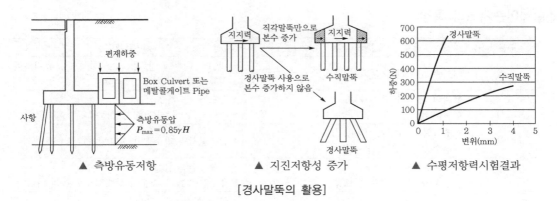

▲ 측방유동저항   ▲ 지진저항성 증가   ▲ 수평저항력시험결과

[경사말뚝의 활용]

7 케이슨기초

1 종류

(1) **오픈케이슨(우물통기초, 정통공법)** : 교량기초, 원형 ϕ3.5~5.0m, H=50m 정도

(2) **뉴매틱케이슨(공기케이슨, 잠함공법)** : 교량기초, 사각 B=40m, H=40m 정도

(3) **Box케이슨** : 항만방파제, 안벽 활용

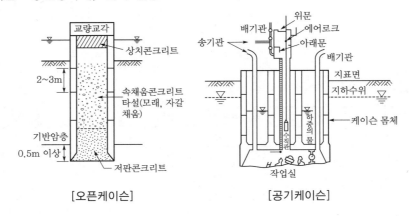

[오픈케이슨]　　　　　　　　[공기케이슨]

2 케이슨기초가 적합한 경우

(1) 수심 25m 이하 수중에 기초를 시공할 경우

(2) 중간층에 자갈층 등이 존재하여 말뚝 시공이 곤란한 경우

(3) 대규모 수평하중이 작용하는 구조물인 경우

(4) 장대교량으로 강성이 크고 지진에 대한 안정성이 요구되는 경우

3 케이슨기초의 특징

구분	오픈케이슨	뉴매틱케이슨
원리	• 케이슨 상부가 오픈되어 클램셸 등으로 굴착	• 케이슨 내부를 압력(3.5kg/cm^2)으로 유지하여 침투수를 차단하면서 굴착
규모 및 굴착심도	• 상대적 규모가 작은 기초 • 수면하 40m 이상(제한 없음)	• 규모가 큰 기초 • 수면하 40m 정도(잠함병문제)
굴착방법	• 건조굴착방법(백호, 발파) • 외부수중굴착방법(클램셸)	• 건조굴착방법(소형 백호, 발파)
공통점	• 수평, 수직지지력 큼 • 용수량이 많은 지반이 보통	• 수평, 수직지지력 큼 • 용수량이 많은 지반이 상대적으로 유리(대기압)
차이점	• 설비 간단 • 히빙, 보링 발생 • 소음, 진동 큼 • 오픈공간에서 작업 실시(안전성 높음)	• 설비 복잡하고 고가 • 히빙, 보링 방지 가능 • 소음, 진동 적음 • 잠함병 발생 • 밀폐공간에서 작업 실시(안전성 낮음)

4 케이슨거치방법

1) 육상거치

육상에 우물통 설치 시(현타)

2) 수중거치

(1) **예항법** : 수심 5m 이상 → 육상에서 제작하여 선박으로 예항하여 운반거치

(2) **축도법** : 수심 5m 이하 → 가물막이 축도를 설치하고 상부에서 제작 시공

(3) **비계법** : 수심이 얕은 곳 → 수중에 비계를 설치하고 비계 위에서 제작하여 거치, 소형 Well에 적용

(4) **강재우물통법** : 강재로 제작된 전체 우물통을 운반거치 후 내부 굴착

☞ 최근 운반거치방법 : 플로팅크레인+예인선

> ◈ **시공방식에 따라**
>
> ① 수심이 얕은 곳 : 전체를 육상에서 제작하여 현장 거치 후 굴착
> ② 수심이 깊은 곳 : 슈와 1lot를 육상에서 제작 후 이동거치하고 2lot부터 굴착 및 현타
> ③ 제작방법 : 선단 슈는 강재로 제작하고, 나머지는 콘크리트로 제작 시공

5 시공순서

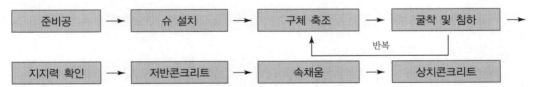

6 침하촉진공법

1) 침하조건

$$하중(W) > 저항력(Q)$$

여기서, 하중(W) = 케이슨자중(W_1) + 재하중(W_2)

저항력(Q) = 선단저항(P) + 주면마찰력(F) + 부력(B), 양압력(U)

2) 침하촉진공법

(1) **하중 증가** : 재하중(콘크리트블록), 물하중(케이슨 내부 물 채움)

(2) **저항력 저하**

① 선단저항 저하 : 발파관리, 사수(워터제트 이용)

② 주면마찰 저하

ⓒ 송기식(공기 주입), 송수식(물 주입), 마찰력 저하(도막식, sheet식 도포)

ⓛ 마찰 끊기(friction cut) : 케이슨 날끝부에 설치, 50~100mm의 마찰 끊기 설치

③ 부력, 양압력 저하 : 지하수위저하공법 적용 → Heaving, Boiling 주의

7 오픈케이슨(우물통기초, 정통공법)

1) 원리

상·하부가 열려 있는 콘크리트통을 지반에 설치하여 구체 저면의 흙을 내부에서 굴착하고
굴착 완료 후 속채움을 실시하여 기초를 완성하는 공법

2) 오픈케이슨형태

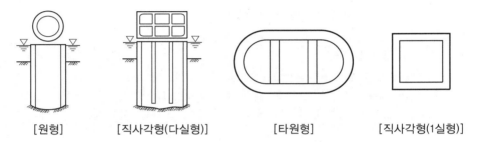

[원형]　　　　[직사각형(다실형)]　　　　[타원형]　　　　[직사각형(1실형)]

3) 굴착방법 및 운반

(1) 외부에서 굴착(수중 굴착)

① 토사 : 클램셸 굴착　　　　② 암반 : 수중발파

(2) 내부에서 굴착(Dry Work)

① 토사 : 백호 굴착＋버킷 및 크레인　　　　② 암반 : 발파

(3) 운반

① 해상 및 하천 : 토운선＋예인선　　　　② 육상 : 덤프트럭

4) 시공 시 주의사항(우물통기초 및 공기케이슨)

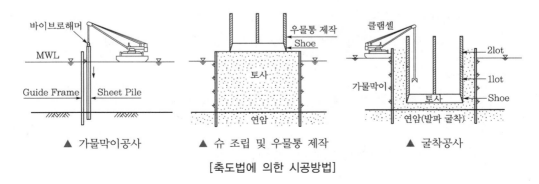

▲ 가물막이공사　　　　▲ 슈 조립 및 우물통 제작　　　　▲ 굴착공사

[축도법에 의한 시공방법]

(1) 준비공

① 현장 시추조사 실시 및 지층상태를 파악하여 지질주상도와 비교 검토

② 현장 조건을 고려한 시공계획 수립 → 안전성을 고려한 장비 선정 및 조합

(2) 가물막이 및 축도 설치

① 가이드빔을 설치하고 가물막이공법 시공

② 축도의 설치 : 해상 파랑, 하천 홍수위를 고려하여 설치

(3) 슈의 설치 및 Friction Cutter(마찰 끊기)

① 목적 : 침하 촉진 및 우물통 선단부 보호

② 사질토는 뾰족한 구조로, 점성토는 편평한 구조(부등침하 방지)로 설치

③ Friction Cutter : 5~10cm 정도 → 마찰력 감소로 침하 촉진역할

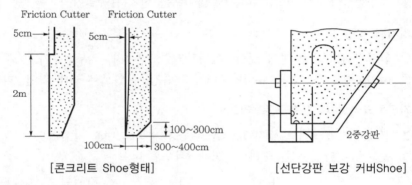

[콘크리트 Shoe형태]　　　　[선단강판 보강 커버Shoe]

(4) 벽체 콘크리트 타설(1lot, 2lot 등)

① 벽체 T=0.5~1.0m, 1회 타설높이 2~3m로 측압에 주의

② 내측구간 거푸집 설치 시 추락위험 주의

③ 해상 타설 시 바지선, 펌프카 이용 타설

(5) 굴착 및 침설

① 토사굴착

　㉠ 외부 굴착 시 클램셸 이용 굴착, 내부 직접
　　굴착 시 백호장비와 버킷을 이용하여 굴착

　㉡ 편기 방지 굴착순서 : 좌우 균형 있게 굴착,
　　과굴착금지

② 발파굴착

　㉠ 암질에 따른 1회 굴진장 및 장약량 결정

　㉡ 제어발파 실시 → 우물통 파손위험에 주의

　㉢ 수중발파 : 버블커튼, 소음·진동커튼 설치

③ 편기관리 : 경사 및 위치 이탈 시 초기에 조정할 것

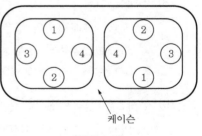

[굴착순서]

▶ 케이슨 시공 중 편기조정방법

토사구간 침설 시		암반구간 침설 시
지반 굴착 조절	주면마찰 조절	발파패턴 조절
반대편 굴착 및 날끝 씻어내기	Air Jet, Water Jet로 저항 감소	위치별 발파공수 및 패턴 조절

④ 침하촉진공법 이용 : 하중증가공법, 선단저항력저하공법, 주면마찰저하공법

⑤ 히빙, 보링에 유의

⑥ 재밍현상(Jamming) : 케이슨에 파이프를 설치하여 굴착 시 물, 공기분사

(6) 지지력 확인

① 암판정위원회 암 판정 실시 : 책임감리원, 발주자, 외부전문가, 시공사

② 확인사항 : 청소상태, 슈미터해머강도 측정, 육안으로 상태 확인, 파쇄대 유무

(7) 저판콘크리트 타설(수중콘크리트)

① 크레인에 콘크리트 버킷($3m^3$)을 우물통 내부로 내려 타설

② 콘크리트 타설순서 : 중앙 → 벽체, 좌우로 타설

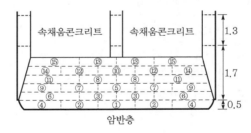

[저판콘크리트 타설순서]

(8) 속채움 실시

① 자갈, 모래채움의 경우 : 준설선을 이용하여 속채움 실시

② 속채움콘크리트 경우 : 빈배합콘크리트 레미콘차량을 바지선에 태워 펌프카로 타설

③ 압축강도 : $f_{ck} = 10 \sim 18MPa$

(9) 상치콘크리트 타설 및 완료

① 압축강도 : $f_{ck} = 24MPa$

② 상부하중을 우물통에 전달하므로 품질관리 철저

(10) 안전관리

① 항만공사는 해상장비의 피항계획 수립

② 굴착 시 히빙, 보링에 대한 안전대책 수립

③ 실시간 자동화계측 실시 : 경사계, 침하계, 토압계, 지하수위계, 양압력계, 유해가스
농도계

(11) 환경관리

① 해상오염방지계획 : 오탁방지막, 흡착포, 장비 기름유출 방지 정비 실시

② 굴착 내부의 소음, 진동, 유해가스에 환기설비 가동

8 뉴매틱케이슨(공기케이슨, 잠함공법)

1) 원리

케이슨 저부에 작업실을 만들고 압축공기를 공급하여 지하수의 유입을 막으면서 케이슨을
소형 굴삭기와 인력으로 굴착하여 침설시키는 공법

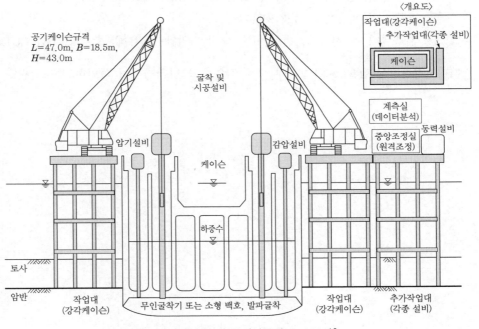

[뉴매틱케이슨 시공도(영종대교, 2000)]

2) 시공순서

지반개량공 → 작업대 제작, 설치공 → 케이슨 제작공 → 운반 및 거치 → 의장설비 → 굴착
및 침하 → 지지력 확인 → 저반콘크리트 → 속채움 → 공사설비 해체 → 상치콘크리트

3) 기계설비관리

(1) 시공 및 굴착설비

① 재료반출입실(Material Lock) : 자재 및 장비 투입, 토사 반출작업

② 소형 굴삭기, 자동적재장치, 버킷($3m^3$), 호퍼 이용

> ✎ **무인자동화시스템 실패사례(영종대교, 2000, 공기케이슨)**
>
> 무인 천장쇼벨(0.15m³)을 이용하여 굴착하였으나 탁도가 높아 현장 상황이 화면에 잘 보이지 않고 잦은 고장으로 초기에 실패함 → 소형 굴삭기 이용

(2) 감압 및 송기설비

① 자동감압설비 : 작업장 자동으로 가압 조절

② 감압실(Man Lock) : 근로자 출입 시 감압하는 장소 → 잠함병 방지

> **예시** 수중작업시간 : 9m는 6시간 40분 이내, 18m는 3시간 이내

③ 송기설비 : Air컴프레서(압축공기 공급), 송기관, 배기관, 공기청정기 설치

(3) 안전설비

① 통신설비, 동력설비, 비상용 발전기, 조명설비(75Lux 이상)

② 응급조치 재압설비, 공기호흡기

③ 계측설비 : 경사계측, 반력계측, 함내 가압계측, 유해가스농도계측, CCTV

(4) 조정관리실(캡슐Lock) : 함내 모든 작업을 모니터링하여 확인하고 조정관리

8 특수기초

1 보상기초

1) 개념

(1) **보상기초** : 지지력 계산 시 구조물의 하중을 기초에 해당하는 흙의 무게만큼 제외하여 구조 계산한 기초

(2) **순극한지지력**

① 순하중＝구조물하중(P)－지반에 묻히는 기초의 체적만큼의 흙무게(σ)

② 순극한지지력 : 순하중에 의해 지지력을 산정하는 것

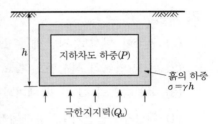

　㉠ 순하중(W)＝구조물하중(P)－흙의 하중(σ)

　㉡ 극한지지력(Q_u)＝구조물하중(P)×안전율(3)

　㉢ 순극한지지력(Q_w)＝순하중(W)×안전율(3)

2) 특징

(1) 기초지반은 지중깊이가 깊을수록 압밀되어 지지력이 큼

(2) 흙은 무게만큼 작용하중을 제외하므로 적은 지지력이 필요

(3) 말뚝기초설계 시 말뚝본수의 감소효과

(4) 공사비 감소로 경제적인 설계

2 Jacket기초

1) 원리

(1) 해상의 지반에 말뚝을 설치하고 상부에 재킷을 연결한 기초

(2) 해상잔교, 해상풍력발전기초, 해상송전선로기초로 이용

2) 시공순서

가설작업대 → 기초파일 시공 → 재킷 제작 및 운반거치 → 재킷 연결 → 완료

3) 시공관리

(1) 해상에 H-pile을 이용하여 가설작업대의 설치

(2) 기초파일은 RCD 또는 타입강관파일(채움 실시)을 시공

(3) 해상에서 강관을 이용하여 제작한 재킷을 해상크레인으로 운반하여 거치

(4) 이음은 볼트이음 및 용접이음을 실시하여 연결

3 Suction Pile

1) 원리

(1) **정의** : 연약지반에 직경이 큰 원형파일(강관, 콘크리트)을 흡입력(석션)에 의하여 관입한 파일

(2) **석션의 관입조건**

관입력(＝석션압력＋자중＋외부수압) > 저항력(＝주면마찰력＋선단저항력＋내부수압)

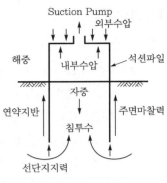

[석션파일의 원리]

2) 특징

(1) 연약한 점성토 지반에 적용($N \leq 4$)

(2) 큰 압입력의 석션펌프 필요

(3) 석션파일의 설치 및 제거가 용이하고 재사용 가능

(4) 해상풍력발전기초, 방파제기초, 방조제기초, 안벽기초에 적용

4 Pile Raft(말뚝지지 전면기초)

상부하중을 말뚝기초와 전면기초가 같이 지지하는 기초로서 침하 감소와 수평지지력에 큰 효과가 있음

① Pile Raft지지력 : $Q = Q_{pile}$(파일)$+ Q_{raft}$(전면기초)

② 하중분담률 : 파일기초 80%, 전면기초 20%

③ 지지력

㉠ 파일기초 : 수직하중저항 → 침하 저감

㉡ 전면기초 : 수평하중저항 → 지진저항, 하중분산효과

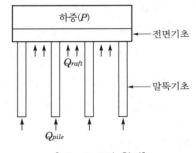

[Pile Raft의 원리]

5 마이크로파일(Micro CT Pile)

(1) 소규모 천공장비(크롤러 드릴)를 이용하여 케이싱(강관)을 공벽 붕괴하면서 천공 후 강봉(철근)을 삽입하고 그라우팅을 실시하여 파일을 완료하는 방법

(2) **마이크로파일** : 직경 $D = 300$mm 이하의 모든 파일

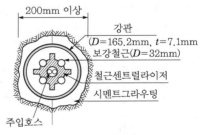

[마이크로파일의 구성요소]

CHAPTER

09

옹벽

옹벽

일반

종류

1. 콘크리트 옹벽
   - 무근 : 중력식($h=5$m 이하), 반중력식
   - 철근
     - 부벽식($h=8$m 이상)
     - 캔틸레버식(L형, 역T형, $h=8$m 이하)
     - 선반식
2. 보강토 옹벽 : 합벽식, 계단식
3. 돌쌓기 옹벽(개비온)

뒷부벽식 옹벽의 철근 배근도

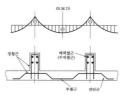

[단면도]　　　　[평면도]

토압이론

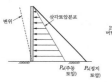
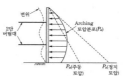

[강성벽체]　　　　[연성벽체]

구분	강성벽체	연성벽체
토압분포	삼각토압	아칭토압
변위	변위 없음(작음)	변위 발생(허용)
특징	• 이론토압(토압계수 (k)) 이용 • 랭킨, 쿨롱	• 경험토압식 이용 • 테르자기, Peek
이용	콘크리트 옹벽	가설흙막이

시공

안정조건

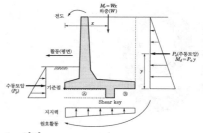

1. 외적
   - 전도 : $F_s = \dfrac{\text{저항모멘트}(M_r)}{\text{전도모멘트}(M_d)} > 2.0$
   - 활동
     - 평면활동
       $$F_s = \dfrac{\text{저항력합계}(=\text{수동토압}(P_p)+\text{기초마찰력}(f))}{\text{작용토압(주동토압}(P_a))} > 1.5$$
     - 원호활동 : $F_s = \dfrac{\text{저항모멘트}(M_r)}{\text{작용모멘트}(M_d)} > 2.0$
   - 지지력(침하) : $F_s = \dfrac{\text{지반극한지지력}(q_u)}{\text{지반반력}(q_{max})} > 3.0$
   - 지진에 대한 안정 : $F_s \geq 2.0$
2. 내적 : 콘크리트 열화, 지하수 세굴

배수관리

배수구, 배수공, 배수층, 배수관 【구, 공, 층, 관】

보강토 옹벽

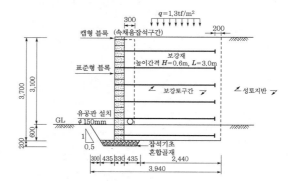

옹벽
(종류+특성+토압+안정조건+불안정 시 대책+보강토 옹벽)

1 옹벽의 종류 및 특성

1 종류

(1) **콘크리트 옹벽**

　① 무근 : 중력식(h=5m 이하), 반중력식

　② 철근 : 부벽식(h=8m 이상), 캔틸레버식(L형, 역T형, h=8m 이하), 선반식

(2) **보강토 옹벽**

(3) **기대기 옹벽** : 합벽식, 계단식

(4) **돌쌓기 옹벽(개비온), 블록쌓기 옹벽**

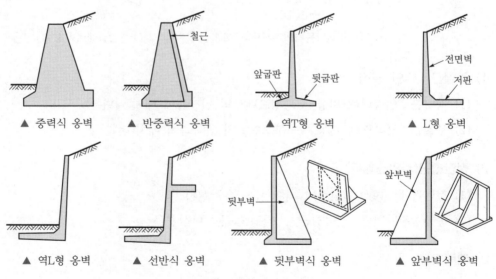

　　　　▲ 중력식 옹벽　　　　▲ 반중력식 옹벽　　　　▲ 역T형 옹벽　　　　▲ L형 옹벽

　　　　▲ 역L형 옹벽　　　　▲ 선반식 옹벽　　　　▲ 뒷부벽식 옹벽　　　　▲ 앞부벽식 옹벽

[콘크리트 옹벽]

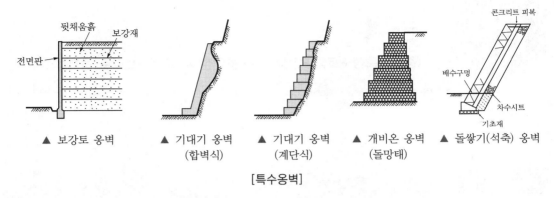

| ▲ 보강토 옹벽 | ▲ 기대기 옹벽
(합벽식) | ▲ 기대기 옹벽
(계단식) | ▲ 개비온 옹벽
(돌망태) | ▲ 돌쌓기(석축) 옹벽 |

[특수옹벽]

2 철근의 기능 및 배치 주, 전, 배, 가

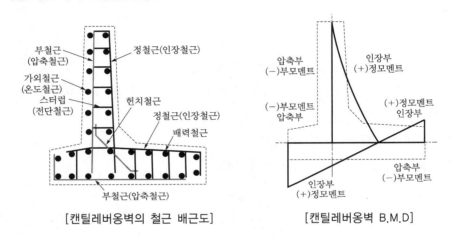

[캔틸레버옹벽의 철근 배근도]　　　[캔틸레버옹벽 B.M.D]

1) 주철근 : 단면 결정

　(1) **정철근** : 인장력에 저항, (+)정모멘트의 인장측에 배치(배면부)

　(2) **부철근** : 압축력에 저항, (−)부모멘트의 압축측에 배치(전면부)

2) 전단철근(사인장철근)

　(1) **전단력에 저항** : 전단력이 최대인 지점에 설치

　(2) **종류** : 전단철근, 절곡철근, 스터럽(늑근), 나선철근

3) 배력철근

　(1) 하중 분산, 온도 및 건조수축, 균열제어 → 주철근의 20% 이상

　(2) 인장측 배치

4) 가외철근

　(1) 2차 응력제어(온도, 건조수축, 크리프)

(2) 압축측 바깥쪽 배치, 배력철근 포함

5) 절곡철근

(1) 절곡한 철근

(2) 인장철근과 압축철근, 전단철근을 절곡하여 하나로 가공

3 뒷부벽식 옹벽의 특징 및 철근 배근도

1) 뒷부벽식 옹벽의 특징

(1) 벽체와 저판 사이의 강성을 부벽으로 유지한 것

(2) 뒷부벽식은 부벽이 인장력을 받음

(3) 옹벽높이 8m 이상인 경우 적용, 8m 이하는 캔틸레버옹벽 사용

(4) 옹벽 시공이 어려움

(5) 배면 성토 시 다짐이 어려움

(6) 벽체와 부벽은 T형 슬래브로 간주하여 설계

(7) 전면벽이나 저판은 2방향 슬래브로 설계

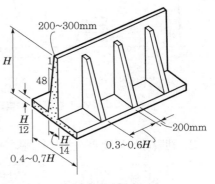

[뒷부벽식 옹벽]

2) 뒷부벽식 옹벽의 철근 배근도

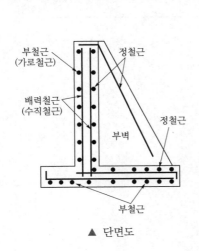

▲ 단면도

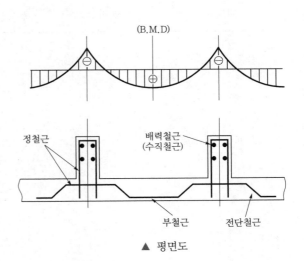

▲ 평면도

3) 앞부벽식 옹벽의 특징

(1) 앞부벽식은 부벽이 압축력을 받음

(2) 뒷부벽식에 비해 앞쪽 저판에 자중작용으로 안정상 불리

(3) 부지 점유율이 높아 많이 사용하지 않음

4 캔틸레버옹벽과 선반식 옹벽

1) 토압형태

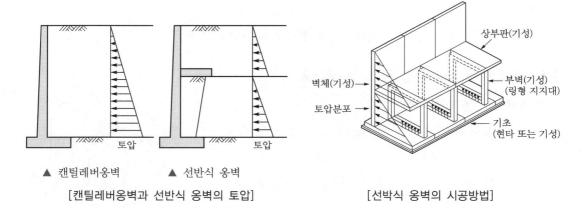

▲ 캔틸레버옹벽   ▲ 선반식 옹벽

[캔틸레버옹벽과 선반식 옹벽의 토압]   [선박식 옹벽의 시공방법]

2) 캔틸레버옹벽과 선박식 옹벽의 차이점

구분	캔틸레버옹벽	선박식 옹벽(부벽식)
적용높이	$h=8m$ 이하	$h=8m$ 이상
시공성	상대적 좋음, 뒷채움 양호	시공 복잡, 뒷채움 불량
토압안정성	토압 큼, 불안정	토압 적음, 안정
특징	현장 타설옹벽으로 시공	최근 기성조립식 옹벽으로 시공성이 많이 개선됨

2 토압

1 이론토압(랭킨, 쿨롱토압) – 강성벽체

(1) **랭킨토압** : 토압계수(k) 이용, 역T형, L형 옹벽 토압 산정

(2) **쿨롱토압** : 벽마찰각(δ) 이용, 중력식, 반중력식 옹벽 토압 산정

(3) 강성벽체인 콘크리트 옹벽의 토압 산정에 적용

(4) 랭킨의 토압

① 토압변위 특성

Tip 토압의 크기 : 정지토압 < 주동토압 < 수동토압

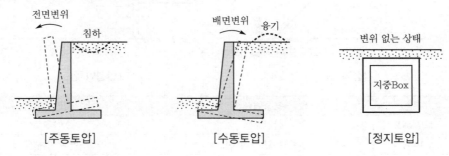

[주동토압]　　　　[수동토압]　　　　[정지토압]

② 주동토압 : $P_a = \dfrac{1}{2}rH^2K_a$, 주동토압계수 : $K_a = \tan^2\left(45 - \dfrac{\phi}{2}\right)$

③ 수동토압 : $P_p = \dfrac{1}{2}rH^2K_p$, 수동토압계수 : $K_p = \tan^2\left(45 + \dfrac{\phi}{2}\right)$

④ 정지토압 : $P_0 = \dfrac{1}{2}rH^2K_0$, 정지토압계수 : $K_0 = 1 - \sin\phi$

2 경험토압(테르자기, Peck토압) – 연성벽체

1) 연성벽체의 토압분포(2단 버팀대 흙막이기준)

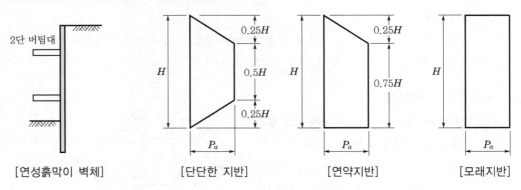

[연성흙막이 벽체]　　　[단단한 지반]　　　[연약지반]　　　[모래지반]

2) 특징

  (1) 연성벽체는 벽체의 변위 발생으로 강성벽체와 토압분포가 다르게 나타남

  (2) 버팀대 설치위치 및 간격, 토질에 따라 토압분포가 다름

  (3) 테르자기, Peck의 경험토압에 의해 설계 실시

3 강성벽체와 연성벽체의 차이점 및 토압분포

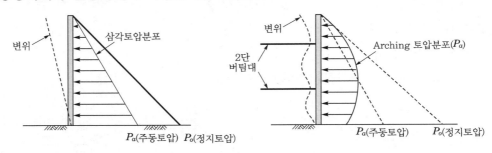

[강성벽체]   [연성벽체]

구분	강성벽체	연성벽체
토압분포	삼각토압	아칭토압
변위	변위 없음(작음)	변위 발생(허용)
특징	• 이론토압식(토압계수(k)) 이용 • 랭킨, 쿨롱	• 경험토압식 이용 • 테르자기, Peek
이용	콘크리트 옹벽	가설흙막이

4 아칭현상(Arching Effect, 토압재분배현상, 응력전이현상)

1) 개요

  (1) 정의

    지반이 변형하려는 부분이 인접 지반으로 응력이 전이되는 현상

  (2) 메커니즘

    지반변형 → 변형하려는 부분과 인접 지반의 접촉면 사이에 전단저항이 발생 → 변형 부분은 변위가 억제되어 토압 감소 → 인접 지반은 토압 증가

2) 구조물별 아칭현상

  (1) 연성벽체 흙막이 벽의 아칭현상과 토압분포(2단 버팀대기준)

    ① 아칭토압 : 상부는 정지토압과 같고, 중앙부는 주동토압과 같으며, 하부는 주동토압보다 작음

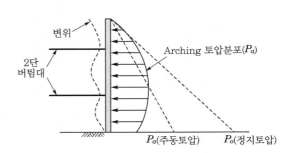

② 아칭토압의 전체 크기는 주동토압의 삼각토압분포와 크기가 같음

(2) 강성벽체의 아칭현상과 토압분포

① 상부변위 시 삼각토압분포가 발생

② 전면변위 및 중앙부변위 시 아칭토압이 발생되고, 주동토압과 크기는 같음

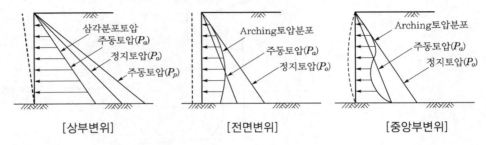

[상부변위]　　　　[전면변위]　　　　[중앙부변위]

(3) 필댐의 심벽

① 심벽(점성토)은 침하가 크고, 필터층(사질토)은 침하가 적어 심벽 침하 시 필터층으로 응력이 전이됨

② 응력전이가 크면 수압할렬 발생

(4) 터널 굴착 시

① 터널 굴착 시 횡방향 아칭과 종방향 아칭효과로 무지보 굴착

② 아칭효과가 클수록 무지보 굴착길이가 김

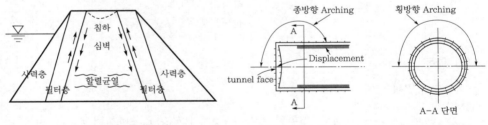

[댐 심벽 Arching현상]　　　　[터널 굴착 시 3차원 Arching현상]

(5) 지하매설구조물, 지반매설관, 연약지반 SCP

암거 시공 후 인접 지반의 침하 시 암거로 응력이 전이됨

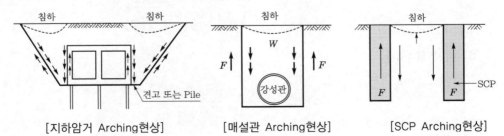

[지하암거 Arching현상]　　[매설관 Arching현상]　　[SCP Arching현상]

3 안정조건

1 안정조건

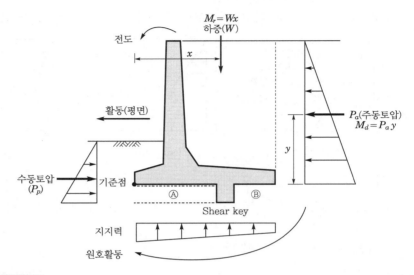

1) 외적 전, 활, 지, 지

(1) 전도

$$F_s = \frac{\text{저항모멘트}(M_r)}{\text{전도모멘트}(M_d)} > 2.0$$

(2) 활동

① 평면활동

$$F_s = \frac{\text{저항력합계}(=\text{수동토압}(P_p)+\text{기초마찰력}(f))}{\text{작용력}(\text{주동토압}(P_a))} > 1.5$$

② 원호활동

$$F_s = \frac{\text{저항모멘트}(M_r)}{\text{전도모멘트}(M_d)} = \frac{C\widehat{ABR}}{Wx} > 2.0$$

(3) 지지력(침하)

$$F_s = \frac{\text{지반극한지지력}(q_u)}{\text{지반반력}(q_{max})} > 3.0$$

※ 지반반력은 연직하중($=$옹벽의 자중(W_1)$+$흙의 중량(W_2))에 대한 지지력이다.

(4) 지진에 대한 안정

구조물의 중요도에 따라 내진설계를 실시한다($F_s \geq 2.0$).

2) 내적

(1) **콘크리트** : 균열, 열화, 배근

(2) **지하수** : 지반 누수, 세굴, 파이핑

2 불안정 시 대책

1) 불안정 시 대책

(1) 외적

① 전도 : 저판 확대, 토압 감소(조립토 및 경량 뒷채움), 앵커 설치

② 활동

　㉠ 평면활동 : 저판 확대(마찰저항 증대), Shear key 설치(수동토압 증가, 마찰력 증대), 사항 설치

　㉡ 원호활동 : 지반개량, 경량성토, 압성토 실시

③ 지지력(침하) : 지반개량(치환, 그라우팅), 말뚝기초

④ 지진 : 사항, 지반개량

(2) 내적

① 콘크리트 : 내구설계 도입(내구지수 > 환경지수)

② 지하수 : 배수관리, 유선망 검토, 뒷채움(조립토), 부력대책

2) 활동방지벽(shear key) 설치

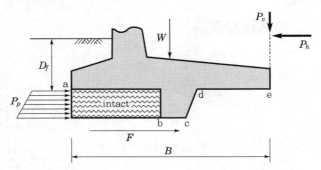

(1) 설치이유

① 횡방향 평면활동에 대한 저항력 증가, 전면수동토압의 증대

② 흙과 흙의 마찰력 증대

(2) 설치기준

　① 높이는 저판높이의 2/3배 이상, 기초폭의 10~15% 정도

　② 위치는 뒷굽판에 설치

3 옹벽배면 수압분포 및 유선망(침투수가 옹벽에 미치는 영향)

1) 배수재에 따른 옹벽배면 수압분포와 유선망

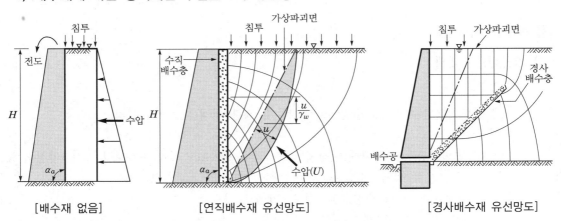

[배수재 없음]　　　[연직배수재 유선망도]　　　[경사배수재 유선망도]

2) 침투수압의 특성

구분	배수재 없음	연직배수재	경사배수재
수압	수압 매우 큼(100%)	수압 발생(50%)	수압 없음(30% 이하)
구조적	매우 불리	불리	유리
시공성	좋음	좋음	불량

3) 옹벽의 배수관리

(1) 옹벽배수시스템　구, 공, 층, 관

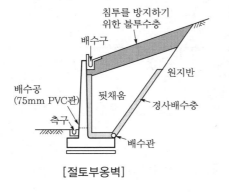

[절토부옹벽]

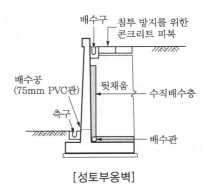

[성토부옹벽]

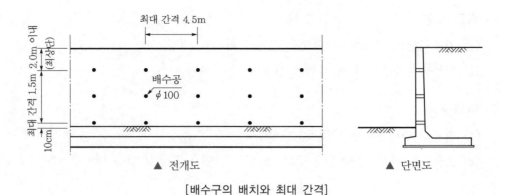

▲ 전개도 　　　　　　　▲ 단면도

[배수구의 배치와 최대 간격]

(2) 배수관리방안

① 뒷채움재(조립토)와 성토부(세립토)의 경계면에 토목섬유(필터기능) 설치

② 시방규정 준수 : 배수공 $\phi65\sim100mm$, 4.5m 간격 이하로 설치

③ 주기적인 점검에 의해 배수구의 이물질 제거

④ 단순히 배수공이 막혔을 경우에는 배수공 재설치

⑤ 과도한 용수량에 의한 토압 증가 시 → 수직배수재 설치하여 동수경사 감소

4 시공순서

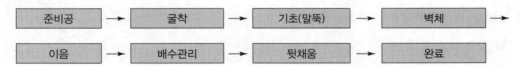

5 시공단계별 유의사항

1) 시공 전 검토사항

(1) 옹벽 상단부가 도로일 경우에는 옹벽을 도로계획고보다 0.5m 높게 설계

(2) 지반지질상태, 용수 및 지표수의 상황 등을 조사

2) 연약지반처리

(1) 기초잡석 $T=30cm$, 치환공법 실시

(2) 말뚝기초의 시공

3) 터파기

(1) 안식각 확보하여 터파기 실시

(2) 지하지장물 주변은 인력굴착 실시

4) 기초 시공

(1) 기초지반은 평판재하시험으로 지지력 확인

(2) 활동방지벽은 기초와 일체로 철근 및 콘크리트 타설

5) 벽체 시공

(1) 벽체의 전면경사는 1 : 0.02 이상

(2) **콘크리트 타설 시 측압에 주의** : 중력식 옹벽은 거푸집 상승 방지용 앵커 설치

6) 이음

(1) **시공이음** : 전단력이 작은 위치에 설치하고 가급적 신축이음부에 일치

(2) **수축이음** : 간격 5m 이하, V형홈 폭 6~8mm, 깊이 12~16mm 설치

(3) **신축이음** : 20~30m 이하 간격으로 설치하고, 철근은 절단

7) 배수관리

(1) 공사 전 배수시스템계획도를 작성 후 시공

(2) **배수공** : 관경 65~100mm 이상 사용, 개소당 최소 1개 이상 설치

8) 뒷채움 및 되메우기

(1) 양질의 토사로 성토두께 $T=0.2m$ 이내 층다짐 실시

(2) 소형 다짐장비 또는 래머로 다짐 실시

(3) 되메우기 시 배면 바깥쪽으로 2% 구배로 하여 강우 시 유입 방지

4 보강토 옹벽

1 보강토 공법의 분류

(1) **보강토 옹벽** : 벽식(보강패널, 보강블록)

(2) **성토체 보강** : 기초지반 보강, 성토체 보강, 성토사면 보강

(3) **원지반 보강** : 소일네일링

2 보강토 옹벽의 시공 단면도

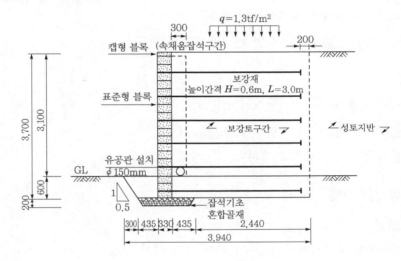

3 원리

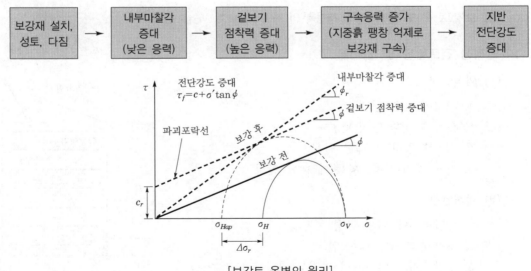

[보강토 옹벽의 원리]

4 보강토 옹벽의 파괴형태

(1) **외적파괴** : 전도파괴, 원호활동파괴, 저면활동파괴, 침하파괴

(2) **내적파괴** : 보강재의 인발, 보강재의 파단, 연결부파괴, 배부름파괴

5 특징

1) 장점

(1) 50년 이상의 내구성을 가진다.

(2) 외부충격에 강하다.

(3) 유연성이 좋아 내진저항성이 크다.

(4) 디자인이 아름다워서 주변 환경과 조화롭다.

2) 단점

(1) 하자 발생 시 부분적 보수가 힘들다.

(2) 콘크리트 재료이기에 환경에 좋지 않다.

(3) 장기 공용성 검증이 미흡하다.

6 안정성 검토방법

1) 검토방법

(1) 외적안정과 내적안정으로 구분하여 안정 해석 수행

(2) 보강재의 허용인장강도는 강도감소계수(RF)와 안전율(F_s)을 적용하여 산정

(3) 보강토 옹벽 상부 및 뒷채움부의 배수에 대한 수압 검토

2) 안정성 검토항목 및 안전율

(1) **외적안정**

① 전도에 대한 안정

② 활동에 대한 안정(평면)

③ 지지력(침하)에 대한 안정

④ 전체 지지력(원호활동)에 대한 안정

(2) **내적안정**

① 인발파괴에 대한 안정

② 보강재 파단에 대한 안정

③ 보강재와 전면벽체의 연결부 파단에 대한 안정

(3) **지진에 대한 안정성**

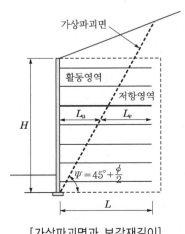

[가상파괴면과 보강재길이]

3) 토목섬유보강재의 강도감소계수

$$보강재 \ 허용인장강도 \quad T_a = \frac{T_{ult}}{(RF)F_s}$$

① 강도감소계수 : $RF = RF_{CR} \times RF_D \times RF_{ID}$(크리프, 생물화학적, 시공오차)

② 안전율 : $F_s = 1.5$, 강도감소계수 이외의 항목에 적용

7 설계·시공 시 유의사항

1) 보강재의 길이 및 설치간격

(1) **보강재의 길이** : 벽체높이의 0.7배 및 최소 2.5m 이상

(2) 전체 높이에 동일한 길이와 간격으로 설치, 수직설치간격 0.8m 이하

2) 전면벽체의 기초공

(1) 전면벽체는 기초지반 내로 최소 0.5m 이상 근입

(2) 연약지반은 치환 및 안정처리 실시

3) 보강재의 포설 및 코너부 시공

(1) 보강재는 벽면 선형에 직각방향으로 포설

(2) 보강재의 겹침 부분은 보강재 사이에 7.5cm 이상 흙채움 실시

(3) **각진 코너부의 보강재 겹침길이** : 외측 코너부는 $\dfrac{H}{4}$ 이상, 내측 코너부는 L 이상

(4) 각진 코너부의 보강재는 다음 층에서 반대로 겹치도록 할 것

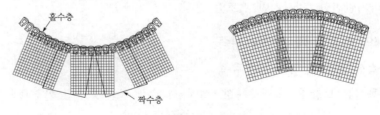

[오목곡선부와 볼록곡선부]

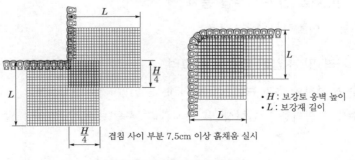

- H : 보강토 옹벽 높이
- L : 보강재 길이

겹침 사이 부분 7.5cm 이상 흙채움 실시

[외측 코너부와 내측 코너부]

4) 뒷채움흙의 포설 및 다짐

(1) 1층의 포설두께 0.2~0.3m, 다짐도(γ_{dmax}) 95% 이상

(2) 중장비가 보강재 위에 직접 주행금지

5) 보강재와 전면벽체 연결부 시공

(1) 전면벽체에서 1~2m 이내는 소형 다짐장비 사용

(2) 전면벽체와 보강재는 단차가 없도록 하고 수평으로 설치

6) 벽면공

(1) 전면벽체에 가드레일 및 방음벽 등 직접 연결금지

(2) 기초지반의 부등침하 발생 시 블록틈으로 흙이 누출되므로 시공관리 철저

7) 배수·필터층의 설치

(1) 벽체 배면에 배수층 최소 $T=30cm$ 이상(자갈배수 및 필터층)

(2) 배수층과 보강성토층 경계면에 부직포 설치 → 세립토의 누출 방지

8 보강토 옹벽 시공 시 간과하기 쉬운 문제점

1) 원호활동평가의 간과

→ 경사지, 절개지 지반의 원호활동파괴 발생

2) 기초지반침하평가의 간과

→ 연약지반침하, 경사지반 편토압 발생

3) 보강재의 역학적 특성 이해 부족

(1) 금속성 보강재 : 부식대책 부족

(2) 토목섬유 보강재 : 크리프특성, 설치 시 손상, 노화, 주변 환경요소 고려 부족

4) 뒷채움 성토재료 간과로 수압 증가

→ 투수성이 양호한 사질토 시공

5) 지하수 처리 및 수압에 대하여 미고려

(1) 배수층 설치로 설계수압은 고려하지 않음

(2) 배수층의 필터층 막힘현상 및 유지관리 부족, 용출수로 수압 발생 가능

6) 코너부에 대한 설계, 시공 간과

(1) 설계상 하중이 2방향으로 작용하여 구조적 불리

(2) 코너부는 다짐이 어려워 시공성 미흡

7) 보강토 옹벽의 수평 및 수직도 준수 간과

→ 편토압, 하중의 불균형원인이 되므로 기준틀을 설치하여 수평 및 수직도 확인

9 보강토 옹벽 붕괴유형 및 방지대책

1) 대표적 붕괴유형 및 원인

(1) 전체 보강토 옹벽의 붕괴 : 원호활동파괴

(2) 전면벽체 붕괴 : 그리드의 파단, 다짐불량으로 그리드 인발, 기타

(3) 보강토 옹벽의 침하 : 기초지반 불량

(4) 전면벽체의 균열 : 전면벽체 압축강도 부족, 연결상태 불량, 부등침하, 지반경사

(5) 전면벽체의 변형 : 부등침하, 배수불량

(6) 보강재의 파단 발생 : 수압 및 토압 증가

2) 붕괴 방지대책

(1) 설계측면

① 강우를 고려한 용수처리설계 반영
② 급경사지의 기초지반 및 주변 지반 보강

(2) 시공측면

① 기초연약지반 : 치환공법, 마이크로파일
② 급경사지 및 절개지 보강 실시
③ 횡방향, 종방향 경사지반 계단식 설치, 마이크로파일 설치 → 편토압 방지

(3) 유지관리측면

① 배면 상재하중 재하금지
② 강우 시 배수로 점검 및 유수
　의 유입 방지

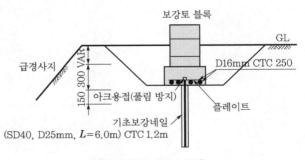

[급경사지 기초 보강]

토목시공기술사

CHAPTER

10

포장

포장(1)

일반

포장층구성

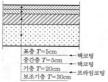

표층 T=5cm ─ 택코팅
중간층 T=5cm ─ 택코팅
기층 T=20cm ─ 프라임코팅
보조기층 T=30cm

철근콘크리트 슬래브 T=30cm
린콘크리트 기층 T=15cm
(보조기층 T=30cm)
선택층(동상방지층) T=15cm

[아스팔트콘크리트포장] [철근콘크리트포장]

포장의 종류

1. 일반적 포장
   - 가요성 포장(ACP)
     - 풀뎁스아스팔트포장 : 가열아스팔트
     - 복층구조포장 : 다른 구조의 층 구성
     - 개질아스팔트포장 : SMA, SBS
   - 강성 포장(CCP)
     - JCP(무근) : 2차 응력 줄눈제어
     - CRCP(연속철근) : 2차 응력 철근제어
     - PTCP(프리스트레스) : 철근+강선PS
   - 합성 단면포장
     - 교면포장 : 구스아스팔트, LMC포장
     - CCP 위에 ACP 덧씌우기 : 반사균열
     - 화이트탑핑 : ACP 위치 CCP포장
2. 기능적 포장
   - 투수성 포장 : 포장층 침투 → 지반침투
   - 배수성 포장 : 표층 침투, 기층 불투수
3. 특수포장
   - 반강성 포장 : 가요성 포장+시멘트 채움
   - RCCP포장 : 다짐콘크리트포장 – 주차장
   - 재생포장
     - 표층재생포장 : Reshape(재시공),
       Remix(혼합), Repave(재포설)
     - 기층재생포장
   - 암반포장 : 도로암반, 터널암반
   ※ 친환경포장 : 재생포장, 중온아스팔트

시공관리

노상 및 보조기층 안정처리

1. 물리적 : 입도 조정, 함수비 조절, 다짐
2. 첨가적 : 역청재, 시멘트, 생석회
3. 기타(머캐덤공법) : 주골재+석분 → 물다짐

평탄성관리

1. 포장면 : PRI, IRI
2. 노상, 보조기층 완성면 : Proof Rolling

교면방수

1. 포장식(자체 방수)
   - 구스아스팔트 : 강상판교
   - LMC포장 : 콘크리트교
2. 도포식
   - 도막식 : 액상 → 에폭시계, 우레탄계,
     아스팔트계
   - 시트식 : 고상 → 아스팔트시트
3. 침투식(흡수 방지식)

유지관리

1. 유지관리개념

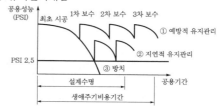

2. 노면상태평가
   - PSI : 공용성지수(승차감)
   - MCI : 유지관리지수(균열, 소성변형)
3. 유지관리방법
   - 조사 → 원인분석 → 대책 → D/B

포장(2)

시공관리 → 파손 및 대책

아스팔트콘크리트포장

1. 준비작업
   - 보조기층상태(평탄성)
   - 택코팅(보조기층), 프라임코팅(기층)
   - 시험포장
   - 측량 및 유도선 설치
2. 생산 및 운반
   - 최적배합설계 AP함량, 침입도시험
   - 공장 검수 및 공급능력 확인
3. 포설
   - 피니셔 : $B=3{\sim}4.8m$
   - 낮은 곳 → 높은 곳으로
4. 다짐

구분	목적	장비규격	온도(℃)
1차	평탄성	머캐덤롤러 10톤	110~140
2차	밀도	타이어롤러 15톤	80~110
3차	평탄성	탠덤롤러 8톤	60~80

시멘트콘크리트포장

1. 준비단계
   - 시공계획 수립
   - 측량 및 유도선 설치
   - 분리막 설치
   - 어셈블리 : 다웰바, 슬립바, 타이바
   - 철근 설치(CRCP)
2. 콘크리트 포설
   - 생산 : 플랜트생산능력, 차량대수
   - 운반 : 덤프트럭, 운반시간 1.5hr
   - 포설 : 1차 백호, 2차 피니셔
   - 다짐 : 피니셔 자동다짐
   - 마무리 : 1차 평탄, 2차 거친 면(타이닝, 그루빙)
3. 양생
   - 양생제 살포 및 양생
   - 줄눈 커팅 : 24hr 이내
4. 교통개방

아스팔트콘크리트포장

1. 파손유형
   - 국부적 균열 : 종방향, 횡방향, 망상
   - 단차 : 지반침하, 포장침하
   - 변형 : 소성변형, Creep변형
   - 마모 : 표면의 마모, 박리
   - 붕괴 : 포트홀, 라벨링, 지반침하
   - 기타 : Pumping, 동결, 융기
2. 원인 : 포장층, 지반, 유지관리, 환경
3. 방지대책
   - 개질아스팔트 사용
   - 시험포장 실시
   - 운반 및 포설, 다짐관리 철저
4. 유지 및 보수대책
   - 유지공법 : 부분재포장, 패칭, 표면처리, 절삭
   - 보수공법 : Overlay, 절삭 후 Overlay, 전면 재포장, 화이트탑핑

시멘트콘크리트포장

1. 파손형태

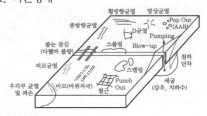

2. 방지대책
   - 설계 : 슬래브두께
   - 시공 : 포장체, 지반
   - 유지관리 : 예방적 유지관리
3. 보수대책
   - 유지관리공법 : 균열부 실링, 그루빙
   - 보수공법 : 단면보수, 다웰바 재설치
   - 지반보강공법 : 지반그라우팅, 치환

1 포장 일반

1 포장층의 구성 및 기능

1) 포장층의 구성

표층 T=5cm ← 택코팅
중간층 T=5cm ← 택코팅
기층 T=20cm ← 프라임코팅
보조기층 T=30cm

[아스팔트콘크리트포장]

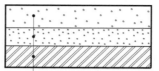

무근콘크리트 슬래브 T=30cm

린콘크리트 기층 T=15cm
(보조기층 T=30cm)

선택층(동상방지층) T=15cm

[무근콘크리트포장]

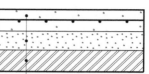

철근콘크리트 슬래브 T=30cm

린콘크리트 기층 T=15cm
(보조기층 T=30cm)

선택층(동상방지층) T=15cm

[철근콘크리트포장]

2) 기능 및 역할

ACP(가요성 포장)		CCP(강성 포장)	
포장층	기능 및 역할	포장층	기능 및 역할
표층	• 교통하중 일부 지지	슬래브	• 교통하중 직접 지지
기층	• 교통하중 일부 지지 • 하중을 분산시켜 보조기층에 전달	린콘크리트	• 슬래브와 일체로 하중지지
보조기층	• 교통하중 분산 및 노상 전달 • 노상토 침입 방지 • 배수기능 • 시공장비 작업로 제공	보조기층	• 상부슬래브 균일한 지지력 확보 • 노상반력계수(k) 증대(침하 감소)
특징	• 포장층 일체 하중지지	특징	• 슬래브 자체 하중지지

2 포장형식 선정 시 고려사항 교, 토, 기, 생－인, 포, 교, 친

1) 우선적

  (1) **교통조건** : 총교통량, 공용성, 중차량 통행 여부

  (2) **토질조건** : 연약지반, 절토부 및 성토부, 절성경계부

(3) **기후조건** : 강우량, 눈, 얼음 → 동결융해 고려, 제설작업 시 표층 손상

(4) **생애주기비용(LCC)** : 시공비용, 유지관리비용, 내구수명 고려

2) 부가적

(1) 인접 지역 포장의 포장형식과 공용성 비교 검토

(2) 포장재료, 장비의 확보 용이성 여부

(3) **교통안전 고려** : 도로조명반사, 표면미끄럼저항

(4) 친환경포장, 해당 지방자치단체의 포장형식 선호도

3 가요성 포장과 강성 포장의 차이점 `교, 내, 지, 시, 장, 소, 유`

구분	ACP(가요성 포장)	CCP(강성 포장)
교통하중 지지방식	교통하중 / 분산지지 표층 기층 보조기층 노상 · 응력분포 포장층 일체 지지	교통하중 / 직접지지 슬래브 → 압축 ← / → 인장 ← 보조기층 노상 · 응력분포 슬래브 자체 지지
내구성	5~10년, 불량	20~40년, 양호
지반적응성 (적용도로)	좋음, 연약지반 유리, 중차량 小, 조기 교통개방, 확장구간	나쁨, 절성경계부 유리, 중차량 大
시공성	시공 용이, 품질관리 용이	시공 복잡, 품질관리 어려움
장비, 자재	포설, 아스팔트	타설, 콘크리트
소음, 진동(주행)	적음	큼
유지관리비용	많음	적음

4 포장의 종류

1) 일반적 포장

(1) 가요성 포장(ACP)

① 풀뎁스아스팔트포장(Full Depth Asphalt Pavement) : 표층, 기층, 보조기층 등 전층이 가열아스팔트혼합물로 구성

② 복층구조포장(Layered Structure) : 개질재 등을 이용한 다른 구조의 층 구성

③ 개질아스팔트포장 : SMA, SBS, 캠크리트

(2) 강성 포장(CCP)

① JCP(무근콘크리트포장＝줄눈콘크리트포장) : 2차 응력 균열 줄눈제어

② CRCP(연속철근콘크리트포장) : 2차 응력 균열 철근제어

③ PTCP(프리스트레스콘크리트포장) : 철근+강선 Prestress 이용

(3) 합성 단면포장

① 교면포장 : 구스아스팔트포장, LMC포장(Latex Modified Concrete)

② CCP 위에 ACP 덧씌우기 : 반사균열

③ 화이트탑핑(White Topping) : ACP 위에 CCP포장

2) 기능적 포장

(1) 투수성 포장 : 지반침투, 증발 → 강성 小, 도심지 홍수 방지, 보도포장

(2) 배수성 포장(저소음포장) : 표층침투, 기층 불투수 → 차량소음 저감, 수막현상 감소

3) 특수포장

(1) 반강성 포장 : 큰 공극 가요성 포장+시멘트 채움

(2) RCCP포장 : 댐, 주차장, 농로 → 강도 적음, 빈배합콘크리트

(3) 재생포장

① 표층재생포장 : Reshape(재시공), Remix(혼합), Repave(재포설)

② 기층재생포장

5 노상 및 보조기층 안정처리방법 물, 첨, 기

1) 목적

노상 및 보조기층의 지지력이 부족할 때 물리적 또는 첨가제에 의한 방법으로 지지력을 확보하는 방법

2) 물리적 방법

(1) 입도조정방법 : 양질의 토사나 골재 혼입 후 다짐 실시, 다짐도(γ_{dmax}) 95% 이상

(2) 치환공법 : 양질의 토사나 골재로 치환 실시

(3) 함수비조절공법 : 지반을 긁어 일으켜 건조

(4) 다짐공법 : 추가다짐 실시

3) 첨가제에 의한 방법

(1) 역청재안정처리방법 : 보조기층에 역청재를 상온에서 혼합하여 포설

(2) 시멘트안정처리공법 : 시멘트(3% 정도)를 균일하게 혼합 후 다짐, 양생 실시

(3) 생석회안정처리공법 : 노상에 생석회를 혼입 후 다짐 실시, 장기간 양생

4) 기타(Macadam공법)

(1) **원리** : 주골재($\phi 50 \sim 100mm$)를 고르게 깔고 다짐 후 그 위에 세립분을 포설하여 간극을 채워 다짐하여 지지력을 확보하는 공법

(2) **세립분의 종류** : 석분, 모래, 쐐기골재

6 도로평탄성관리방법

1) 평탄성지수의 종류와 특징 및 측정방법(포장 완성면)

구분	PrI	IRI
개념	7.6m 프로파일미터로 측정한 지수	APL(도로종단분석기)장비를 차량에 장착하여 레이저로 측정한 지수
특징	전통적 방법, 국내 많이 사용	국제적 사용지수
단위	mm/km	m/km
측정오차	큼(신뢰성 낮음)	적음(신뢰성 높음)
계산	직접 계산(단순)	APL장비 컴퓨터 연결 출력
측정장비 및 방법	7.6m 프로파일미터를 이용하여 인력으로 끌어서 측정하므로 측정시간이 김	APL장비를 차량에 부착하여 측정하므로 측정시간이 짧음(시속 80km/h)
교통(기존 도로)	측정차선 차단	영향 없음(차량측정)

※ QI : 국내 국도포장의 평가지수

2) 관리기준 및 관리방법(PrI)

구분	관리기준	측정방법
횡방향	• 요철 5mm 이하	• 3m 직선자
종방향	• ACP토공부 100mm/km 이하 • CCP토공부 160mm/km 이하 • 교량접속부 240mm/km 이하	• 7.6m 프로파일미터장비

3) 평탄성측정방법(PrI)

(1) **7.6m 프로파일미터 측정위치** : 차선(줄눈)에서 1.0m 이격 – 종방향

(2) **3m 직선자** : 횡방향으로 이동하면서 측정, 기록 – 횡방향

(3) **측정속도** : 보행속도 이하(4km/h 정도)

$$평탄성지수 \ \mathrm{Pr}I = \frac{\sum (h_1 + h_2 + \cdots + h_n)}{L(총측정거리)} \ [mm/km]$$

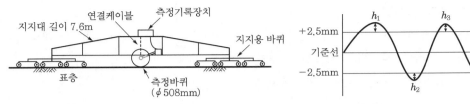

[7.6m 프로파일미터 평탄성 측정]　　　　　　[7.6m 프로파일미터 측정기록지]

4) 평탄성 불량 시 대책

(1) 불량 부분 제거 후 재시공

(2) 콘크리트포장 : 그라인딩 실시

(3) 아스팔트포장 : 팽창 후 재시공

Tip 개선방안 : 준공 2개월 전에 포장을 완료하여 불량구간의 보수공사기간 확보

> **✒ 포장 완성노면의 검사항목**
>
> ① 공통 : 평탄성검사, 균열검사(폭, 깊이), 규격검사(폭, 두께), 표면상태(바퀴자국, 패임)
> ② 가요성 포장혼합물 : 다짐도, 두께, AP량
> ③ 강성 포장이음 : Cold Joint, 포장체의 일체성

7 Proof Rolling(노상 및 보조기층 완성면 평탄성관리)

1) 정의

노상 및 보조기층의 완성면에 만재한 15t 덤프트럭을 주행하면서 육안으로 변형(침하)을 조사하고, 변형량은 벤겔만빔시험(Benkelman beam)으로 측정하는 방법

2) 목적

변형량 측정(침하량), 평탄성관리, 다짐도 확인

3) 시험방법

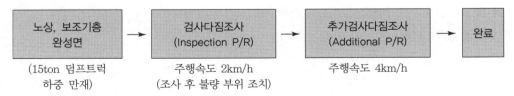

(1) 시험대상 : 노상 완성면, 입도조정기층(보조기층) 완성면

(2) 사용장비

　① 15t 덤프트럭(하중 만재) 또는 타이어롤러의 복륜하중은 5t 이상
　② 타이어접지압은 $q=0.55MPa$ 이상

(3) **검사다짐조사** : 주행속도 2km/h로 주행하면서 육안조사 실시(전구간 3회 이상)

　　→ 변형이 확인되는 곳은 락카(래커)로 표시

(4) 육안조사 시 의심 가는 부위는 벤켈만빔시험으로 변형량 측정

(5) **변형량관리기준** : 노상변형량 5mm 이하, 보조기층 3mm 이하

(6) **추가다짐조사** : 불량 부위 조치 후 시속 4km/h로 주행하면서 육안조사 실시

4) 불량 부위 조치방안

(1) 재다짐 실시

(2) 함수량이 많은 곳은 함수량 조절 후 재다짐 실시

(3) 재료가 불량한 부위에는 양질의 재료로 치환 실시

2 가요성 포장

1 가요성 아스팔트의 구성

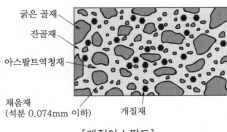

굵은 골재
잔골재
아스팔트역청재
채움재
(석분 0.074mm 이하)
개질재

[개질아스팔트]

① 일반아스팔트 = 골재 + 역청재 + 채움재
② 개질아스팔트 = 일반아스팔트 + 개질재
③ 전단강도 증가 : $\tau_f = c + \sigma \tan \phi$
④ 점도(바인더) 증가 : c 증가 → SBS
⑤ 골재 맞물림 증가 : ϕ 증가 → SMA

2 아스팔트재료

1) 아스팔트역청재

구분	유화(유제)아스팔트	컷백아스팔트
정의	• 아스팔트 + 물 혼합 • 골재에 접착 후 수분 증발	• 아스팔트 + 석유 혼합 • 골재에 접착 후 석유 증발
종류	• RSC-3, RSC-4	• MC-1(등유), RC-1(휘발유)
특징	• 양생 24시간 • 골재표면 부착성이 좋음 • 내구성 및 안정성 저하	• 양생 48시간 • 강우 시 유출로 농작물 피해 • 석유 휘발로 발암물질 배출

2) 성능개선재(개질재)

(1) 목적

① 소성변형 억제 및 균열 저항성 증가

② 유동성 및 강도 증가로 내구성 증대, 내구수명 연장

☞ 개질아스팔트는 골재입도 개선과 개질재의 혼합 사용으로 성능 개선

(2) 개질재의 종류 및 효과

① 채움재(석분, 카본블랙) : 소성변형 방지

② 고무(천연고무, 합성고무, 재생폐타이어고무) : 점성 및 강성 증가

③ 플라스틱(폴리에틸렌), 산화제(캠크리트) : 강성 증가

④ 섬유(석면, 폴리프로필렌, 유리섬유) : 인장강도, 점착력 증가

⑤ 산화방지제, 폐기물(폐타이어), 기타

(3) 개질아스팔트의 종류 및 특징

① SMA(Stone Mastic Asphalt, 스톤매스틱아스팔트)

ㄱ 특징

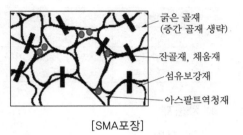

[SMA포장]

- 중간 골재를 생략
- 골재비율 : 굵은 골재 : 세골재＝9 : 1
- 굵은 골재 8~13mm 사용
- 골재 간의 맞물림(ϕ)효과 증대, 섬유보
  강재 점도 증가(c) → 전단강도 증대

ㄴ 주의사항

- 다짐 및 온도관리
  - 1차 머캐덤 왕복 3회(온도 140~160℃)
  - 2차 탠덤 왕복 3회(온도 110~140℃)
  - 타이어롤러 사용하지 않음(바퀴자국, 접착)
- 비용이 고가로 교량 교면포장에 사용

② SBS(Superphalt)

ㄱ 고무 사용으로 점성과 강성 증가 → 소성변형 억제, 균열 감소, 미끄럼 저항성

ㄴ 타이어롤러에 식물성 기름 사용(경유 사용금지)

ㄷ 도로 및 교면포장 사용

③ SBR

ㄱ 열경화성 고무 사용 → 내마모성 증대, 미끄럼 저항성 증대, 유동포장

ㄴ 타이어롤러다짐은 제외(고무가 타이어에 부착됨)

ㄷ 교면포장 사용

④ Chemcrete(캠크리트)

ㄱ 금속촉매를 이용하여 AP(역청재)를 화학적으로 산화시켜 AP의 경도를 증가시킨
  화학적 개질재

ㄴ 소성변형 억제효과가 커서 기층에 사용 유리

ㄷ 저온균열 저항성이 약하므로 표층에 사용금지

⑤ CRM(Crumb Rubber Modified, 폐타이어 개질아스팔트포장)

ㄱ 정의 : 폐타이어를 상온에서 분쇄한 고무분말을 혼합한 개질아스팔트

ㄴ 고온에서 높은 점도(일반아스팔트 100배) → 소성변형에 저항성 大

ㄷ 저온에서 낮은 강성 → 저온균열 저항성 大

ㄹ 타이어롤러다짐은 제외(고무가 타이어에 부착됨)

3) 골재

▶ 골재입도에 따른 혼합물의 분류

구분	밀입도	개립도	갭입도
입도	입도분포 양호	일정한 입도골재	중간 크기 골재 생략
혼합물 (포장)	• 일반 19mm 이하 • 대립형 25mm 이하	배수성, 투수성 포장 → 소음 감소	SMA

4) 채움재

(1) 목적

공극 채움 → AP량 감소 → 소성변형 감소, 강성 증대, 균열 저감

(2) 종류 : 석분(Filler), 플라이애시

※ 0.074mm 이하의 미세분말

(3) 시공관리

① 수분 1% 이하 : 초과 시 뭉침현상 발생

② 비중 2.6 이상 : 이하 시 비산 발생

✏️ **최적배합설계 시험값**

① 마샬다짐시험 : 공극률 3~6%, 포화도 70~85%,

② 마샬안정도시험 : 안정도 760 이상(공시체파괴강도값), 흐름값 20~40(파괴 시 변형값)

③ 침입도시험

  ㉠ 표준조건하에서 온도 25℃, 하중 100g, 5초 동안에 침이 관입되는 깊이

  ㉡ 침입도 1=0.01cm 관입

  ㉢ 침입도기준 : 보통 15, 한랭지방 20~30, 온난지방 10~20

✏️ **Flushing현상**

① AP량이 많아 번질번질하며 흘러내리는 현상, 비균질하면 재료분리 발생

② 대책 : 균질교반 실시, 생산 및 다짐 시 온도 준수, 섬유보강재 투입

---

3 시험포장

1) 목적

(1) 최적아스팔트함량 결정, 다짐도 확인, 포설두께 결정, 다짐 후 밀도 확인

(2) 다짐장비 및 방법 선정

(3) 플랜트 배합 및 현장 포설 시 온도의 적정성 확인

2) 시험포장의 흐름

| 시험포장계획 | → | 시험포장 | → | 결과의 정리 및 분석 | → | 최적구간 결정 |

3) 시험포장방법

(1) 시험준비

① 포장공사시방기준 및 설계도서의 파악 → 시험포장계획 수립
② 품질시험방법 및 빈도계획 : 온도, 공극률, 아스팔트함량, 두께, 평탄성
③ 시험포장위치의 선정 및 면적(약 500m² 정도)

(2) 시험포장방법(표층기준 T = 5cm)

① 시험포장위치 선정 : ○○도로현장, STA.3+100지점
② 시험구간 다짐두께 및 다짐횟수

  ㉠ 총 6개 구간(L=180m 필요) : 폭 1차선(3.5m), 길이 30m
  ㉡ 3개 구간은 다짐두께 변경, 3개 구간은 다짐횟수 변경
  ㉢ 6-8-6은 머캐덤 6회, 타이어 8회, 탠덤 6회 실시

3.5m	ⓐ t=5.5cm 다짐 6-8-6	ⓑ t=6.5cm 다짐 6-8-6	ⓒ t=7.0cm 다짐 6-8-6
	30m	30m	30m

3.5m	ⓓ t=6.5cm 다짐 4-8-4	ⓔ t=6.5cm 다짐 6-8-6	ⓕ t=6.5cm 다짐 8-10-8
	30m	30m	30m

여기서, L=180m, t : 다짐두께(cm), 다짐률 20~30% 예상

[시험포장구간(STA.3+100지점)]

③ 다짐장비 및 온도관리

장비명	장비규격	전압수위	다짐온도(℃)	비고
머캐덤롤러	10ton	초기전압	110~140	생산온도 140~170℃
타이어롤러	15ton	중간전압	80~110	
탠덤롤러	8ton	완성전압	60~80	

④ 시험포장 시 플랜트형식 및 능력 파악
⑤ 투입장비 제원 등 파악 : 피니셔, 다짐롤러, 덤프트럭, 디스트리뷰터

(3) 시험포장결과의 정리 및 분석

① 6개 구간(ⓐ~ⓕ)별 포설두께와 다짐횟수의 작성
② 혼합물배합설계의 각종 현장 시험결과 확인

(4) 시험포장 최적구간의 최종 결정

① 6개 구간 중 표층다짐두께(t) 5cm 이상, 다짐도($\gamma_{d\max}$) 96% 이상 구간

② 최소의 다짐횟수구간

③ 품질시험결과의 합격구간

→ 위 조건을 만족하는 구간을 결정하여 적용

4 시공관리

1) 시공순서

준비작업	→	생산 및 운반	→	포설	→	다짐 및 교통개방
보조기층상태, 택·프라임코팅, 시험포장, 측량 실시		공장 검수 및 공급능력, 운반차량보유대수		피니셔 1일 포설량, 기상조건 확인		다짐횟수, 평탄성 확인

2) 단계별 시공관리 〔생, 운, 포, 다〕

(1) 준비단계

① 시공계획 수립 : 시방서 및 설계도서, 시험포장 검토

② 측량 및 유도선 설치 : 광파측량 및 레벨측량 실시하여 롱스키 설치

③ 보조기층 : 프루프롤링 실시로 평탄성 확인, 다짐도 확인

(2) 시험포장 실시

① 배처플랜트 생산능력 확인, 1일 포장계획 수립

② 시험포장 포설두께 및 다짐횟수 결정

(3) 장비 선정

① 생산장비 : 배처플랜트(정치식 160ton/h) 1대

② 운반장비 : 덤프트럭(15ton) 8대

③ 포설장비 : 피니셔(자주식 폭 3~4.8m) 1대, 택코팅 - 디스트리뷰터(자주식 2,000L) 1대

④ 다짐장비 : 머캐덤롤러(자주식 10ton) 1대, 타이어롤러(자주식 15ton) 1대, 탠덤롤러
(자주식 8ton) 1대

(4) 프라임코팅 및 택코팅

① 프라임코팅 : 아스팔트량 1.0~2.0ℓ/m^2 살포, 양생 24시간(RSC-3) 이상

② 택코팅 : 아스팔트량 0.2~0.6ℓ/m^2 살포, 양생 2시간(RSC-4) 이상

③ 기온이 10℃ 이하 살포금지, 균일하게 살포 및 과다살포 시 제거

④ 측구경계석에 묻지 않도록 살포

(5) 생산

① 생산공장은 사전방문하여 플랜트의 생산능력 및 품질 등 확인
② 포장 당일 아스콘의 물량을 파악하여 적절한 공급 유무 고려

(6) 운반

① 덤프트럭은 온도가 저하되지 않도록 덮개 설치
② 아스콘이 적정하게 공급되도록 플랜트장과 수시로 전화연락

(7) 포설

① 시공을 중지하는 경우 : 비가 내리는 경우, 기온이 5℃ 이하, 안개 낀 날, 표면이 얼어 있는 경우
② 자동센서를 부착한 피니셔 사용
③ 포설 시 온도가 20℃ 이상 낮을 경우 혼합물은 폐기
④ 포설방법
　㉠ 종단방향은 낮은 곳에서 높은 곳으로 포설
　㉡ 넓은 지역은 노면이 낮은 곳에서 높은 곳으로 포설
　㉢ 직선구간과 편경사구간은 도로 중심선에 평행하게 포설

(8) 다짐 및 온도관리

① 다짐 및 온도관리

구분	목적	장비규격	다짐온도(℃)	비고
1차	평탄성	머캐덤롤러 10ton	110~140	생산온도 140~170℃
2차	밀도, 맞물림	타이어롤러 15ton	80~110	
3차	평탄성	탠덤롤러 8ton	60~80	

② 다짐작업 완료 후 양생기간 동안 포장면은 세워두지 말 것
③ 왕복주행 시 횡방향으로 15cm 정도 겹치도록 다짐 실시

(9) 이음

① 아래층과 위층의 가로이음의 위치는 1m 이상, 세로이음의 위치는 0.15m 이상 어긋나도록 설치
② 표층은 라인마킹과 일치되게 설치

[이음부포장 – 다짐 전]

(10) 마무리

① 횡방향 3m 직선자, 종방향 PrI로 평탄성시험 실시
② 비가 온 경우 고임 부분은 백묵으로 표시하여 보수조치

(11) 교통개방 : 24시간 이상, 표면의 온도가 40℃ 이하

(12) 품질관리

① 매 층 3,000m²마다 코어를 채취하여 두께 측정, 다짐도($\gamma_{d\max}$) 96% 이상

② 마무리면은 PrI 평탄성시험 실시

(13) 안전관리

① 피니셔 및 덤프트럭 후진 시 협착 및 충돌위험 → 장비유도신호수 배치

② 다짐작업 시 롤러에 충돌위험 → 접근금지

(14) 환경관리

① 피니셔 및 덤프트럭의 작업소음, 진동관리

② 덤프트럭의 고속주행으로 비산먼지 발생

5 파손(파괴) 및 대책

1) 아스팔트포장 파손 및 대책

(1) 파손유형 　국, 단, 변, 마, 붕, 기

① 국부적 균열 : 종방향 균열(바퀴 패임), 횡방향 균열(온도), 망상균열, 헤어크랙, 반사균열

② 단차 : 지반침하단차, 포장침하단차, 구조물구간침하단차

③ 변형 : 소성변형(바퀴자국), Creep변형, 블리딩

④ 마모 : 표면의 마모, 박리

⑤ 붕괴 : 포트홀, 라벨링(골재 이탈), 지반침하 파손, Pumping

⑥ 기타 : 전면적 균열, 지반동결융기, 융해침하 파손

(2) 원인

① 포장층

　ㄱ 생산 : 배합설계 불량, AP량의 과다, 골재규격 불량

　ㄴ 운반 : 운반 시 온도 저하

　ㄷ 포설 : 이음부(종·횡)의 처리불량, 동절기 무리한 시공, 비 올 때 시공

　ㄹ 다짐 : 다짐장비 선정 및 다짐작업 불량

② 지반 : 노상 및 노체의 침하, 지하수 유입 지반연약화

③ 유지관리 : 중차량 통행, 과적차량관리 미흡, 초기에 보수 미흡

④ 환경 : 빈번한 강우(포트홀, 지반연약화), 기온 저하(겨울철 – 저온균열), 기온 증가
(여름철 – 소성변형)

(3) 방지대책

① 개질아스팔트 사용 : SMA, 캠크리트, CRM아스팔트

② 시험포장 실시로 시공계획 수립

③ 운반 및 포설

    ㉠ 운반포설 시 온도관리 철저

    ㉡ 동절기, 비 올 때 무리한 시공금지

    ㉢ 적정 다짐장비 선정 및 다짐횟수 준수

(4) 유지 및 보수대책 `부, 패, 표, 절 - 오, 절, 전, 화`

① 유지공법

    ㉠ 부분재포장 : 부분적으로 파손 정도가 심한 경우

    ㉡ 패칭(Patching) : 소규모 포장 파손 보수($10m^2$ 이하), 포트홀, 단차, 균열

    ㉢ 표면 처리 : 국부적 균열, 마모, 단차 → 표면 2.5cm 이하의 Sealing층 형성

    ㉣ 절삭(Milling) : 소성변형의 노면 상승 시 절삭, 평탄성 확보

② 보수공법

    ㉠ Overlay(덧씌우기) : 기존 포장의 강도 보강, 균열 보수, 평탄성 확보

    ㉡ 절삭 후 Overlay(덧씌우기) : 변형이 심한 경우

    ㉢ 전면 재포장 : 보수공법으로 유지할 수 없는 경우

    ㉣ White Topping : 아스팔트 위에 콘크리트포장 덧씌우기 보수

(5) 지반 보강대책

① 지반 보강 : 양질토 치환, 지반그라우팅 실시, 연약지반 처리

② 배수 처리 : 유공관 및 배수시설 설치, 지하수 유입 방지

③ 동결 방지 : 동상방지층 설치, 차단층 설치

2) 소성변형(rutting)

(1) 개요

① 가요성 포장의 온도 증가로 차량하중에 의한 바퀴자국(침하) 또는 밀림현상

② 공극 감소론 : 체적 감소 → 공극률 3% 이상, AP량이 많아서 침하 발생

③ 전단변형론 : 체적 유지 → 공극률 3% 이하, 측방으로 밀려 올라옴

(2) 형태

① 러팅(rutting) : 차량바퀴 패임(침하) – 공극 3% 이상

② 쇼빙(shoving) : 밀림 – 차량진행방향 발생, 급정지, 급출발, 급커브구간

③ 콜루게이션(corrugation) : 물결모양 말림(횡방향) – 차량측면방향

(3) 문제점

① 포장의 조기 파손

② 수막현상 발생, 조향성 불량

③ 공용 후 1~3 이내 포장 파손의 70% 발생, 표층 및 기층에서 발생

(4) 원인

① 직접원인

ㄱ 골재입경이 작고 입도가 불량한 경우 많이 발생

ㄴ 혼합물의 AP함량 많음

ㄷ 포설두께의 과다 및 다짐 불충분

② 간접원인

ㄱ 과적차량통행 및 교통정체

ㄴ 여름철 기온 상승

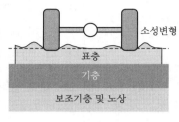

[소성변형(rutting)]

(5) 대책

① 재료

ㄱ 개질아스팔트 사용(SMA, 캠크리트)

ㄴ 격자형 토목섬유그리드 : 표층과 중간층 사이
   에 삽입

② 배합

ㄱ 혼합물의 AP함량을 적게, 공극률 3~5% 준수

ㄴ 골재입경이 큰 골재 및 입도가 양호한 골재 사용

③ 시공

ㄱ 동절기 및 여름철 포장작업 지양

ㄴ 시험포장에 다른 포설두께 및 다짐횟수 준수

④ 유지관리

ㄱ 과적차량통행 제한, 교통정체 해소

ㄴ 국제적 기후협약 준수(기온 상승 방지)

[격자형 그리드 설치]

3) 포트홀(Pot Hole)

(1) 개요

① 아스팔트포장의 표면에 골재 탈리로 포트형태의 패인 파손

② 발생과정 : 거북등균열 → 강우 침투 → 골재 부착성 저하
   → 차량통행 충격 → 골재 탈리 → 반복 → 포트홀

(2) 주요 발생장소 및 시기

① 교량 시・종점부구간 또는 강교 교면포장구간

② 중차량통행구간

③ 강수량이 많고 기온이 낮은 경우

④ 연약지반구간의 침하

[포트홀]

(3) 원인

① 직접원인

㉠ 상부에서 균열부에 강우 침투로 발생

㉡ 하부 노상에서 물의 침투로 지반연약화에 의한 발생

② 간접원인

㉠ 배합설계의 불량 : AP량의 부족

㉡ 시공오류 : 겨울철 무리한 시공

(4) 대책

① 방지대책

㉠ 도로 노상의 양질의 토사로 모세관현상 방지

㉡ 배수공 철저 시공

㉢ 교량부 등 개질아스팔트 사용, 이음부 최소화

② 보수대책

㉠ 포대아스콘, 유화아스팔트 보수

㉡ 배수공시설 추가 설치

㉢ 지반그라우팅으로 침하 방지

3 강성 포장

1 종류 및 특징

1) 종류

(1) 무근콘크리트포장(JCP : Jointed Concrete Pavement) – 줄눈콘크리트포장

(2) 철근콘크리트포장(JRCP : Jointed Reinforced Concrete Pavement)

(3) 연속철근콘크리트포장(CRCP : Continuously Reinforced Concrete Pavement)

(4) 프리스트레스콘크리트포장(PCP : Prestressed Concrete Pavement, PTCP : Post-Tensioned Concrete Pavement System)

(5) 롤러다짐콘크리트포장(RCCP : Roller Compacted Concrete Pavement)

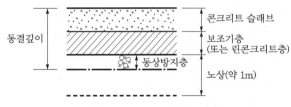

[시멘트콘크리트포장의 구성]

2) 종류별 특징

구분	JCP	CRCP	PCP(PTCP)
구성	무근(줄눈)	연속철근	PSC(철근＋강선)
2차 응력제어 (균열)	• 이음 • 팽창줄눈 240m • 수축줄눈 4~6m	• 철근 • 팽창줄눈 240m • 수축줄눈 불필요	• 철근, 강선 • 정착조인트 120m
내구성 (중차량 적응도)	양호	양호	매우 양호
승차감	불량(이음부)	양호	양호
시공성	줄눈 설치	철근 배근	PS정착작업
유지보수	• 유지보수빈도 많음 • 간단	• 유지보수빈도 낮음 • 복잡	• 유지보수빈도 낮음 • 매우 복잡(강선)
덧씌우기 보수	반사균열 많음	반사균열 적음	반사균열 적음
실례	중부고속도로	중부내륙고속도로	동해고속도로 (주문진~속초)

2 시공관리

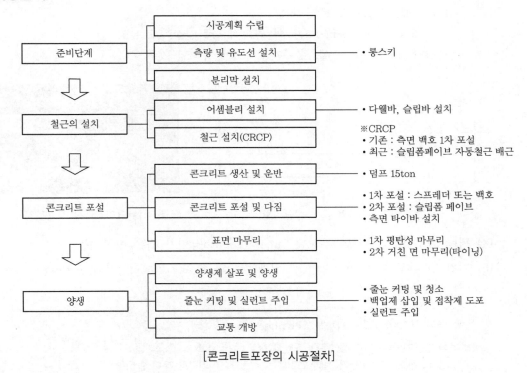

[콘크리트포장의 시공절차]

1) 포장 시공준비

(1) **시공계획 수립** : 시공계획서 작성, 시험포장, 장비조합, 교통통제

(2) **측량 및 유도선 설치** : 롱스키 설치

(3) **분리막 설치** : 폴리에틸렌필름

(4) **다웰바, 슬립바 설치** : 간격, 위치 등 어셈블리가 움직이지 않도록 주의

2) 콘크리트 포설

(1) **콘크리트 생산**

① 골재 생산 시 흙, 나무뿌리 등 이물질 제거 → 포장면에 포트홀 발생

② 플랜트장과 현장 간 유기적 연락체계 : 슬럼프 및 생산공급이 원활하도록

(2) **콘크리트 운반**

① 생산에서 포설 시까지 1시간 30분 이내

② 최초 적재 시 적재함의 흙, 불순물 등 세척 실시

(3) 콘크리트 포설 및 다짐

① 1차 포설 : 백호로 고르게 포설

② 2차 포설 : Slip Form Paver의 연속적으로 일정속도 유지

③ 편경사 및 곡선부 포설 시 두께, 속도에 유의할 것

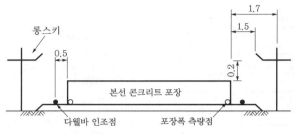

[유도선(롱스키) 및 줄눈 절단위치]

[콘크리트포장 시공전경]

(4) 평탄 마무리 : 피니셔에 부착된 Super Smooth장비가 좌우 반복이동

(5) 거친 면 마무리 : 타이닝작업 시 기계(빗살의 폭 20~30mm, 깊이 3~6mm) 또는 인력 (비, 솔)으로 마무리

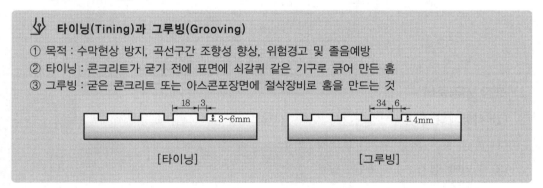

타이닝(Tining)과 그루빙(Grooving)

① 목적 : 수막현상 방지, 곡선구간 조향성 향상, 위험경고 및 졸음예방

② 타이닝 : 콘크리트가 굳기 전에 표면에 쇠갈퀴 같은 기구로 긁어 만든 홈

③ 그루빙 : 굳은 콘크리트 또는 아스콘포장면에 절삭장비로 홈을 만드는 것

[타이닝]   [그루빙]

3) 양생관리

(1) 양생제 살포 : 마무리 후 5분 이내 살포, 살포량 $1.5\ell/m^2$

(2) 줄눈 : 커팅할 부위 타이닝금지, 절단시기 준수(4~24h)

(3) 교통개방 : 28일 강도 확보 후 통행

4) 품질관리

(1) 슬립폼페이버 포설 시 슬럼프값 : 10~60mm, 1일 3회 이상 측정

(2) 평탄성 측정 : PrI, IRR

5) 안전관리

덤프 후진 및 피니셔장비의 협착 및 충돌위험 주의

6) 환경관리

작업장비의 소음·진동관리

3 분리막 및 양생

1) 분리막

(1) 기능

① 슬래브와 보조기층과의 마찰력 감소 → 2차 응력제어

② 모관수 상승 방지(Pumping 방지), 분니현상 방지

(2) 특징

① 무근콘크리트포장에 적용

② 비닐(폴리에틸렌필름), 석분, 플라이애시 등 재료 사용

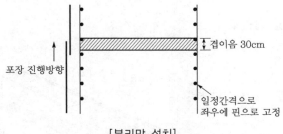

[분리막 설치]

2) 양생

(1) 종류

① 초기양생(12시간 전) : 피막양생, 삼각지붕양생

② 후기양생(12시간 후) : 습윤양생(여름), 온도제어양생(겨울)

(2) 피막양생

① 수분 증발 억제 → 소성수축, 건조수축균열 방지

② 살포량 : 0.4~0.5ℓ/m^2, 1회 이상 살포, 표면의 물기가 없어진 직후에 살포

③ 과다살포 시 문제 : 강도발현 지연, 수화열 증가로 온도균열 발생

(3) 삼각지붕양생 : 차광막을 설치하여 바람과 직사광선 차단 → 소성수축균열 방지

(4) 습윤양생 : 1차 피막양생(12시간 정도) 후 2차 습윤양생 5일간 실시

4 이음(줄눈)

1) 줄눈의 종류 및 특징

구분	가로팽창이음 (Slip Bar)	가로수축이음 (Dowel Bar)	세로수축이음 (Tie Bar)
역할	• 팽창공간 확보 • 하중전달 • Blow Up 방지	• 2차 응력 균열 방지(온도, 건조수축, Creep)	• 뒤틀림 방지 • 인접 차선과 단차 방지
간격	• 10~5월 : 60~240m • 6~9월 : 240~480m	• 4~6m	• 3.25~4.5m(차선)
위치	횡방향	횡방향	종방향
시공법	• D32mm, 원형철근 • L=50cm • 간격 30cm 설치	• D32mm, 원형철근 • L=50cm • 간격 30cm 설치	• D16mm, 이형철근 • L=76cm • 간격 75cm 설치

☞ 시공이음은 1일 시공량 때문에 필요하며 팽창이음의 위치에 이음을 둠

2) 줄눈의 배치 및 단면도

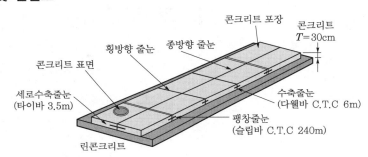

[포장줄눈 배치도]

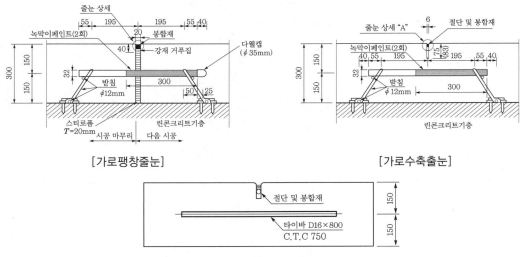

[가로팽창줄눈]　　　[가로수축출눈]

[세로수축줄눈(맹줄눈)]

3) 수축줄눈의 절단

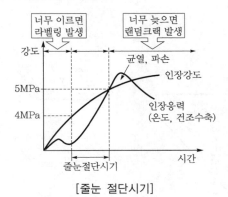

[줄눈 절단시기]

① 절단시기 : 24시간 이내, 강도 4~5MPa
② 주의사항
　ㄱ 너무 빠르면 라벨링(골재 이탈) 발생
　ㄴ 너무 늦으면 랜덤크랙 발생

4) 다웰바 시공불량유형 → 줄눈잠김현상, 스폴링 파손

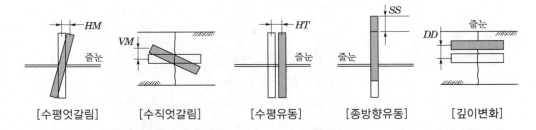

| [수평엇갈림] | [수직엇갈림] | [수평유동] | [종방향유동] | [깊이변화] |

✎ 스폴링(spalling)

① 정의 : 줄눈부의 신축작용이 안 되어 줄눈 단부가 파손되는 현상
② 원인 : 다웰바 설치의 불량, 절단위치 부적절, 줄눈부 이물질
③ 대책 : 절단시기 준수, 줄눈부 고압살수로 청소 실시

5 CCP포장 파손(손상) 및 대책

1) 콘크리트포장 손상의 종류 및 대책

(1) 손상의 종류

① 초기균열 : 72시간 내 발생하는 균열
　ㄱ 소성수축(건조수축)
　ㄴ 침하균열
　ㄷ 물리적 충격균열
　ㄹ 온도균열(수화열)
② 후기균열 및 파손
　ㄱ 균열 : 피로균열, 종·횡방향균열, D균열, 우각부균열 및 파손, 망상균열(지도균열)
　ㄴ 줄눈부 : 스폴링, 단차, 줄눈 잠김

ⓒ 포장면 : Scaling, 마모, Pop out

ⓔ Blow up, Pumping, Punch out

(2) 포장 파손형태

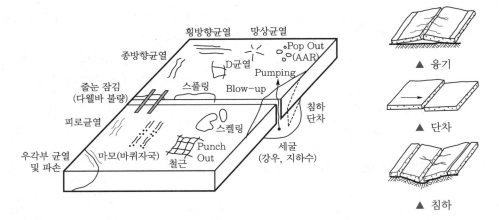

(3) 문제점

① 직접 : 도로 파손, 내구성 저하, 내구수명 저하

② 간접 : 평탄성 불량, 주행성 저하, 소음·진동 증가, 안전사고 유발

(4) 원인

① 초기균열

ⓐ 소성수축균열 : Bleeding < 증발속도인 경우, 피막양생 및 바람막이 미설치

ⓑ 침하균열 : 종방향 철근, 어셈블리구간 발생, 다짐 미흡

ⓒ 물리적 진동 및 충격

② 후기균열 및 파손

ⓐ 상부하중 : 중차량 및 과적차량통행, 피로하중

ⓑ 포장체 : 콘크리트 배합, 설계, 시공 등 불량, 포장두께의 부족

ⓒ 지반 : 지지력 부족, 동결융해에 의한 지반연약화

ⓓ 기타

• 적정 시기에 유지관리 불량

• 환경적 요인 : 온도, 산성비, 열화, 자동차 배기가스(CO_2)

(5) 방지대책(초기균열)

① 피막양생 실시 : 5분 이내 살포하고 사용량 준수

② 바람막이 설치 및 비닐로 덮을 것 → 소성수축 방지

③ 여름철 오전 11시~오후 5시 삼각지붕 및 차광막 설치(-15℃ 저감)

④ 줄눈 절단시기 준수 : 24시간 이내

(6) 방지대책(후기균열 및 파손)

① 설계

    ㉠ 중차량 증가에 대한 슬래브두께 증가

    ㉡ 취약구간 보강설계 실시 : 구조물 단차부, 연약지반 잔류침하, 교량접속부, 확장구간, 절성경계부

② 시공

    ㉠ 포장체 : 콘크리트 배합설계, 시공관리, 품질관리 철저

    ㉡ 지반 : 연약지반 개량, 노체 노상다짐도 확보, 동상방지층 설치

③ 유지관리

    ㉠ 예방적 유지관리 실시 : 사전점검 실시하여 초기에 보수

    ㉡ 과적차량점검 철저

(7) 보수대책

① 유지관리공법 : Sealing(균열보수 - 에폭시 주입, 충진), 균열부 줄눈재 설치, 표면절삭, 그루빙

② 보수공법

    ㉠ 전단면보수, 부분 단면보수, 하중전달장치 재설치(다웰바)

    ㉡ 덧씌우기, 재포장 실시, 슬래브 재킹

③ 지반보강공법 : 지반그라우팅 보강, 연약화지반 치환 실시, 배수처리시설 보강

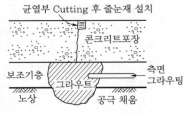

[균열부 줄눈재 설치 및 공극채움]

2) 팝아웃(Pop out)

(1) 정의

콘크리트 표면이 동결융해 및 AAR로 인하여 팝콘형태로 떨어져 나가는 현상

(2) 문제점

① 콘크리트 균열 발생 → 조기열화

② 강도 및 내구성 저하

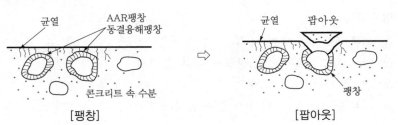

[팽창]   [팝아웃]

(3) 원인

① 동결융해 : 동결체적팽창(9%) → 제설제 포설로 동결융해의 가속화
② 알칼리골재반응(AAR)에 의한 팽창

(4) 대책

① 동결융해 저항제(AE제) 첨가 → 동결팽창 시 공기량쿠션효과로 흡수
② W/B비를 작게 할 것
③ 단위시멘트량을 적게 하고 저알칼리시멘트 사용
④ 고로슬래그혼화재 사용

3) 반사균열

(1) 정의

CCP포장 위에 ACP포장을 덧씌우기를 하였을 경우 CCP포장의 균열이 ACP포장에 전달되어 발생되는 현상

[반사균열형태]

[토목섬유 보강]

(2) 발생기구(Mechanism) 및 원인

① 균열 부위 발생 : 교통하중의 휨응력에 의해 발생(응력단차)
② 줄눈 부위 발생 : 교통하중의 전단응력에 의해 발생
③ 온도에 의해 발생 : 상부ACP팽창 大, 하부CCP팽창 小

(3) 문제점

① 소음 및 진동 발생, 주행성 저하, 교통사고 유발
② 포장 파손 가속화, 보수비용 증가

(4) 방지대책

① 기존 콘크리트균열 보수
② 경계부에 토목섬유를 삽입하여 분리, 차단
③ 덧씌우기 두께의 증가
④ 하부줄눈과 같은 위치에 줄눈 설치(절단)

4 합성 단면포장

1 교면포장

1) 교면포장의 구성

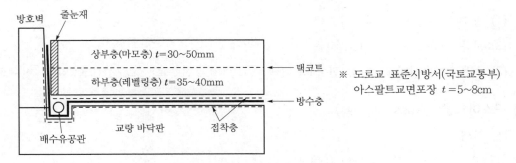

2) 역할

(1) 교량 상판의 부식 방지

(2) 내하력 손실을 방지

(3) 상판의 요철 정정

(4) 차량의 쾌적한 주행성 확보

3) 교면포장에 발생되는 문제점

(1) **응력단차 발생** : 교량 본체와 교면포장의 응력단차 발생

(2) 방수층 부착강도의 저하

(3) 침투수에 의한 강상판 및 콘크리트교 철근부식

(4) 진동에 의한 피로균열에 취약

4) 교면포장의 종류

(1) ACP

① 가열아스팔트포장 : 방수층 필요

② Guss Asphalt포장 : 자체 방수

③ 개질아스팔트포장 : SMA, SBS, SBR(고무혼입) → 방수층 필요

(2) CCP

① LMC(Latex Modified Concrete)포장 : 자체 방수

② 고성능콘크리트포장(HPC : High Performance Concrete) : 자체 방수

(3) **에폭시수지포장** : 방수층 필요 → 이순신대교

5) 가열혼합식 아스팔트포장

(1) 방수층 시공＋가열 혼합식 아스팔트

(2) 교량 슬래브의 요철을 고려하여 5~8cm가 좋음

6) 에폭시수지포장

(1) 방수층 시공＋에폭시수지포장

(2) 보통 0.3~1.0cm 두께로 시공

(3) 적용 : 이순신대교(2013, 현수교), 울산대교(2015, 현수교), 고군산대교(2016, 현수교)

7) 구스아스팔트(Guss Asphalt)

(1) 정의

① 고온아스팔트혼합물의 유동성을 이용하여 피니셔로 포설하는 방법으로 롤러다짐이 없음

② 구스아스팔트＝아스팔트＋골재＋열가소성수지(폴리에틸렌, 폴리프로필렌)

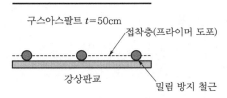

[구스아스팔트 교면포장]

(2) 특징

① 장점

ㄱ 유입식 타설　　ㄴ 방수성 매우 우수　　ㄷ 차량의 충격 저항성이 큼

ㄹ 강상판과 휨에 대한 호환성이 좋음　　ㅁ 시공 시 롤러다짐이 없음

② 단점(문제점)

ㄱ 시공 시 : 구스아스팔트 고온포설(300℃) → 강상판 열응력 유발, 잔류변형 발생

ㄴ 공용 시

• 골재 간 맞물림이 없어 중차량에 의한 소성변형(Rutting) 발생

• 여름철 강상판 고온에 의한 들뜸 발생 → 포트홀

> **Tip** 구스아스팔트 적용사례 : 광안대교(2003, 현수교, 트러스교, 강상판상형교), 인천대교(2009, 사장교)

8) LMC(Latax Modified Concrete, 라텍스콘크리트)

(1) 정의

① 일반시멘트콘크리트에 Latex를 첨가해서 만든 콘크리트

② 물 50%와 S/B폴리머 50%를 섞어 라텍스를 만들고 일반콘크리트를 혼합한 포장

(2) 방수층 형성의 원리

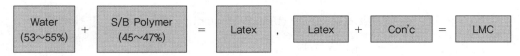

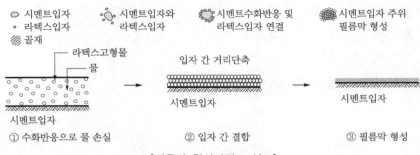

[필름막 형성과정 모식도]

(3) 특징

① 방수효과 우수

② 콘크리트 바닥면 압축강도 및 휨강도 증가 → 균열 발생 억제

③ 면포장두께 5cm

☞ 인천대교(2009) : LMC포장 적용

9) 고성능콘크리트포장(HPC : High Performance Concrete)

(1) 혼화재를 사용하여 수밀성과 강도를 증대시켜 수분을 차단하여 방수

(2) 자체 방수로 별도의 방수층이 필요 없음

▶ 교면포장공법의 비교

구분	일반가열아스팔트	구스아스팔트	LMC
재료	아스팔트+골재	아스팔트+골재+열가소성수지	라텍스+콘크리트
시공방법	• 피니셔 포설식 • 다짐롤러	• 피니셔 유입식 • 피니셔 자체 다짐	• 피니셔 타설식 • 피니셔 자체 다짐
방수성능	불량	방수성 우수	방수성 우수
방수층	별도 방수층	자체 방수	자체 방수
시공비	小	大	大
유지비용	大	小	小
적용	교량 모두	강상판교	콘크리트교

2 교면방수

1) 목적

(1) 교량 슬래브 강우의 침투 방지

(2) 강상판 및 철근의 부식 방지

(3) 교량의 내구성 및 내하력 저하 방지

2) 종류 포, 도, 침

(1) 포장식 : 구스아스팔트(강상판교), LMC포장(콘크리트교) ← 자체 방수

(2) 도포식

① 도막식 : 액상 → 에폭시계, 우레탄계, 아스팔트

② 시트식 : 고상 → 아스팔트시트

(3) 침투식(흡수 방지식)

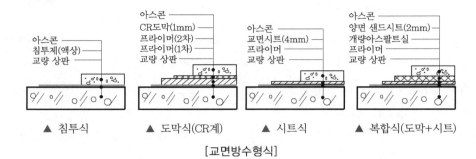

[교면방수형식]

3) 침투식(흡수 방지식)

(1) **정의** : 콘크리트 슬래브에 방수액을 살포하여 콘크리트에 침투시켜 방수막 형성

(2) **특징**

① 시공이 간편하고 비용 저렴

② 침투깊이 확인 곤란

4) 도막식

(1) **정의** : 합성고무로 이루어진 도막재 도포

(2) **특징**

① 콘크리트 슬래브와 접착성 우수

② 도막의 팽창으로 들뜸 발생

5) 시트식

(1) **정의** : 교량 슬래브에 접착제를 도포하고 방수시트를 부착하여 방수하는 공법

(2) **특징**

① 방수시트두께 2.0~4.0mm, 방수성능 우수

② 에어포켓 발생으로 들뜸 발생

6) 공통 주의사항

(1) 온도 0℃ 이하일 때 방수공사 중단

(2) 방수재 시공 중 비나 눈이 올 경우 작업 중단

5 친환경포장

1 재생포장(Pavement Recycling) ACP보수공법

1) 종류

(1) 표층재생

① 노상표층재생(Surface Recycling) : 현장 직접가열재생

Reshape(재시공)	Remix(혼합)	Repave(재포설)
기존 표층가열재생	기존 표층가열＋신재혼합	기존 표층＋첨가재 신재혼합물 덧씌우기
기존 포장	기존 포장	기존 포장

② 플랜트재생(Plant Recycling) : 공장운반재생

(2) 기층재생

① 노상기층재생공법 : 현장 직접가열재생
② 플랜트기층재생공법 : 공장운반재생

2) 시공순서(현장 가열재생) 가, 긁, 혼, 포, 다

조사, 교통통제, 장비조합

가열 → 긁어 일으킴 → 혼합(Remix) → 포설 → 다짐

차선도색, 교통개방

3) 시공요점 및 주의사항

(1) **조사단계** : 기존 포장상태, 맨홀, 전신주, 교통량, 구조물, 교량 신축이음

(2) **준비단계**

① 교통통제계획, 작업일정계획, 구간별 및 차선별 작업순서계획, 장비조합
② 맨홀높이 조치, 측량 실시, 도로 지장물의 사전조치

(3) **시공단계**

① 노면가열 : 표면온도 200℃ 이하
② 로더커터를 이용하여 소정의 깊이까지 천천히 긁어 일으킴 → 모터스위퍼로 청소
③ 신구혼합물 균질혼합 철저
④ 포설 후 다짐 실시 : 머캐덤, 타이어, 탠덤롤러

⑤ 시험 : 다짐도(γ_{dmax}) 96% 이상

(4) **마무리** : 라인마킹 및 교통개방

(5) **안전관리** : 차량정체를 고려하여 야간작업 시 안전관리에 유의

2 중온아스팔트포장(폼드아스팔트포장)

1) 원리

개질아스팔트에 뜨거운 물을 고압의 압력으로 분사하여 생산한 아스팔트로 골재와 결합력을 증가시켜 120~140℃에서 생산

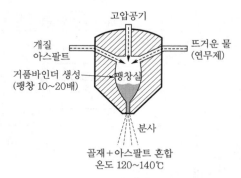

[중온아스팔트의 생산원리]

2) 특징

(1) 생산온도 약 30℃ 낮음 → 온실가스 배출(탄산가스 CO_2) 적음 → 친환경포장

(2) 에너지절감 도로포장기술

(3) 중온화 첨가제 사용

(4) 교통량이 적은 간이포장에 적용

3) 문제점

(1) 균질한 품질 확보 곤란

(2) 대중교통에 적용 곤란

(3) 골재와 아스팔트 간 코팅력 부족 → 수분 침투로 파손 우려

4) 시공 시 주의사항

(1) 아스팔트혼합물이 대기 중에 24시간 경과 시 품질 저하

(2) 바인더의 균일한 분산이 중요

(3) 시공방법은 일반아스팔트와 같음

6 특수포장

1 배수성 포장과 투수성 포장

1) 특성

구분	일반아스팔트포장	배수성 포장(주로 차도)	투수성 포장(주로 보도)
층구성	우수 표층(아스콘, 콘크리트) / 배수구 기층 및 보조기층 노상	강우 배수 ← 배수성 아스콘(침투) → 배수 일반 아스콘(불침투) 불침투성 유제 (불투수 다짐Con'c 또는 아스팔트 기층)	투수성 포장 : 2.5~4cm 투수성 입상기층 : 10cm 필터층(모래) : 5~10cm 노상
원리	강우 시 불투수성 표층에서 측면 배수로로 배수	강우 시 표층을 투수하고 기층불투성에서 측면으로 배수	강우 시 전층을 투수하여 지반으로 침투
특징	공극률 3~6%	표층 공극률 20%	투수계수 $k=1\times10^{-2}$cm/s 이상
문제점	• 수막현상(물보라) • 소음 상승, 지열 상승 • 마찰력 감소로 제동거리 증가	• 공극 막힘현상 → 침투기능 상실	• 강도 적음 • 주로 보도에 사용 • 공극 막힘
효과	• 공사비 저렴 • 강도 확보	• 수막현상(물보라) 감소 • 우천 시 노면마찰력 유지 • 소음 흡수 • 소성변형 감소	• 지하수 확보 • 도심지 홍수예방 • 도심지 열섬효과예방 • 온난화예방

2) 공극 막힘대책

(1) 압축공기 또는 고압수로 세척 실시

(2) 과산화수소용액 살포

> **소음 저감포장**
>
> ① 아스팔트포장 : 투수성 포장, 배수성 포장
> ② 콘크리트포장 : 포러스콘크리트포장(굵은 골재 사용으로 공극이 큼)

2 장수명포장

아스팔트의 강도와 내구성을 향상시킨 포장으로, 표층의 주기적 보수로 40년 이상 견딜 수 있는 포장

3 반강성 포장

큰 공극 가요성 포장+공극에 시멘트 채움

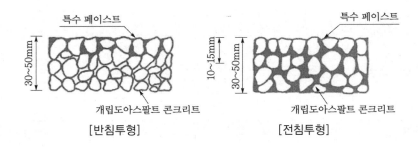

[반침투형]　　　　　　　　[전침투형]

4 롤러다짐콘크리트포장(RCCP : Roller Compacted Concrete Pavement)

(1) 슬럼프가 2.5cm 이하의 레미콘을 백호 및 피니셔장비로 포설 후에 롤러로 다짐하여 시공하는 콘크리트포장

(2) 빈배합콘크리트로서 강도가 적고 평탄성이 나쁨

(3) **용도** : 중량물을 취급하는 부두시설포장, 농로포장, 주차장, RCCD댐

5 암반포장(도로암반, 터널암반)

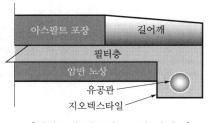

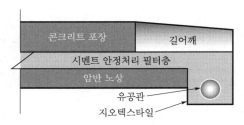

[암반구간 아스팔트포장 단면도]　　　　　　[암반구간 콘크리트포장 단면도]

6 PS콘크리트포장(PCP : Prestressed Concrete Pavement, PTCP : Post-Tensioned Concrete Pavement)

1) 개요

콘크리트 슬래브 내에 강선을 삽입하여 PS압축응력을 도입한 콘크리트포장

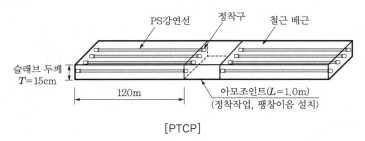

[PTCP]

2) 특징

(1) 슬래브 15cm, 수축줄눈간격(아모조인트위치) 120m

(2) **아모조인트 설치($B = 1.0m$)** : PS정착작업을 위해 필요

(3) PS긴장에 의해 유지보수가 어려움

(4) **적용** : 고속도로, 공항, 부두 등 하중이 큰 곳 → 동해고속도로 주문진구간 1공구

7 블록포장(차도용)

(1) 콘크리트블록을 Interlocking시켜 하중분산효과

(2) **단면구조**

① 표층(인터로킹블록, 인조석)　　② 받침안전층(모래)

③ 안정처리기층(빈배합콘크리트)　　④ 줄눈채움재(모래)

(3) **적용** : 보도, 주차장, 정류소, 공원

7 유지관리

1 개념

1) 종류

구분	예방적 유지관리	지연적 유지관리	방치 시
점검 및 보수시기	파손 전	파손 후	방치
공용성	좋음	나쁨	매우 나쁨
내구수명	연장	단축	급격히 단축

2) 포장관리체계(PMS : Pavement Management System)

유지보수만 하지 않고 설계, 시공, 유지, 보수 등 전체를 고려하여 유지관리하는 System

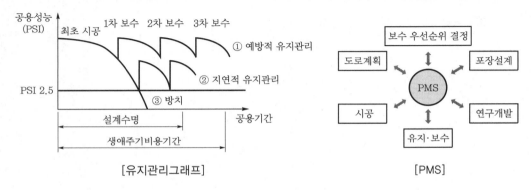

[유지관리그래프]　　　　　[PMS]

2 노면상태평가(공용성평가) : PSI, MCI

1) 공용성지수(PSI : Present Serviceability Index, 서비스지수)

(1) 도로 승차감을 정량화한 지수

(2) 평탄성, 균열, 소성변형 등으로 노면평가

(3) **관리기준(PSI)** : 고속도로 2.5 이상, 일반도로 2.0 이상

2) 유지관리지수(MCI : Maintenance Control Index)

(1) 균열과 소성변형을 중시한 평가지수

(2) 긴급보수를 요하는지 유무 판단

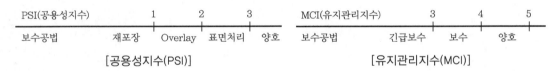

[공용성지수(PSI)]　　　　　[유지관리지수(MCI)]

CHAPTER 11

교량

교 량(1)

일반 → 시공관리

교량구성

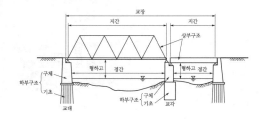

교량하중

1. 교량작용하중
   - 주하중 : 고정하중, 활하중, PS, 토압
   - 부하중 : 풍하중, 온도하중, 지진
   - 특수하중
     – 주하중 : 설하중, 지반변동
     – 부하중 : 제동하중, 충격하중
2. 설계활하중
   - 표준트럭하중(DB하중)
   - 표준차선하중(DL하중)
   - 표준트럭하중(KL-510하중)

교량설계

1. 합성형교
   - 전합성교 : FSM공법, MSS공법
   - 반합성교 : PSC Beam, 강교
2. 합성보 : 보와 슬래브 전단연결재 연결
3. 중첩보 : 전단연결재 있음
4. 일체식 및 반일체식 교량 : 무조인트

하부공

1. 기초공 : 직접, 말뚝, 케이슨, 특수기초
2. 교대 : 중력식, 반중력식, 역T형, 뒷부벽식, 라멘식
3. 교각 : T형, π형(라멘식), 원형, 벽식, 중공

고교각 시공

1. 기성공법 : 크레인가설
2. 현장타설
   - 갱폼+크레인
   - 슬립폼(단면변화 ○)
   - 슬라이딩폼(단면변화 ×)
   - 클라이밍폼

가설공법(콘크리트교)

1. 동바리 설치(FSM)
   - 전체 지지식
   - 거더지지식
   - 지주지지식
2. 동바리 미설치

구분	현장 타설공법	Precast공법	
		PSM공법	PGM공법
분절 진행	ILM (압출공법)	PPM (전진가설공법)	–
경간 진행	MSS (이동식 지보공법)	SSM (Span by Span)	–
캔틸레버 가설	FCM (캔틸레버 공법)	PFCM (기성캔틸레버 공법)	–
경간 (스판) 거치	–	–	특수장비 (FSLM), 크레인 이용

시공관리

1. PSC제작장 선정
2. 부반력관리 : 곡선교
3. 콘크리트 타설관리
   - 모멘트변화 : 시공 중, 공용 중
   - 좌우대칭, (+)모멘트 먼저 타설
4. 처짐 및 캠버관리
5. 긴장관리
6. ILM : 분산압출, 집중압출
7. FCM : 불균형모멘트
8. MSS : 비계보와 추진보(2경간)

특수교 → 시공관리

현수교

1. 구성
   - 주탑, 케이블, 행어, 데크(보강형 거더)
   - 새들 및 받침
   - 앵커리지 : 지중정착식, 중력식
2. 종류 : 자정식, 타정식
3. 케이블가설공법
   - AS공법
   - PPWS공법
4. 보강형 거더가설공법
   - 무강성가설공법
   - 순차가설공법

사장교

1. 구성(자정식)
   - 보강거더   • 경사케이블   • 주탑
2. 케이블가설공법
   - AS공법
   - PPWS공법
3. 사장교가설공법
   - FSM   • ILM   • MSS
   - FCM   • PSM
4. 일부 타정식 및 부분 타정식 사장교

엑스트라도즈교

구분	사장교	엑스트라도즈교
케이블	연직분력 (25° 이상)	수평분력 (21° 이하)
하중분담	• 케이블 100%	• 거더 60~70% • 케이블 30~40%
탑고비	$H=\dfrac{L}{3}\sim\dfrac{L}{5}$ 높음	$H=\dfrac{L}{8}\sim\dfrac{L}{15}$ 낮음
앵커정착	분리구조	관통구조
주형형고	작음(2~5m)	높음
연장	200~1,000m	100~200m
적용	사량대교	녹산대교

아치교

1. 구성 : 아치리브, 수직재, 보강거더(수직재연결거더), 아치크라운(중앙부), 바닥판
2. 종류 : 콘크리트아치교, 강아치교, 하이브리드중로아치교
3. 주행노면위치에 따라 : 상로교, 중로교, 하로교
4. 강아치교 : 타이드아치교, 랭거아치교, 로제아치교, 닐센아치교(X형 케이블)

강교의 종류 및 가설

1. 종류
   - 강플레이트교
   - 강박스교
   - 강트러스교
   - 강아치교 : 타이드아치교, 랭거아치교, 로제아치교, 닐센아치교(X형 케이블)
   - 현수교, 사장교
2. 가조립 및 지조립 실시
3. 가설방법
   - 크레인 이용 : 육상, 해상
   - 가벤트공법(동바리)+크레인
   - 압출공법
   - 케이블식(케이블크레인)
   - 리프트 업 바지공법
   - 회전공법 : 김천 모암고가교
   - 캔틸레버공법
   - 대블록공법 : 크레인가설
   - 가설트러스 이용
   - 가설 시 용접 및 고장력 볼트이음

교량
(설계하중＋하부구조＋상부구조＋부속장치＋거치방법 ＋특수교＋내진설계)

1 　교량 일반

1 교량의 구성

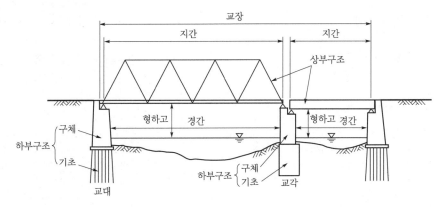

> **지지형식의 종류**
>
> ① 단순교 : 정정(힘의 3요소 해석), 1경간, 비경제
> ② 연속교 : 부정정(힘의 3요소 해석 ×, 구조해석 난이), 2경간 이상, 하중재분배(하중, 부반력), 경제적
> ③ 게르버교 : 정정＋부정정, 연속교와 유사, 내민보형식, 힌지는 좌우대칭

2 교량의 설계하중

1) 교량에 작용하는 하중

　(1) 주하중

　　고정하중, 활하중, 충격, 프리스트레스, 토압, 수압, 부력 또는 양압력, 크리프하중

(2) 부하중

풍하중, 온도하중, 지진하중

(3) 주하중에 상당하는 특수하중

설하중, 지반변동의 영향, 지점이동의 영향, 파압

(4) 부하중에 상당하는 특수하중

제동하중, 가설 시의 하중, 충격하중

2) 표준트럭하중(DB하중), 표준차선하중(DL하중), 표준트럭하중(KL-510하중)

(1) 개요

강도설계법(콘크리트교), 허용응력설계법(강교), 한계상태설계법(콘크리트교, 강교)의 설계 시 적용되는 차량의 활하중

(2) 교량등급 : 1등급(DB-24), 2등급(DB-18), 3등급(DB-13.5)

(3) 표준트럭하중(DB하중)과 표준차선하중(DL하중)의 비교

구분	DB하중	DL하중
정의	3축 트럭(Semi-Trailer) 1대를 표준트럭하중으로 함	여러 차량의 등분포하중을 차선하중으로 함
어원	표준트럭하중 D(Doro) B(Ban Truck=Semi-trailer)	표준차선하중 D(Doro) L(Lane, 차선)
적용 대상	슬래브 바닥판, 도로교, 교량에 1대씩 진입하는 경우	교각, 주형(거더), 교량에 여러 대 진입하는 경우
적용 하중 (1등급)	총중량(43.2ton), 집중하중	집중하중+등분포하중(등분포하중 1.2t/m)

(4) 표준트럭하중(KL-510하중, 도로교설계기준고시, 2012)

① 한계상태설계법으로 설계 시 적용되는 차량의 활하중

② 신뢰성이론을 바탕으로 함

③ 차량활하중(KL-510)은 강교, 콘크리트교, 도로교, 철도교의 설계 시 적용

④ 1등급 총중량 510kN(≒51ton), 2등급(1등급의 70%), 3등급(2등급의 70%)

3 합성형교(강합성형 거더교, 콘크리트 합성형 거더교)

1) 개요

강재 또는 콘크리트 거더와 철근콘크리트 바닥판이 일체로 거동하도록 전단연결재로 합성시킨 교량

2) 전합성교(완전합성보)와 반합성교(부분합성보)의 차이점

구분	전합성교(완전합성보)	반합성교(부분합성보)
개념	하부 동바리로 설치 후 거더를 거치하고 슬래브 시공 후 동바리 제거	거더 거치 후 거더 하부지지 없이 슬래브 시공
시공 중 거더지지	동바리	지점지지(슈, 교각)
특징	형고 낮음, 단면 小, 장경간 유리	형고 높음, 단면 大, 단경간 유리
경제성	구조적으로 유리하나 하천, 해상 등 동바리 설치가 어려움	구조적으로 불리하나 동바리를 설치하지 않으므로 경제적이고 많이 사용
적용(예시)	FSM공법, MSS공법	PSC Beam, 강교

3) 중첩형(중첩보)과 합성형(합성보)의 역학적 차이점

구분	중첩형(중첩보)	합성형(합성보)
전단연결재	없음	있음
거동특성	슬래브와 보 각각 거동	슬래브와 보 일체 거동
구조적 특성	구조적 불리	구조적 유리, 처짐 감소

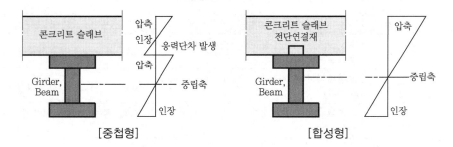

[중첩형]　　　　　　　　[합성형]

4) 전단연결재

(1) 역할

① 거더와 슬래브를 일체로 연결

② 전단연결재에 의한 일체 거동

③ 슬래브와 거더의 처짐변위 억제

(2) 종류 및 설치형태

[Stud Bolt]　　　　　　[반원형 철근]　　　　　　[PC Beam]

(3) 시공 시 주의사항

① 설치간격 : 최소 10cm 이상~최대 60cm 이하, 슬래브두께 3배 이하

　　→ 간격이 좁을 경우 스터드의 열에 따라 바닥판균열 발생

② 지그재그배치금지

③ 용접관리

4 부반력(직선 및 곡선교의 연속교)

1) 정의

연속교 부의 모멘트작용으로 상향의 반력이 발생되
는 것

2) 부반력 발생원인

(1) 연속교 지점부 부모멘트구간

(2) 곡선교량의 폭원에 비해 곡선 중심각이 큰 경우

(3) 곡선교량의 과대하중으로 지나친 편심 발생

　　→ 비틀림모멘트 증가

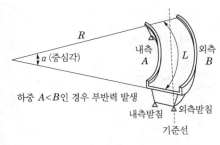

하중 $A<B$인 경우 부반력 발생

[곡선교 부반력조건]

3) 방지대책

(1) 부반력 포트받침 설치

(2) **Preloading방법** : 지점부 하중을 재하하고 콘크리트 타설 후 제거

(3) PS긴장재의 설치

(4) 외측 Outrigger 추가 설치(곡선교)

(5) 연속합성형교(강교) 지점부 전단연결재 연속배치

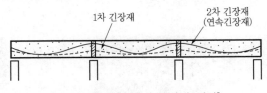

[PC Beam 연속화의 부반력 처리]

4) 곡선교 시공 중 부반력대책

(1) 거더 거치 전 부반력 검토 후 실시

(2) 부반력을 고려한 상부공 시공계획서 수립

(3) 벤트의 설치

2 하부공

1 기초의 종류

(1) 직접기초

(2) 말뚝기초(RCD)

(3) 케이슨기초

(4) 특수기초

2 교대의 종류

(1) 중력식

(2) 반중력식

(3) 역T형식

(4) 뒷부벽식

(5) 라멘식(Box식)

3 교각의 종류

(1) T형

(2) π형(라멘식)

(3) 구주식(원형)

(4) 벽식

(5) 중공식

4 고교각 및 주탑 가설방법

1) 현장 타설공법

(1) **갱폼+타워크레인 설치** : 강재거푸집을 타워크레인으로 상승

(2) 슬립폼(단면변화) 및 슬라이딩폼(일정 단면)

(3) Climbing Form공법(ACS폼, RCS폼) : 유압잭 자체 상승

(4) **보조장비** : 타워크레인 및 이동식 크레인, 리프트, 콘크리트 압송장비

2) 기성공법(사례 : 광안대교 주탑 시공)

[광안대교 2단 주탑 가설(해상크레인)]

[주탑 가로보 설치]

5 일체식 및 반일체식 교대 교량(무조인트교량)

1) 정의

교좌장치 없이 거더와 교대를 일체로 시공하는 교량

2) 종류

(1) **일체식** : 신축량이 적고 신축량을 강관말뚝이 흡수제어

(2) **반일체식** : 신축량이 많아 교대와 기초 사이에 탄성받침을 설치하여 흡수제어

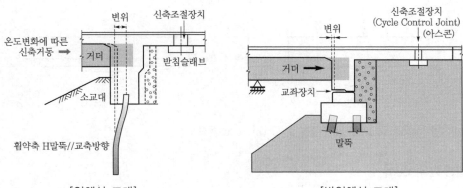

[일체식 교대]　　　　　　　[반일체식 교대]

▶ 콘크리트교와 강교의 비교

구분	콘크리트교	강교
개요	• 거더가 콘크리트로 구성	• 거더가 강재로 구성
장점	• 전체 강성 큼 • 압축강도 큼 • 안정성 높음	• 제작 쉬움 • 가벼워 취급 용이 • 공정 간단
단점	• 공정 복잡 • 자체 하중이 중량 • 품질관리가 복잡	• 상대적 강성이 적음 • 부식 발생 • 지연파괴, 응력부식, 피로파괴
적용	• 단양대교(FCM) • L=440m, 교각높이 103m	• 서해대교, 광안대교, 이순신대교(현수교, 1,945m)

3 콘크리트교

1 PSC원리

(1) PSC원리

① 거더에 압축력을 도입하여 수직하중에 대한 인장강도 증대

② 균열 및 처짐 감소

③ 장경간 가능

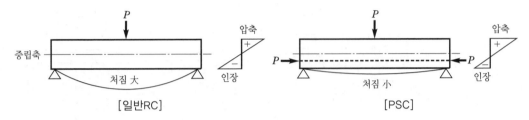

[일반RC]　　　　　　　　　　[PSC]

(2) PS방식 : Pretension(공장), Posttenson(현장)

2 가설공법의 분류

1) 동바리 설치공법(FSM : Full Staging(받침) Method) 〔전체, 거, 지〕

(1) **전체 지지식** : 전체 지지, 지면이 평탄한 경우

(2) **거더지지식** : 연약지반, 도로 통과 시, 지장물이 있는 경우

(3) **지주지지식** : 경사면, 배수로, 부분지장물이 있는 경우

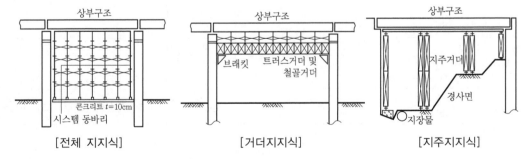

[전체 지지식]　　　　　　[거더지지식]　　　　　　[지주지지식]

2) 동바리 미설치공법 IMF, PSP

구분	현장 타설공법	Precast공법	
		PSM공법 (Precast Segment Method)	PGM공법 (Precast Girder Method)
분절진행	ILM (압출공법)	PPM (전진가설공법)	–
경간진행	MSS (이동식 지보공법)	SSM (Span by Span)	–
캔틸레버가설	FCM (캔틸레버공법)	PFCM (기성캔틸레버공법)	–
경간(스판)거치	–	–	특수장비(FSLM), 크레인 이용

3 가설공법

1) ILM(Incremental Launching Method, 연속압출공법)

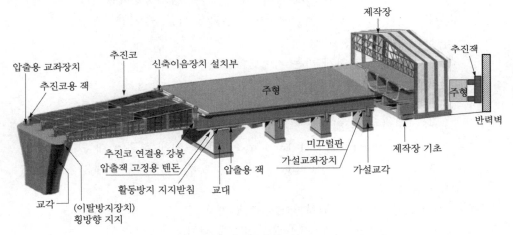

[ILM공법]

(1) 개요

교대 후면작업장에서 추진코를 부착한 거더를 1Segement(30m)씩 제작 후 연결하여 밀어서 교량을 가설하는 방식

(2) 특징

① 적용 : 지간장 40~100m, 압출교량길이 1,000m
② 제작장 설치로 전천후 시공 및 품질관리 용이
③ 하부조건에 지장이 없음 : 하천, 계곡, 도로횡단 적합
④ 형하고 30m 이상
⑤ 직선 및 단곡선 등 선형이 일정한 구간에 적용
⑥ 선형변화구간(클로소이드)은 적용 불가

(3) 시공순서

제작장 설치 → 세그먼트 제작 → 추진코 연결 → 1차 긴장작업 → 가벤트 설치 → 압출
실시 → 전체 완료 후 2차 긴장작업 → 교좌장치 영구고정 → 마무리

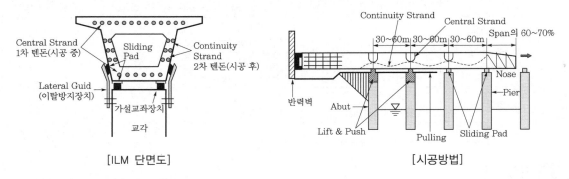

[ILM 단면도]　　　　　　　　　　　　[시공방법]

(4) 시공관리(주의사항)

① 제작장 설치 : 부지 확보, 제작장덮개 설치, 증기양생시설

② 콘크리트관리 : 강도 f_{ck}＝40MPa, 혼화재 사용, 증기양생관리

③ Nose(노즈, 추진코)

　㉠ 압출을 원활하게 하는 가이드역할

　㉡ 길이 : 경간장의 2/3 정도(0.7배)

④ 가벤트 설치(Temporary Pier) : 교대와 제작장과의 사이에 설치

⑤ PS강선의 배치 및 인장

　㉠ 1차 Tendon(Central Tendon) : 시공 중 자체 하중에 대응

　㉡ 2차 Tendon(Continuity Tendon) : 공용 시 활하중에 대응

⑥ 압출방식

　㉠ 분산압출방식 : 교각마다 압출잭 설치

　㉡ 집중압출방식 : 한 장소에서 압출잭 설치

　　• Pushing : 밀어내기

　　• Pulling : 전방에서 당기기

　　• Lift & Pushing : 들어서 밀어내기

⑦ 압출방법

　㉠ 수직잭 15mm씩 들어서 수평잭으로 25cm씩 추진 → 추진 후 하강 → 수직잭과 수
　　평잭 후진 → 반복압출

　㉡ 슬라이딩패드 : 각 교각마다 가설교좌장치 위에 인력으로 설치

⑧ 안전관리

　㉠ 측면가이드(Lateral Guide) : PSC Box 거더의 선형 유지 및 교각에서 이탈 방지

　㉡ 압출 시 추진코 처짐에 의한 교각 충돌주의

2) MSS(Movable Scaffolding System, 이동식 비계공법)

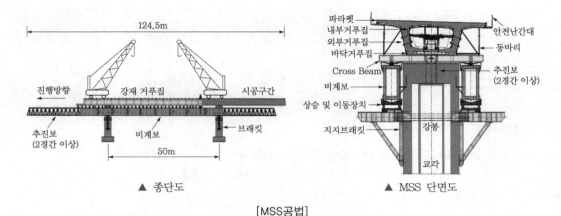

[MSS공법]

(1) 개요

교량의 상부구조 시공 시 거푸집이 부착된 비계보와 추진보를 이용하여 한 경간씩(Span By Span) 시공하며 진행하는 공법

(2) 원리 및 구성요소(하부이동식)

① 브래킷 2개소 : MSS지지   ② 비계보 2개 : 거더 시공지지

③ 추진보 1개 : 비계보 및 거푸집이동   ④ 거푸집 1식 : 거더 시공

⑤ 크레인 2대 : 자재이동

(3) 분류

① 하부이동식 : Support Type

② 상부이동식 : Hanger type

(4) 적용

① 경간 $L=40{\sim}70\text{m}$

② 직선 및 단곡선구간 적용(변화곡선 적용 불가)

③ 변화 단면 적용 불가

(5) 특징

① 장점

    ㉠ 동바리공이 필요 없고 교량의 하부지형조건과 무관

    ㉡ 기계화 시공으로 급속 시공이 가능하고 안전도가 높음

② 단점

    ㉠ 이동식 비계가 중량으로 무겁고 제작비 고가

    ㉡ 초기투자비가 큼

    ㉢ 변화 단면에 적용 곤란

(6) 시공순서

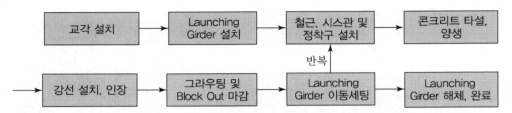

(7) 시공 시 주의사항

① 사전검토사항 : 추진보길이 2경간 이상, 비계보 1경간 이상

② 브래킷의 설치 : 교각 시공 시 강봉의 삽입 후 설치

③ 이동식 비계보의 조립 및 해체

　　㉠ 크레인 이용 가설

　　㉡ 교각 배면에서 제작하여 밀어내기

④ 철근 및 시스관 배치 : 소형 크레인 전후방에 2대 설치하여 자재이동

⑤ MSS의 이동 및 내림 시 고정상태관리, 이동 시 천천히 이동

⑥ 캠버관리 : 시공된 슬래브 광파측량 실시 → 비계보 및 거푸집 등 처짐 보정

⑦ 텐돈 연속적 이음방법 : 겹침이음 또는 텐돈 커플러이음화

⑧ PS관리 및 그라우팅 실시 : 긴장 시 Wedge Slip량 6mm 이하 관리

⑨ 안전관리 : 추락 및 전도위험주의

3) FCM(Free Cantilever Method, 캔틸레버공법)

(1) 개요

① 교각에 주두부를 설치하고 이동식 작업차(Form Traveller)를 이용하여 좌우대칭으로 1Segment(2~5m)씩 시공하면서 진행하는 가설공법

② 적용 : 지간장 $L=80\sim200m$, 1Segment $L=2\sim5m$

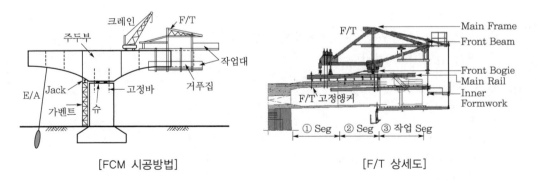

[FCM 시공방법]　　　　　　　[F/T 상세도]

(2) 특징

① 장점

㉠ 지보공이 없으므로 깊은 계곡, 하천, 항만, 도로 횡단에 적용

㉡ 이동식 작업대차(Form Traveller)를 이용하여 상부구조 시공

㉢ 1Segment($L = 2 \sim 5m$)씩 Block 분할하여 시공 → 변화 단면 시공 가능

② 단점

㉠ 가설을 위하여 구조상 불필요한 추가 단면 필요

㉡ 불균형 Moment 발생

㉢ 시공단계마다 구조계가 변함 → 설계공정 복잡

(3) 시공순서

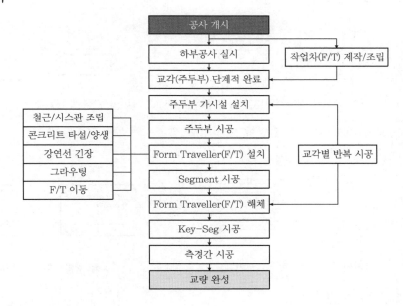

(4) 주두부 시공

[브래킷과 거푸집 설치-가운데 고정바]　　　　　[주두부 완료]

① 현장 타설방법 : 크레인 설치, 워킹타워 → 브래킷 → 동바리 → 거푸집 → 콘크리트 타설 → 해체 → F/T 설치

② 대블록(기성 제작) 가설방법 : 공장에서 제작 및 이동시켜 해상플로팅크레인 일괄 가설

(5) 불균형모멘트관리

① 원인

ㄱ 시공오차에 따른 좌우측 Segment의 자중차이

ㄴ 한쪽 Segment만 선시공 시 상방향의 풍하중작용

② 대책

[기초에 강봉 설치방법]

ㄱ 고정바(강봉) : 교각과 주두부 연결

ㄴ 가벤트 설치

ㄷ 스테이케이블 : 어스앵커, 암반앵커, 기초에 강봉 설치

(6) Key Segment 설치

① 작업차에 의한 수직변위 조정

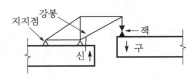

[이미 완성된 캔틸레버부가 높은 경우]

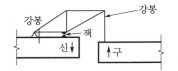

[이미 완성된 캔틸레버부가 낮은 경우]

② 교축방향 변위 및 횡방향 변위의 조정

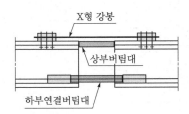

[버팀대 : 교축방향 변위 억제]

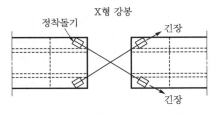

[X형 강봉 : 횡방향 변위 조정]

(7) PS인장관리(긴장관리)

① 텐돈의 배치

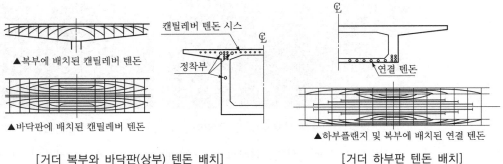

[거더 복부와 바닥판(상부) 텐돈 배치]　　　[거더 하부판 텐돈 배치]

② 콘크리트압축강도의 60% 이하 긴장금지

③ 콘크리트압축강도 30MPa 이상 양생 후 긴장 실시

④ 긴장 시 하중계의 지시값을 확인하고 텐돈의 쐐기늘음량은 10% 이하 또는 6mm 이하로 관리

4) 캠버관리(Camber, 솟음), 처짐관리, 처짐문제점 및 개선대책

(1) 정의

교량 거더의 시공 시 오차, 하중 및 강재의 응력손실에 의해 처짐이 발생되는데, 이를 고려하여 상향에 솟음를 두는 것을 캠버라고 함

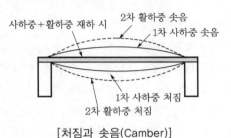

[처짐과 솟음(Camber)]

(2) 처짐의 원인(장기처짐원인)

① 시공오차, 측량오차, 작업차하중과 설치, 해체, 이동 시의 영향
② 작업하중 및 사하중, 구조물 강성이 적은 경우
③ 응력손실 : 정착단활동, 시스관마찰, 콘크리트 탄성변형
④ 강재의 릴랙세이션

(3) 캠버의 관리방법(처짐관리방법)

① 캠버관리방법
  ㉠ 주두부 상부기준점 설치
  ㉡ 해뜨기 전에 세그먼트 상부 측량을 실시하여 비교

  ㉢ 오차 보정 : 발생오차를 남은 세그먼트 수에 배분 $\left(\dfrac{\Delta h}{\text{남은 Segment수}}\right)$ → 최대 보

  정치 ±8cm 이내 조정
  ㉣ 처짐관리용 곡선 : 처짐곡선, 캠버곡선, 거푸집곡선, 실측곡선

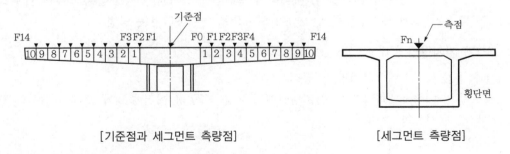

[기준점과 세그먼트 측량점]   [세그먼트 측량점]

② 세그먼트 시공 시 조정 : 거푸집 상향조정

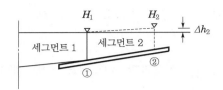

[F/T 거푸집 상향조정]

③ key 세그먼트 설치 시 조정

ⓐ 작업대차(F/T)를 이용하는 캠버방법 : 상하조정

ⓑ X형 강봉을 이용하는 캠버방법 : 좌우조정

ⓒ 버팀대를 이용하는 방법 : 고정

④ 응력손실 최소화관리 : 정착단활동, 시스관마찰, 콘크리트 탄성변형

⑤ 강재의 릴랙세이션관리 : 강선 5%, 강봉 2%

⑥ 콘크리트 2차 응력 : 온도영향, 건조수축, Creep → 수축저감혼화재 사용

⑦ 내진설계 실시(지진, 충격) 및 공용 중 과적차량관리

5) PPM(전진가설공법)

(1) 한쪽에서 전방으로 전진하면서 가설하는 공법의 개념으로 교각 도달 즉시 영구받침을 설치 후 다음 경간으로 진행하는 공법

(2) 캔틸레버공법의 단점 보완

6) SSM(Span by Span)

(1) 교각과 교각 사이에 이동식 가설트러스 설치

(2) 그 위에 공장에서 제작된 프리캐스트를 정렬 후에 Prestressing하여 경간을 완료하는 방법

7) PFCM(기성캔틸레버공법)

(1) 개요

교각 위의 주두부(대블록)는 이동식 크레인으로 거치하고, 대블록 상부에 데릭크레인을 설치 후에 세그먼트를 인양하여 양측으로 연결해나가는 방법

(2) 거치방법

① 육상 : 데릭크레인, 이동식 크레인 이용

② 해상 : 데릭크레인, 플로팅크레인 이용 → 현장 여건에 맞게 크레인은 선택 조합하여 사용할 수 있음

8) PGM(경간가설공법) : 특수장비(FSLM), 크레인 이용

(1) 특수장비(FSLM)공법

교대 후방 제작장에서 1경간씩 제작하여 기설치한 교량으로 특수차량으로 운반하여 교각 상부 위에 이동식 특수가설장비(규모 2경간)를 배치하여 교량 상부 1경간씩을 원하는 위치로 순차적으로 가설하는 공법

(2) 크레인 이용 가설

교량 상부 한 경간을 한번에 육상에서 사전제작하여 바지선으로 해상 이동 후 시공한 교각 위에 해상크레인을 이용해 일괄 가설하는 공법

9) PSM(Precast Prestressed Segment Method)

(1) 개요

일정한 길이로 제작된 교량 상부구조(Segment)를 제작장에서 균일한 품질로 제작한 후 가설장소에서 가설장비(crane양중)를 이용하여 소정의 위치에 거치한 후 Posttension 장착에 의하여 Segment들을 연결하여 상부구조를 완성시키는 공법

(2) 종류 : PPM(전진가설공법), SSM(Span by Span), PFCM(기성캔틸레버공법)

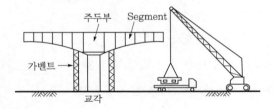

[이동식 크레인 이용 거치]

10) PSC 거더제작장 선정요건(고려사항)

(1) 제작장

① 충분한 면적 확보 : 교량면적의 1.5배 정도 면적 필요
② 지지력이 확보되어 침하가 없는 지반

(2) 운반로

① 진출입이 용이할 것
② 적정 구배를 확보하여 거더이동에 영향이 없을 것

(3) 기타

① 인허가 여부 : 농지 전용, 하천점용, 도로점용
② 민원이 없는 지역 선정

4 교량 슬래브 콘크리트 시공관리

1) 교량 슬래브 시공 시 모멘트변화(3경간 철근콘크리트 연속교)

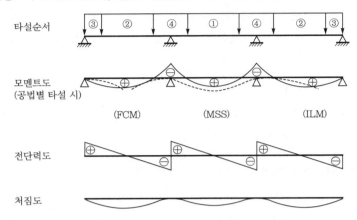

2) 타설순서

(1) **종방향** : (+)Moment 부분 먼저 타설

(2) **횡방향** : 좌우대칭

(3) **경사교량** : 낮은 곳 → 높은 곳으로 타설

(4) **단순교** : 중앙부터 교대측으로 타설

(5) **트러스교** : 슬래브에 인장응력이 발생하지 않도록 타설

> **Tip** 최근 경향 : Deck Finisher에 의한 일방향 진행 타설

※ 타설순서의 목적 : 타설 시 콘크리트에 유해응력 발생 방지

3) 타설계획(유의사항)

(1) **준비사항**

① 교면방수상태 및 양생 확인

② 레미콘공장 검수 : 플랜트상태, 품질관리, 차량대수, 운반거리 및 시간

③ 장비 및 인력 수급 : 데크피니셔 설치, Pump Car대수, 타설공인원

④ 기상조건 : 기온(서중, 한중), 강우, 강설 여부

⑤ 타설작업장 : 타설작업장 작업면적 확보, 진입로 정비, Pump Car위치

⑥ 레미콘 공급차질 발생 시 대책 수립 : 인접한 레미콘공장조달계획 수립

(2) **타설 시 관리사항**

① 기상조건 및 장비운전상태 확인

② 펌프카 고장 대비 예비대수 확보

③ 부반력 방지 : 타설장비 편하중금지, 좌우 지그재그 타설, 곡선교 벤트 설치

④ 타설순서 준수

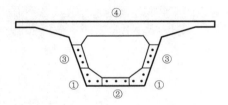

[PC박스 시공이음위치 및 순서]

⑤ 시공이음부 처리

    ㉠ 수평타설이음의 처리 : 레이턴스 제거

    ㉡ 수직타설이음의 처리 : 거푸집 설치

⑥ 콘크리트 공급관리 : 레미콘회사와 수시로 연락하여 유기적 체계 유지 → Cold Joint 방지

⑦ 중앙부는 피니셔 거친 면 마무리, 배수구 및 측면부는 인력 흙손 마무리 실시

⑧ 콘크리트 품질상태 등 확인하면서 피니셔 진행

⑨ 새벽 일찍 타설하여 오후 3시 이전에 완료 후 후속 마무리

(3) 양생관리

① 피막양생 실시, 소성수축균열 방지 : 폴리에틸렌필름(비닐) 설치

② 습윤양생 : 12시간 이후

(4) 품질관리

① 공장 검수(차량대수), 플랜트 점검, 당일 공급능력 확인, 배합강도시험 실시

② 타설 전 현장 품질시험 실시, 운반시간 확인, 공시체 제작 및 강도시험 실시

(5) 안전관리

① 캔틸레버구간 안정성 검토 및 설치상태 확인하여 타설 중 붕괴 방지

② 근로자 고소작업 추락위험 방지 안전대의 설치, 장비협착위험(신호수 배치)

4 강교

1 강교의 종류

 (1) 강플레이트교

 (2) 강박스교

 (3) 강트러스교

 (4) **강아치교** : 타이드아치교, 랭거아치교, 로제아치교, 닐센아치교

 (5) 현수교, 사장교

2 강교의 가설공법

1) 크레인 이용 공법

 (1) **육상** : 이동식 크레인 이용하여 공중 가설 거치(1대, 2대)

 (2) **해상** : 플로팅크레인 이용하여 일괄 거치

 (3) **데릭크레인** : 사장교

[육상 이동식 크레인 가설]   [해상 플로팅크레인 일괄 거치]

2) 가벤트(동바리)＋크레인 조합 : 도로 횡단, 장경간

3) 압출공법(송출, 밀어내기공법) : 강박스교, 강아치교

 (1) 교대 후방에서 제작하여 밀어내어 가설하는 방법

 (2) 가설 중 복부판의 국부좌굴에 유의

4) 케이블크레인

 (1) **철탑을 설치하여 가설** : 양 교대 후방에 철탑을 세운 후 로프를 연결하여 케이블크레인을 설치하여 시공

 (2) **케이블크레인** : 현수교 강거더 가설 시 케이블크레인 이용(이순신대교)

5) Lift up bage공법

해상에서 바지선에 Lift up장비 설치 후 거치

6) 회전공법

(1) 레일을 이용한 회전공법

고속철도 김천 모암고가교 아치교 회전공법

(2) 교각회전공법

하천 중앙부 교각에서 사장교를 종방향으로 제작하고 회전하여 완료

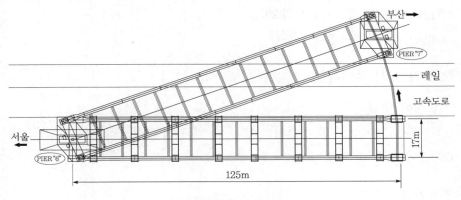

[레일 이용 회전공법]

7) 캔틸레버공법

(1) 교각 가설 후에 양측으로 균형을 유지하면서 캔틸레버식으로 가설하는 공법

(2) 사장교 가설 시 많이 사용(데릭크레인 이용)

8) 대블록공법

(1) 해상크레인을 이용한 아치교 등 일괄 가설

(2) 육상에서 크레인으로 경간 가설

9) 가설트러스를 이용한 공법

(1) 횡단구간에 가설용 트러스를 설치하여 거더를 지지하면서 가설하는 공법

(2) 교량 하부공간의 이용에 제약을 받는 도심지 고가교량에 많이 사용

10) 가설트러스 + 천장크레인

(1) 도로를 횡단하는 대규모 가설트러스를 교각 위에 세워 상부에 천장크레인으로 아치교를 이동하여 가설하는 공법

(2) **언양고가 강아치교** : 가설트러스＋천장크레인 이동 설치사례(2008)

[가설트러스＋천장크레인]

11) 가설 시 용접 및 고장력 볼트이음

달비계 이용하여 연결작업 실시

3 강교 가설 시 주의사항

1) 가설계획 수립

(1) 거치일정과 주간 및 야간거치계획, 사전시뮬레이션 실시

(2) 슈의 위치 및 방향 확인

2) 관계기관 협조요청

(1) 도심지 도로 점용(시청), 교통통제 시 경찰서 협조

(2) 고속도로의 횡단 시 한국도로공사와, 고속철도 횡단 시 한국철도공사와 협의

3) 가조립 실시

공장 가조립을 실시하여 현장 운반 및 거치 전 오류의 확인

4) 운반로 검토

(1) 현장 내 운반로의 경사, 폭, 회전반경, 도로 및 교량, 암거의 지지력 여부

(2) 일반도로의 하중 및 규모의 도로법 준수 여부

5) 가조립장

(1) 가조립장의 충분한 면적과 평탄성 확보

(2) 하천 고수부지 및 계곡부는 홍수 시 위험

6) 거치 시

(1) 시뮬레이션 실시로 크레인의 아웃리치(팔길이), 안전각도, 회전반경 확인

(2) 크레인의 충분한 인양능력 확보

(3) 크레인의 지반지지력을 확인하여 전도 방지

7) 부반력 검토

(1) **곡선교** : 벤트 설치

(2) **연속교** : 부반력 발생

[벤트와 크레인 강교 거치]

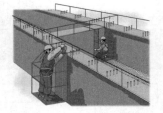

[달비계에서 강박스연결작업]

8) 품질관리

(1) 볼트조립 시 축력 확인 및 용접작업 시 비파괴시험 실시

(2) 강교도장이 훼손되지 않도록 할 것

9) 안전관리

(1) 악천후 시 거치금지

(2) 달비계 사용 및 안전벨트 착용으로 추락 방지

4 강교의 가조립

1) 강합성 박스거더교의 구성

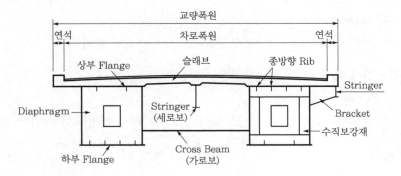

2) 목적

(1) 현장 거치 전 사전문제점 파악

(2) 설계도서와 일치 여부 확인

3) 가조립방법

    (1) 무응력가조립

    (2) 응력가조립

4) 가조립순서

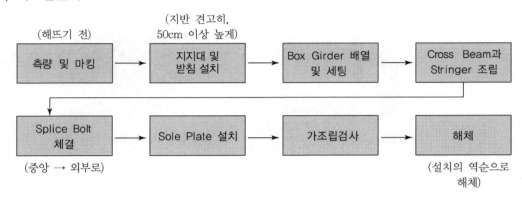

5) 가조립 시 유의사항

    (1) 가조립장의 요구조건

        ① 가조립장의 충분한 면적 확보

        ② 강구조물의 중량에 의해 침하되지 않는 견고한 지반

    (2) 가조립부재 연결

        ① 부재 연결에는 드리프트핀이나 볼트 사용

        ② 각 부재의 연결수량은 25% 이상(웨브판은 15% 이상) 사용

    (3) 연결부 품질관리

        ① 연결부에서 부재의 가장자리 어긋남은 2mm 이내

        ② 연결판과 모재는 밀착조치하고, 연결부 모재의 단차는 3mm 이내

    (4) 가조립의 해체

        ① 가조립은 역순으로 해체

        ② 이음판은 연결부에 볼트로 임시로 고정시켜서 현장에서 바뀌지 않도록 함

6) 확인검사

    (1) 가조립검사의 정확성을 확보하기 위해서는 기준점 설정

    (2) **검사** : 교량의 솟음, 비틀림, 각 격점의 위치, 솔플레이트의 위치 및 길이

    (3) **오전 일찍 또는 오후 늦게 실시** : 부재의 태양열에 의한 변형 방지

5 특수교

1 특수교의 종류

(1) 현수교   (2) 사장교   (3) 엑스트라도즈교

(4) 아치교   (5) PCT교

2 현수교

1) 현수교의 구성

① 주탑   ② 케이블   ③ 행어

④ 데크(보강형 거더)   ⑤ 앵커리지   ⑥ 새들 및 받침

2) 현수교의 종류

구분	자정식 현수교	타정식 현수교
적용 경간장	$L=250\sim350$m	$L=500\sim3,000$m
앵커리지	없음	있음
거더하중	압축력작용	없음
힘의 전달	주케이블 → 주탑 → 지반	주케이블 → 주탑과 앵커리지 → 지반
적용	영종대교	광안대교, 이순신대교

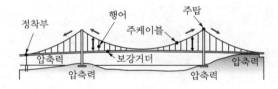   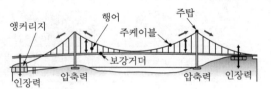

• 하중작용 : 보강형 거더 → 행어 → 케이블 → 보강형 정착구 → 보강형

[자정식]

• 하중작용 : 보강형 거더 → 행어 → 케이블 → 앵커리지 → 지반

[타정식]

3) 앵커리지

(1) 지중정착식

타정식, 양호한 암반에 정착, 수직구 및 챔버 설치

(2) 중력식

타정식, 암반이 불량한 경우, 콘크리트구조물 설치 후 정착

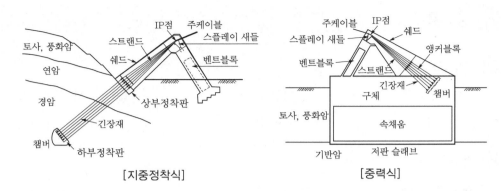

[지중정착식] [중력식]

4) 케이블가설공법

(1) 케이블의 구성

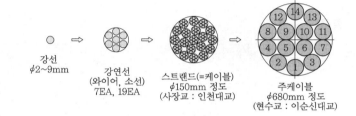

강선
φ2~9mm

강연선
(와이어, 소선)
7EA, 19EA

스트랜드(=케이블)
φ150mm 정도
(사장교 : 인천대교)

주케이블
φ680mm 정도
(현수교 : 이순신대교)

※ 스트랜드와 주케이블은 케이블로 혼용하여 사용

(2) 케이블가설공법의 비교

구분	AS공법 (Air Spinning)	PPWS공법 (Prefabricated Parallel Wire Strand)
원리	현장에서 소선단위로 스피닝휠이 왕복하여 스트랜드 형성	스트랜드는 공장 제작 후 운반하여 가설
가설장비	스피닝휠(활차)	캐리어(작업대차)
특징	• 스트랜드규모 조정 가능 • 가설공기가 김 • 소선단위 긴장으로 용이 • 작업공간 2.73m 이상	• 스트랜드규모 제한 • 가설공기가 짧음 • 스트랜드단위 긴장 • 작업공간 4m 이상
유지관리	소선만 교체	케이블 전체 교체
적용	이순신대교, 영종대교	울산대교, 소록대교

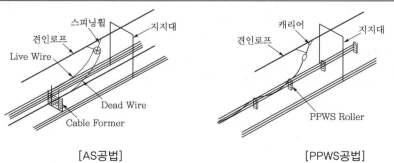

[AS공법] [PPWS공법]

(3) 시공순서(AS공법)

앵커리지, 스플레이새들 설치 → 탑정새들 설치 → 선도로프 → 견인로프 및 궤도로프 설치 → Cat Work 설치 → 거치장비 세팅 → 케이블 설치 → 긴장 실시 및 Test → 케이블스퀴징(성형) → 행어로프 → 완료

5) 시공관리(케이블 및 상부공)

(1) 새들(Saddle) 설치

① 케이블의 꺾임 부분에 설치하여 완만하게 곡선처리가 되도록 하는 장치
② 탑정새들 : 주탑 상부에 설치
③ 스플레이새들 : 앵커리지와 연결 부분에 설치(케이블 분산)

(2) 선도로프 설치 : 케이블 및 상부공작업을 위한 선행로프를 해상 선박과 주탑크레인을 이용하여 설치

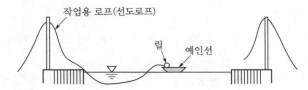

(3) 견인로프 및 궤도로프 설치 : 선도로프를 이용하여 설치

(4) Cat Work 설치

① 케이블작업발판으로 규격 $B=4.0\mathrm{m}$, $H=1.4\mathrm{m}$
② Cat Work 로프 별도 설치
③ 풍하중 비틀림대책 : 적정간격으로 상·하행선 Cat Work 연결고정

(5) 거치장비세팅

① 육상 : 강연선, 와이어밸런스(적정 하중과 속도 조절), 와이어텐션장비
② 공중 : 지지대, 케이블포머, 스피닝휠

(6) 케이블 시공

① 케이블포머에 강연선 및 스트랜드 설치
② AS공법 : 스피닝휠에 의한 왕복으로 강연선 설치(갈 때 견인로프, 올 때 궤도로프)
③ PPWS공법 : 캐리어에 의한 스트랜드 설치, 1회로 완료

(7) 긴장 실시

① AS공법 : 소선단위로 주탑에서 긴장 실시
② PPWS공법 : 스트랜드단위로 주탑에서 긴장 실시

(8) 스퀴징(성형) 및 래핑(피복)

① 스퀴징 : 스트랜드단위로 스퀴징 후에 전체 시공 후 스퀴징 실시

② 래핑(감기) : S자형 래핑와이어감기로 부식 방지

(9) 행어 설치 : 케이블밴드를 이용하여 주케이블 연결

(10) 센터스테이 설치 : 현수교 중앙부에 케이블과 보강거더를 연결하여 고정

(11) 윈드슈 설치

① 보강거더측면과 주탑 사이에 윈드슈 설치

② 풍하중에 의한 횡방향 이동량 흡수

(12) 계측관리

6) 현수교 보강형 거더가설공법

(1) 무강성가설공법

① 보강형 거더 전체를 각각 행어에 연결한 다음에 보강형 거더블록을 용접하여 연결하는 방법

② 보강형 거더에 응력 발생은 없으나 공사 중 내풍 안정성이 낮음

③ 케이블크레인 이용

(2) 순차강결공법

① 보강형 거더블록을 행어와 블록 간 순차적으로 용접하여 연결해 나가는 방법

② 강결 연결에 의한 응력이 발생하며, 내풍 안정성은 높음

③ 케이블크레인 및 데릭크레인 이용

7) 현수교와 사장교의 차이점

구분	현수교	사장교
원리	타정식	자정식
연장	$L = 500 \sim 2,000m$	$L = 300 \sim 1,000m$
구성요소	주탑, 주케이블, 행어, 보강형 거더, 앵커리지	주탑, 케이블, 보강형 거더
지지구조	보강형 거더 → 행어 → 주케이블 → 앵커리지 및 주탑 지지	보강형 거더 → 경사케이블 → 주탑 지지
특징	• 주탑에 탑정새들 설치 • 수직력만 사용 • 주탑고 낮음(새그비 1/9~1/12)	• 케이블정착구 설치 • 수직력과 수평력 발생 • 주탑고 다소 높음($0.15 \sim 0.25L$)
케이블	• AS공법 • PWS공법	• Strand by Strand(현장 제작) • PWS공법(공장 제작)
보강거더 가설	케이블크레인	데릭크레인

8) 사장현수교

(1) 현수교는 수평, 수직흔들림이 많아 철도에는 부적합하므로 중앙부 장경간은 흔들림이 적은 사장교로 복합 시공

(2) 보스포러스 3대교(2014, 터키 보스포러스해협)

총연장 2,164m, 중앙경간(사장현수교 복합) 1,408m, 상판폭 60m

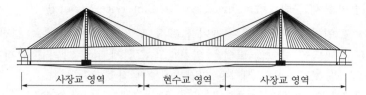

3 사장교

1) 구성 및 원리

① 구성

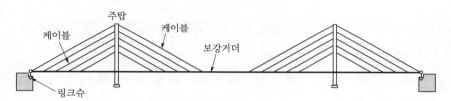

② 원리 : 보강거더(압축력) → 경사케이블(인장력) → 주탑(압축력) → 지반

2) 케이블의 형상에 따른 분류(배치형태)(사장교, 엑스트라도즈교)

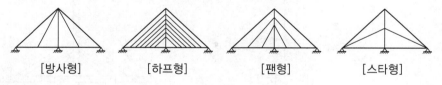

[방사형]   [하프형]   [팬형]   [스타형]

3) 케이블의 단면형상

구분	MS(Multi Strand)케이블	PWS(Parallel Wire Strand)케이블
단면형상	Galvanized Strand / Wax Filled / High Density Polyethylene / Filament Type / 4,500m / d>2.75m	Filament Type / Color PE / Block PE / Steel Wire / 6,000m / d>4.00m
특징	• 소선단위 긴장, 재긴장 용이 • 긴장공간 2.75m 이상 → 주탑규모 小 • 유지보수 시 소선만 교체 가능	• 케이블 전체 긴장, 재긴장 난이 • 긴장공간 4m 이상 → 주탑규모 大 • 유지보수 시 케이블 전체 교체

4) 케이블 현장 제작과 가설방법

(1) 현장 제작 및 가설순서

현장 제작장 설치 → 강연선 반입 → 케이블 제작 및 검수(NPWS) → 케이블롤상태로 준비 → 현장 운반(해상, 육상, 교상) → 교량 바닥에 케이블 릴선 설치 후 전개 → 크레인으로 케이블 인양 → 긴장작업 → 유압계 및 가속도계 확인 → 완료

(2) 가설방법(PWS공법 : Prefabricated Parallel Wire Strand)

① 현장 인접한 제작장에서 케이블 제작 후 현장 교량 상부로 운반
② 교량 바닥에 케이블 릴선을 설치하고 릴선에 따라 케이블 전개(편다)
③ 주탑과 보강거더의 정착구 연결부에 가설작업발판 설치
④ 케이블 인양(주탑 상부크레인, 이동식 크레인, 윈치 이용)
⑤ 긴장장비 설치(Ram Chair(반력대) 및 Center Hole Jack(인장장비))
⑥ 긴장작업은 좌우 같이 실시 → 설계 긴장력 도입
⑦ 유압계와 가속도계의 확인
⑧ 완료

5) 사장교 보강거더가설공법의 종류 및 특징(엑스트라도즈교 주형가설공법)

(1) 콘크리트 보강거더

① FSM(동바리 설치공법) : 동바리 및 가벤트를 이용하여 시공하는 방법
② ILM(압출공법)
③ MSS
④ FCM : 폼트래블러로 양측을 시공하면서 케이블을 연결하는 방법

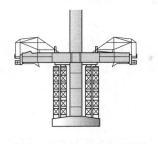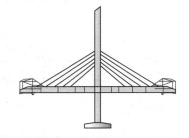

[주두부 가설 후 F/T 설치]   [F/T에 의한 보강거더 가설]

⑤ PSM(＝SSM) : 이동식 비계(상부이동식)으로 세그먼트를 인양하여 연결하는 방법

(2) 강재 보강형 거더

① 데릭크레인 : 보강형 거더 상부에서 케이블을 연결하면서 순차적 진행
② 이동식 크레인 : 육상에서 케이블을 연결하면서 순차적 진행
③ 플로팅크레인 : 해상에서 케이블을 연결하면서 순차적 진행

6) 일부 타정식 및 부분 정착식 사장교

지중에 앵커리지를 설치하여 일부 케이블을 연결하여 시공하는 방법

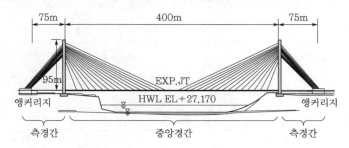

4 엑스트라도즈교(Extradosed Bridge)

1) 원리

(1) 주탑의 케이블이 하중을 분담하고 주형거더에 PS를 도입하여 형고를 줄이고, 경간은 연장시킨 교량

(2) PSC교에 비해 상징성이 우수

(3) 사장교에 비해 공사비를 감소시킨 공법

※ 엑스트라도즈교＝PSC거더교＋사장교

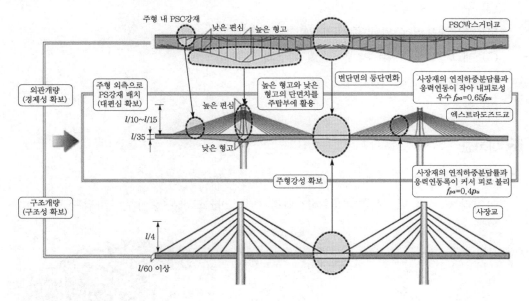

2) 사장교와 엑스트라도즈교의 구조적 특성

구분	사장교	엑스트라도즈교
케이블	• 연직분력 • 각도 25° 이상	• 수평분력 • 각도 21° 이하
하중분담	• 케이블 100%	• 거더 60~70% • 케이블 30~40%
탑고비	$H=\dfrac{L}{3} \sim \dfrac{L}{5}$ 높음	$H=\dfrac{L}{8} \sim \dfrac{L}{15}$ 낮음
앵커 정착	분리구조 → 주탑 앵커 정착	관통구조 → 새들 정착
주형	• 형고 작음(2~5m) • 시공 중 보강형 장력조정 필요	• 형고 높음(지점부 $L/30$, 지간부 $L/15$) • 강성이 커서 변형이 적음
연장	200~1,000m	100~200m
적용	사량대교	제2양평대교, 녹산대교

3) 주형가설공법 및 케이블 가설 : 사장교 가설공법과 같음

4) 시공 시 유의사항

(1) 사전 검토

(2) 가물막이 및 주탑 시공

(3) 주두부 및 폼트래블러 설치

(4) 폼트래블러에 의한 주형(세그먼트) 시공

(5) 세그먼트별(주형) PS 도입 및 주탑과 케이블 설치

(6) Key Segment 설치

(7) 완료

5 아치교

1) 아치교의 구성

아치리브, 수직재, 보강거더(수직재연결거더), 아치크라운(중앙부), 바닥판

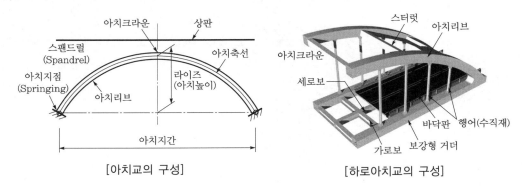

[아치교의 구성] [하로아치교의 구성]

2) 아치교의 종류

(1) 주행노면의 위치에 따라 : 상로교, 중로교, 하로교

(2) 재료에 따라 : 강아치교, 콘크리트아치교, 하이브리드아치교(강재＋콘크리트)

(3) 강아치교의 상부구조에 따른 종류

구분	타이드아치교	랭거아치교	로제아치교	닐센아치교
형상				
연장	50~100m	50~200m	50~100m	150m
수직재	타이(강봉)	철골(소)	철골(대)	케이블, 강봉
연결	Tie Bar	Pin	힌지	핀 연결
특징	아치리브가 수평반력을 타이로 부담시켜 지점부에서는 연직반력만 전달, 수평력이 적음, 아치리브 과대	아치리브보다 보강거더가 강성이 크고 접속부가 복잡, 수직재간격이 좁음	아치리브와 보강거더를 양단에서 연결, 아치리브의 강성이 커서 수직재간격이 넓음	수직재의 케이블을 이용하여 X형태로 설치하므로 처짐이 작고 장경간에 유리
적용	부산대교	동작대교	천호대교	서강대교

3) 하이브리드(hybrid) 중로아치교 가설공법

(1) 개요

아치리브를 콘크리트와 강재를 혼합하여 시공하는 방식

(2) 구성

① 하부측 : 압축(콘크리트 아치리브)

② 상부측 : 인장(강재 아치리브)

[하이브리드 중로아치교]

(3) 시공순서

기초 시공 → 콘크리트 아치리브 → 가로보 설치 → 강재
아치리브 → 수직재 → 슬래브

(4) 시공방법

① 콘크리트 아치리브 : 동바리공법, 슬립폼공법

② 강재 아치리브 : 육상 제작 후 크레인 가설연결

③ 보강형 거더 : 데릭크레인 및 이동식 크레인

4) 콘크리트 아치교(아치리브) 가설공법 – 주로 상로교 시공

(1) 지보공

형하공간이 낮은 경우 거푸집과 동바리 이용

(2) 강재 아치선행공법(합성아치공법)

아치리브를 설치 후에 이동식 작업대차 이용

(3) 캔틸레버가설공법

양쪽 아치지점부에서 이동식 대차를 이용하여 중앙부로 시공

(4) Lowering공법(로워링공법)

양쪽 아치 About상에서 연직으로 아치리브를 시공 후에 와이어로프로 기성 아치리브를 강하(회전)시켜 크라운부(중앙부)에 콘크리트를 타설하여 연결 완료

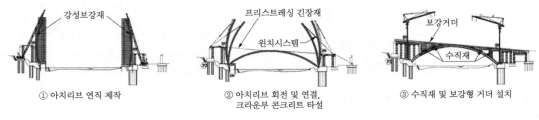

① 아치리브 연직 제작 ② 아치리브 회전 및 연결,
크라운부 콘크리트 타설 ③ 수직재 및 보강형 거더 설치

[Lowering공법]

5) 강재아치교 가설공법 : 강교 가설공법과 같음

6 기타

1) 프리플렉스공법(Preflex Beam공법, 합성형 라멘교)

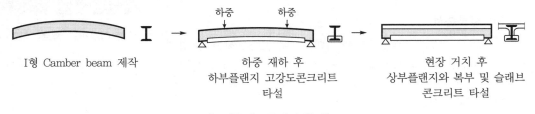

I형 Camber beam 제작   하중 재하 후
하부플랜지 고강도콘크리트
타설   현장 거치 후
상부플랜지와 복부 및 슬래브
콘크리트 타설

[프리플렉스공법의 원리]

(1) 하부플랜지에 압축력을 도입하여 상부하중 저항력 증대

(2) 낮은 형고로 형하공간 확보 용이(최대 경간장 $L=50$m)

(3) 캠버관리 난이, 제작비 고가, 운반 및 설치 시 취급 및 관리 난이, 용접결함

✦ **합성형 라멘교**

① 개요
  ㉠ 거더와 교대 벽체를 일체로 시공한 라멘교
  ㉡ 종류 : 프리플렉스빔, 프리콤, 기타
② 특징
  ㉠ 합성 전은 단순보형식으로, 합성 후는 라멘교형식으로 하중지지
  ㉡ 상부구조와 하부구조(벽체)를 강결 결합
  ㉢ 내진 저항성 향상
  ㉣ 신축 및 교좌장치 없음
  ㉤ 낮은 형고 장경간 가능
③ 문제점
  ㉠ 하부플랜지에 인장균열 발생
  ㉡ 거더에 상대적 진동이 큼
  ㉢ 대형 제작장 및 가설장비, 고강도 강재의 고가

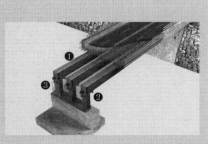

[합성형 라멘교]

2) Precom공법(Prestressed Composite)

(1) 허용응력이 서로 다른 강재와 콘크리트를 효율적으로 합성시키는 공법

(2) I형 Girder(I빔)을 특수한 제작대에 메단 무응력상태에서 하부플랜지에 거푸집을 설치하고 콘크리트를 타설함

(3) I형 Girder 제작 후 합성형 라멘교로 시공

(4) 형고 저감, 최대 지간 50m 이하 적용

(5) 신축장치와 교좌장치 없음 → 유지보수 불필요

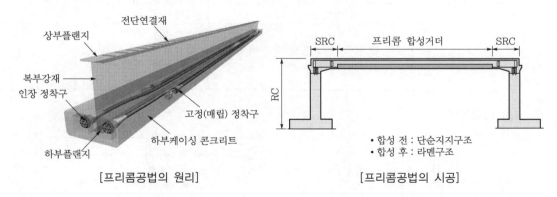

[프리콤공법의 원리]   [프리콤공법의 시공]

• 합성 전 : 단순지지구조
• 합성 후 : 라멘구조

▶ 플리플렉스공법과 프리콤공법의 비교

구분	Preflex Beam (①)	Precom(프리콤) (②)	RPB(RPF Beam) (①+② 합성)
I형 Beam	I형 캠버빔 제작	일반 I형 빔(솟음 없음)	I형 캠버빔 제작
구성	RC+I형 캠버빔	RC+I형 빔+강선PS	RC+I형 캠버빔+강선PS
Prestress	I형 플랜지 압축력	강선PS 압축력	I형 플랜지 압축력 +강선PS 압축력
형고	1~2m	1~2m	1~1.5m
특징	• 캠버관리 난해 • 대형 제작장 필요 • 고강도 강재 고가 • 하부플랜지 균열	• 매달기 거푸집 필요 • 공정 복잡 • 하부슬래브 균열 • 넓은 제작장	• 효과 미비 • 용접결함

※ RPB(Represtressed Preflex Beam)=RPF Beam

3) IPC거더(Incrementally Prestressed Concrete Girder)교

(1) 개요

① IPC거더 시공 시 시공단계에 따른 단계별 하중 증가에 따라 긴장력 도입
② 형고를 줄이거나 장지간 가설이 가능한 PSC공법

(2) 일반 PSC Beam과 IPC거더의 차이점

구분	일반 PSC빔	IPC거더
원리	RC+강재PS(1회)	RC+강재PS(단계별)
최대 경간장	$L=35m$	$L=45m$
형고	형고 1~2.5m	1~2m
특징	• 가장 많이 사용 • 형고가 높아 가설 시 전도위험	• 2차 전경간 긴장재 시공 어려움 • 상대적 공사비 저렴
인장작업	• 한 경간 텐돈 배치 긴장 • 1회 긴장력 도입(제작 후)	• 연속 텐돈 배치 • 단계별 긴장력 도입 • 1차 긴장 : 제작 후 • 2차 긴장 : 슬래브 시공 후

(3) 가설공법

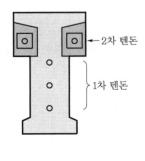

[단면도]

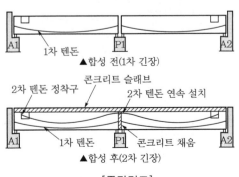

▲합성 전(1차 긴장)

▲합성 후(2차 긴장)

[종단면도]

4) PCT(Prestressed Composite Truss)거더교

(1) 소정의 압축력이 도입된 콘크리트 하현재, 강관으로 만들어진 복부재, 그리고 강콘크리트 합성부재로 형성된 상현재로 구성되는 프리스트레스 복합트러스거더형식의 교량

(2) **구성요소**

① 상현재(상부슬래브) : 강콘크리트 합성형
② 복부재 : 강관 Truss구조
③ 하현재 : PSC콘크리트구조
④ 상현격점부 : 블록다월구조
⑤ 하현격점부 : 블록다월+구멍강판구조

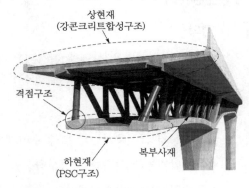

[PCT거더교]

(3) **가설공법** : 크레인+벤트, ILM, FCM, MSS

5) 판형교

(1) **일반 판형교** : 주형이 작고 많으며, 형고가 낮다.

(2) **소수 주형판형교** : 주형이 크고 적으며, 형고가 높다.

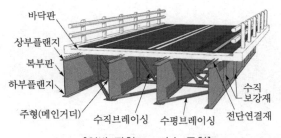

[일반 판형교 – 다수 주형]

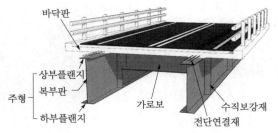

[소수 주형판형교 – 소수 주형]

6 부속장치

1 교좌장치

1) 정의

하부공과 상부공의 사이에 설치되어 상부하중을 하부에 전달하고 이동, 지압, 회전기능으로 교량의 유해응력을 흡수하여 안정성을 확보함

2) 기능 [이, 지, 회, 지]

(1) **이동기능(신축기능)** : 하중재하(캠버), 온도변화, 건조수축, 크리프변위 흡수

(2) **지압기능(전달기능)** : 상부하중을 하부에 전달

(3) **회전기능(회전변위제어)** : 상하로 휨에 대한 회전변위 흡수

(4) **지진흡수기능(지진)** : 감쇠기능(흡수), 분리기능(차단), 진동제어기능(댐퍼), 풍하중

3) 방향별 종류

(1) **고정형** : 고정 및 회전기능

(2) **가동형** : 일방향, 양방향 이동기능

4) 종류 및 특징

(1) **고무받침(단층), 탄성고무받침(적층), 납면진받침(LRB)**

① 발전

구분	고무받침 (단층고무)	탄성고무받침 (적층고무)	납면진받침 (LRB)
구성	단층고무	고무+강판	고무+강판+납봉
수평하중 변위흡수	고무 大	고무 大	고무 大, 납봉 大 (수평반복변위)
수직하중 저항력	고무 小	강판 大	강판 大

② 고무받침(단층) : 상부판과 하부판 사이에 단층고무 설치

③ 탄성고무받침(적층)
  ㉠ 고무와 강판을 겹겹이 층으로 쌓은 받침
  ㉡ 단경간, 소교량 적용, 배부름현상 발생
  ㉢ 면진받침으로 복원력 좋음

④ 납면진받침(LRB)
  ㉠ 적층탄성고무받침의 중앙부에 납봉 설치
  ㉡ 면진받침(일부 제진), 단경간교량

[납면진받침]

ⓒ 하중분배효과 큼, 복원력 우수

ⓔ 문제점 : 설치 시 Pre-Seting 불가, 납심성상변화 확인 불가

(2) 강재받침

① 포트받침

ㄱ 강재 원형용기 속에 밀폐된 고무판, 불소수지판, 스테인리스판, 상부판, 하부판으로 구성

ㄴ 허용회전각이 작음

ㄷ 적용 : 콘크리트 연속교, 강판의 직선교, 사교, 곡선교, 단경간교량

② 스페리컬받침

ㄱ 중간 판 내부에 불소수지판이 미끄러짐기능

ㄴ 회전용량이 커서 캠버가 큰 교량에 적합

ㄷ 적용 : 강교, 콘크리트 장경간교량, 연속교, 곡선교, 사교

③ 기타 : 선교좌(Line Shoe), 고력황동교좌(오일, 스페리컬받침과 비슷), 롤러교좌(롤러), 로카교좌, 중앙힌지교좌

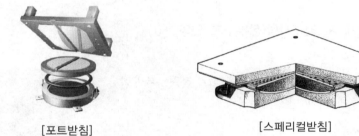

[포트받침]　　　　　[스페리컬받침]

5) 시공관리

(1) 준비사항

① 연단거리 및 이동량 확인, 공장 검수

② 가동단 및 이동단의 위치 및 색상 확인

(2) 배치

① 직선교 및 사교 배치

[직선교 배치]　　　　　[사교 배치]

- ● 고정단
- ←→ 일방향
- ✛ 양방향

② 곡선교 배치

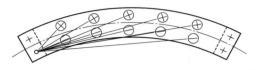

[현방향 배치]

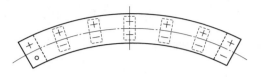

[접선방향 배치]

(3) 설치 시

① 고정단, 가동단의 색상 및 위치별 배치상태 확인
② Pre Seting : 설치 시 온도에 대한 이동량 보정 시공
③ Soule Plate두께 $t=22mm$ 이하 설치

(4) 무수축 모르타르 타설

① 강도 60MPa 이상
② 한쪽에서 주입하여 반대쪽이 넘쳐나도록 주입 → 공극 없이 충진

(5) 보양관리 : 3일간 습윤양생

6) 교좌장치 교체 시 검토사항(상부구조 인양 시)

(1) 기술적 검토

① 유압잭 안정성 검토 : 상부공의 수직력, 부반력
② 풍하중에 대한 안전 : 수평력

(2) 관리적 검토

① 공사비, 공사기간 검토
② 먼지, 소음 발생 여부 : 콘크리트 치핑 시

[상부공 인양]

2 신축이음장치

1) 정의

교량 슬래브의 온도, 건조수축, 크리프 등에 의한 신축을 흡수하는 장치

2) 선정 시 고려사항

(1) 온도변화에 의한 신축량

(2) 교면의 평탄성 유지

(3) 방수 및 배수가 양호한 구조

(4) 구조가 간단하고 시공이 쉬우며 유지보수가 용이한 구조

3) 종류 및 특징

(1) 맞댐식

① 종류 : 줄눈판조인트, 절삭조인트, 모노셀

② 유간간격이 작아 상부하중을 지지하지 않음

③ 유간간격 60mm 이하, 최근에 많이 사용하지 않음

(2) 지지식

① 레일식 : 유간간격 100mm 이하, 소형 교량, 누수 방지, 소음·진동 발생

② 강핑거식 : 유간간격 100mm 이상, 대형 교량, 주거지, 소음·진동 적음

③ 고무식 : 유간간격 60mm 이하, 특수고무+강판, 소음·진동 적음, 파손 잦음

④ 유간간격이 크고 상부하중을 지지함

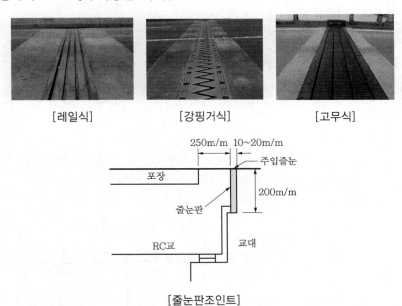

[레일식]　　　　[강핑거식]　　　　[고무식]

[줄눈판조인트]

4) 설계유간(신축량, Δl) – 신축이음, 교좌장치

$$\Delta l = \Delta l_t + \Delta l_s + \Delta l_c + \Delta l_r + 설치여유량 + 제품여유량$$

① 기본신축량

  ㉠ Δl_t(온도변화이동량) : 강교만 적용

  ㉡ Δl_s(건조수축이동량)

  ㉢ Δl_c(Creep이동량) : 크리프계수 2.0 이상

  ㉣ Δl_r(보의 처짐, 회전이동량) : 신축장 100mm 이상 시 고려

② 설치여유량 : 기본신축량의 20%

③ 제품여유량 : 20mm

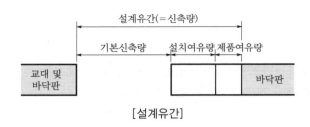

[설계유간]

5) 시공관리

(1) 준비단계 : 시방서 및 설계도서의 신축이음량 확인

(2) 치핑단계 : 설치구간 절단 및 착암기로 치핑하여 철근 노출

(3) 신축이음 조립 및 설치

    ① Pre Seting 실시

    ② 신축이음장치와 슬래브 철근과 용접 실시

(4) 무수축콘크리트 : 압축강도(f_{ck}) 35MPa 이상, 수축저감혼화재 사용

(5) 보양관리 : 3일간 습윤양생

(6) 누수시험

    ① 하부고무판

        ㉠ 신축이음 하부에서 설치되어 내부로 강우 유입 시 측면으로 배수

        ㉡ 거더, 교좌장치, 하부공 보호

    ② 볼트로 설치하고 주수하여 배수상태 확인

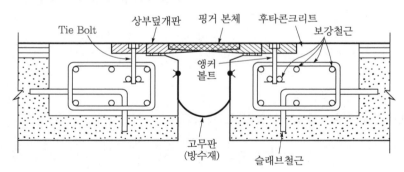

[교량 신축이음장치 및 고무방수재의 설치]

7 내진설계

1 지진 발생원리

1) 원인

(1) **판경계지진** : 마그마의 축적된 열에너지가 판경계에서 발산 – 화산활동, 조산운동

(2) **판내부지진** : 마그마의 축적된 열에너지가 단층대에서 발산 – 단층대 발생

(3) **인공지진** : 핵폭발, 건물 붕괴, 산사태, 큰 충격

2) 지진파

(1) **P파(체적파, 압축파)** : V=5km/s, 가장 강함

(2) **S파(전단파)** : V=4km/s

(3) **W파(표면파, L파, R파)** : V=3km/s, 지표구조물에 영향이 큼

3) 진도와 규모

(1) **진도와 규모**

구분	진도	규모(리히트규모)
개념	진앙지에서 거리에 따라 사람이 느낀 정도 또는 구조물 피해 정도(상대적 크기)	진원지에서 발생되는 에너지의 크기(절대적 크기)
특징	거리에 따라 크기가 다름	크기가 같음

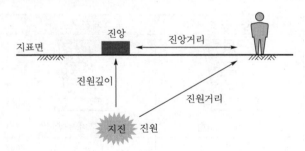

(2) 지진관측소 3개소를 평균으로 산정(지진기록계)

(3) 리히트규모 1~9등급 구분, 1등급 증가=TNT량 32배 증가

4) 공진(공명)과 감쇠 주파수(진폭)＝진동수

(1) **공진**

가진주파수(발생)와 고유진동수(물체)가 같을 때 거리에 따라 지진력이 증가되는 현상(진폭 증가)

(2) 감쇠

가진주파수(발생)와 고유진동수(물체)가 다를 때 거리에 따라 지진력이 감소되는 현상(진폭 감소)

2 내진설계

1) 내진등급

(1) **내진 특등급** : 지진 시 매우 큰 재난 발생, 기능 마비로 매우 큰 영향을 주는 시설물

(2) **내진 Ⅰ등급** : 지진 시 큰 재난 발생, 기능 마비로 큰 영향을 주는 시설물

(3) **내진 Ⅱ등급** : 지진 시 작은 재난 발생, 기능 마비로 적은 영향을 주는 시설물

2) 내진성능목표(평균재현주기)

50년, 100년, 200년, 500년, 1000년, 2400년, 4800년

3) 설계 및 해석방법

(1) **동적해석방법** : 지진응답스펙트럼법에 의한 지진력 산정

(2) **정적해석방법** : 동적인 지진력을 정적하중으로 변환해서 지진력 산정

   ※ 지진력(설계하중) = 가속도계수 × 지반계수 × 사하중

(3) **액상화평가** : 간편법(경험식), 상세법(진동대시험 실시), 안전율(F_s) 1.5 이상

4) 내진설계

구분	내진구조	제진구조	면진구조
개념	부재력이 저항	제진장치가 흡수	면진장치가 절연
구조물강성	큼	보통	작음
기능	지지	감쇠	절연
장치	부재력 증가	감쇠장치(Damper)	절연장치(Isolate)
적용	라멘교, 소형 교량(강성 증대, 부재 단면 증대, 헌치, 2중철근, 나선형 철근, 철골)	케이블댐퍼, LRB의 납봉, 건물받침, 질량동조감쇠기, 액체동조감쇠기	납면진장치(일부 제진), 탄성받침, 미끄럼베어링, 교좌장치, 대형 교량

3 내진 보강(설계)방법

1) 기초지반 보강(액상화)

(1) 사항 설치, 저판의 증대, 암반에 설치

(2) 연약지반처리공법 : SCP(밀도 증대), 그라우팅, DCM공법

(3) 지하수 저하 : Deep Well, Well Point

(4) 진동의 차단 : Slurry Wall

2) 구조물 보강(교대, 교각, 슬래브)

(1) 교대 2중철근

(2) 교각 2중나선형 띠철근, SRC(철골)교각 시공

(3) 고강도콘크리트 사용, 스터럽, 헌치 설치, 단면 증대, 고강도 철근 사용

3) 교좌장치 및 신축이음장치

(1) 낙교 방지 교좌장치 설치

(2) 지진을 고려한 교좌장치 설치

(3) 횡방향 이동 신축이음장치 설치

4) 낙교방지시설

4 기존 교량 내진성능 향상(보강)방법

1) 기초지반 보강(액상화)

(1) 말뚝기초 및 JSP 보강

(2) 연약지반처리공법 : 밀도 증대, 지하수 저하, 그라우팅

2) 교대

(1) 낙교 방지 : 교대와 거더를 강봉으로 연결 고정

(2) 교대기초 : 말뚝사항, 어스앵커

(3) 2중철근 설치 및 콘크리트 단면 증대

3) 교각

(1) 띠철근 설치 및 콘크리트 단면 증대

(2) 교각기둥 : 강판 보강 후 콘크리트 충진

(3) 기초 : 콘크리트 단면 증대+어스앵커 설치

4) 교량받침

(1) **내진받침 사용** : 탄성받침, 납면진받침, 포트받침은 교체

(2) 과도한 이동제한장치 및 부상방지장치 설치

(3) **받침콘크리트 보강** : 고강도 에폭시수지계 사용

5) 낙교방지장치

(1) 교대 또는 거더 간 케이블이나 강봉으로 연결하여 구속

(2) 이동제한장치

(3) 코핑부 확장하여 추가받침 설치

(4) 프리캐스트패널 부착

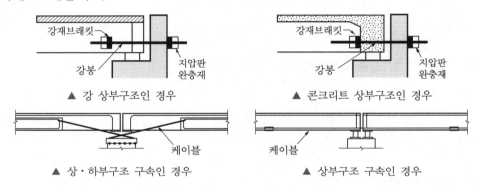

[강봉과 케이블 구속장치 설치방법]

6) 사장교, 현수교

• 지진감쇠(감쇠기) : 점성형 댐퍼, 이력형 댐퍼

CHAPTER 12

암반

암 반

일반

일반

1. 암석 : 불연속면을 미포함하는 암괴
2. 암반 : 불연속면을 포함하는 암괴

암반결함

1. 불연속면
   - 절리, 층리, 편리
   - 단층
   - 습곡
   - 벽개
2. 풍화 정도

불연속면

1. 전단강도영향요인
   - 방향성, 면 거칠기, 충진물질
   - 암괴크기, 지하수, 절리면강도
   - 절리면의 간격, 절리면의 연속성
   - 절리면의 틈
2. 주향과 경사

대책

1. 사면 보강 : 록볼트, 숏크리트
2. 터널 보강 : 보조공법, 페이스매핑
3. 암반 발파 시 : 제어발파
4. 댐 기초 보강 : 그라우팅, 루전테스트
5. 교량기초 : 치환공법, 매스기초

암반분류

목적

1. 암반종류별 그룹화
2. 설계 및 시공지표 사용

일반적 분류

1. TCR(코어회수율)에 의한 분류
2. RQD(암질지수)에 의한 분류
3. 일축압축강도에 의한 분류
4. 탄성파속도에 의한 분류(건설공사 표준품셈)
5. 토공작업성에 의한 분류
   (국도건설공사 설계실무요령)
6. 건설공사 표준품셈에 의한 분류
7. 불연속면의 상태에 따른 분류
8. 풍화상태에 따른 분류

터널분류

1. RMR분류법
   - 평가항목 및 점수 **강, 알, 상, 간, 지**
     - 강도 : 15
     - RQD : 20
     - 불연속면의 상태 : 30
     - 불연속면의 간격 : 20
     - 지하수상태 : 15
2. Q – system분류법

$$Q = \frac{RQD}{J_n} \times \frac{J_r}{J_a} \times \frac{J_w}{SRF}$$

암괴크기　전단강도　활성응력

암반
(암반결함＋불연속면＋대책＋암반분류)

1 암반 일반

1 암석

    (1) 불연속면을 미포함하는 암괴   (2) 안정성 큼

2 암반

    (1) 불연속면을 포함하는 암괴   (2) 안정성 적음

3 암석의 종류

    화성암, 퇴적암, 변성암

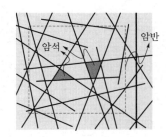

[암석과 암반]

  ▶ 터널에서 불연속면의 주향과 경사의 영향

주향이 터널진행방향과 수직				주향이 터널진행방향과 평행		주향과 무관
경사방향 굴진		역경사방향 굴진				
경사 45~90°	경사 20~45°	경사 45~90°	경사 20~45°	경사 20~45°	경사 45~90°	경사 0~20°
매우 유리 (0점)	유리 (−2점)	양호 (−5점)	불리 (−10점)	양호 (−5점)	매우 불리 (−12점)	양호 (−5점)

경사방향

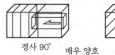

경사 90° 매우 양호 경사 45° 양호 경사 20°

역경사방향

경사 90° 보통 경사 45° 불량 경사 20°

굴진방향과 평행

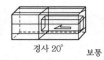

경사 20° 보통 경사 45° 매우 불량 경사 90°

※ 괄호의 점수는 RMR평가 시 점수임

2 암반결함, 불연속면

1 암반결함

1) 불연속면의 종류

(1) 절리, 층리, 편리

① 규모는 수cm~수m, 연속성 작음, 모든 암 발생, 암석 붕락 발생

② 절리(응력해방 분리면), 층리(퇴적암), 편리(배열된 판모양)

(2) 단층

정단층	역단층	수평단층
팽창 ← 상반 / 하반 →	압축 ⇒ 상반 / 하반 ⇐	(수평 이동)
• 인장력 • 상반 하강이동	• 압축력 • 상반 상향이동	• 수평력 • 수평이동

① 큰 지각변동에 의해 발생

② 규모는 수m~수km, 연속성 있음

③ 대규모 암반 붕괴 발생

Tip 활성단층(국내 양산단층) : 1만년 이내에 단층운동을 하였거나 지진이 일어날 가능성이 높은 단층

(3) 습곡

① 층리면이 지각운동으로 인해 휘어진 굴곡

② 배사 : 구불구불한 선이 위로 볼록

③ 향사 : 아래로 볼록

④ 수m~수km, 터널 갱구부의 위치결정 활용

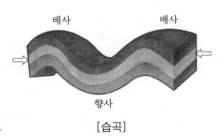

[습곡]

(4) 벽개

암석(변성암)이 물리적인 힘을 받을 때 특정한 방향을 따라 일정한 얇은 두께로 쪼개지는 현상

2) 풍화 정도

(1) 신선한 암이 물리·화학적 영향으로 흙이 되는 과정

(2) 풍화 정도는 6등급으로 구분

2 불연속면의 조사항목(전단강도영향요인, 특성)

(1) **방향성** : 주향, 경사, 경사방향

(2) **면 거칠기** : 거칠기가 클수록 안정

(3) 충진물질

(4) **암괴크기** : 절리간격이 클수록 터널 안정

(5) 지하수상태

(6) 절리면강도

(7) 절리면의 간격

(8) 절리면의 연속성

(9) 절리면의 틈

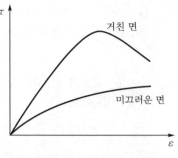

[면 거칠기 전단강도 특성]

3 터널 불연속면에 따른 파괴형태(안정평가)

▲ 안정

[안정상태]

▲ 쐐기파괴

▲ 붕락

[불안정상태]

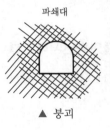

▲ 붕괴

4 주향과 경사

1) 주향과 경사

불연속면의 방향성(주향, 경사)을 측정하여 평사투영법으로 안정성 판별

2) 불연속면의 방향성 표시방법

① 주향 : N45°E – 교선의 방향이 북동방향으로 45°인 경우

② 경사 : 60°SE – 경사각이 60°이며 경사방향은 남동쪽

③ 경사방향 : 135° – 주향이 N45°E인 경우의 경사방향은 90°+45°=135°

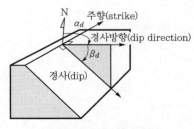

[주향, 경사와 경사방향]

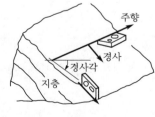

[클리노미터로 재는 방법]

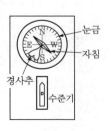

[클리노미터]

5 불연속면의 문제점

(1) **사면** : 원형, 평면, 쐐기, 전도파괴

(2) **터널** : 갱구부 붕괴, 막장면 붕괴, Squeezing(스퀴징, 압착)

(3) **댐** : 누수, 파이핑현상, 양압력 발생

✒ 암반의 취성파괴와 연성파괴

① 취성파괴
  ㉠ 정의 : 암석을 굴착할 때 지반의 변형이 급격히 증가되어 갑자기 붕괴되는 현상
  ㉡ 지반상태 : 불연속면이 많은 암반, 연암, 풍화암
  ㉢ 대피시간이 없어 사고로 이어짐
② 연성파괴
  ㉠ 정의 : 암석을 굴착할 때 지반의 변형이 서서히 증가되어 붕괴되는 현상
  ㉡ 지반상태 : 불연속면이 적은 암반, 극경암, 보통 암
  ㉢ 대피시간이 있음

---

6 불연속면처리방법

(1) 그라우팅 실시   (2) 콘크리트 치환   (3) Rock Bolt 설치

(4) 암반PS공   (5) Dowelling공

7 공종별 암반 불연속면의 대책

(1) **사면 보강** : 록볼트, 숏크리트, 옹벽 설치

(2) **터널 보강**

  ① 록볼트, 숏크리트, 강관그라우팅 등 보조공법
  ② 페이스매핑 실시

(3) **암반 발파 시** : 제어발파 실시

(4) **댐기초 보강**

  ① 커튼그라우팅, 컨솔리데이션그라우팅
  ② 루전테스트 실시

(5) **교량기초**

  ① 치환공법, 매스기초
  ② 현수교 지중 정착식 설치 여부의 판정

3 암반분류

1 암반분류의 목적

    (1) 암반의 불연속면 특성 및 강도, 지하수상태를 고려하여 분류

    (2) 유사거동을 갖는 암반을 종류별로 그룹화 또는 역학적 특성 파악 및 추정

    (3) **설계 및 시공지표로 사용** : 시험 및 시공계획 수립, 공법 선정

2 일반적 분류(일반, 토공, 구조물, 기초)

1) TCR(코어회수율)에 의한 분류

$$TCR(코어회수율) = \frac{회수된\ 코어길이}{전체\ 시추길이} \times 100\%$$

    (1) 회수율이 적으면 균열과 절리가 많고 암질이 불량

    (2) 회수율이 크면 암질이 단단하고 균열, 절리가 적음

    (3) **암반분류** : 5등급으로 분류(Ⅰ~Ⅴ)

2) RQD(암질지수)에 의한 분류

$$RQD(암질지수) = \frac{10cm\ 이상\ 회수된\ 코어길이}{전체\ 시추길이} \times 100\%$$

    (1) RQD분류

등급	V	IV	III	II	I
RQD값(%)	0~20	20~40	40~60	60~80	80~100
상태	매우 불량	불량	보통	양호	매우 양호

    (2) RQD값이 크면 암질이 단단하고 균열, 절리가 적음

    (3) 방향성(주향, 경사), 지하수상태, 절리상태 등 미반영

3) 일축압축강도에 의한 분류(한국엔지니어링협회)

    (1) 일축압축강도시험에 의한 강도로 분류

    (2) **5등급 분류** : 풍화암, 연암, 보통암, 경암, 극경암

4) 탄성파속도에 의한 분류

(1) 탄성파속도(km/s)로 강도를 추정하여 분류

(2) 5등급 분류 : 풍화암, 연암, 보통암, 경암, 극경암

5) 건설공사 표준품셈에 의한 분류

• 5등급 분류 : 풍화암, 연암, 보통암, 경암, 극경암

6) 토공작업성에 의한 분류(국도건설공사 설계실무요령)

• 토공작업 선정 : 토사(도저), 리핑암(리퍼), 발파암(발파)

3 터널의 암반분류(RMR, Q-system)

1) 분류목적

(1) 터널 지보하중계산

(2) 지보재의 선정 및 지보패턴의 결정

(3) 무지보 유지시간 판단

2) RMR분류법

(1) **정의** : 암석강도와 절리 특성을 고려하여 5등급으로 정량적 분류하는 방법

(2) **분류방법**

① 암반의 5개 평가항목을 점수화하고 평균하여 RMR값 산정

$$RMR = 각 \; 항목 \; 평균의 \; 합[\%]$$

② 평가항목 및 점수　**강, 알, 상, 간, 지**

ㄱ 강도 : 15%　　ㄴ RQD : 20%　　ㄷ 불연속면의 상태 : 30%

ㄹ 불연속면의 간격 : 20%　　ㅁ 지하수상태 : 15%

(3) RMR등급

등급	V	IV	III	II	I
RMR값(%)	0~20	20~40	40~60	60~80	80~100
암질	풍화암	연암	보통암	경암	극경암
상태	매우 불량	불량	보통	양호	매우 양호

(4) 특징

① 등급 구분이 용이

② 방향성(주향과 경사)에 대한 보정 필요

③ 암반분류에 활용하여 터널의 지보재 선정에 적용

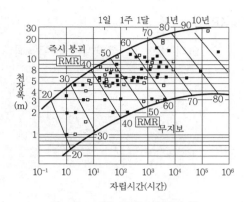

[RMR – 터널 무지보자립시간]

3) Q-system분류법

(1) 정의 : 암괴의 크기와 절리면의 절리특성을 고려하여 9등급으로 정량적 분류

(2) 분류방법 `RQD는 알물이고, 나는 스트레스`

$$Q= \frac{RQD}{J_n} \times \frac{J_r}{J_a} \times \frac{J_w}{SRF}$$

암괴크기   전단강도   활성응력

① 기준인자 : 암질지수(RQD), 응력감소계수(SRF), 절리군(J_n), 면 거칠기(J_r), 풍화
정도(J_a), 지하수 상태(J_w)

② 9개 등급 판정 : 매우 불량(0.001)~매우 양호(1,000)

(3) 특성

① 절리의 방향성 미고려   ② 평가방법 복잡

③ 팽창성 암반(스퀴징암반)에 적용 가능   ④ 스칸디나비아의 시공사례에 편중

⑤ 9등급으로 분류하여 지보재 설계   ⑥ 무지보 터널폭을 예측

4) RMR과 Q-system의 차이점

구분	RMR	Q-system
관계식	RMR=각 항목 평균의 합	$Q= \dfrac{RQD}{J_n} \times \dfrac{J_r}{J_a} \times \dfrac{J_w}{SRF}$
기준인자	5개 인자 `강, 알, 상, 간, 지`	6개 인자(절리군 외)
등급	5등급	9등급
지보체계	단순화	세분화
평가방법	간단	복잡
현장 응력	고려 안함	고려함
적용성	NATM(더블셀)-지보재 선정	NMT(싱글셀)-미지보 터널폭

4 사면의 암반분류(SMR)

(1) 정의 : RMR과 불연속면의 방향성, 굴착계수를 이용하여 사면암반을 분류하는 방법

(2) 분류방법

$$SMR = RMR + (f_1 + f_2 + f_3) + f_4$$

① 방향성계수(불연속면과 사면) : f_1, f_2, f_3

② 굴착방법계수(교란) : f_4

(3) 등급판정

등급	V	IV	III	II	I
SMR값(%)	0~20	20~40	40~60	60~80	80~100
사면안정	매우 불안	불안	보통	안정	매우 안정
보강방법	구배 완화, 구조물 보강	대규모 보강	체계적 보강	부분 보강	없음

CHAPTER 13

터널

터 널(1)

일반 → NATM(1)

터널의 구성

1. 구성 : 갱문, 갱구부, 본 터널, 연직갱, 경사갱, 피난통로
2. Spring Line(스프링라인)
3. 더블셸(NATM)과 싱글셸(NMT)

굴착공법(패턴)의 종류

1. 전단면굴착
2. 분할 단면굴착
   • 수평분할굴착(벤치컷) : 다단, 미니, 숏, 롱
   • 연직분할굴착 : 중벽분할굴착
   • 선진도갱굴착 : 측벽선진도갱, Shield TBM, 선진도갱(금정터널)

굴착방법(수단)의 종류

1. 인력굴착
   • 착암기, 소형 브레이커, 삽
2. 기계굴착
   • Shield TBM, TBM, 쇼벨, 브레이커장비
3. 발파굴착(NATM) : 화약 이용, 제어발파
4. 파쇄굴착
   • 미진동
     – 플라즈마공법(고온, 고압)
     – 미진동파쇄기공법(미진동파쇄기)
   • 무진동
     – 팽창재(시멘트팽창재)
     – 유압잭(할암봉)
     – 슈퍼웨지(쐐기장비)
     – 브레이커공법
5. 비개착공법
   • 추진공법, 프런트잭킹, TRcM
6. 기타
   • 침매터널, 개착공법, 카르시안공법

갱구부

1. 돌출형 : 벨마우스형, 원통형 절개식, 돌출식, 버드비크형
2. 면벽형 : 중력식, 반중력식, 날개식 아치형, 아치면벽형

발파공법

1. 뇌관
   • 순발뇌관
   • 지발뇌관(DS, MS)
2. 화약의 종류 : 다이너마이트, 정밀폭약
3. 자유면 확보방법
   • 심발발파 : 평행, 경사, 조합
   • 벤치컷발파 : 터널발파, 노천발파
   • 누두지수
4. 제어발파
   • 라인드릴링 : 무장약공
   • 프리스프리팅 : 역순발파
   • 쿠션블라스팅 : 분산장약
   • 스무스블라스팅 : 정밀장약
5. 여굴
   • 여굴, 진행성 여굴, 지불선
6. 시험발파
7. 계측관리
   • 일상계측(A계측)
   • 정밀계측(B계측)
   • 특별계측

시공순서

1. NATM터널 시공순서
   갱구부 → 보조지보 → 굴착(발파공) → 지보재(S/C, S/R, R/B) → 방·배수 → 라이닝 → 인버트 → 부대시설
2. 발파공순서 **천, 장, 발, 버**
   천공 → 장약 → 발파 → 환기 → 버력 처리

터 널(2)

NATM(2) → 기계굴착

지보재의 종류

1. 주지보재
   - Shotcrete
   - Steel Rib
   - Lining con'c
   - Rock Bolt
   - Wire Mash
2. 보조지보재
   - Fore poling
   - FRP Grouting
   - 강관다단 Grouting
   - 막장면 Rock Bolt

보조공법

1. 막장안정공
   - 천단안정공법
     - 포폴링, 파이프루프
     - 강관다단그라우팅, FRP다단그라우팅
   - 막장면안정공법
     - 지지코어(링컷공법), 숏크리트
     - 록볼트, 그라우팅
2. 각부 및 측벽 보강공법
   - 각부 보강파일(강지보재지지)
   - 측벽 보강파일(측방유동 방지)
3. 외부지반 보강
   - 터널지반개량 : JSP, 저토피 복토, 편토압 보강
   - 차단 보강공법(지하연속벽) : 터널과 구조물 사이 설치
   - 인접 구조물 보강 : Under Pinning
4. 용수처리
   - 용수처리공법(굴착 전)
     - 배수공 : 수발공, 수발갱, Well Point, Deep Well
     - 차수공 : 약액주입공(LW, 우레탄), 압기공, 동결공
     - 지표수
   - 터널 내 용수처리(1차 S/C 타설 후)
     - 급결재지수, 반할관 유도
   - 터널 내 용수 배수체계 : 상향, 하향
5. 선지보공법

Shield TBM구조

1. Head부(굴착부) : 디스크커터
2. Body부(추진부)
   - 추진잭방식 : 세그먼트 추진
   - 그리퍼 & 추진잭방식 : 지반벽면 밀착
3. Tail부(실드부) : 컨베이어, 뒷채움주입

종류

1. 이수식(Slurry) 실드 TBM
2. 토압식(EPB) 실드 TBM

시공순서

시공관리

1. 사전조사 : 작업장설비, 버력 처리방법
2. 실드TBM작업장 및 작업구계획
3. 수직구 시공 및 갱구부 보강(추진구, 도달구)
4. 비트마모관리 : 고강도 비트 선정
5. 초기굴진관리
6. 본굴진관리
7. 침하관리 : 테일보이드 및 갭파라미터
8. 세그먼트의 설치 및 이음방식
9. 뒷채움관리 **동, 반, 즉, 후**
10. 급곡선부 시공 시 유의 : 이렉트 조정
11. 추진 시 발생문제
    - 지하수 저하(침하 및 싱크홀)
    - 지반변화
    - 잔존 지하지장물(E/S)

1 터널 일반

1 터널의 구성

1) 구성

갱문, 갱구부, 본 터널, 연직갱(수직구), 경사갱, 피난통로

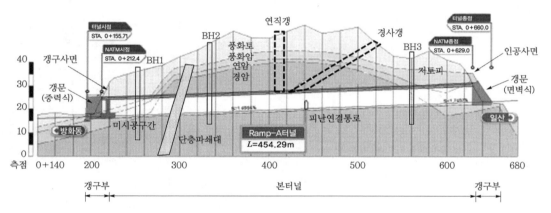

[종단면도]

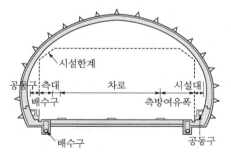

[도로터널 단면구성]

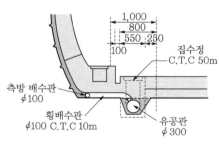

[상세도]

2) Spring Line(스프링라인)

(1) 터널폭의 가장 넓은 곳으로 아치부와 벽체의 경계선

(2) 터널 굴착 및 시공 시 기준이 되는 선

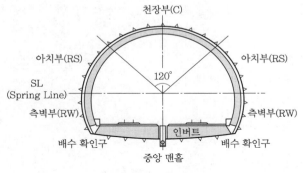

[터널 횡단면도]

2 터널 내공 단면 형상(복공, 라이닝)

구분	원형	난형	마제형	직사각형	2아치형
형상	R_1	R_3 R_2 R_3	R_0 R_0 R_1		
특징	• 가장 안전 • 비경제 • Sheel TBM	• 구조적 안정 • 굴착량 많음	• 구조적 불안정 • 굴착 시공성 양호 • 경제적	• 토피가 얕은 지반 • 개착식 굴착	• 대단면 터널 • 정거장, 도로터널 • 누수 발생

3 더블셀과 싱글셀(무라이닝공법)

1) NATM(더블셀)

(1) **구조** : 1차 S/C 라이닝, 2차 콘크리트 라이닝 설치

(2) **특징** : 암반상태 불량, 비경제적인 터널

2) NMT(싱글셀)

(1) **구조** : 1차 S/C 라이닝 또는 무라이닝

(2) **특징** : 암반상태 양호, 경제적인 터널

4 터널의 조사

1) 터널계획 시 조사

(1) **사전조사** : 기존 자료조사, 지반활동, 활단층, 국토개발계획, 기타 관련계획

(2) **현장 답사** : 유적 및 문화재 지표조사, 지역특성, 현장 조사 및 시험계획 수립

(3) **현장 조사**

① 지표지질조사

② 시추조사(SPT, 수압파쇄시험)

③ 물리탐사(탄성파탐사)

(4) **실내시험** : 토사 및 암반의 특성 파악

2) 시공 중 조사(막장면)

(1) **Pace Mapping** : 육안관찰, 클리로미터로 주향과 경사 측정

(2) **물리탐사**

① 파 이용방법 : 탄성파탐사(TSP), GPR탐사(레이더)

② 파 미이용방법 : 전기비저항탐사(누수, 지층분석), 방사선탐사(스펙트럼)

(3) **시추조사** : 선진수평보링공, 감지공

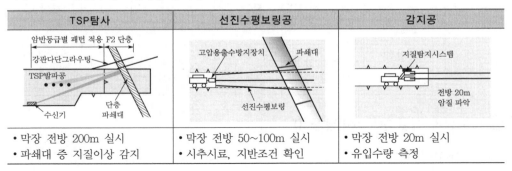

TSP탐사	선진수평보링공	감지공
• 막장 전방 200m 실시 • 파쇄대 중 지질이상 감지	• 막장 전방 50~100m 실시 • 시추시료, 지반조건 확인	• 막장 전방 20m 실시 • 유입수량 측정

3) Pace Mapping조사방법

(1) **준비물** : 필기구, 막장관찰일지, 지질해머, 클리노미터, 줄자, 슈미터해머, 지질컴퍼스

(2) 막장면의 상태를 막장관찰일지(막장관찰도)에 스케치 및 상세히 기록

(3) 매 굴진면마다 Pace Mapping 실시

(4) 현장 책임감리원이 실시하고 필요시 토질 및 기초기술사가 실시

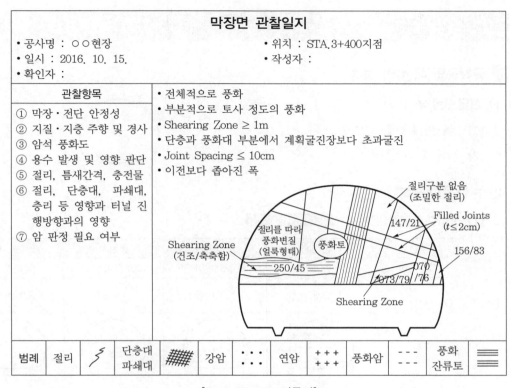

| 범례 | 절리 | ⚡ | 단층대
파쇄대 | ▦ | 강암 | ⋮ | 연암 | +++
+++ | 풍화암 | ---
--- | 풍화
잔류토 | ≡≡≡ |

[Face Mapping기록지]

4) TSP탐사(Tunnel Seismic Profiling, 터널 막장면 전방탐사)

(1) TSP탐사방법

측정장비 설치 → 천공 → 장약, 발파 → 탄성파 측정 → 분석 → 지보재 및 굴착방법 선정

(2) 특징

① 막장 전방 200~300m 예측 가능

② 전방 단층파쇄대, 연약대 파악

③ 암반강도, 절리방향 등 정보를 이용하여 암반분류, 지보타입 제시

막장면 관찰일지

• 공사명 : ○○현장
• 일시 : 2016. 10. 15.
• 확인자 :
• 위치 : STA.3+400지점
• 작성자 :

관찰항목	
① 막장·전단 안정성 ② 지질·지층 주향 및 경사 ③ 암석 풍화도 ④ 용수 발생 및 영향 판단 ⑤ 절리, 틈새간격, 충전물 ⑥ 절리, 단층대, 파쇄대, 층리 등 영향과 터널 진행방향과의 영향 ⑦ 암 판정 필요 여부	• 전체적으로 풍화 • 부분적으로 토사 정도의 풍화 • Shearing Zone ≥ 1m • 단층과 풍화대 부분에서 계획굴진장보다 초과굴진 • Joint Spacing ≤ 10cm • 이전보다 좁아진 폭

2 터널굴착

1 굴착공법(패턴)의 종류

1) 전단면굴착

(1) 전단면 1회에 굴착

(2) 암질 매우 양호

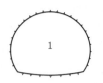

2) 분할 단면굴착

(1) 수평분할굴착(벤치컷) 다단, 미니, 숏, 롱

구분	다단벤치	미니벤치	숏벤치	롱벤치
적용지반	매우 불량	불량지반	보통지반	양호지반
벤치길이 (D : 터널직경)	벤치 3개 이상	$1D$ 미만	$1D{\sim}3D$	$3D$ 이상
단면도				

(2) **연직분할굴착** : 중벽분할굴착

(3) **선진도갱굴착** : 측벽선진도갱, Shield TBM 선진도갱(금정터널)

※ 실무에서는 지질이 변화하므로 복합공법으로 병행 굴착

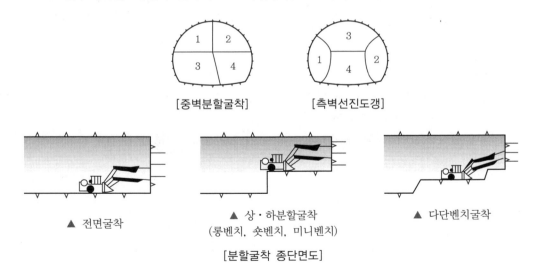

[중벽분할굴착]　　　[측벽선진도갱]

▲ 전면굴착　　▲ 상·하분할굴착
(롱벤치, 숏벤치, 미니벤치)　　▲ 다단벤치굴착

[분할굴착 종단면도]

② 굴착방법(수단)의 종류 [인, 기, 발, 파, 비]

1) 인력굴착

착암기, 소형 브레이커, 삽, 곡괭이 → 현장 여건상 필요한 경우

2) 기계굴착

Shield TBM, TBM, 백호(Shovel장비), 브레이커장비, 로드헤더장비

3) 발파굴착(NATM)

화약 이용, 지반 적응성 좋음

4) 파쇄굴착

(1) 미진동파쇄굴착

① 플라즈마공법(고온, 고압)
② 미진동파쇄기공법(미진동파쇄기, 화공약품)

(2) 무진동파쇄굴착

① 팽창재(시멘트팽창재)
② 유압잭(할암봉)
③ 슈퍼웨지(쐐기장비)
④ 브레이커공법(브레이커장비)

5) 비개착공법

추진공법, 프런트잭킹, TRcM

6) 기타 공법

(1) **침매터널** : 거가대교 침매터널(2010)
(2) **구조물 하부통과방법** : 비개착공법, 우회선 부설
(3) 개착공법(Open Cut)
(4) 반개착공법(카르시안공법)

③ 연직갱 및 경사갱

1) 연직갱

(1) NATM공법(전단면 하향굴착)

① 하향발파굴착 완료 후 슬립폼 라이닝 시공
② Shot Step공법 : 구간별 굴착 후 라이닝 시공 → 반복
③ 전단면 입갱굴착기(TBM)

(2) RC공법(전단면 상향 또는 부분 상향굴착)

① 레일을 이용한 작업대를 이용하여 상향천공 및 발파굴착 → 하향확공발파

② 소음·진동은 적으나 안전성이 낮음

(3) RBM공법(선진도갱 확대굴착) : 상향굴착

① 하향굴착(파이롯트홀 $\phi = 300\text{mm}$) → 상향 리밍굴착(날개 $D = 1.0\text{m}$) → 하향확공발파(하부로 버력 처리)

② 장비 진입로가 필요, 발파 시 소음·진동, 안전성 확보

(4) 공법별 특징 비교(암반굴착)

구분	NATM공법	RC공법 (Raise Climber)	RBM공법 (Raise Boring Machine)
개요도	• 전단면 하향발파 • 상향 버력 처리	• 상향발파 $\phi 3.0\text{m}$ • 하향확공발파 $\phi 8.0\text{m}$	• 하향굴착 $\phi 300\text{mm}$ • 상향굴착 $\phi 1.0\text{m}$ • 하향확공발파 $\phi 6.0\text{m}$
원리	데릭크레인 및 굴착장비 설치 후 하향발파	레일을 암반에 부착하고 작업대 설치 후 천공 및 발파, 용수 및 환기설비	진입로 개설 후 RBM장비를 암반에 거치 후 굴착 실시
적용	• 차령터널 환기갱 • $D = 7.5\text{m}$, $L = 59\text{m}$	• 죽령터널 환기갱 • $D = 6.8\text{m}$, $L = 210\text{m}$	• 둔내터널 환기갱 • $D = 8.4\text{m}$, $L = 204\text{m}$

2) 경사갱

• 굴착방법 : 전단면 내리막굴착, 전단면 오르막굴착, 분할굴착

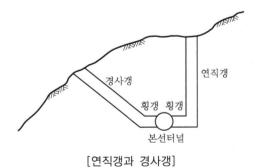

[연직갱과 경사갱]

3) 수직갱과 사갱의 비교

구분	수직갱	사갱
용도	작업구 환기설비, 대피통로	장대터널 버력 처리, 피난통로
구배	90°	7~14°
형상	원형	난형, 마제형
연장	짧다	길다
굴착공법	RC, RBM, NATM	NATM, Shield TBM
운반장비	• 상향 : 데릭크레인 • 하향 : 덤프, 컨베이어	• 덤프, 컨베이어

3 갱구부

1 갱구부의 위치 및 범위

① 경사면 직교형 : 가장 이상적
②, ③ 경사면 평행형 : 편토압, 토피고 부족, 비대칭 갱문
④ 능선 평행형(밑뿌리 진입) : 연장이 김, 시·종점부 토피고 부족
⑤ 골짜기 진입형 : 우수 유입, 지하수가 높음, 연약퇴적층 가능

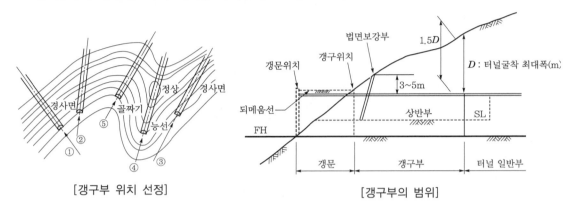

[갱구부 위치 선정]   [갱구부의 범위]

2 갱문

1) 갱문의 위치 선정 시 고려사항

(1) 배후의 지형, 지반조건(지지력), 단면의 크기, 시공방법 고려

(2) 지형의 편토압을 받지 않는 위치 선정

(3) 늪이나 시냇물과는 교차하지 않는 위치 선정

(4) 갱구 상단부 토피가 3~5m 정도 확보되는 지점에 갱구 설치

2) 갱문의 종류 및 특징

(1) 돌출형

구분	벨마우스형	원통형 절개식	돌출식	버드비크형
형상				23m NATM터널 개착터널
특징	• 낙석 발생장소 • 사면경사 30° 미만	• 낙석이 없는 장소 • 사면경사 30° 미만 • 안정감, 터널 길어짐	• 낙석 발생장소 • 사면경사 30° 이상 • 연약지반인 경우	• 급경사지역, 낙석 발생 장소 • 사면경사 30° 이상 • 강우 유입이 큰 장소

(2) 면벽형

구분	중력식, 반중력식	날개식 아치형, 아치면벽형
형상		
특징	• 급경사지역으로 낙석이 없는 지역 • 갱문은 암층에 시공, 토압이 큰 경우 • 운전자에 위압감	• 편토압지형 • 측면 날개벽 설치로 토사유출 방지

3) 갱문 시공 시 주의사항

(1) 개착식 갱문(도로터널)

① 사전 검토 : 현장 조건과 갱문의 적합성, 굴착 시 사면 안정성

② 사면 보강 실시 : 억지말뚝, 록볼트, 어스앵커

③ 갱구부 절토 및 보강 : 강관다단그라우팅 실시, 록볼트, 인공지반, 상부 보강

④ 갱문 시공 : 강재 원형 거푸집 및 동바리 설치, 철근 원형가공 조립, 콘크리트 타설

⑤ 방수 실시 : 아스팔트 Sheet 방수, 본선이음부 방수

⑥ 배수로 설치 및 되메우기 : 좌우측 균형되게 되메우기 및 소형 다짐장비 이용

(2) 수직구 갱문(지하철터널)

① 수직구 굴착

② 갱문 보강 : 포폴링, 강관다단그라우팅, 록볼트

③ 갱문 강지보 설치

④ 갱문 거푸집 및 콘크리트

⑤ 본선 굴착 실시

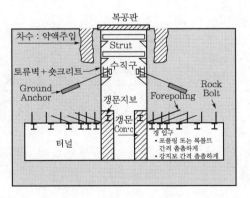
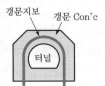

[수직구 갱문(지하철터널)]

3 갱구부 보강

1) 갱구부 문제

(1) 저토피에 의한 아칭 부족으로 지반 붕괴위험성이 큼

(2) 대부분 풍화지반 및 지하수가 높아 붕괴위험이 큼

(3) 편토압문제

(4) 지하철터널 아칭 부족으로 붕괴위험

2) 갱구부 보강

(1) **개착식 터널(도로터널)**

① 내부보강 : 강관다단그라우팅, 록볼트, 라이닝철근 보강

② 외부보강 : E/A, JSP, 인공지반, 상부슬래브 보강

(2) **수직구 갱구부(지하철터널)**

① 내부보강 : 강관다단그라우팅, 록볼트, 라이닝철근 보강

② 외부보강 : JSP 시공

4 사면보호공

(1) **토사** : 어스앵커(E/A), 숏크리트(S/C), 소일네일링, 압축토 옹벽, 억지말뚝

(2) **암반** : 록볼트, 록앵커, 낙석 제거

(3) **배수 처리** : 산마루 측구, 수평배수관

(4) **식생** : 평떼, 줄떼, 식생공, 식수공

5 관통부 시공

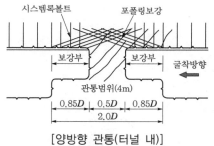

[양방향 관통(터널 내)]

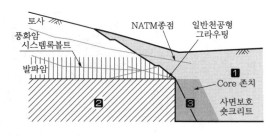

[갱구부 시공 후 일방향 관통]

4 발파공법(NATM)

1 발파원리

(1) 화약폭발로 충격파 발생(탄성파, 체적 2배 팽창) → 미세균열 발생 → 자유면 도달 후 반사파 발생 → 균열 확대

(2) 화약폭발로 고압가스 발생 → 균열부로 고압가스 침투 → 균열 확대 및 절취

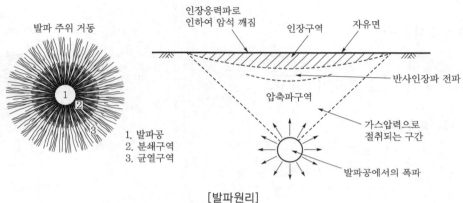

[발파원리]

2 발파방법 및 뇌관

1) 발파방법(기폭방법)

구분	도화선발파	전기발파	도폭선발파
정의	도화선에 불을 붙여 공업용 뇌관으로 기폭	전선(전류)에 의한 전기뇌관으로 기폭	뇌관으로 도폭선(화공품)을 기폭하여 발파
특징	• 불발이 많음 • 거의 사용 안함	• 제어발파 가능 • 전류, 낙뢰 발생 시 위험	• 전기적 사고 방지 • 안전성 우수 • 많이 사용

2) 뇌관

(1) **전기식 뇌관** : 저가

① 순발뇌관 : 한 번에

② 지발뇌관 : DS뇌관 1/10초, MS뇌관 1/100초

(2) **비전기식 뇌관** : 고가

3) 화약의 종류 및 특징

(1) **다이너마이트** : 일반적, 폭속 6,100m/s, 성능 좋음, 대발파 및 산악발파

(2) **에멀션폭약** : 폭속 5,700m/s, 안전성 좋음, 터널 및 노천발파, 수중폭파 가능

(3) **정밀폭약** : 폭속 4,400m/s, 여굴 억제, 조절발파용

(4) **함수폭약** : 폭속 4,000m/s, 수중폭파용

3 자유면 확보

1) 자유면 확보방법

(1) **심발발파**(심빼기 발파)

(2) **벤치컷발파** : 터널발파, 노천발파

2) 누두지수(n)

$$n = \frac{누두반지름(R)}{최소\ 저항선(W)}$$

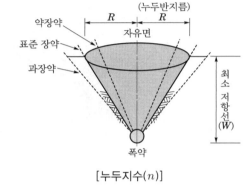

[누두지수(n)]

(1) **장약상태**

① $n=1$: 표준 장약

② $n>1$: 과장약(암석 비산 및 낭비)

③ $n<1$: 약장약(발파효율 적음)

(2) **최소 저항선(W)** : 폭약의 중심에서 자유면까지 거리

(3) **누두반지름(R)** : 발파 시 생기는 원추형의 파쇄공반지름

3) 심발발파(심빼기 발파)

(1) **목적**

① 본 발파의 자유면 확보를 위해 실시

② 발파효율 증대

③ 진동 저감 → 여굴 최소화, 모암의 영향 최소화

> **Tip** 자유면 확보방법 : 심빼기 발파, 벤치컷방법

(2) **종류**

① 평행 : 번컷(빈공 있음), 노컷(빈공 없음)

② 경사 : V-Cut, 다이아몬드컷

③ 조합 : 피라미드컷, 스파이럴컷, Supex-Cut

④ 기타 : 스윙컷(수직구, 구조물기초)

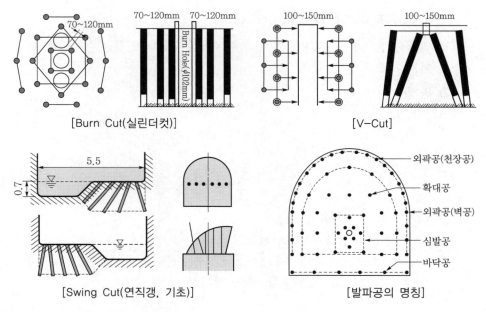

[Burn Cut(실린더컷)]

[V-Cut]

[Swing Cut(연직갱, 기초)]

[발파공의 명칭]

외곽공(천장공)
확대공
외곽공(벽공)
심발공
바닥공

(3) 평행식과 경사식의 차이점

구분	평행식	경사식
굴진장	5m 정도	2m 정도
발파방법	단계발파	동시발파
장약량	小	大
적용	경암	연암

(4) 시공관리

① 터널 중앙부 하단에 위치

② 파쇄대나 분할굴착 시 위치조정

③ 심빼기 면적 $1\sim2\text{m}^2$

④ 평행식은 중앙에 빈공 설치($D=200\text{mm}$)

⑤ 심발공과 주변공의 발파순서에 의한 모선연결상태 확인

4 제어발파(조절발파)

1) 정의

장약과 전색 및 지발효과를 이용하여 발파효율은 증대시키고, 소음·진동은 제어하는 발파공법

2) 목적

(1) 여굴의 최소화

(2) 원지반 손상 최소화

(3) 보조지보재 사용 최소화

3) DI(디커플링지수, Decoupling Index)

(1) 천공경과 화약경을 고려하여 암석을 파쇄하지 않고 인장균열을 증대시키는 효과를 판정하는 지수

(2) 관계식

$$반경비 \quad DI = \frac{천공경(D)}{장약경(d)}$$

$$체적비 \quad DI = \frac{천공체적(V_h)}{장약체적(V_C)}$$

- DI에 의한 발파효율 판정
  - $DI = 1.0$: 발파효율 큼, 발파진동 큼
  - $DI = 2.0 \sim 3.0$: 발파효율 보통, 발파진동제어, 이완 방지
  - $DI = 3.0$ 이상 : 발파효율 적음, 발파진동 적음

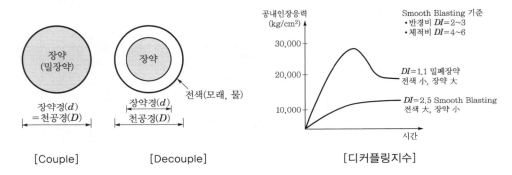

[Couple]　　　　[Decouple]　　　　[디커플링지수]

4) 제어발파방법

(1) 종류 **L, P, C, S**

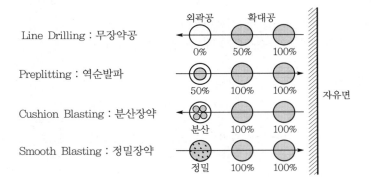

Line Drilling : 무장약공

Preplitting : 역순발파

Cushion Blasting : 분산장약

Smooth Blasting : 정밀장약

(2) 특징

구분	Line Drilling	Presplitting	Cushion Blasting	Smooth Blasting
배치				
발파순서	자유면 → 외곽공	외곽공 → 자유면 (역순발파)	자유면 → 외곽공	자유면 → 외곽공
공간격	20cm 정도 (무장약)	30~60cm	90~200cm	30~60cm
외곽공장약	무장약공	50% 장약	분산장약	정밀장약
특징	• 매끈한 파단면 • 여굴 최소화 • 진동 경감 • 천공수량 大	• 여굴 최소 • 비석위험 • 소음·진동 大 • 노천발파 적용	• 천공 감소(공간격 넓음) • 불량암질 효과적 • 90° 코너발파 난이	• 장약 용이 • 주변 이완 적음 • 여굴 감소 • NATM 적합

5 미진동, 무진동 파쇄굴착공법

구분	미진동공법		무진동공법	
	플라즈마	미진동파쇄기	팽창재	유압장비(할암봉공법)
제품 및 시공				
원리	화학물질에서 발생되는 고온, 고압의 플라즈마를 이용하여 충격력과 팽창력으로 파쇄	미진동파쇄기의 순간적인 고열과 가스팽창으로 파쇄	천공 후 팽창시멘트를 주입하여 경화되면서 팽창으로 파쇄(균열)	천공 후 유압잭(할암봉)을 삽입하여 유압에 의한 파쇄(균열)

① 슈퍼웨지공법(Super Wedge) : 천공 후 백호에 장착한 쐐기로 파쇄(무진동)

② 브레이커공법 : 백호의 브레이커를 이용(무진동)

6 여굴, 지불선, 진행성 여굴

1) 여굴의 개요

(1) 과굴착 및 지반불량으로 설계굴착선보다 과다굴착되는 것

(2) 국부적 여굴로 계속 진행되지 않음

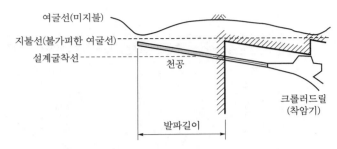

[여굴과 지불선 발생원리]

▶ 지불선과 여굴의 비교

구분	지불선	여굴
정의	굴착기준선	실제 과굴착 부분
계획	있음	없음
비용	지급	없음
문제	없음	단면 증가, 공사비 증가, 공기지연
대책	S/C, C/L 시공	뒷채움 보강

2) 여굴의 문제점

(1) 굴착 단면의 증가

(2) 버력처리량, 숏크리트량 증가, 지보재 증가, 두께 증가로 수화열 발생

3) 원인

(1) 지질적

① 연약대, 파쇄대, 풍화대, 지질의 변화구간

② 미고결지반, 연약지반(모래층)

(2) 시공적

① 장비 : 크롤러드릴 천공각도(최소 3° 이상)에 의한 발생, 천공위치의 불량

② 천공 : 천공 시 휘어진 Rod 사용

③ 발파 : 과장약 사용

(3) 기타

① 사전조사 미흡으로 적절한 보조공법 미적용

② 작업자의 숙련도 부족

4) 방지대책

(1) **막장전방조사** : TSP, 선진수평보링 실시로 적정 굴착공법 및 보조공법 적용

(2) 지반대책

① 굴착방법 : 막장지지코어, 분할굴착, 가인버트

② 낙반대책 : 록볼트, 포폴링, 강관다단그라우팅

③ 지하수 처리 : 선진수발공, 차수그라우팅

(3) 천공장비

① 천공장비의 위치 및 각도를 정확히 굴착

② 숙련공 천공 및 발파

(4) 발파관리

① 과장약금지, 제어발파(정밀폭약)

② 지발뇌관 사용 : MS, DS뇌관

(5) 기타

① 공법의 변경 : Shield TBM

② DI지수를 크게

5) 보강대책

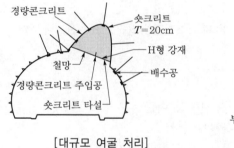

[대규모 여굴 처리]   [국부적으로 깊은 여굴 처리]

6) 진행성 여굴

(1) 개요

① 굴착 시 지하수 유입, 사질토, 파쇄대 등 지반불량으로 붕괴가 계속 진행되는 여굴

② 진행성 여굴은 징후를 어느 정도 예견 가능하며, 징후 시 신속한 대응조치가 필요

(2) 원인

① 지질적 원인

㉠ 지하수 집중 유입

㉡ 파쇄대, 불연속면, 풍화대층

② 시공적 원인

㉠ Forepoling 미시공

ⓛ 과다한 화약 사용

ⓒ 시공기술의 미숙

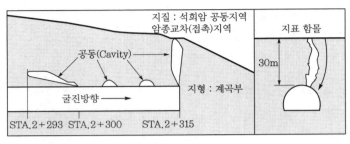

[제천터널 진행성 여굴]　　　　　　[보강방법]

(3) 징후의 예측과 대응방법

① 징후의 예측

ⓖ 막장작업 근로자의 막장면 지반상태 수시 관찰

ⓛ 자동화계측시스템으로 실시간 지반변화상태 관찰

ⓒ 징후의 정확한 예견과 신속한 판단이 중요

② 대응방법

ⓖ 숏크리트 타설장비를 막장으로부터 30m 거리 이내에 대기시켜 타설

ⓛ 건식 숏크리트의 충분한 양 확보

ⓒ 막장 부근 응급조치용 자재 확보 : 철망, 철근, 결속선, 나무쐐기, 각목, 짚

ⓔ 막장의 신속한 폐합

(4) 차단방법

① 연약사질토층 및 단층파쇄대층 진행성 여굴

ⓖ 사전 강관다단그라우팅, 록볼트 설치

ⓛ 내부에서 보강 또는 외부에서 사전 지반 보강 실시

② 지하수 유입에 따른 진행성 여굴

ⓖ 막장면 굴착 전 방사형으로 수발공을 설치

ⓛ 숏크리트 타설 시 용수처리 실시

③ 진행성 여굴 차단 후 여굴지역 복구방법

ⓖ 내부복구 : 시멘트모르타르, 콘크리트, 철망과 숏크리트 채움

ⓛ 외부복구 : JSP 등 그라우팅, 진행 정도에 따라 채움콘크리트 사용, 복토

7 소음과 진동 저감대책

1) 공사장 소음 · 진동관리기준(소음 · 진동관리법, 터널표준시방서)

(1) 소음(주거지기준)

주간 60dB 이하, 야간 50dB 이하

(2) 진동　가, 문, 좋, 아, 상

구분	가축	문화재	조적(가옥)	RC(가옥)	상가
cm/s(Kine)	0.1	0.2~0.3	0.3	0.4	1.0

2) 소음과 진동 저감대책

(1) 발생원

① 시험발파 실시로 적정 장약량 산정

② 정밀한 천공 및 장약량 조절

③ 분할발파, 제어발파 실시

④ 저폭속 폭약 사용, 정확한 뇌관 배열 및 MS전기뇌관 사용

⑤ 심발발파의 정확도 높일 것

⑥ 외곽공 주변 조절발파

⑦ 방진공(무장약공) 수행

⑧ 미진동, 무진동 발파공법으로 변경

⑨ 저진동 저소음장비 사용

(2) 전파경로

① 진동 : 벤토나이트 트렌치 설치(50% 감소), 슬러리월 차단벽 설치

② 소음 : 방음문(갱구부), 방음커튼(터널 내), 폐타이어덮개(발파공), 가설방음벽(15dB 감소)

(3) 수신점 : 축사 임시이동, 구조물 진동저감장치 설치(댐퍼, LRB)

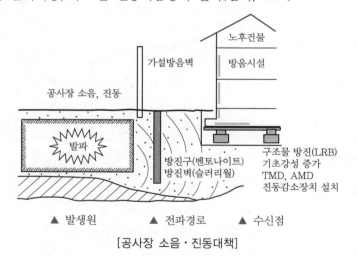

▲ 발생원　　▲ 전파경로　　▲ 수신점

[공사장 소음·진동대책]

☞ 특정공사 사전신고 제출(해당 지방자치단체), 민원 발생 시 중앙환경분쟁조정위원회에 제소하여 조정

8 시험발파

1) 목적

(1) 발파진동추정식에 의한 진동영향 검토

(2) 장약량별 지반거동 여부 파악

(3) 제어발파공법의 선정

(4) 인접 시설물의 손상평가

2) 절차

사전조사 실시 → 시험발파계획 → 계측기 설치 → 시험발파 → 영향분석 → 공법 결정 → 발파설계 → 완료

3) 방법

(1) **현장 조사** : 현장에 인접한 주요 시설물 및 축사의 조사, 암질상태조사

(2) **시험발파계획 수립**

① 장약량, 굴진장, 공간격을 고려한 발파패턴별 횟수 결정
② 거리별, 시설물별, 민원 등 취약한 장소에 계측기배치계획 수립

(3) **시험발파**

① 시험발파 주변 통제 및 홍보 실시
② 발파패턴을 바꿔가면서 발파 실시
③ 취약한 장소에 계측기를 설치하고 계측 실시

[시험발파영향원]

$$\text{지반진동속도} \quad V = K\left(\frac{D}{W}\right)[\text{cm/s}]$$

여기서, K : 지반조건에 의해 결정되는 입지상수

D : 폭원과 측점 간 거리(m)

W : 장약량(kg/delays)

4) 결과의 처리

(1) 계측기의 소음, 진동을 측정한 자료분석

(2) 소음·진동관리법에 의한 소음·진동허용기준 검토

(3) 주요 시설물, 노후건물, 축사, 민원과의 영향 검토

(4) 암반의 발파효율 검토

(5) 종합적으로 고려하여 제어발파공법 및 발파패턴 결정

(6) 소음·진동저감대책공법 수립

5 NATM(New Austrian Tunneling Method)

1 NATM의 원리

1) NATM의 원리 및 특징

(1) 지반 자체를 주지보재로 사용

(2) 터널 3차원 아칭과 지반응력(암반반응곡선)을 이용하여 굴착

(3) 지반과 숏크리트, 록볼트, 강지보공을 일체화하여 지보재로 이용하여 굴착

(4) 굴착 시 어느 정도 변위는 허용

(5) 주지보와 보조지보로 구성

(6) 시공 중에 계측을 실시하여 역해석을 통한 설계와 시공에 반영

(7) 지반을 지보재로 활용하므로 경제적인 터널 구축

☞ 1965년 오스트리아에서 개발

2) 터널의 3차원 Arching Effect(지반지보력)

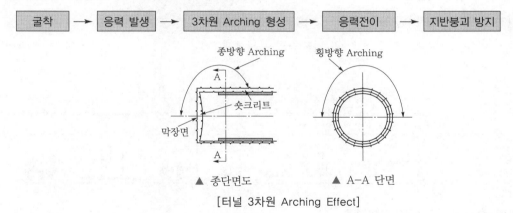

[터널 3차원 Arching Effect]

3) 지반(지보재)+구조물(지보재) 상호거동작용

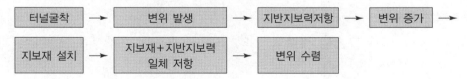

4) 암반반응곡선

(1) 암반굴착 시 암반(지보재)변위와 지보재의 상호관계를 나타낸 곡선

(2) 지보재의 설치시기 판정(ⓐ, ⓑ, ⓒ)

(3) 암반의 상태가 나쁠수록 지보재를 빨리 설치

(4) 암반의 응력(지보력)을 최대한 이용한 가축성 지보재의 설치

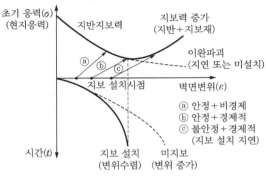

[암반반응곡선]

2 NATM의 종류 및 시공순서

1) NATM터널의 종류

(1) **싱글셸(NMT)** : 무라이닝 또는 숏크리트 라이닝

(2) **더블셸(NATM)** : 1차 숏크리트 라이닝 + 2차 콘크리트 라이닝

2) NATM터널 시공순서

(1) **NATM터널 시공순서**

갱구부 → 보조지보 → 굴착(발파공) → 지보재(S/C, S/R, R/B) → 방·배수 → 라이닝 → 인버트 → 부대시설

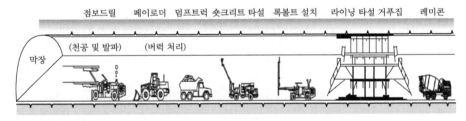

(2) **발파공순서** ⟨천, 장, 발, 버⟩

천공 → 장약 → 발파 → 환기 → 버력 처리

(2) **지보재 설치순서**

(버력 처리) → 1차 S/C → 스틸리브 → 2차 S/C → 록볼트, 강관다단 → 3차 S/C

3 지보재

1) 종류

(1) **지보재** : 숏크리트, 록볼트, 강지보재, 와이어메시, 라이닝콘크리트

(2) **보조공법** : 포폴링, 강관보강그라우팅, 막장면 숏크리트, 막장면 록볼트, 가인버트, 주입공법, 지하수대책공법

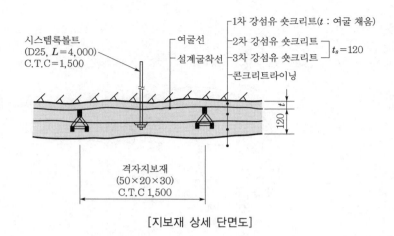

[지보재 상세 단면도]

2) 숏크리트

(1) 기능

① 낙석 방지　　　　② 지반아치 형성　　　　③ 내압(지보력)효과
④ 풍화 방지　　　　⑤ 링폐합효과

(2) 공법의 종류 및 특징(※ 특수콘크리트편 참조)

① 습식 : 용수가 적은 곳, 리바운드량 적음, 분진 발생 적음
② 건식 : 용수가 많은 곳, 리바운드량 많음, 분진 발생 많음

(3) 리바운드관리

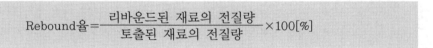

$$\text{Rebound율} = \frac{\text{리바운드된 재료의 전질량}}{\text{토출된 재료의 전질량}} \times 100[\%]$$

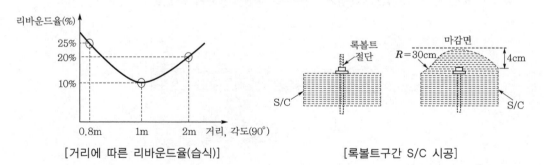

[거리에 따른 리바운드율(습식)]　　　　[록볼트구간 S/C 시공]

(4) 측벽부, 아치부, 인버트부, 용수부 시공방법

① 시공순서 : 인버트부 → 측벽부 → 아치부
② 아치 및 측벽부
　　㉠ 1회 타설두께 100mm 이내
　　㉡ 지그재그분사, 2~3회 반복분사, 같은 압력으로 분사

ⓒ 거리 1m 유지, 90° 직각분사

③ 인버트부 : 하향, 두께 확보

④ 용수지역 : 건식분사, 용수처리(차수, 지수, 배수 실시)

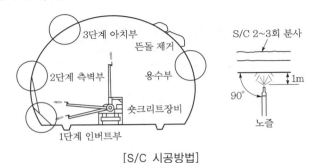

[S/C 시공방법]

3) 록볼트, Swellex Bolt, 케이블볼트

(1) 기능

봉합효과	아치 형성효과	보 형성작용	보강(내압)효과
절리 암괴 고정	아치 형성	층리를 하나의 보로 형성	원지반 강도 증대

(2) 종류 및 특징

① 선단정착형 : 선단 부분만 정착하는 방식, 현재 사용하지 않음(쐐기형)

② 전면접착형 : 전면적으로 정착재를 주입 후 록볼트 삽입(레진형, 충진형)

③ 혼합형 : 선단정착재료+전면접착식 혼합, 일반적 사용

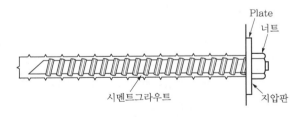

[이형봉강 록볼트]

(3) Swellex Bolt

① 대규모 단층대, 함탄층 적용, 길이 $L=2.4$m, 고압펌프 필요

② 천공 → 강관 삽입(6m) → 고압수 주입(300bar) → 팽창 → 정착 → 완료

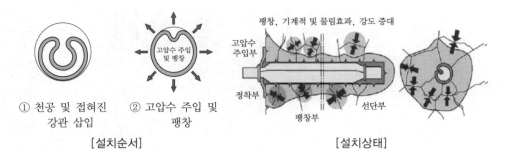

① 천공 및 접혀진 강관 삽입	② 고압수 주입 및 팽창

[설치순서]　　　　　　　　　　　　[설치상태]

(4) 케이블볼트

① 강연선케이블을 삽입하여 암반을 정착하는 방법, 파쇄대가 길 때 적용

② 특징

구분	케이블록볼트	이형봉강록볼트
재료	강연선 $\phi15.2$mm	이형철근 $\phi25$mm
강도	상대적 크다	보통
적용길이	최대 20m (터널직경에 상관없음)	최대 6m (터널직경에 제한적)

4) Steel Rib(강지보재)

(1) 기능

① 원지반 직접 보강

② 숏크리트 라이닝 하중분산

③ 숏크리트 타설 후 경화 시까지 임시 보강재

(2) 종류 및 특징

구분	H형강	격자지보재 (Lattice Girder)	U형 가축지보재
형상	포폴링 배면공극 숏크리트 H형강	포폴링 숏크리트 격자지보재	U형 형강
장점	• 강성이 큼	• 배면공극 없음 • 경량, 취급 유리 • 포폴링설치각 조정 가능	가축의 위치

구분	H형강	격자지보재 (Lattice Girder)	U형 가축지보재
단점	• 배면공극 발생 • 중량, 취급 불리 • 포폴링설치각 불리 • 조정 불리	• 강성이 적음 • 용접결함 발생	• 지반의 최대 변위(가축량)까지 허용하여 지반응력을 최대한 활 용 → 지보재 강성(량) 감소
적용	갱구부, 파쇄대, 연약지반	보통암 이상 양호지반	팽창성 지반, 내공변위가 큰 지반

4 지보패턴의 결정방법

1) 공사 전(설계 시)

(1) **기존 자료 수집** : 기시공한 인접 지역 시공 및 붕괴사례, 주변 특수시설물 영향

(2) **현장 조사** : 시추조사, 현장 시험, 실내시험, 물리탐사

(3) **암반분류** : RMR, Q-System

(4) **지보재의 선정** : 암반등급(상태)에 따른 지보재의 선정(표준지보패턴 이용)

(5) **안정성 검토 실시** : 탄소성 해석(유한요소법, 유한차분법, 수치해석)

(6) **지보패턴의 결정**

2) 공사 중

(1) **막장 전방조사**

① 페이스매핑 실시

② 선진수평보링(코어 채취), TSP, BIPS 실시(촬영)

(2) **계측결과의 분석 및 반영**

(3) **암반분류** : 선진수평보링코어로 RMR, Q-System 암반분류 실시

(4) **지보재의 선정** : 암반등급(상태)에 따른 지보재의 선정(표준지보패턴 이용)

(5) **안정성 검토 실시** : 탄소성 해석(유한요소법, 유한차분법, 수치해석)

(6) **지보패턴의 결정**

5 방·배수

1) 종류

(1) **배수공법**

① 완전배수형 : 전단면 배수 허용 → 수로터널

② 부분배수형 : 천장과 측벽에만 방수막을 설치하고 내부로 유도배수하여 처리

③ 외부배수형 : 전단면에 방수막을 설치하고 외부에 배수시설을 설치하여 처리

(2) **비배수형** : 완전방수형

2) 배수형 터널과 비배수형 터널의 형식

구분	배수형 터널(부분배수형)	비배수형 터널(완전방수형)
형상	숏크리트 / 부직포 / 방수막 / 콘크리트 라이닝 / 배수관	숏크리트 / 부직포 / 방수막 / 콘크리트 라이닝 / 누수배수관
내용	• 천장부와 측벽부는 방수하고 측벽 하부로 유도하여 배수처리	• 전단면을 방수하여 완전 차단(방수막으로 우각부가 원형 처리) • 지하수압 $3 \sim 4 kgf/cm^2$ 이하

3) 배수형, 비배수형, 하저형 터널 비교

구분	배수형 (부분배수형)	비배수형 (완전방수형)	하저형 (일부 침투형)
개념도			
지하수위	저하	변동 없음	변동 없음
수압	없음	발생	일부 발생
배수처리	유도 배수처리	완전방수	침투배수처리
라이닝두께	小	大	中(지반그라우팅 보강)
공사비	小	中	大
유지관리비	中	小	大
주변 영향	침하 발생, 지하수이용문제	침하 없음	침하 없음
적용	• 산악지역, 도로터널 • 지하수가 많은 지반 • 유입수량이 적은 조건	• 도심지역, 전력구터널 • 지하수가 적은 지반 • 유입수량이 많은 조건	• 해저, 하저형 터널 • 지하수가 많은 지반 • 유입수량이 많은 조건

4) 배수방식

(1) **측벽하부배수방식** : 측면부 인버트 하부 → 대단면 적용

(2) **중앙집중배수방식** : 중앙부 인버트 하부 → 소단면 적용

6 라이닝콘크리트(복공)

1) 라이닝의 기능

(1) 토압과 수압지지

(2) 내공 단면 확보

2) 라이닝공법의 종류

(1) **현장 타설 라이닝** : 두께 $T=30cm$, 압축강도 $f_{ck}=24{\sim}27MPa$

(2) **PCL(프리캐스트콘크리트 라이닝)** : 프리캐스트($T=15cm$, 5seg) 조립 후 배면 경량기포 모르타르($T=15cm$)로 충진

3) 라이닝의 시공방법

(1) **전권** : 전단면 일시 시공

(2) **역권** : 상부아치 시공 후 측벽부 시공

(3) **순권** : 측벽 선진도갱 시공 후 아치부 굴착 및 시공(연약지반)

(4) **기권** : 1차 라이닝 시공하여 하중을 등분포시킨 후 2차 본 라이닝 시공(연약지반)

[전단면 라이닝 타설]

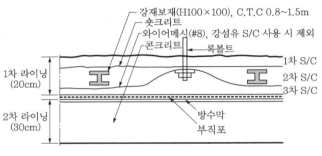

[터널 라이닝구조]

4) 라이닝의 시공관리

(1) **이음간격** : 수축이음 및 시공이음은 10m 간격, 신축이음은 30m 간격, 지수판 설치

(2) **타설방법**

① 하부에서 상부로 타설

② 편압 방지 좌우 동시 타설

③ 주입구 $H=1.5m$ 이하

④ 다짐 : 유동성 확보 및 고무해머로 두드림 실시

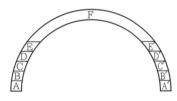

[타설순서]

(3) **양생관리** : 이동식 살수차로 습윤양생 실시

5) 발파진동이 콘크리트에 미치는 영향 및 대책

(1) **양생 시 영향**

① 양생 초기 : 진동다짐효과, 수화 촉진

② 양생 후기(5~10hr) : 초기균열 발생

(2) **대책**

① 발파작업 중지 : 천공작업 및 공사 준비

② 제어발파 실시 : 장약량 조절, 심발발파

③ 충분한 이격거리 확보

④ 굴착 완료 후 라이닝 시공

6) 라이닝균열 방지원인 및 대책(변상현상), 누수원인 및 대책

(1) 터널 라이닝균열 및 변상현상

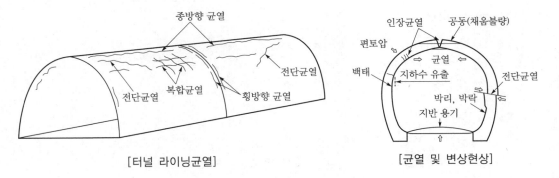

[터널 라이닝균열]　　　　　[균열 및 변상현상]

(2) 원인

① 설계 시 원인

㉠ 라이닝두께 부족, 연약대 철근 미반영, 토압, 수압 증가

㉡ 단층파쇄대, 팽창성 지반, 석회암 공동 미고려 설계

② 시공 시 원인

㉠ 공사 중 발파에 의한 발생

㉡ 신축이음 및 수축이음 설치오류

③ 유지관리 시 원인

㉠ 열화에 의한 균열 : 화학적 침식, AAR, 염해, 중성화, 동해

㉡ 병설터널 및 터널 주변 굴착공사에 의한 편토압

(3) 대책

① 설계 시

㉠ 지반조사 : 설계 시 조사 및 시공 중 전방조사 실시

㉡ 단층파쇄대, 연약대, 석회암 공동 등을 고려한 구조 검토 및 설계

② 시공 시

㉠ 양생 중 발파작업 중지 또는 제어발파 실시

㉡ 라이닝의 공극이 없도록 타설 → 타설 후 천장부 그라우팅 실시

㉢ 섬유보강콘크리트 타설 및 습윤양생

㉣ 혼화재료 사용 : 팽창재, 혼화제, 유동화제 첨가

㉤ 이음 설치 : 신축 및 수축이음, 균열유발줄눈 설치

③ 유지관리 시

    ㉠ 근접 시공에 따른 보강 : 그라우팅

    ㉡ 주변 공사 시 터널 편토압 보강 : 복토, 그라우팅

7 인버트

1) 인버트의 종류와 기능

(1) 영구인버트

① 링 폐합으로 안정성 확보

② 지반융기 방지

③ 내공변위 방지

(2) 가인버트

① 상하반 분할굴착 시에 상반 하부에 임시로 설치하는 콘크리트

② 링 폐합으로 불량한 지반 안정성 확보

2) 인버트의 형태

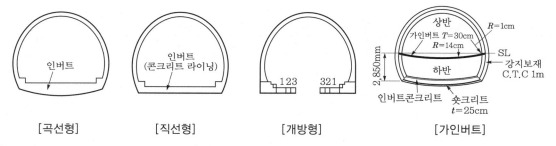

    [곡선형]   [직선형]   [개방형]   [가인버트]

3) 인버트가 필요한 경우

(1) **연약지반 및 불량한 지반** : 팽창성 지반(Swelling), 압착성 지반(Squeezing)

(2) **융기지반**

(3) **측벽 압출지반**

(4) **라이닝콘크리트가 구조적 기능을 발휘 못하는 경우**

4) 터널 시공순서

전단면 분할굴착 및 보조지보재 설치 → 인버트 숏크리트(기초콘크리트) 폐합 완료 → 종·횡 배수관 설치 → 인버트콘크리트 시공 → 라이닝콘크리트 시공 → 포장(아스팔트, 콘크리트)

5) 인버트치기 순서 및 유의사항

(1) **배수관 설치** : 종배수관(유공관 ϕ300mm), 횡배수관(PVC ϕ100mm)

(2) **Filter Concrete** : 버림콘크리트 또는 숏크리트

(3) 철근 및 거푸집 설치

(4) 이음 설치

① 신축이음, 수축이음, 시공이음 설치 → 지수판 설치

② 라이닝이음위치에 되도록 일치

(5) 인버트콘크리트 타설

① 철근콘크리트 압축강도 $f_{ck}=24\sim27\text{MPa}$

② 펌프카 이용, 압송관 설치 → 배관 막힘, 터짐에 주의

(6) 헌치콘크리트 타설

(7) 마무리 및 양생 : 습윤양생

8 보조공법

1) 종류

(1) 막장안정공

① 천단안정공법 : 포폴링, 파이프루프, 강관다단그라우팅, FRP다단그라우팅, 대구경 강관그라우팅

② 막장면안정공법 : 지지코어(링컷공법), 숏크리트, 록볼트, 그라우팅

(2) 각부 및 측벽 보강공법 : 각부 보강파일(강지보재지지), 측벽 보강파일(측방유동)

(3) 외부지반 보강

① 터널지반개량 : JSP, 저토피 복토, 편토압 보강

② 차단 보강공법(지하연속벽) : 터널과 구조물 사이 설치

③ 인접 구조물 보강 : Under Pinning

(4) 용수처리

① 용수처리공법(굴착 전)

㉠ 배수공 : 수발공(선진수평보링), Well Point, Deep Well, 수발갱

㉡ 차수공 : 약액주입공(LW, 우레탄), 압기공, 동결공

㉢ 지표수처리

② 터널 내 용수처리(굴착 후)

㉠ 1차 숏크리트 타설 후 : 선상인 경우, 면상인 경우

㉡ 집수 및 배수체계 : 하향굴착 시, 상향굴착 시

(5) 선지보공법 : 선진도갱을 굴착하여 선지보네일 설치 후 확공굴착

2) 천단안정공법

(1) 포폴링(Forepoling)

① 굴착 전 터널 천단부에 종방향으로 설치

② 횡방향 설치범위 : 중심부 120° 구간, 설치간격 50cm 이하

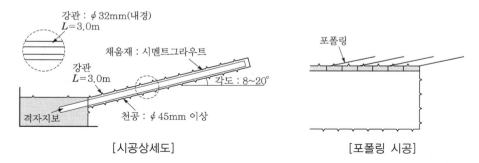

[시공상세도]　　　　　　　　[포폴링 시공]

(2) 강관다단그라우팅, FRP다단그라우팅, 파이프루프(Pipe roofing)

① 목적 : Beam Arch 형성 → 보강, 차수, 굴착 시 변위 억제, 상부시설물 보호

② 차이점

　㉠ 일단(1번)주입방법 : 파이프루프(강관)

　㉡ 다단(여러 번)주입방법 : 강관다단그라우팅(중량), FRP다단그라우팅(경량)

③ 시공방법

　㉠ 재료 : 강관 또는 FRP 사용, 길이 $L=12m$, 겹침길이 $L=4m$ 이상

　㉡ 횡방향 보강범위 : 중심부 120~180°, 설치간격 30~60cm

④ 시공순서 : 천공 → 강관 삽입 → 주입구 코킹 → 강관 주변부 실링 → 다단식 주입

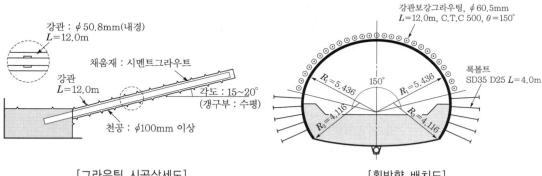

[그라우팅 시공상세도]　　　　　　　　[횡방향 배치도]

⑤ 강관다단그라우팅과 FRP다단그라우팅의 특징

구분	강관다단그라우팅	FRP다단그라우팅
삽입형태	강관처짐 발생	FRP처짐 없음
특징	• 강성이 커서 보강효과 큼 • 중량이 커서 취급 불리 • 부식 우려	• 강성이 작음 • 가볍고 취급 용이 • 부식 없음

⑥ 터널 그라우팅공의 시공 시 문제점 및 대책

ㄱ 천공 시 각도 미준수로 인접 천공홀의 겹침

ㄴ 천공홀 암석 및 이물질로 관 삽입 곤란 → 고압공기로 청소

ㄷ 그라우팅 충진상태 확인 곤란, 양생기간 24~48hr로 공사지연

(3) 대구경 강관보강그라우팅(직천공 강관다단그라우팅)

연약한 토사지반 통과 시, 터널굴착 시 천단변위 억제, 상부시설물 보호

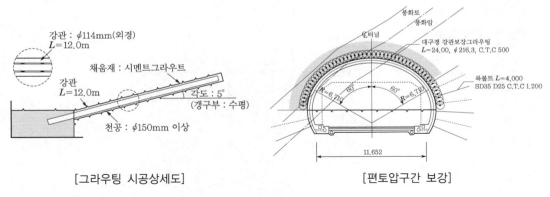

[그라우팅 시공상세도]　　　　　[편토압구간 보강]

3) 막장면안정공

(1) 지지코어 설치(Ling Cut공법)

(2) 막장면 숏크리트 타설 : $T=5cm$ 이상

(3) 막장면 록볼트 : 길이는 굴진장의 3배 이상

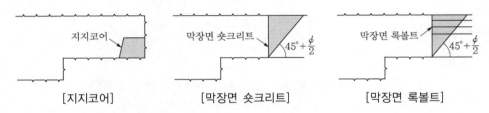

[지지코어]　　　　　[막장면 숏크리트]　　　　　[막장면 록볼트]

4) 각부 및 측벽 보강공법

(1) **각부 보강공법(Leg파일)** : 강지보재의 지지력이 약한 경우 설치

(2) **측벽 보강공법** : 측방지반변위 방지

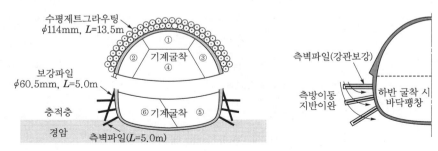

[각부 보강파일과 측벽파일]　　　　[측벽 보강파일]

5) 외부지반 보강

(1) **터널지반개량**

① 그라우팅 : LW, JSP, RJP, 강관 보강

② 저토피 복토, 편토압 보강

(2) **차단 보강공법** : 지하연속벽(슬러리월)

(3) **인접 구조물 보강** : Under Pinning

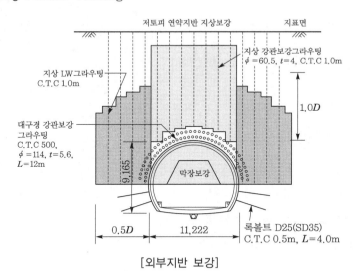

[외부지반 보강]

6) 터널 용수처리

(1) **용수처리공법(굴착 전)**

① 배수공 : Deep Well, Well Point, 수발공(막장 전방 수평배수공)

② 차수공 : 약액주입공(LW, 우레탄, JSP), 압기공, 동결공

③ 지표수처리

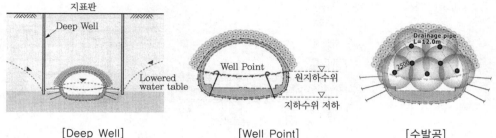

[Deep Well]   [Well Point]   [수발공]

(2) 터널 내 용수처리(굴착 후)

① 1차 숏크리트 타설 후

    ⊙ 선상인 경우(한 군데)

        • 용수 小 : 급결재 모르타르, 숏크리트(여러 군데)로 지수

        • 용수 多 : 파이프(ϕ20~100mm), 반할관(ϕ100mm)으로 측면 가배수로 유도

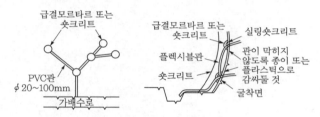

[파이프의 용수처리]

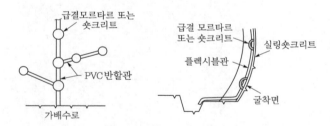

[숏크리트(방수판)와 반할관의 용수처리]

    ⓒ 면상인 경우(여러 군데)

        • 용수 小 : 급결재 모르타르와 호스를 이용하여 가배수로 유도

        • 용수 多 : 부직포, 방수판으로 덮어 호스로 가배수로 유도

② 집수 및 배수체계

    ⊙ 상향굴착 시 배수처리

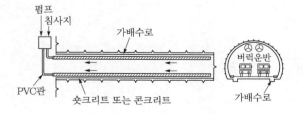

ⓛ 하향굴착 시 배수처리

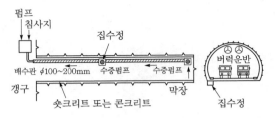

ⓒ 침사지로 유도하여 지하수는 성분분석 후 공사사용수로 재활용

6 기계굴착

1 TBM의 종류

1) Open TBM(개방형)

(1) 회전커터에 의한 암반굴착 후에 지보재 설치 및 현장 타설라이닝을 시공

(2) 암반에 적용

2) Shield TBM(밀폐형)

(1) 강재원통굴착기로 회전커터에 의한 지반을 굴착하면서 내부에서 기성세그먼트 조립, 시공

(2) 토사 및 암반에 적용

(3) 종류 : 토압식(EPB), 이수식(Slurry), 혼합식

2 Shield TBM의 구조

1) Head부(굴착부)의 종류

(1) **절삭식** : 비트의 회전력

(2) **압쇄식** : 디스크커터의 압축력과 회전력

2) Body부(추진부)의 종류

(1) **추진잭방식** : 세그먼트 이용 추진

(2) **그리퍼 & 추진잭방식** : 그리퍼로 횡방향 벽면에 밀착하면서 추진

3) Tail부(실드부)

컨베이어, 뒷채움주입

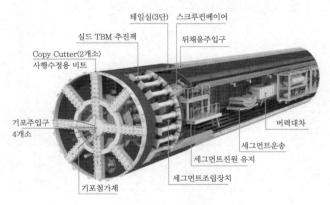

테일실(3단) 스크루컨베이어
실드 TBM 추진잭 뒤채움주입구
Copy Cutter(2개소)
사행수정용 비트

기포주입구
4개소
벅력대차
세그먼트운송
기포첨가제 세그먼트진원 유지
세그먼트조립장치

■Shield TBM
• 전체 길이 : 약 60m
• 본체 : 약 13m
• 부속시설 : 약 47m

[토압식 실드TBM의 구조]

3 Shield TBM의 종류 및 특징

구분	이수식(Slurry) 실드TBM	토압식(EPB) 실드TBM
개요	송니관을 통한 이수수압($1\sim2kg/cm^2$)으로 막장을 지지하면서 굴착	거품(Foam)을 주입하여 굴착토사의 유동화 및 교반하면서 토압으로 막장을 지지하면서 굴착
주요 장치	교반장치, 송니관, 배니관, 압력제어장치, 지상이수플랜트	스크루컨베이어, 기타
막장압 지지방법	챔버 내 이수압($1\sim2kg/cm^2$)	챔버 내 토압(거품+굴착토)
버력 처리	배니관	벨트컨베이어 및 버력대차(레일)
시공성	• 굴착속도 상대적 느림	• 굴착속도 빠름
환경성	• 산업폐기물 발생(이수슬러지) • 지상설비 소음·진동 발생	• 환경문제 없음 • 버력은 성토재, 사토장 반출
적용	• 지하수가 많은 지반 • 도심지, 하천 하부 통과	• 지하수가 적은 지반 • 외곽지, 산악지

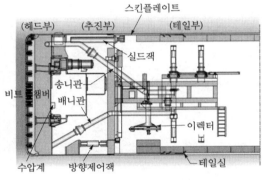

[이수가압식 실드TBM]

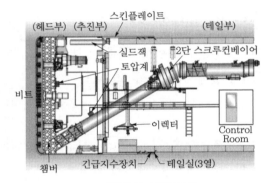

[토압식 실드TBM]

지상설비(이수식 실드)
① 환기설비, 수전설비, 급수 및 배수설비, 커터숍, 레일조립장, 침전지, 급기설비
② 세그먼트야적장(2~3일분 적치), 버력적치장(갱내, 갱외), 운반장비의 대기공간
③ 이수처리설비

4 시공순서

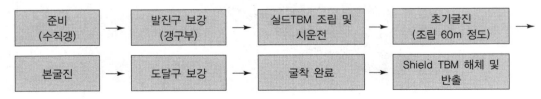

5 Shield TBM의 작업장 및 작업구계획

1) 작업장

(1) **지상작업장** : 지상설비 설치, 버력 처리작업, 수직구굴착작업

(2) **수직구 내 조립작업장** : 실드TBM 조립(크레인 배치), 갱구부 보강

(3) **초기굴진 시 후속대차 조립작업장** : 60~100m 정도

2) 작업구(수직갱)

(1) **종류**

① 발진기지 수직구(설치)

② 도달기지 수직구(해체)

③ 방향전환 수직구

④ 중간 수직구 : 고장 및 지장물 제거 등 필요시

(2) **규모**

실드TBM규모, 자재야적 및 기계설비의 작업규모를 고려하여 크기 결정

6 갱구부 보강(발진구, 도달구 보강)

1) 보강목적

(1) **터널천단부** : 갱구부 막장면 지보재 철거 시 지반붕괴 및 지표침하 방지

(2) **터널막장면** : 자립지반 형성, 지하수 유입 방지 및 실드TBM장비의 사행 방지

2) 보강방법

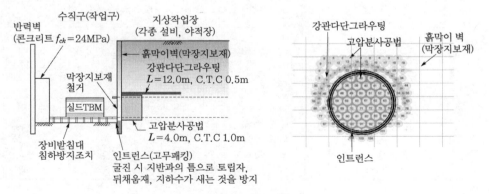

[Shield TBM 갱구부 보강]

7 초기굴진

(1) **정의** : 갱구부 굴착에서 Shield TBM장비 조립과 부속시설의 설치완료 시까지의 굴착

(2) **초기굴착길이** : 보통 60~100m 정도(장비 및 터널규격에 따라 다름)

8 뒷채움 주입방식의 종류와 특징 〔동, 반, 즉, 후〕

구분	형상	특징
동시주입		• Body에서 주입 • 추진 시 측면에서 주입 • 1링(7EA) 세그먼트 설치하면서 주입 • 추진저항이 큼, 침하 억제
반동시주입		• Tail에서 주입 • 추진 시 주입공에서 주입 • 1링(7EA) 세그먼트 설치하면서 주입 • 실드 내 유출로 지수 필요
즉시주입		• Tail에서 주입 • 1회 굴진 직후 주입공에서 즉시 주입 • 1링(7EA) 세그먼트 설치완료 후 주입 • 시공 편리, 주변 지반 이완 우려
후방주입		• Tail에서 주입 • 여러 링 세그먼트 설치 후 주입공에서 주입 • 시공 편리, 경제적 • 테일보이드 확보가 난이

9 세그먼트이음방식

구분	경사Bolt방식	곡Bolt방식	Bolt박스방식	연결Pin방식 (삽입형)
단면 형상				
특징	• 체결력 보통 • 조립 간단 • 해체 용이 • 조립 정밀도 보통 • 비교적 저렴	• 체결력 높음 • 조립 복잡 • 해체 용이 • 조립 정밀도 보통 • 비교적 저렴	• 체결력 매우 높음 • 조립 간단 • 해체 용이 • 조립 정밀도 양호 • 구조적 취약, 고가	• 체결력 낮음 • 조립 보통 • 해체 불가능 • 조립 정밀도 불량 • 조립틈 발생, 고가

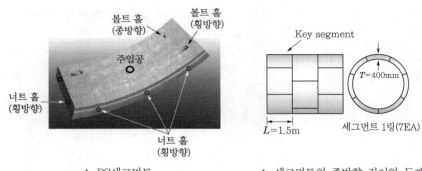

▲ PC세그먼트   ▲ 세그먼트의 종방향 길이와 두께

[세그먼트라이닝의 시공관리]

10 침하의 종류 및 방지대책

1) 침하의 종류 `선, 막, 테, 테, 후`

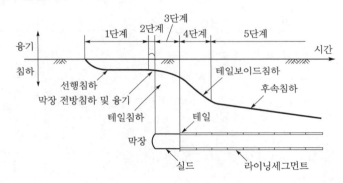

2) 종류별 방지대책

종류	원인	대책
선행침하	• 지하수위 저하	• 적절한 막장압관리, 누수 방지
막장 전방침하 및 융기	• 막장 붕괴 및 교란 • 과대취입, 막장압입	• 토압과 수압의 균형관리 • 적절한 추진력, 배토량 조절
테일침하	• 실드기 통과 시 지반교란	• 뒷채움 주입(동시 주입)
테일보이드침하	• 통과 후 공극침하 • 뒷채움 고결 시까지 침하	• 갭파라미터 최소화설계 • 실드기 운영 시공오차 최소화
후속침하	• Creep침하, 압밀침하	• 교란 최소화, 지하수 저하 방지

11 실드터널의 테일보이드(Tail Void), 갭파라미터(Gap Parameter)

1) 개요

    (1) **갭파라미터** : 굴착 시 실드기계의 외경과 세그먼트라이닝 외경의 차이

    (2) **테일보이드** : Shield TBM은 갭파라미터에 의해 불가피하게 공극 발생

    (3) **기능** : 일정 부분 공극이 있어야 토압을 작게 하여 원활한 추진 가능

    (4) **문제** : 테일보이드지반침하 발생, 뒷채움량 증가

2) 갭파라미터의 산정

갭파라미터 $Gap = 2\Delta + \delta + U$ 여기서, Δ : 스킨플레이트두께

                                                   δ : 세그먼트조립여유

                                               U : 굴착 시 실드기위치변위(시공오차)

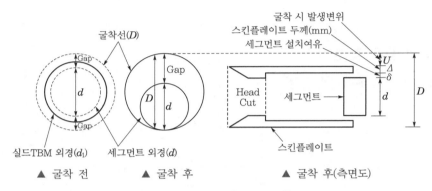

[Gap Paramete(Tail Void)]

12 시공관리

    (1) **사전조사 실시** : 작업장설비, 버력 처리방법

    (2) 실드TBM의 작업장 및 작업구계획

    (3) 수직구 시공 및 갱구부 보강(추진구, 도달구)

    (4) **비트마모관리** : 암질에 맞는 고강도 비트 선정 → 합경도 산정

    (5) 초기굴진관리

    (6) **본굴진관리** : 지반지층상태, 지하지장물(E/A 잔재)

    (7) **침하관리** : 침하의 종류, 테일보이드 및 갭파라미터

    (8) **세그먼트의 설치** : 이음

    (9) 뒷채움관리

    (10) **급곡선부 시공 시 유의사항** : 이렉트 조정

    (11) **추진 시 발생문제**

        ① 지하수 저하에 의한 지반침하 및 싱크홀 발생

        ② 암질변화가 심한 경우 추진 불가 : 토사 및 암반 복합지반 → 토사지반은 그라우팅 실시

        ③ 지하지장물 발생 시 추진 불가 : 기존 공사용 어스앵커 잔재, 지하 폐구조물

▶ NATM, Open TBM, Shield TBM의 비교

구분	NATM	Open TBM	Shield TBM
원리	발파＋지보재	기계절삭＋지보재	기계굴착＋세그먼트라이닝
주요 검토 사항	• 지형, 지질, 지장물 파악 • 토사, 암반굴착방법 • 분할굴착공법 • 지보재 선정	• 정확한 지질상태 파악 • 기계사양에 의한 노선 선정($R=$ 300m 이상) • 지보재 선정	• 지형, 지질, 지장물 파악 • 지질조건에 따른 기계 선정 • 세그먼트의 제작설치방법
적용 지질	• 모든 토사 및 암반에 적용	• 모든 암반에 적용 • 연약대, 파쇄대 불리	• 토사, 풍화암층에 적용 • 지질변화 많은 곳에 불리
시공성	• 발파굴착 • 여굴 많음 • 시공공정 복잡 • 지반 적응성 좋음	• 전단면 기계굴착 • 여굴 적음 • 시공공정 복잡 • 지반 적응성 불리	• 전단면 기계굴착 • 여굴 적음 • 시공공정 간단 • 지반 적응성 불리
경제성	• 시공비용 저가 • 소단면 유리(연장 $L=3.5$km 이하)	• 초기투자비 비교적 고가(제작비) • 지보재 설치비용 증가	• 초기투자비 고가(제작비, 시설비) • 대단면, 장대터널 유리(연장 $L=$ 3.5km 이상)
안정성	• 발파 및 낙반사고 발생	• 암질불량구간의 낙반사고 우려	• 실드TBM이 지반지지로 낙반사고 없음
환경성	• 발파 시 소음·진동 大 • 민원 발생	• 소음·진동영향 없음 • 민원 없음	• 소음·진동영향 없음 • 민원 없음

※ 최근에 Shield TBM이 토사~경암까지 굴착 가능하므로 대부분 사용하며, Open TBM은 사용하지 않음

7 환기설비와 방재계획

1 환기불량 시 문제점

1) 시공 중

(1) **발생원** : 발파 분진, S/C 분진, 장비 매연, 지하 유해가스, 밀폐공간 산소 부족, 유해물질

(2) 작업환경 불량

(3) 작업효율 저하 → 공기지연

(4) 근로자 진폐증 등 직업병 발생

2) 공용 중

(1) **일반적** : 매연 발생 → 인체유해, 호흡 곤란, 시야 미확보, 조명효율 감소

(2) **구조물** : 차량 CO_2 발생 → 환기불량 → 라이닝콘크리트 중성화 → 조기열화

2 환기계획

$$\text{소요환기량(PIARC식)} \quad Q = \frac{pk}{at} \, [\text{m}^3/\text{min}]$$

여기서, P : 오염물질 발생량(m^3), k : 환기계수, a : 오염물질허용농도(ppm)
t : 소요환기시간(10~20분)

3 공사 중 환기방식

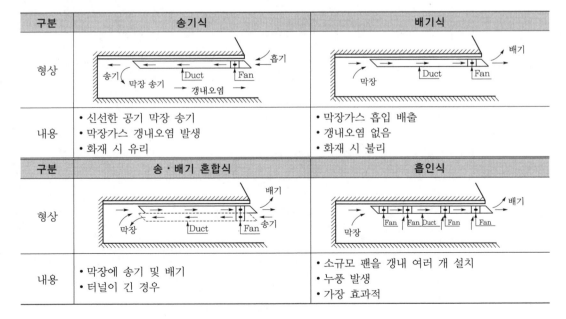

구분	송기식	배기식
형상	흡기 / 송기 막장 송기 Duct Fan 갱내오염	배기 / 막장 Duct Fan
내용	• 신선한 공기 막장 송기 • 막장가스 갱내오염 발생 • 화재 시 유리	• 막장가스 흡입 배출 • 갱내오염 없음 • 화재 시 불리

구분	송·배기 혼합식	흡인식
형상	배기 / 막장 Duct Fan 송기	배기 / 막장 Fan Fan Duct Fan Fan
내용	• 막장에 송기 및 배기 • 터널이 긴 경우	• 소규모 팬을 갱내 여러 개 설치 • 누풍 발생 • 가장 효과적

4 터널 내 분진저감시설

발파 및 천공 시 즉시 분진 억제

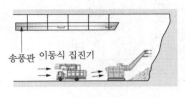

[이동식 집진기]

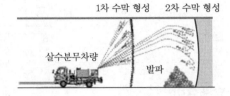

[이동식 살수분무장치]

5 공용 중 환기방식

1) 종류

2) 종류 및 특징

(1) 자연환기방식

① 대기통풍 및 자동차 주행 피스톤효과 이용

② 터널연장 $L=200m$ 이하 적용

(2) 기계식 환기방식

방식		개념도	특징
종류식	제트팬식		• 제트팬 승압환기 • 터널 $L=1,000m$ 이하 적용 • 환기효율 보통 • 덕트 불필요
	수직갱식 (송배기식)		• 장대터널 수직갱 적용 • 터널 $L=3,000m$ 이상 적용 • 환기량 제한 없음 • 덕트 불필요
반횡류식	송기 반횡류식		• 덕트로 신선한 공기 공급 • 터널 $L=2,000{\sim}3,000m$ 적용 • 환기효율 小 • 덕트로 터널 단면 커짐
	배기 반횡류식		• 오염공기를 덕트로 배기 • 터널 $L=2,000{\sim}3,000m$ 적용 • 환기효율 小 • 터널 입출구부에 환기시설 필요

방식		개념도	특징
횡류식	송·배기 횡류식		• 반횡류식의 송기+배기 혼합식 • 터널 L=3,000m 이상 적용 • 환기효율 大 • 화재 시 유리 • 시설비 및 유지비 고가

6 방재설비

1) 방재시설 계획 시 고려사항

(1) **터널등급** : 1~4등급

(2) 터널규모, 연장, 차선

(3) **위험도지수** : 0~2.5

(4) 안전계수

(5) **방재등급** : Ⅰ~Ⅳ등급

2) 방재설비의 종류 및 특징 경, 소, 소, 피

구분	방재설비	설치간격
경보설비	자동화재탐지설비 CCTV 긴급전화 비상방송설비 진입차단설비	적정 위치 200~400m 이내 250m 이내 50m 이내 터널 입구 50m 전방
소화설비	소화기구 옥내소화전 스프링클러	50m 이내 50m 이내 50m 이내
소화활동설비	제연설비 연결송수관	환기설비 병용 50m 이내
피난대피설비	비상조명등 유도등 피난연결통로 비상주차대 피난대피시설	야간점등회로 병용 50m 이내 250~300m 이내 750m 이내 300m 간격
비상전원설비	비상발전설비 무정전전원설비	적정 위치 적정 위치
침수설비	차단벽, 집수정, Pump	

3) 도로터널 방재설비 설치 예

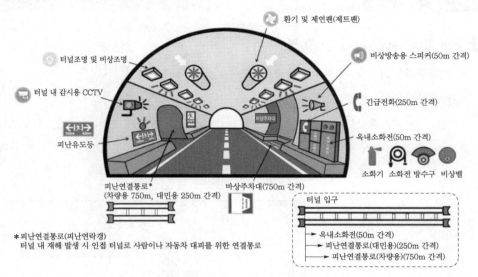

환기 및 제연팬(제트팬)

터널조명 및 비상조명

비상방송용 스피커(50m 간격)

터널 내 감시용 CCTV

긴급전화(250m 간격)

비상주차대

피난유도등

옥내소화전(50m 간격)

소화기 소화전 방수구 비상벨

피난연결통로*
(차량용 750m, 대민용 250m 간격)

비상주차대(750m 간격)

터널 입구

*피난연결통로(피난연락갱)
터널 내 재해 발생 시 인접 터널로 사람이나 자동차 대피를 위한 연결통로

옥내소화전(50m 간격)
피난연결통로(대민용)(250m 간격)
피난연결통로(차량용)(750m 간격)

[도로터널 방재시스템 : ○○터널]

8 붕괴(붕락)

1 붕괴 발생유형, 위치 및 특징

(1) **갱구부붕괴** : 토피 부족, 불량토질, 편토압, 사면붕괴

(2) **막장면붕괴, 붕락**

　① 천단부파괴　　　　　　② 막장부 진행성파괴(연약대, 저토피)
　③ 막장부파괴　　　　　　④ 전막장파괴
　⑤ 벤치부파괴

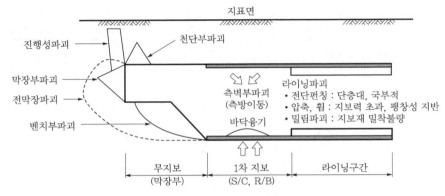

[시공 중 붕락. 붕괴유형]

(3) **1차 지보파괴**(S/C) : 측벽부 측압파괴, 인버트 전단파괴

(4) **콘크리트 라이닝구간파괴**

(5) **수직구와 본선연결부파괴** : 연결부 응력집중 취약

(6) **터널 관통부파괴** : 종방향 아칭 부족

(7) **터널시설물 접속부파괴** : 환기구, 수직구, 횡갱

✒ **붕락지반(유형)**

① 갱구부 : 사면 슬라이딩
② 편토압, 저토피지반 : 지표 함몰
③ 불량지반 : 풍화대, 단층대, 파쇄대, 석회암 공동, 연약대
④ 용출수지반 : 하천 통과, 지하수가 높은 지반
⑤ 지진, 충격, 발파에 의한 붕괴

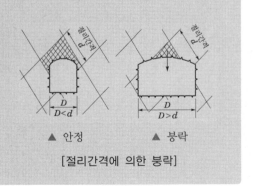

▲ 안정　　　▲ 붕락

[절리간격에 의한 붕락]

2 붕괴원인

1) 설계적 원인

(1) 지반조사 미흡

(2) **설계오류** : 굴착공법 선정 부적합, 지보재 선정오류, 라이닝설계 미흡

2) 지반적 원인

(1) **불량지반** : 풍화대, 단층대, 파쇄대, 석회암지역 공동, 연약대구간

(2) 저토피구간 아칭 부족

3) 시공적 원인

(1) **굴착방법 불량** : 과굴착, 과장약, 굴착패턴오류, 굴착공법오류

(2) **용출수의 발생** : 사전용수처리 미흡

(3) **지보재 설치의 지연** : 지반 이완

4) 기타

(1) 주변 공사에 의한 편토압 발생

(2) 대단면의 터널, 복잡한 형상의 터널

3 터널 붕괴대책

(1) **터널조사**

① 착공 전 지질조사 : 시추조사, 물리탐사

② 굴진 중 막장전방조사 : 선진수평보링, TSP, 감지공

(2) 시공계획의 수립

(3) 막장보조공법 적용

(4) 용출수의 처리

(5) **저토피구간 침하대책**

① 내부보강 : 강관다단그라우팅, 록볼트

② 외부보강 : 복토, JSP, DCM, 그라우팅 실시

(6) 적정 굴착공법, 굴착방법의 선정

(7) **지보설치시기 준수** : 지반 이완 전 지보재 설치, 과굴착금지

(8) 제어발파 실시

(9) **계측관리** : 이상징후 시 신속히 보강

9 계측관리

1 목적

(1) 터널 주변 지반의 거동 파악

(2) 계측자료를 Feedback하여 설계 및 시공에 활용 → 안전성, 경제성 확보

(3) 지보공의 효과 확인

(4) 근접 구조물의 영향 확인

(5) 장래의 공사계획에 활용

2 계측기 선정 시 고려사항

(1) 정밀성   (2) 신뢰성   (3) 편리성(계측 및 분석)

(4) 내후성(기상조건)   (5) 보수성   (6) 경제성

3 계측의 종류 및 배치

1) 종류

구분	일상계측(A계측)	정밀계측(B계측)	특별계측(인접 시설)
종류	갱내 관찰조사 지표침하계 내공변위계 천단침하계 록볼트인발시험	지중침하계(층별) 지중변위계 지중수평변위계 숏크리트응력계 록볼트축력계 지하수위계	소음·진동계 구조물경사계 구조물침하계 균열계 지반수평변위계 지하수위계

2) 계측기의 배치

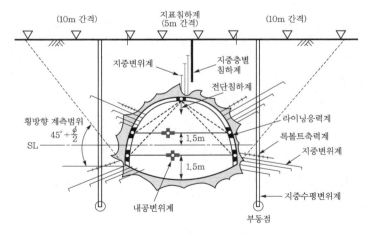

[계측기의 종류 및 배치]

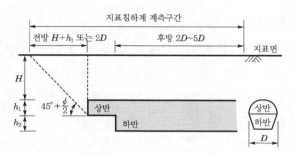

[종방향 계측범위(지표침하계)]

4 측정빈도(수동계측)

구분	일상계측(A계측)	정밀계측(B계측)	특별계측
굴착 시(15일 이내)	1회/일	1회/일	1회/일
굴착 후(15~30일)	2회/주	1회/주	1회/주
수렴 시(30일 이후)	1회/주	1회/2주	1회/2주(수렴 시 완료)

☞ 록볼트인발시험 : 50본당 1개소 실시

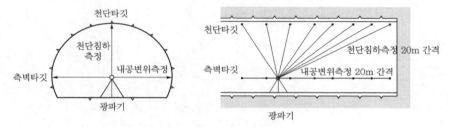

[천단침하 및 내공변위 측정방법]

5 계측관리

1) 계획 시

(1) **계측계획의 수립** : 종류, 계측항목, 배치, 빈도, 계측관리기준, 응급 시 조치사항

(2) **경보시스템 구축** : SMS 문자정보, 경광등, 사이렌

2) 공사 시

(1) 계측기의 보정과 초기치는 반드시 설정

(2) 위험 단면에 집중배치

(3) 지반굴착 전에 계측기는 설치

3) 계측분석 및 안정성평가

(1) 계측은 계측전문가가 계측분석 및 평가

(2) 이상신호음(Noise) 필터링 실시

4) 계측결과에 대한 조치

    (1) 계측자료는 일일계측결과의 발주자 보고 및 월간계측보고서 제출

    (2) 계측값이 기준치 초과 시는 공법 보완 및 변경 실시

6 계측의 문제점

    (1) 공정진행에 따른 계측기의 훼손 발생, 위치 선정의 불량

    (2) 계측기의 변위 발생과 같이 붕괴 발생

    (3) 기상조건 및 소음, 진동 등에 의한 잦은 이상값 발생

    (4) 공사 수행상 변위 발생 후 계측기 설치 → 초기값 측정 실패

    (5) 충분한 계측관리인원의 현장 상주 미흡 → 계측비용설계 누락

10 기존 터널 근접 시공, 병설터널 필러

1 기존 터널 근접 시공의 문제점 및 대책

1) 기존 터널의 문제점

(1) 기존 터널 병설터널 시공 시 : 편토압에 의한 기존 터널 균열, 변형

(2) 기존 터널 하부에 신설 터널 시공 시 : 침하 발생

(3) 기존 터널 상부에 신설 터널 시공 시 : 굴착진동, 터널하중으로 기존 터널 균열, 변형

(4) 기존 터널 측부의 굴착공사 시 : 기존 터널 변형

(5) 주변 공사 발파 시 : 라이닝변형

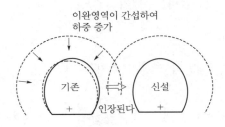

[병설터널]

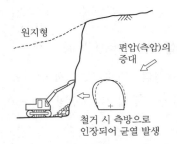

[터널 측부의 굴착]

2) 지중응력영향범위(일반적), 이격거리

(1) 개략적 영향범위 : 토사 2D, 암반 0.5D

(2) 신설 터널의 위치 및 토질에 따라 영향범위가 다름

3) 대책

(1) 현장 조사

① 기존 터널조사 : 제원, 구조물상태

② 중간 지반조사 : 지형지질

③ 신설 터널 제원 조사

(2) 기존 터널대책

① 보수공 : 균열보수, 라이닝조각 낙하 방지공

② 보강공 : 록볼트 보강, 탄소섬유시트 보강

[근접 터널 보강]

(3) 중간 지반대책

① 지반 보강 : 약액주입공법, 라이닝타이볼트

② 차단방법 : 지하연속벽, 파이프루프

(4) 신설 터널대책

① 강관다단그라우팅, 지반그라우팅 실시
② 분할굴착 및 제어발파 실시

(5) 관찰 및 계측관리

① 기존 터널 관찰 및 계측 : 라이닝상태 관찰, 균열계, 내공변위계, 기타
② 신설 터널 계측 : A계측 및 B계측 실시

(6) 안전대책

① 철도안전관리자 선임 및 철도운영관계자와 유기적인 관계 유지
② 경보체계 수립 : 전광판, 사이렌, 방송설비, 무전기

2 병설터널 필러(Pillar)

(1) 정의 : 쌍굴터널에서 굴착에 의한 응력해방의 영향이 미치는 거리

(2) 굴착방법 및 보강방법

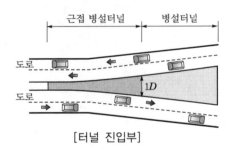

[터널 진입부]

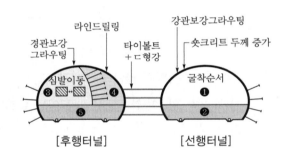

[후행터널]　　　[선행터널]

11 기존 철도(도로) 하부통과(언더피닝)공법

1 하부통과(언더피닝)공법

1) 개착식

(1) **가받침공법** : 철골 등으로 임시가받침을 설치하고 하부를 굴착 → 침하가 큼

(2) **우회선 부설공법** : 가설우회철도선로 부설 후 시공

(3) **PMT공법** : 철로 측면에 임시교각을 미리 설치하고 미운행시간에 거더(선로받침)을 설치하는 방법

2) 비개착식

(1) **지반 보강 후 굴착** : FRP그라우팅, 수평JSP, 직천공그라우팅

(2) **함체견입공법** : 프런트 재킹

(3) **강관추진공법** : Pipe Roof(보링식 ϕ80~300mm, 오거식 ϕ300~1,200mm), UPRS

(4) **대형강관추진** : TRcM+CAM(원형) – 9호선, NTR공법

(5) **엘리먼트견인추진** : 라멘형식(JES공법)

(6) **실드공법** : SPS공법

☞ 언더피닝공법 : 기존 구조물을 보강하고 하부를 굴착하는 공법

2 Pipe Roof(강관추진)공법

1) 개요

지중에 그라우팅에 의한 파이프루프를 보강 설치하고 하부를 굴착과 구조물을 추진 및 견인하는 공법

2) 종류

(1) **보링식**

① 관경 ϕ80~300mm
② 로터리 보링 천공 후 강관 삽입
③ 최대 70m까지 설치 가능

(2) **오거식**

① 관경 ϕ300~1,200mm
② 강관 내부를 오거로 굴착하면서 강관 압입
③ 최대 50m까지 설치 가능

3) 배치방법(이용)

[아치형]   [문자형]   [부채꼴]   [전주형]   [종열형]

4) 특징

(1) **연결방식** : 연결형 파이프루프, 분리형 파이프루프

(2) 연약지반터널 보강, 구조물, 도로, 철도 하부통과

(3) 지반 이완 및 주변 침하 방지, 교통영향 없음

(4) 대규모 설비 필요, 공사비 고가

3 프런트 재킹(Front Jacking)

1) 개요

철도 및 도로 측면에 발진기지와 도달기지를 설치하고 파이프루프 설치 후에 함체를 프런트 재킹하여 시공하는 시설물 하부통과공법

2) 시공방법

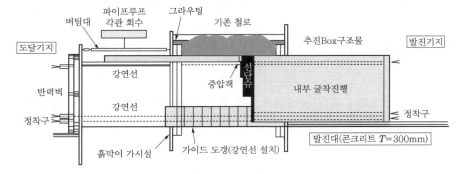

▲ 종단면도

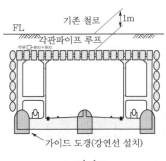

▲ 정면도

4 추진공법

1) 개요

도로 측면에 추진기지를 설치하고 유압잭으로 강관을 압입하면서 내부를 굴착하여 추진을 시공하는 방법

2) 종류

(1) **인력굴착 강관압입추진공법** : 인력굴착과 강관압입으로 추진

(2) **오거굴착 강관압입추진공법** : 오거굴착과 강관압입으로 추진

(3) **세미실드TBM추진공법** : 실드굴착 후 강관압입으로 추진

3) 시공순서(인력굴착)

추진기지, 도달기지 설치 → 받침 및 반력대 설치 → 강관 설치 → 유압잭 강관 압입 및 강관 내부굴착 → (반복) → 굴착 완료 후 강관 내부에 하수관 설치 → 그라우팅 실시 → 완료

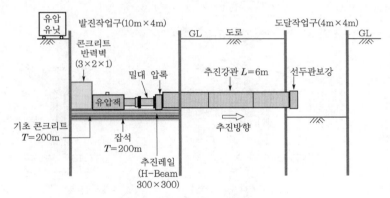

[추진공법의 인력굴착]

4) 문제점

(1) 굴착 시 침하 및 누수 발생

(2) 전석층, 암반층 발생으로 굴착 및 압입 불가

(3) 인력굴착에 의한 근로자의 위험성 큼, 밀폐공간

5) 대책

(1) **사전조사** : 지하지장물 확인, 줄파기, 물리탐사 실시

(2) **지하수가 높은 경우** : 그라우팅 실시, 기계굴착(오거굴착, 세미실드)

(3) **전석층, 암반굴착문제** : 세미실드공법 적용

(4) 인력굴착문제 → 오거굴착, 세미실드공법 변경

12 기타

1 2아치터널

1) 개요

(1) 대단면 터널, 정거장, 4차로 도로터널 적용

(2) 부지 확보 저감, 환경훼손 최소화

(3) **중벽분할굴착** : 1 → 2 → 3 → 4 → 5 → 6

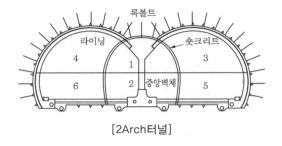

[2Arch터널]

2) 문제점

(1) 발파 시 중앙기둥 손상

(2) 벽체이음부 누수, 아치와 벽체접속부 물고임 발생

(3) 중앙터널굴착 시 협소로 장비운용 곤란

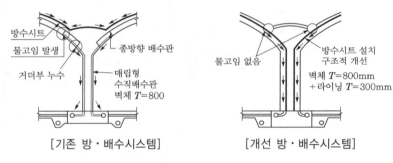

[기존 방·배수시스템]　　　[개선 방·배수시스템]

3) 대책

(1) 방수시트 설치위치, 시기 변경

(2) 이음 없이 방수막 설치

(3) **중앙벽체두께 증가** : 벽체 $T=800mm$ → 벽체 $T=800mm+$라이닝 $T=300mm$

(4) 라이닝 중앙벽체부와 일체 시공

2 침매터널

(1) 개요

콘크리트 침매함을 해안제작장에서 제작 후 예인하여 수중에 침매시켜 연결하여 시공하는 인공터널공법이다

(2) 침매터널공법의 요구조건

① 함체가 부력에 의해 부상되지 않을 것
② 침설이 가능할 것
③ 하상, 해상에서 안정한 상태로 설치 및 유지될 것

(3) 침매터널의 구조

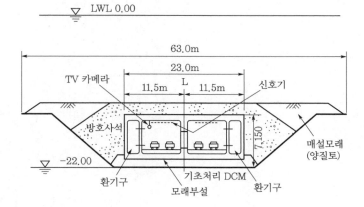

(4) 침매터널 시공방법

① 제작 및 침매함 이동 : 드라이독 설치 → 침매함 제작 → 주수, 침매함 부상 → 예인선 이동
② 침매함 침설 : GPS측량 → 침설앵커를 설치하여 고정 → 침매함 주수 → 침설
③ 접합방법 : 챔버부 배수 → 특수장비 이용 연결부 조인 → 오메가조인트(방수고무 압착) → 완료

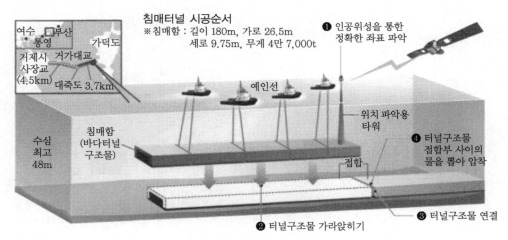

[거가대교 침매터널 시공방법]

CHAPTER 14 댐

댐

일반 → 시공관리

목적

1. 용수 공급 : 생활, 공업, 농업, 하천 유지
2. 홍수 조절 및 수력발전
3. 지역개발 및 사회발전

댐의 종류

1. 필댐(Fill Dam) : 균일형, 심벽형, 표면차수벽형
2. 콘크리트댐 : 중력식(타설), 아치식, 부벽식, 중공식, RCCD(포설)

유수전환공

가물막이(가체절공)
전체절(전면가물막이)
부분체절(부분가물막이)
단계체절(제체 내 가배수로)

+

물돌리기(가배수로)
가배수터널
가배수개거
제체 내 가배수암거, 가배수로

댐의 문제점

1. 누수 및 붕괴 : 세굴, 파이핑, 침하
2. 수압파쇄, 양압력
3. 검사랑
4. 계측관리 : 필댐, 콘크리트댐

여수로

1. 구성 : 접근수로, 조절부, 도류부, 감쇄부, 방수로
2. 감쇄공 : 잠수형, 플립버킷형, 잠수버킷형

기초처리

1. 루전테스트
$$Lu = \frac{10Q}{PL}\,[\text{cm/s}]$$

2. 기초처리공법의 종류
   - 그라우팅
     - 커튼그라우팅
     - 컨솔리데이션그라우팅
     - 블랭킷그라우팅
     - 림그라우팅
     - 콘택트그라우팅
   - 연약층, 단층대 처리
     - 콘크리트 치환   – Dowelling공
     - 추력전달구조물   – 암반PS공
   - 성형
     - 사면부 : 경사각 70° 이하
     - 요철부 : 돌출부 절취, 오목부 채움
   - 기타 : Cut-Off, Dental Concrete

필댐(Fill Dam)

1. 심벽형

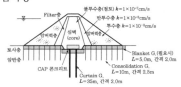

2. 표면차수벽댐

콘크리트댐

1. 시공방식
   - 재래식(타설) : 블록공법, 이열공법
   - Layer식(포설)
     - RCCD : 롤러다짐콘크리트
     - ELCM : 확장레이어(바이백다짐)
2. 이음 : 시공이음, 가로이음, 세로이음

댐

(유수전환＋기초처리＋필댐＋콘크리트댐＋여수로＋계측＋유지관리)

1 댐 일반

1 목적

(1) **용수 공급** : 생활, 공업, 농업, 하천 유지

(2) 홍수 조절, 수력발전

(3) 수변위탁시설 제공

(4) 수질 개선, 어류 및 야생동물 보존

➡ • 국가경제발전
 • 삶의 질 개선
 • 지역개발 및 사회발전

2 댐의 종류

(1) **용도별** : 공업용수댐, 농업용수댐, 홍수조절댐, 수력발전댐, 사방댐, 환경용수댐

(2) **목적별** : 단일목적댐, 다목적댐

(3) **형식별**

① 필댐(Fill Dam) : 균일형, 심벽형, 표면차수벽형

② 콘크리트댐 : 중력식(재래식, RCCD), 중공식, 아치식, 부벽식

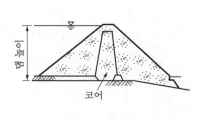

[심벽형 필댐]

[중력식 콘크리트댐]

3 댐의 계획(형식 결정)

(1) **저수용량의 결정** : 목적과 기능 고려

(2) **댐 위치의 결정** : 개발목적과 지형 및 지질조건 고려

(3) **댐 형식의 결정** : 자연조건(지형, 지질), 지역조건(교통, 부존도), 간접조건(규모)

(4) 댐 설계홍수량 결정

① 가능 최대 강우량(PMP) : 1,000년 빈도에 해당하는 최대 강우량

② 가능 최대 홍수량(PMF) : 가능 최대 강수량(PMP)으로 인한 홍수량

③ PMP, PMF 활용 : 댐 여유고 결정(1~2m), 비상여수로규모 결정

(5) 댐 내진설계 결정

(6) 댐 규모의 결정 : 편익 및 비용 산정, 최적규모 및 비용 배분

4 댐의 안정조건

(1) **내적** : 기초지반안정, 비탈면안정, 누수, 세굴, 파이핑

(2) **외적** : 원호활동, 수평활동, 월류

(3) **기타** : 여수로안정, 콘크리트 열화

5 댐 시공계획(가설비계획, 공정계획)

1) 조사 및 검토

(1) 설계도서의 검토

(2) 지형 및 지질조사

(3) 수문 및 기상조건

(4) 용지보상 여부

(5) 공사용 진입도로 검토

(6) 공사용 전력, 용수 공급

(7) 재료, 노무, 장비수급계획

(8) 환경 및 법률제도 조사

2) 댐 공정계획

(1) **진입도로 개설** : 공사용 도로, 암거, 교량 및 부대설비

(2) **가설비계획**

① 가설사무실, 시험실, 숙소

② 골재생산설비

③ 콘크리트혼합설비

④ 댐 콘크리트치기 설비

⑤ 댐 콘크리트 냉각설비

⑥ 가설시설물

⑦ 공사용 도로

⑧ 가설교량

⑨ 공사용 동력설비

⑩ 조명 및 통신설비

⑪ 급수설비

⑫ 공기공급설비

⑬ 오탁수처리설비

⑭ 세륜·세차설비

(3) **유수전환**

① 가물막이 : 토사제방식, 2중시트파일, 표면차수벽식

② 물돌리기 : 가배수터널, 가배수로, 제체 내 가배수암거

(4) 본댐 시공

① 굴착공사 : 표토 제거, 굴착방법

② 기초처리 : 지반처리, 그라우팅

③ 필댐 축조 : 절토 및 성토, 사면보호공, 심벽형, 표면차수벽

④ 콘크리트댐 축조 : 중력식 댐(재래식, RCCD, 확장레이어)

⑤ 사면보호공

(5) 여수로

① 일반여수로, 비상여수로

② 굴착 및 축조

(6) 취수 및 방류설비 : 용수공급설비

(7) 이설도로

(8) 유수전환공 철거 : 폐쇄 및 가배수터널 유용 여부

(9) 담수 실시 : 수압파쇄 유의

3) 계측계획

계측계획 수립 및 계측전문가 배치

4) 품질관리 : 품질관리계획 및 품질시험계획

5) 안전 및 보건관리

안전관리계획서 및 유해위험방지계획서, 위생관리

6) 환경관리

소음 · 진동관리법, 폐기물관리법, 수질 및 수생태계 보전에 관한 법

6 유수전환공(전류공)

1) 유수전환방식 선정 시 고려사항

(1) 하천유량

(2) 댐 지점의 지형(하폭 및 하천의 만곡도) 및 기초지질, 하상퇴적물두께

(3) 댐 형식 및 높이

(4) 사업의 긴급성과 하류의 안전성

(5) 방류설비, 취수설비 등의 타 구조물과의 관계

(6) 가물막이와 가배수로와의 관계

2) 유수전환시설 시공계획

설계홍수량 결정 → 유수전환방식 검토 및 결정 → 가물막이, 가배수로형식 및 규모 산정(설계) → 시공계획 수립 → 유수전환시설 설치

3) 유수전환공의 종류

가체절공(가물막이)	+	물돌리기(가배수로)
전체절(전면가물막이) 부분체절(부분가물막이) 단계체절(제체 내 가배수로)		가배수터널 가배수개거 제체 내 가배수암거 제체 내 가배수로

※ 댐 규모의 현장 조건에 따라 복합적으로 사용

4) 유수전환공(가체절공)의 종류별 특징

구분	전체절 (전면가물막이)	부분체절 (부분가물막이)	단계체절 (제체 내 배수로, 암거)
시공도			
하천폭	좁은 곳	넓은 곳	좁은 곳
유량	많은 곳	적은 곳	적은 곳
특징	• 공사용 도로 활용 • 본 공사 제약 없음	• 본 공사 일부 제약	• 공사에 제약 • 암거 시공 시 • 전면 및 부분가물막이 어려울 때
공사비	大	中	小

5) 가물막이공법의 종류 및 특징

(1) 필댐형(토사제방식)

① 중앙부 지수벽 설치 : 점토코어 필댐형, 시트파일 필댐형, 그라우팅 필댐형, 콘크리트 지수벽 필댐형

② 2중시트파일, 마대쌓기(전면)

(2) 표면차수벽형 : 콘크리트표면차수벽, 아스팔트표면차수벽

(3) 콘크리트형 : 중력식, 옹벽식, 블록식

6) 가물막이 시공 시 주의사항

(1) 가물막이 설치시기 : 갈수기에 실시, 단기간에 공사 완료

(2) **가물막이의 높이** : 가배수로보다 50cm 이상 여유고

(3) **하류측 가물막이** : 하천수위보다 높게 하여 역류 방지

(4) **유수전환시설 설계홍수량** : 필댐 20~25년 빈도홍수량, 콘크리트댐 1~2년 빈도홍수량 적용

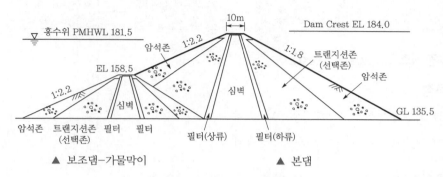

[보조댐(Coffre Dam) 가물막이 활용]

☞ 대규모 필댐공사에서 필댐형식의 가물막이는 본댐으로 활용

7) 유수전환시설 폐쇄공(Plug)

(1) **유용 여부 검토** : 여수로 또는 비상여수로 활용

(2) **폐쇄시기** : 갈수기에 실시

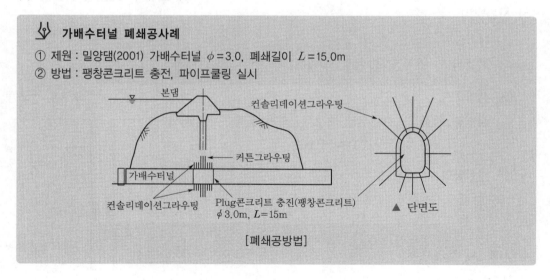

◈ **가배수터널 폐쇄공사례**

① 제원 : 밀양댐(2001) 가배수터널 ϕ=3.0, 폐쇄길이 L=15.0m

② 방법 : 팽창콘크리트 충전, 파이프쿨링 실시

[폐쇄공방법]

2 기초처리

1 그라우팅공법 선정Flow

```
토사 제거 → 암반 → 그라우팅 설계 → Lugeon Test → 완료
              Lugeon Test      및 시공       효과 확인
```

2 루전테스트(Lugeon Test)

1) 목적

(1) 암반투수성조사 및 균열상태 파악

(2) 그라우팅의 설계 및 그라우팅효과 확인

2) 루전값 산정식

$$Lu = \frac{10Q}{PL}[\text{cm/s}]$$

여기서, Q : 주입량(ℓ/min), P : 주입압(kgf/cm²), L : 시험길이(m)

※ 1Lu $= 1 \times 10^{-5}$cm/s

3) 시험방법

(1) **시험장비**

가압펌프, 팩커공, 압력계, 유량계

(2) **시험순서**

시험공 천공 → 지하수압 측정 → 팩커 설치
→ 공급수 주입 → 주입량, 주입압 측정

(3) **시험방법**

① 심도 : 커튼그라우팅 심도보다 1/3 깊게

② 간격 : 20m마다 1공, 천공(BX) 60mm

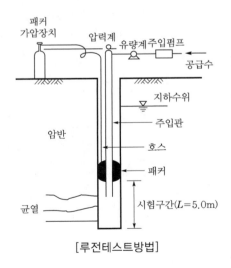

[루전테스트방법]

4) 시험 시 주의사항

(1) 한계주입압 25Lu 이하 관리

(2) **주입압력** : 압력단계(가압 및 감압) 9단계

(3) **효과 확인** : 심도는 설계심도, 간격은 20m마다 1공시험, 천공(BX) 60mm

(4) 수압시험검사공은 검사 후 시멘트그라우팅 실시

5) 암반에서 Lugen Test를 실시하는 이유

(1) **토사** : 토립자 사이로 투수 → 투수계수(k)

(2) **암반** : 균열부로 투수 → Lugen Test(Lu값)

(3) 암반은 루전테스트가 가장 간편하고 그라우팅효과 판정 및 해석 용이

> **Tip** 댐은 원칙적 암반에 설치 → 필댐은 토사지반개량 후 시공 가능

3 기초처리공법의 종류 　그, 연, 성, 기

1) 그라우팅

① 커튼그라우팅　　　② 컨솔리데이션그라우팅　　　③ 블랭킷그라우팅

④ 림그라우팅　　　⑤ 콘택트그라우팅

2) 연약층, 단층대 처리

① 콘크리트 치환　　② Dowelling공　　③ 추력전달구조물　　④ 암반PS공

3) 성형

① 사면부 성형 : 경사각 70° 이하

② 요철부 성형 : 돌출부 절취, 오목부 채움

4) 기타

① 컷오프(Cutoff) : 지하연속벽

② 덴탈콘트리트(Dental Concrete) : 국부적 불량부 제거 후 콘크리트 채움

4 기초처리공법 선정 시 고려사항

(1) **지반조건** : 암반상태, 풍화상태, 불연속면상태, 지하수상태, 토질상태

(2) **시공조건** : 시공방법, 품질관리의 유무, 공사시간, 그라우팅방법

(3) **구조물조건(댐의 규모)** : 댐 종류, 규모, 위치

(4) **환경성** : 지하수오염, 토양오염 등

(5) **기타** : 인체피해

5 그라우팅

1) 그라우팅의 종류, 역할 및 특징

(1) **커튼그라우팅(Curtain Grouting)** : 지반차수 → 수밀성 증대, 누수 방지, 파이핑 방지, 양압력 방지

(2) **컨솔리데이션그라우팅(Consolidation Grouting)** : 지반 내하력 증대 → 지지력 증대, 활동파괴 방지, 침하 방지

(3) 블랭킷그라우팅(Blanket Grouting)

① 필댐에서 모래지반, 풍화대지반인 경우 적용

② 커튼, 컨솔리데이션그라우팅 시 지표면 누출 방지

③ 지표면깊이 $H=5.0m$, 본 그라우팅 전에 실시

(4) 림그라우팅(Rim Grouting)

댐 주변 누수 방지를 위해 암반차수그라우팅

(5) 접촉그라우팅(Contact Grouting)

① 콘크리트댐 및 여수로 등 안정 후 주변 틈 채움 그라우팅

② 단층 및 연약대지반 적용, 심도 2.5m, 폭은 구조물에 따라

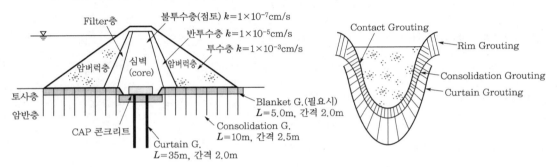

[Fill Dam]

[루전Map(종단도)]

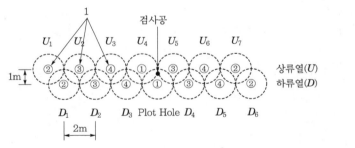

[커튼그라우팅 배치도]

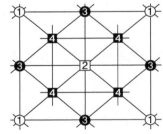

[컨솔리데이션그라우팅 배치도]

※ 그라우팅의 심도, 간격, 범위는 주입공법과 지반조건에 따라 다름

2) 컨솔리데이션그라우팅과 커튼그라우팅의 차이점

구분	Consolidation Grouting	Curtain Grouting
목적	내하력	차수
위치	댐 기초 전체	상류 또는 차수존
배치, 간격	격자형, 2.5~5m 간격	병풍형, 0.5~3m 간격
주입심도(1회)	5~10m	$L = \dfrac{H}{3} + C(8 \sim 25)$
주입압력	3~12kgf/cm^2	5~15kgf/cm^2
개량목표치	중력식 댐 5~10Lu	콘크리트댐 1~2Lu, 필댐 2~5Lu

3) 그라우팅의 주입방법

① 1단 주입 : 1회 주입

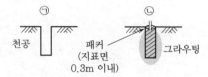

② 다단 주입(하향식) : 파쇄대 大

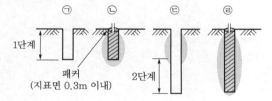

③ 다단 주입(상향식) : 파쇄대 小

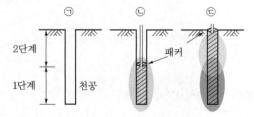

4) 주입재료의 요구조건

(1) 강도 大   (2) 고결력   (3) 침투성

(4) 분말도 大   (5) 블리딩 小

5) 그라우팅 시 주의사항

(1) 천공

① 회전식 또는 충격식 천공장비 사용

② 수직도의 오차는 3% 이내

(2) **수압시험(Lugeon Test)**

① Pilot공 및 검사공의 수압시험 : 5m씩 단계별 하향식 실시
② 수압시험의 압력단계(9단계)
   ㉠ 가압 : 1 → 2 → 3 → 4 → 5(최대 적용압력) 실시
   ㉡ 감압 : 5 → 4 → 3 → 2 → 1 실시

(3) **그라우팅 실시**

① 주입압력 : 0.1~0.3MPa
② 그라우팅 시 연속적 그라우팅 실시
③ 콘크리트타설 부분의 그라우팅은 28일 이후에 실시
④ 그라우팅 진행방향 : 하상부 → 양안부 실시(낮은 쪽에서 높은 쪽)
⑤ 인접 지역 암반발파 시 진동영향을 고려하여 제어발파 실시

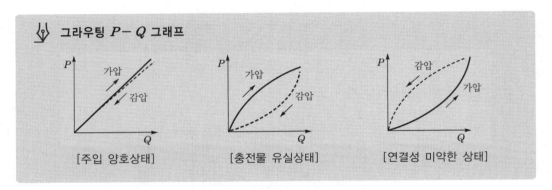

그라우팅 $P-Q$ 그래프

[주입 양호상태] [충전물 유실상태] [연결성 미약한 상태]

(4) **그라우팅 누출 방지대책**

① 블랭킷그라우팅
② 성토 1.5~6m 실시

(5) **품질시험**

① 배합 : 시멘트, 물, 팽창재, 골재
② 시험 : 컨시스턴시시험, 블리딩시험, 압축강도시험
③ 그라우팅효과 판정방법 : Lugen Test, 주입압 및 주입량으로 확인

(6) **안전관리**

시멘트 Cr^{6+}(6가 크롬)는 피부질환, 발암물질, 호흡기질환(진폐증) → 고로슬래그시멘트
(Cr^{3+})는 건강재해 없음

(7) **환경관리** : 토양오염, 수질오염, 하천 어패류 폐사

6 연약층, 단층대 처리

① 콘크리트치환공 : 수밀성 증대

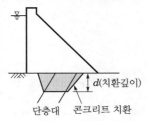

② Dowelling공 : 마찰 저항력 증대

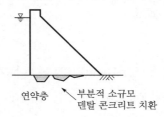

③ 추력전달구조물공 : 하중이 암반에 전달

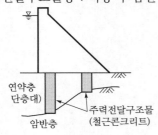

④ 암반PS공 : 암반에 고정

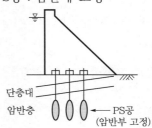

7 성형

(1) **사면부 성형** : 경사각 70° 이하

(2) **요철부 성형** : 돌출부 절취, 오목부 콘크리트 채움

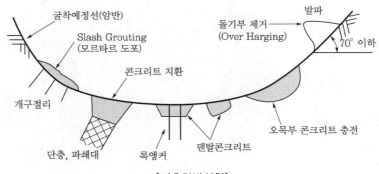

[기초암반성형]

3 | 필댐(Fill Dam)

1 필댐의 종류

1) 재료별

(1) Earth Fill Dam(EFD) : 흙이 50% 이상

(2) Rock Fill Dam(RFD) : 암이 50% 이상

2) 형식별

(1) 균일형 : 불투수존이 80% 이상

(2) 심벽형

① Core형(중심코어형) : $H > B$

② Zone형 : $H < B$

③ 경사형

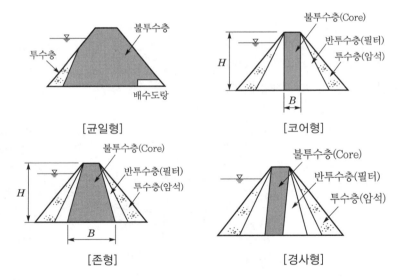

[균일형]   [코어형]

[존형]   [경사형]

(3) 표면차수벽형(차수벽형)

① CFRD(Con'c Faced Rockfill Dam) : 콘크리트표 면차수벽형 석괴댐

② AFRD(Asphalt) : 아스팔트

③ SFRD(Steel) : 강재

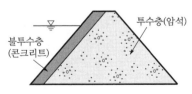

[표면차수벽형]

2 필댐의 축재재료와 시공관리(심벽형)

1) 필댐 시공 단면도

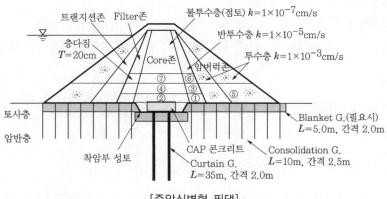

[중앙심벽형 필댐]

2) 특징

(1) 장점

① 기초지반하중이 적음 → 지지력이 약한 지반에 적용 가능(풍화암, 퇴적층)

② 계곡형상에 제약이 적음 → 넓은 계곡 적용

③ 댐 주변 천연재료(토사) 사용 → 공사비 절감

(2) 단점

① 콘크리트댐에 비해 단면형상이 넓음

② 월류에 대한 저항력이 적음

③ 장기간 압밀침하 발생

3) Core층

(1) 기능

① 댐 차수기능 : 침윤선을 낮추는 역할 → 제체의 누수 방지 → 파이핑 방지

② 제체의 안정성 확보

(2) 재료조건

① 차수성 : 투수계수 $k = 1 \times 10^{-7}$cm/s

② 통일분류법 : SC, CL, SM 정도가 적당, OL, MH, OH는 부적당

③ 다짐함수비 : OMC의 습윤측 다짐 실시

(3) 시공방법

① 포설두께 15~40cm

② 기초암반면에 착암재(접착점토) $T = 25$cm 포설 및 다짐 → 암반면 접촉력 증대

③ 표면은 강우 시 배수가 용이하도록 2~5% 정도의 경사 시공

④ 연속적으로 포설하고 다짐은 댐축방향으로 실시

(4) 품질관리

① 최대 건조밀도의 95% 이상

② 시험 : 함수량시험, 비중시험, 입도시험, 다짐시험, 현장 투수시험

4) 필터층

(1) 기능 및 재료조건

① 상류측 : 간극이 커서 신속 배수역할 → 수압 상승 방지, 잔류수압 방지

- 필터규정 : $4 < \dfrac{F_{15}}{D_{15}} < 20$

② 하류측 : 공극이 작아 토립자 유실 방지 → 파이핑 방지, 완충작용

- 필터규정 : $\dfrac{F_{15}}{D_{85}} < 5, \ \dfrac{F_{50}}{D_{50}} < 25$

③ 입경가적곡선의 통과중량백분율 15%, 85%에 해당하는 입경

④ 투수성 : 투수계수 $k = 1 \times 10^{-3} \sim 1 \times 10^{-4} \mathrm{cm/s}$

(2) 시공방법

① 코어경계부 공극이 없도록 다짐

② 다짐 후 최대 상대밀도의 75% 이상

③ 포설 시 Oversize 제거

(3) 품질관리 : 현장 밀도시험, 현장 투수시험

5) 트랜지션존(선택존으로 주로 투수존재료 사용)

(1) 기능 : 입도의 급격한 변화 방지

(2) 재료조건 : 사력재료, 자갈, 조립토

(3) 시공관리 : 일반적으로 암석존과 같음

6) 암석존

(1) 기능 : 코어 보호, 댐 자중 확보

(2) 재료조건 : 투수성 $k = 1 \times 10^{-3} \mathrm{cm/s}$ 이상

(3) 시공관리 : 최소 두께 1.0m 이상, 대형 진동다짐롤러로 다짐 실시

7) 시험성토 실시

(1) 축조재료의 시공상 적합성 검토 : 전단강도, 함수비, 압축성, 투수성

(2) **시공방법의 결정** : 다짐장비, 주행속도, 포설두께, 다짐횟수 결정

8) 심벽형 필댐과 표면차수형 석괴댐의 특징

구분	심벽형 필댐	표면차수벽형 석괴댐
단면도	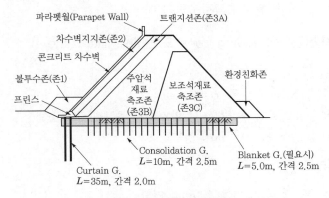	
댐높이	100m 이상	50~100m
차수재료	점토	콘크리트
차수재위치	댐 중앙부	상류측 댐표면
암석존기능	심벽보호	수압저항
취약점	수압파쇄	표면차수벽 균열
내진 저항성	大	小(콘크리트 취성)

3 표면차수벽형 석괴댐(CFRD : Con'c Faced Rockfill Dam)

1) 단면도

(1) **댐마루 폭** : 일반 $B=10m$, 소규모 댐 $B=6.0m$

(2) **사면경사** : $1:1.3 \sim 1:1.6$ 정도

파라펫월(Parapet Wall)　　트랜지션존(존3A)
차수벽지지존(존2)
콘크리트 차수벽
불투수존(존1)　　주암석재료축조존(존3B)　　보조석재료축조존(존3C)　　환경친화존
프린스
Consolidation G. $L=10m$, 간격 2.5m
Blanket G.(필요시) $L=5.0m$, 간격 2.5m
Curtain G. $L=35m$, 간격 2.0m

[표면차수벽형 석괴댐]

2) 특징

(1) **장점** : 공기단축, 심벽형 점토 구득난 해소, 강우 시 또는 동절기 시공 가능

(2) **단점** : 누수량이 많음, 급속 시공 시 표면차수벽 내부공동, 균열 발생

3) 시공순서

벌개 제근 → 굴착 → 기초처리 → 프린스 → 암석존, 트랜지션존, 차수벽지지존 축조 → 표면차수벽 → 파라펫 → 사면보호공

4) 프린스

(1) 역할 : 차수벽 기초 및 커튼그라우팅 갭 역할

(2) 특징

① 폭 : $B=3\sim20m$ 이상

② 두께 : 일반적 $T=60\sim80cm$

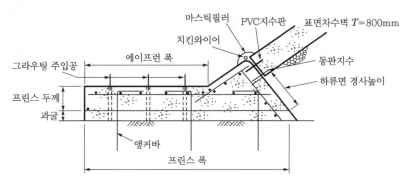

[프린스 시공상세도]

(3) 시공관리

① 앵커바 : 철근 $\phi25\sim35mm$, 간격 $1.0\sim1.5m$, 길이 $3\sim5m$ → 프린스 밀림 방지

② 이음관리 : 신축이음(시공이음) 15m 간격

③ 차수벽 이음부 : 3단 지수 - PVC지수판, 동지수판, 마스틱필러

④ 프린스 시공 후 커튼그라우팅 실시

5) 차수벽지지존(존2 : bedding zone 또는 fine filter zone)

(1) 역할 및 특징

① 차수벽 직접지지, 폭 $B=3\sim5m$

② 반투수성으로 누수 발생 시 안전하게 통과시킴

③ 투수성 : $k=1\times10^{-4}cm/s$ 정도

(2) 시공관리

① 다짐 후 한 층 두께를 400mm 이하

② 표면차수벽 설치 전까지 빗물 등에 유실 방지조치 → 커버엘리먼트 콘크리트, 숏크리트, 보호콘크리트 타설

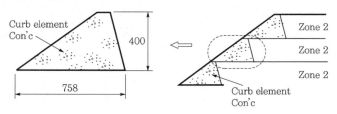

[커버엘리먼트 시공]

6) 트랜지션존(존3A : transition zone 또는 filter zone) — 선택층

(1) 역할

① 차수벽지지존을 직접지지 및 암석존으로 하중 전달

② 필터역할 및 차수벽지지존 세굴 방지

(2) 입도범위

$$\frac{D_{15F}}{D_{85B}} < 5, \ \frac{D_{50F}}{D_{50B}} < 25, \ 5 < \frac{D_{15F}}{D_{15B}} < 20$$

여기서, D_{15F}, D_{50F} : 필터존의 15%, 50% 입경크기(mm)

D_{15B}, D_{50B}, D_{85B} : 차수벽지지존의 15%, 50%, 85% 입경크기(mm)

(3) 특징 및 시공관리

① 일반적 폭 $B=5.0$m 이상

② 굵은 골재 최대 치수 150mm 이하, 다짐두께 400mm 이하

7) 콘크리트표면차수벽

(1) 역할 : 수압을 직접지지, 댐 누수의 방지

(2) 차수벽두께 : 상부 $T=0.3$m~하부 $T=0.3$m$+0.003H$

여기서, H : 수심

(3) 시공관리

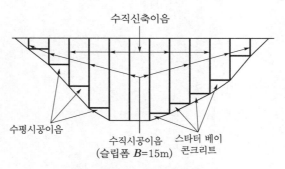

[표면차수벽 슬래브 평면도]

① 철근 배근 : $D=16$mm, 간격(두께) 200~300mm

② 슬립폼(slip form)콘크리트 타설 : 타설속도 1.5m/h

③ 신축이음(시공) : 20m 간격

④ 이음부 3단 지수 : 동지수판, PVC지수판, 마스틱필러

4 콘크리트댐(Concrete Dam)

1 분류

1) 형식

구분	중력식	중공식	Arch식	부벽식
형상			종방향 아치	수평지대
특징	자중저항	자중 감소	종방향 아치저항, 미관 우수	부벽저항, 재료 절감

2) 시공법(재료)

(1) **재래식** : 현장 타설방식(부배합) → 충주댐(1986)

(2) **RCCD** : 롤러다짐콘크리트(빈배합) → 한탄강댐(2014)

2 특징

1) 장점

(1) **자중만으로 안정 유지** : 전도, 활동, 지지력, 토압, 수압, 지진

(2) 기초폭이 작고 시공 및 유지관리 용이

(3) 안전도 큼

2) 단점

(1) 자중 큼 → 암반지반 필요

(2) 콘크리트재료가 많이 듦

(3) 공사비 큼

3 타설공법(재래식)

구분	Block타설공법(성덕댐)	이열공법(군남홍수조절지)
원리 및 방법	Block별 격간 타설방법으로 가장 일반적인 방법 	고슬럼프(15cm)콘크리트에 의한 다블록 일괄 동시 타설공법

구분	Block타설공법(성덕댐)	이열공법(군남홍수조절지)
특징	• 1Lift 1Block 타설로 절대공기 소요 • 슬럼프에 무관 • 블록별 횡방향 거푸집 설치로 시공이음 발생 • 크레인+버킷 타설($G_{max}=80mm$)	• 1Lift 다수 Block 타설로 공기단축 • 고슬럼프(15cm) 사용 • 블록별 아연도금강판 삽입하여 횡Join 형성 • 펌프카 타설($G_{max}=20mm$)

4 시공관리

1) 사전검토

(1) 생산시설 검수, 현장 운반로 정비, 타설방법 결정, 거푸집상태

(2) 암반 기초처리 및 용수처리상태

2) 생산

(1) **재료선행냉각 실시** : 물, 골재, 시멘트 냉각온도관리

(2) **혼화재료** : 매스(플라이애시), 서중(지연제), 한중(공기연행제)콘크리트

(3) **배합** : 강도 12~18MPa, Slump 12cm, W/B 60% 이하, G_{max} 50~150mm

3) 운반 및 타설방법

(1) **철탑과 케이블크레인+버킷 타설** : 접근이 어려운 장소

(2) Pump Car 타설

(3) 타워크레인+버킷 타설

(4) 벨트컨베이어

(5) 레미콘차량

4) 타설

(1) **타설 시 1층의 두께는 500mm를 표준**

(2) **다짐** : 내부진동기 수평간격 0.5m, 기타설면 100mm 삽입

(3) **매스콘크리트** : Pre Cooling(선행냉각), Pipe Cooling(파이프쿨링)

(4) **블록(Block)나누기 타설** : 가로이음은 간격 15m, 세로이음은 타설조건 설정

(5) **리프트두께관리(수평 시공이음)**

① 1리프트두께 1.5~2m, 3~4층 나누어 칠 것

② 1리프트 타설 후 재령 5일 이후에 이어치기 실시

※ 1리프트 : 1회당(여러 층) 콘크리트 타설높이

5) 온도제어관리(양생관리) – 매스콘크리트, 서중콘크리트

(1) 시공관리

① 저발열시멘트 사용

② 혼화재료 : 플라이애시, 지연제 사용

③ 분할타설 실시

④ 선행냉각(재료냉각) : 혼합수(1℃), 골재(2~4℃), 시멘트(8℃)를 냉각하여 배합

(2) 양생관리

① 스프링클러 설치 : 상부, 측면

② 관로식 냉각(Pipe Cooling)

  ㉠ 냉각기간 15~20일 실시

  ㉡ 계측관리 : 무응력계, 온도계를 적정 간격으로 매립

  ㉢ 완료 후 강관은 그라우팅 실시

6) 이음, 지수판, 배수공

(1) 이음 시공도

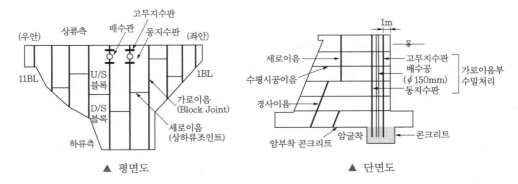

▲ 평면도　　　　　　　　　　　　▲ 단면도

(2) 시공이음

① 수평 시공이음 : 본체 1.5~2.0m 정도, Lift와 Lift 사이

② 수평 시공이음면 처리(그린컷) : 고압수 샌드블라스팅공법, 와이어브러시

(3) 가로이음(블록조인트)

① 댐축과 직각 설치, 간격 15m 정도

② 가로이음 : 고무지수판, 동지수판(50cm 간격), 이음배수공(ϕ150mm) 설치

③ 가로이음에 연직치형이음 설치

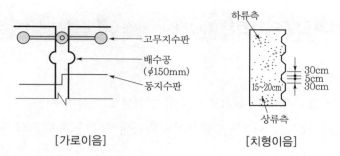

[가로이음]　　　　　　　　　[치형이음]

(4) 세로이음(종단이음)

① 종류 : 연직이음, 경사이음 → 연직방향 지그재그로 설치

② 간격 30~40m 정도

③ 댐축과 평행하게 설치 : 상류블록과 하류블록 사이

④ 수축으로 틈이 벌어졌을 때 그라우팅 실시

(5) 이음부 조인트 그라우팅 실시

① 담수 개시 전에 전체 이음부에 그라우팅 실시

② 그라우팅 전 착색한 물로 수압시험하여 누수위치 확인

7) 거푸집

(1) 슬라이드폼과 보통 거푸집 사용

(2) 슬라이드폼의 크기 : 높이 $H=1.5{\sim}2.0$m, 폭 $B=3{\sim}8$m 정도

8) 품질관리시험

(1) 콘크리트의 비빔온도　　　　　(2) 슬럼프

(3) 공기량　　　　　　　　　　　(4) 압축강도

5 롤러다짐콘크리트댐(RCCD), RCD, ELCM

1 원리

(1) 콘크리트댐의 장점은 살리고 필댐의 단점은 보완하여 시공

(2) 슬럼프가 0인 콘크리트를 덤프트럭으로 운반하고, 도저로 포설 후 진동롤러로 다짐하여 시공하는 방법

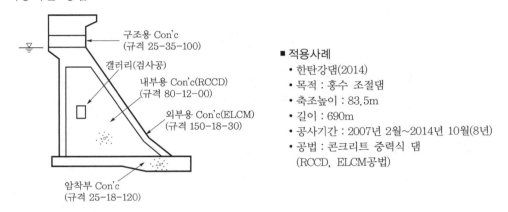

구조용 Con'c
(규격 25-35-100)

갤러리(검사공)

내부용 Con'c(RCCD)
(규격 80-12-00)

외부용 Con'c(ELCM)
(규격 150-18-30)

암착부 Con'c
(규격 25-18-120)

■ 적용사례
- 한탄강댐(2014)
- 목적 : 홍수 조절댐
- 축조높이 : 83.5m
- 길이 : 690m
- 공사기간 : 2007년 2월~2014년 10월(8년)
- 공법 : 콘크리트 중력식 댐
  (RCCD, ELCM공법)

[시공 단면도]

2 특징

1) 장점

(1) 시공이 빠르고 간편하게 시공 → 공기단축과 경제성 좋음

(2) 블리딩 감소, 수화열 감소, 건조수축 및 크리프 감소, 균열 감소

2) 단점

(1) 열화 발생, 콘크리트투수계수가 큼($k = 1 \times 10^{-6}$cm/s)

(2) 혹한기 시공관리 어려움, 경험 부족, 연구 부족

3 콘크리트댐의 콘크리트 시공방식

1) 재래식(Block방식) : 현장 타설

① 블록타설공법 : 각각의 블록을 격자로 타설

② 이열공법 : 가로블록을 미리 아연도금강판이음으로 설치하여 일시 타설

2) Layer방식 : 현장 포설

① RCCD(Roller Compacted Concrete Dam) : 롤러다짐콘크리트댐방식

② ELCM(Extended Layer Construction Method) : 확장레이어방법(바이백다짐)

4 재래식과 RCCD의 차이점

구분	재래식(현장 타설)	RCCD(현장 포설)
생산	• 부배합($C=300\text{kg/m}^3$ 이상) • 슬럼프 12~15cm	• 빈배합($C=250\text{kg/m}^3$ 이하) • 슬럼프 0cm
운반	케이블크레인	덤프트럭
포설	버킷	도저(13ton)
다짐	내부진동기	진동롤러(11ton)
양생	Pipe Cooling	불필요
이음	거푸집 이용	이음절단장비(그린컷)

5 RCCD와 ELCM의 차이점

구분	RCCD (진동롤러다짐콘크리트댐)	ELCM (확장레이어공법)
위치	내부용	외부용
배합(규격)	빈배합(80−12−00)	부배합(150−18−30)
슬럼프	0cm	4cm 이하
시공방법	덤프운반, 도저포설	덤프운반, 도저포설
다짐	진동롤러다짐	Vi−Back장비(바이브로백호)
적용	한탄강댐	보현댐, 한탄강댐

※ 적용사례
- 한탄강댐 : 내부 RCCD, 외부 ELCM
- 보현댐 : 내·외부 ELCM 시공

6 시공순서

기초처리 → 생산 → 운반(덤프) → 포설(백호) → 다짐(진동롤러) → 이음(이음 절단기) → 양생 → 그린컷(수평이음면) → (반복) → 완료

7 시공관리

1) 사전준비

(1) 암반면 청소, 레미콘생산 준비, 콘크리트운반로계획

(2) 외부측 거푸집 설치 및 상태 확인, 기상상태 확인

2) 생산

(1) 설계기준강도 12MPa, Slump 0cm, G_{max} 80mm 이하

(2) 빈배합콘크리트, 시멘트량 $C=100 \sim 120\text{kg/m}^3$

3) 운반

    (1) 덤프트럭 운반 시 콘크리트블록 간 등판차로 설치

    (2) 기타설 콘크리트 상부 Dump Truck 속도 20km/h 미만, 급정거 및 급회전금지

    (3) **운반방법** : 벨트컨베이어, 케이블크레인, 타워크레인, 덤프트럭, 버킷 등 조합

4) 포설

    (1) **1층(Layer)당 포설두께** : 약 300mm 정도 포설

    (2) **1리프트** : 0.75~1.0m(3층 포설, 각 4회 다짐)

    (3) **포설장비** : 도저 14톤 2대

    (4) 유슬럼프(ELCM) 콘크리트를 먼저 타설하고 내부에 롤러다짐용 콘크리트(RCCD)를 타설

    (5) 수평타설이음부에 모르타르 15mm 선타설 후 콘크리트 포설

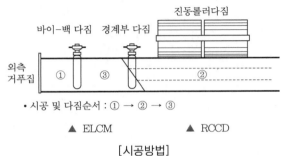

[시공방법]

5) 다짐

    (1) **포설두께 300mm 기준** : 3회 진동다짐 후 1회 무진동다짐

    (2) 이종경계부는 Vi-Back장비(Vibro-Backhoe)로 다짐으로 일체화시킴

6) 양생

    (1) 파이프쿨링양생 없음

    (2) 습윤양생(담수양생, 살수양생) 실시

7) 이음

    (1) **시공이음(수평)** : 그린컷-고압수 샌드블라스팅 실시 후 모르타르 타설($T=15mm$)

    (2) **가로이음** : 진동줄눈절단기(블레이드)로 다짐 전에 아연도금강판 매입

    (3) **세로이음** : 설치하지 않음

8) 거푸집

ELCM공법의 외부측은 강재 이동식 거푸집 이용

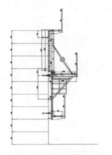

[수직거푸집 H=2.4m]

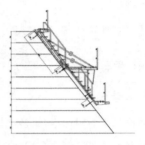

[경사거푸집 H=2.4m]

9) 시험시공

(1) 몇 개 구간으로 나누어 시험 시공 실시

(2) 배합, 운반시간, 포설속도, 포설두께, 다짐횟수 및 시공방법 → 최적방법 결정

10) 품질관리

(1) **실내시험** : 표준 VC시험, 공기량시험, 압축강도시험, 재료시험

(2) **현장시험** : 콘크리트온도 측정, 현장 밀도시험(다짐 후)

6 여수로(Spillway), 비상여수로, 도수

1 여수로기능

댐 수위를 조절하기 위한 수로

2 여수로의 종류

1) 목적에 따라

(1) **주여수로** : 일반적인 물을 방류하여 수위 조절

(2) **보조여수로** : 주여수로에 유량이 많아지면 수문을 열어 물을 방류(평상시 이용)

(3) **비상여수로** : 주여수로 수문 고장 시, 대홍수 발생 시, 주여수로 홍수량 초과 시 방류(비상시 이용)

2) 구조형식에 따라

(1) **개수로** : 월류형, 자유낙하형, 측수로형

(2) **관수로** : 사이펀형, 나팔형, 터널형, 암거형

3 여수로의 구성 접, 조, 도, 감, 방

(1) **접근수로** : 홍수를 조절부로 유도

(2) **조절부** : 저수지의 방류량 조절(제한, 차단)

(3) **도류부** : 홍수를 신속하게 감쇄공으로 유도(도수로, 급경사수로)

(4) **감쇄부** : 유속 저감 → 세굴 방지, 구조물 침식 방지

(5) **방수로** : 감쇄부에서 하천으로 유도

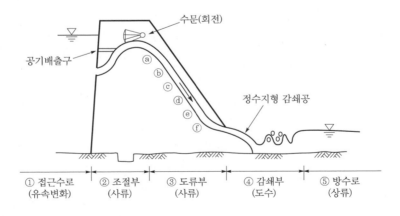

4 급경사수로의 공동현상(캐비테이션)

1) 문제

여수로의 도수로에서 물의 속도 증가로 인한 압력변화로 공동(공기방울)이 발생되는 현상으로 침식 및 마모를 일으킴(ⓐ~ⓕ)

2) 대책

(1) 콘크리트강도 증가

(2) 이음부 및 표면마감품질 확보

(3) 단면형상 변경

(4) Aerator(공기혼입장치) 설치 : 흐름속도변화로 완충역할(충주댐 3개 설치)

> **✏ 수격현상(water hammer, fluid hammer, hydraulic shock, 수충격)**
> 관수로의 밸브를 갑자기 닫았을 때 흐르는 유체가 갑자기 멈추면서 압력의 증가로 관로의 수축을 유발시킨다. 이때 압력으로 소음과 진동이 발생되는 현상으로 수격방지장치를 설치하여 방지한다. 흐르는 유체의 방향이 바뀔 때도 발생된다.

> **✏ 도수(hydraulic jump)**
> 유수의 흐름이 사류(작은 수심)에서 상류(큰 수심)로 바뀔 때는 불연속적인 흐름으로 소용돌이가 발생하는 현상

5 감쇄공의 종류 및 특징

(1) 잠수형(정수지형)

① 여수로 말단부를 완만하게 도수작용 이용

② 유속 느리게 하여 감쇄

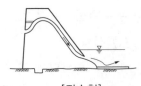

[잠수형]

(2) 플립버킷형

① 수맥을 공중으로 사출시켜 감쇄

② 급경사수로에 적용

③ 하상암반에 충돌 감쇄

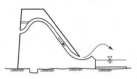

[플립버킷형]

(3) 잠수버킷형

① 수맥을 수중으로 관입하여 감쇄

② 하류쪽에 전동류를 생기게 하여 감쇄

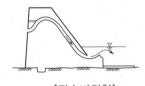

[잠수버킷형]

7 댐의 누수 및 붕괴의 원인과 대책

1 필댐의 누수

1) 개요

(1) 댐은 누수가 발생되어 세굴이 발생되고, 세굴이 확대되어 파이핑이 되면 급속적으로 증가하여 댐을 붕괴시킨다.

(2) 누수는 제체, 기초접합부, 기초지반에서 발생되므로 설계, 시공, 유지관리를 철저히 하여 방지하여야 한다.

2) 누수 발생유형

(1) 침윤선에 의한 누수, 세굴

(2) 제체의 침하, 공동으로 누수

(3) 수압할렬, 층 분리 누수

(4) 기초접합부 누수

(5) 기초지반 파이핑

(6) 개수시설(여수로) 변형으로 누수

(7) 이음부의 누수

> **✒ 댐의 붕괴유형**
>
> 월류, 세굴(파이핑), 사면활동, 누수, 침하, 수압할렬

3) 문제점

유선 집중 → 누수 → 세굴 → 파이핑 → 붕괴

4) 누수원인

(1) 설계

① 댐터의 위치 선정 부적절
② 기상조건 및 현장 조건을 미고려한 설계

(2) 시공

① 차수존의 침하로 균열 → 수압파쇄
② 축조재료의 불량으로 부등침하에 의한 균열
③ 기초의 그라우팅 불량으로 누수 및 부등침하
④ 구조물의 접속부 균열

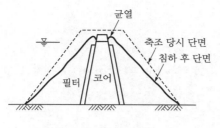 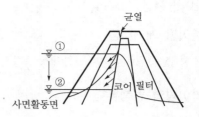

[심벽의 침하차이 균열]　　　　　[수위 급강하에 의한 균열]

(3) 유지관리

① 수위 급강하에 의한 상류측 사면활동균열
② 댐마루의 유실

(4) 기타

① 지진
② 기상변화로 급격한 수위의 상승(담수량 초과)

5) 방지대책

(1) 설계 : 기초지반 등 현장 조건을 고려한 설계

(2) 방지공법

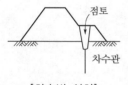 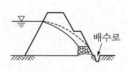 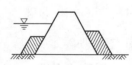 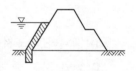

[차수벽 설치]　　　[배수도랑 설치]　　　[단면 확대]　　　[표면차수벽]

(3) 시공

① 기초처리 : 그라우팅 및 기초지반처리 철저 → 루전테스트효과 확인
② 제체 : 코어층, 필터층, 암버럭층 재료관리, 시험성토 및 다짐관리 철저

(4) 유지관리

① 수위 급강하금지
② 정기적인 점검 및 보수

(5) 기타 : 계측관리

6) 보수·보강대책(누수 및 파이핑처리대책)

(1) 댐 제체 : 단면 확대, 배수처리, 앞비탈 피복

(2) 기초지반 : 차수벽 설치, 블랭킷그라우팅, 앞비탈차수

(3) 기타 : 콘크리트 균열, 파손의 보수·보강

2 파이핑현상(Pipeing)

1) 파이핑 메커니즘

유선 집중 → 누수 → 한계동수경사 초과 → 세굴 → 파이핑 → 급격한 공동 확대 → 붕괴

2) 파이핑의 발생유형

① 후방진행형

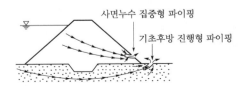

② 직접관통 파이핑

3) 발생원인

(1) 제체
① 제체의 단면 부족, 차수벽이 없음
② 수압파쇄, 부등침하균열, 유선집중필터층 잘못 설계

(2) 기초지반
① 차수그라우팅 불량
② 투수층의 존재, 기초처리 불량

(3) 제체와 기초지반 접촉불량

(4) 기타 : 동물구멍, 유지관리 불량

4) 방지대책

(1) 설계 : 차수벽 설계, 단면 확대, 배수도랑 설치

(2) 시공 : 차수그랑우팅 실시, 기초처리, 코어존 시공 철저, 필터층 양질재료 사용

(3) 유지관리 : 정기점검, 정기적 보수

5) 파이핑 검토방법(댐, 제방, 흙막이)

(1) 유선망에 의한 방법

(2) 가중크리프비에 의한 방법(Weighted Creep Ratio)
① 정의 : 최소 유선의 길이에 대한 수두차의 비
② 가중크리프비 산정

$$C_R = \frac{\dfrac{\sum(l_{h1}+l_{h2})}{3}+\sum(l_{v1}+l_{v2})}{h_1-h_2} = \frac{l(\text{최소 유선길이})}{\Delta h(\text{수두차})}$$

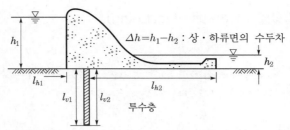

$\Delta h = h_1 - h_2$: 상·하류면의 수두차

댐 단면길이 $\sum l_h = l_{h1} + l_{h2}$, 차수벽길이 $\sum l_v = l_{v1} + l_{v2}$

[댐 단면도]

③ 가중크리프비의 안전값

ㄱ 실트 : 9.0   ㄴ 중간 모래 : 6.0

ㄷ 굵은 자갈 : 3.0   ㄹ 중간 점토 : 2.0

④ 적용 : 댐 파이핑 검토, 차수벽 근입깊이 산정, 댐 단면폭 검토

3 양압력

1) 정의

(1) 댐의 침투수(수두차)에 의한 기초지반에서 상향으로 작용하는 수압으로 하중을 경감시켜 댐의 거동을 일으킴

(2) 주로 콘크리트댐에서 발생

2) 양압력의 분포

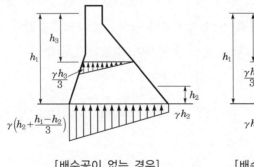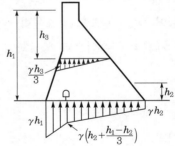

[배수공이 없는 경우]   [배수공(검사랑)이 있는 경우]

3) 양압력의 저감방법

(1) 댐 상류측에 지수판 설치(콘크리트댐)

(2) 커튼그라우팅 실시

(3) Cutoff 설치(지하연속벽)

(4) **배수공 설치** : 기초갤러리(검사공)와 기초지반 3m 간격 천공

4 수압파쇄(수압할렬, Hydraulic Fracturing)

1) 정의

심벽형 댐에서 체제의 부등침하로 인한 코어존의 유효응력이 감소되어 정수압보다 작은 구간에 수압으로 미세균열이 확장되어 찢어지는 현상

2) 수압파쇄 메커니즘

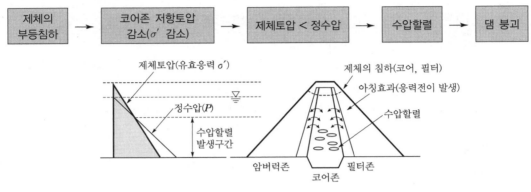

[필댐의 수압파쇄]

3) 원인

(1) 필터재료와 심벽재료의 불량 및 시공 시 다짐불량

(2) 시공 후 체제의 부등침하 발생

(3) 필터와 코어의 침하차이로 발생 → 아칭효과에 의한 응력전이 발생

(4) **코어존의 저항토압(유효응력) 감소** : 제체의 저항토압보다 정수압이 클 때 발생

(5) 미세균열이 수압으로 확장되어 물이 침투하여 수압할렬 발생

4) 대책

(1) 심벽의 폭을 넓게

(2) 심벽의 습윤측 다짐관리 철저

(3) 필터재료와 심벽재료의 시방기준 준수

(4) 담수속도를 느리게(급격한 수위 상승 방지)

8 댐 계측관리

1 계측의 목적

1) **시공관리계측**

   (1) **콘크리트댐** : 수화열관리, 이음부의 신축량관리

   (2) **필댐** : 댐 축조 시의 거동상태(활동)관리, 기초의 변형관리

2) **유지관리계측**

   (1) 간극수압, 누수량 및 기초의 침투압 등에 의한 안정관리

   (2) 댐 제체의 변형, 기초지반의 변형 등의 안정관리

   (3) 저수지 조절을 위한 계측관리

3) **댐 설계기술력 향상**

   댐 설계연구용 자료로 활용 → 안정성, 경제성, 시공성 향상 설계

2 계측기 종류

1) **필댐** : 제체, 지반

   토압계, 간극수압계, 수평변위계, 층별침하계, 경사계

2) **콘크리트댐, 표면차수벽댐**

   변형률계, 경사면변위계, 이음부 변위측정계, 온도계, 무응력변형률계, 양압력계

3) **공통**

   표면침하 측정, 지진가속도계, 수위측정기, 누수량계(침투수량)

3 계측의 배치도(필댐 단면도)

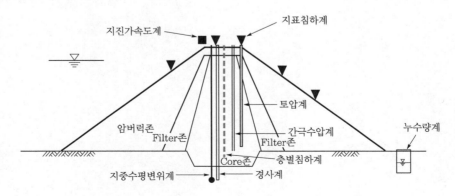

토목시공기술사

CHAPTER

15

하천

하 천

일반 ────────────────────────▶ 문제점

일반

국내 하천특성

1. 하상계수 큼
2. 감조하천
3. 서·남해는 유로 길고, 동해는 유로 짧음

하천시설물

1. 이수시설물
   • 취수설비, 주운설비(보, 수위 유지)
   • 용수시설(통문, 통관)
   • 댐(다목적, 발전용, 저수용), 어도
2. 치수시설물
   • 호안, 제방, 수제, 하상유지시설
   • 배수시설(수문, 통문), 방수로, 측단

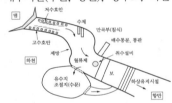

시공관리

1. 기상조건 고려 : 장마철
2. 시공시기 제약 : 갈수기 시행
3. 유수전환 : 가물막이 및 물 돌리기
4. 하천시설물의 위치 선정 시 고려사항
5. 하천 인접 공사 시 영향 검토
6. 공사장 주변 대책 : 제내지, 제외지
7. 하천환경 고려(공사 중) : 이수, 치수
8. 환경오염 방지, 안전관리

※ 기타
   • 하천개수공사 : 굴착, 준설
   • 역행침식, 굴입하도
   • 하천의 교량경간장

문제점

제방 누수 및 파괴

1. 누수 메커니즘
   유선의 집중 → 누수 → 보일링 → 파이핑
   → 급속히 확대 → 제체 붕괴
2. 제방파괴

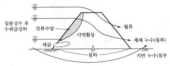

3. 대책
   • 제방고의 증가, 단면 확대, 대규격 제방
   • 제방 호안공의 설치, 기초차수벽 설치
   • 연약지반처리공법

세굴

1. 세굴의 종류
   • 시간에 따라 : 국부, 수축, 횡방향 유로이동
     세굴
   • 최적에 따라 : 정적세굴, 동적세굴
2. 세굴예측기법
   • 세굴공식 : Hire공식, CSU공식
   • 수리모형실험
   • 경험식
3. 대책
   • 블록공, 경간 연장, 하천 정비

홍수

1. 설계홍수량
$$Q = \frac{1}{3.6} CIA[\mathrm{m^3/s}]$$

   여기서, C : 유출계수, I : 강우강도
   　　　　A : 유역면적

2. 원인
   • 구조물의 설계 및 관리 부족
   • 제도적 미흡, 기상변화, 도시화
3. 홍수대책
   • 구조적 대책 : 하천 정비, 홍수 조절댐
   • 비구조적 대책 S, 법, 예, 보

Chapter 15

하천

(하천수리시설물＋하천개수공사＋제방 누수＋세굴＋홍수)

1　하천 일반

1 우리나라 하천의 특성

(1) **큰 하상계수(유량변동계수)** : 유량의 변동이 큼

(2) **감조하천** : 조류에 의한 역류(서·남해안)

(3) **서·남해 유입하천(낙동강, 섬진강, 한강)** : 유로가 길고 유량이 풍부하며 퇴적이 심함

(4) **동해 유입하천** : 유로가 짧고 하천경사가 급하며 유량이 적음

2 하천의 기능

(1) **이수기능** : 각종 용수 공급(생활, 공업, 농업용수), 수력발전, 어업, 여가생활

(2) **치수기능** : 홍수와 가뭄으로부터 인명과 재산 보호

(3) **환경기능** : 하천 수질 보호, 자연생태계 보존, 친수공간(동식물서식처, 수질 자정)

3 기본수리

1) 상류와 사류, 층류와 난류

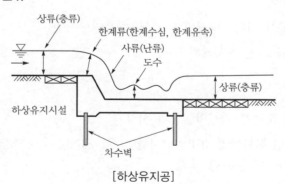

[하상유지공]

구분	상류(층류)	사류(난류)	비고
중력영향	있음	없음(적음)	
구배	완만	급속	
유속	느림($V=0.2$m/s)	빠름($V=3$m/s)	
프로이드수(Fr)	$Fr<1$	$Fr>1$	한계류 $Fr=1$
와류	없음	발생	
문제	퇴적	침식, 세굴	

2) 관계식

(1) 통수유량

$$Q[\text{m}^3/\text{s}]= AV= A'V' = 일정$$

여기서, A : 단면적(m^2), V : 유속(m/s)

(2) 홍수량(유출량)

$$Q = \frac{CIA}{3.6}\,[\text{m}^3/\text{s}]$$

여기서, C : 유출계수, I : 강우강도(mm/h), A : 유역면적(km^2)

4 하천공사의 특징과 시공 시 주의사항(고려사항)

1) 기상조건

(1) 기상조건을 고려하여 공사계획 수립

(2) 우기(7~8월)에는 공사 지양 → 갈수기에 공사 실시, 단기간에 완료

2) 시공시기의 제약

(1) **갈수기에 공사 시행** : 당해연도 10월~다음연도 4월

(2) 공사기간 설정 및 공사계획 수립

3) 유수전환

(1) 기상조건을 고려한 가물막이공법 선정

(2) **홍수 시 단면 확보방법 강구** : 임시물막이를 제거하여 공사장 통수, 추가 우회배수로 설치, 가물막이 단면 확대

4) 하천시설물의 위치 선정 시 고려사항

(1) 곡선부 및 만곡부는 가급적 피할 것

(2) 직선부와 평탄한 장소가 좋음

(3) 협곡 및 유속이 빠른 곳은 세굴 발생이 큼

(4) 급경사, 단차 진 장소, 지류연결부는 피할 것

(5) 제방여유고가 있는 장소에 설치

5) 하천 인접 공사의 영향 검토

(1) 상류부의 공사에 대한 영향과 하류부공사에 미치는 영향 검토

(2) 하천시설물의 연계성(하천폭, 제방높이, 준설, 시설물)과 공사 시 홍수에 대한 영향

6) 공사장 주변 대책

(1) 제내지 : 가옥, 건물, 제방, 도로의 기능

(2) 제외지

    ① 교량, 보, 낙차공 등의 기능 유지
    ② 하도의 수심과 항로 확보

(3) 훼손한 시설물은 원상복구 철저 : 제방진입로, 하상시설물

7) 하천환경의 배려

공사 중 이수(용수), 치수(홍수), 환경기능을 확보할 것

8) 환경오염 방지

오탁방지막, 오일펜스, 침사지 설치, 상수원보호구역관리

9) 안전관리

(1) 비상시 응급대책 수립, 강우 시 공사장 및 제방상태 점검

(2) 수방자재 확보(장비, 자재), 홍보시설(전광판, 사이렌), 비상연락망 등 방재계획 수립

2 하천수리시설물

1 하천시설물의 종류 및 구성

1) 이수시설물

취수설비, 주운설비(선박 통행, 보, 갑문), 용수시설(통문, 통관), 댐(다목적, 발전용, 저수용), 어도

2) 치수시설물

호안, 제방, 수제, 하상유지시설, 배수시설(수문, 통문), 방수로

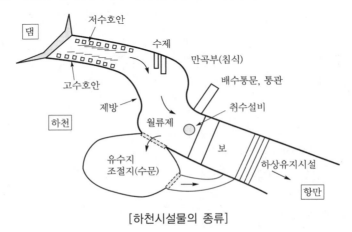

[하천시설물의 종류]

2 호안

1) 호안의 기능

(1) 유수에 의한 하안의 침식 및 제방 누수 방지

(2) 유수에 의한 제방을 보호함으로써 붕괴 방지

2) 호안의 종류

(1) 치수호안

① 저수호안

② 고수호안 : 고수부지

③ 제방호안

(2) **환경호안** : 하천생태환경호안

3) 호안구조의 종류 및 역할과 특징, 주의사항

(1) 호안구조

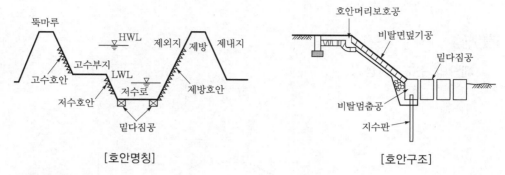

[호안명칭]

[호안구조]

(2) 호안머리보호공

① 역할 : 홍수 시 유수에 의한 호안 천단 부분을 침식 방지

② 종류 : 망태공, 연결콘크리트, 블록, 전석, 잡석 설치

(3) 비탈면덮기공

① 역할 : 제방 물의 침투 방지, 세굴 및 침식 방지

② 종류 : 식생공, 돌채움, 콘크리트블록공, 돌붙임공, 돌쌓기공, 돌망태공

(4) 비탈멈춤공(호안기초)

① 역할 : 비탈면덮기공 지지, 기초역할, 활동 및 붕괴 방지

② 종류 : 콘크리트기초, 말뚝기초, 강널말뚝기초

(5) 밑다짐공

① 역할 : 기초지반의 유실과 세굴 방지, 호안기초의 안정

② 종류 : 콘크리트블록공, 돌망태, 사석공, 개비온 옹벽

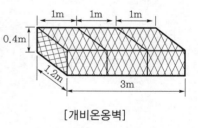

[개비온옹벽]

(6) 시공 시 주의사항

① 설치위치 : 급류부, 수충부, 구조물구간, 유속 $V = 30\text{m/s}$ 이상 구간

② 구조물에서 20~30m 이상 길게 설치

4) 호안의 피해형태

(1) 하상세굴에 의한 피해형태

① 하상세굴로 호안기초의 파괴

② 호안기초의 파괴로 세굴이 진행되어 비탈덮기공 파괴

③ 비탈면덮기공 상하류측에서 진행

(2) 연결부의 피해형태

① 상하류의 미시공구간과의 연결부에서 파괴

② 하천구조물 연결부파괴

3 제방

1) 제방의 구조 및 명칭

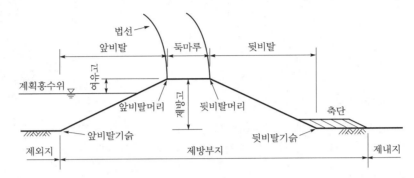

2) 제방에 작용하는 외력

(1) 소류력 → 바닥, 제방의 세로침식

(2) 침투수압(t/m^2), 침투수력(t/m^3)
  → 제방 세굴, 보일링, 파이핑

(3) 파력(파랑) → 침식, 세굴

(4) 유체력(범람류) → 침식, 제방붕괴

3) 제방의 종류 및 특징

(1) 제방의 종류 및 역할

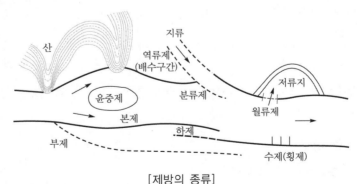

[제방의 종류]

① 본제 : 유수의 흐름 원활

② 부제 : 본제 유실 및 파괴 대비하여 설치

③ 월류제(놀둑) : 월류 방지

④ 분류제 : 지류 합류 부분에 설치

⑤ 역류제 : 역류 방지

⑥ 윤중제(둘레둑) : 특정지역 홍수를 보호

⑦ 수제(횡제) : 유수흐름의 방향전환

⑧ 하제 : 제방을 분리하기 위한 끝부분의 제방

⑨ 도류제 : 합류점, 분류점, 하구 부분에 흐름을 조정하는 제방

(2) 법선

① 정의

㉠ 제방법선 : 제방 앞비탈머리를 가로방향으로 연결한 선

㉡ 저수로법선 : 저수로와 고수부지가 만나는 점을 가로방향으로 연결한 선

② 법선의 방향 및 설치방법

㉠ 방향 : 유수방향과 일치되게 설치

㉡ 설치방법 : 가급적 부드러운 곡선형으로 설치

(3) 본제

① 기능 : 유수소통 원활, 제내지 보호

② 설치방향 : 유수방향과 일치되게

③ 단면을 일정하게 설치 → 축소, 확대가 안 되도록 설치

④ 문제점 : 누수, 세굴, 월류

(4) 제방의 시공순서

현장 조사 및 수리수문 검토 → 가물막이 → 연약지반처리 → 제방성토 → 호안 시공 → 뚝마루보호공

(5) 시공관리

① 제방의 설치기준

㉠ 여유고 : 최소 0.6m 이상

㉡ 뚝마루폭 : 3m 이상

㉢ 사면경사 : 1 : 1.2 이상

② 제방의 재료

㉠ 입도분포 : 점토(C) 및 실트(M)의 세립분을 함유할 것

㉡ 골재의 최대 치수 100mm 이내 바람직

③ 다짐관리

㉠ 다짐도 90% 이상, 구조물 되메우기는 95% 이상

㉡ 1층의 두께는 30cm 이하

[제방 더돋기 실시]

④ 시공 시 주의사항

    ㉠ 가물막이 및 진입로

    ㉡ 벌개 제근 및 표토 제거(20cm), 절·성경계부는 층따기 실시(0.5~1.0m)

    ㉢ 연약지반 처리 : SCP, 프리로딩, 암반 파쇄대 처리

    ㉣ 제방성토안정관리 : 사면활동 방지(SCP)

    ㉤ 토취장 및 운반관리

    ㉥ 통수 단면 부족 시 비탈면 더돋기 실시

    ㉦ 구조물 접속부의 시공관리 : 통문, 통관, 지수벽 및 날개벽 설치

    ㉧ 비탈면다짐방법 : 완경사다짐, 백호에 의한 평판다짐

4 수제(횡제)

1) 목적

(1) 유수흐름의 방향전환과 유속제어

(2) 제방의 침식 방지 → 퇴적 유도

2) 종류

(1) **구조상**

    ① 투과수제 : 유속제어(말뚝)

    ② 불투과수제 : 방향전환

    ③ 혼용수제 : 일부 투과

(2) **방향상**

    ① 상향수제 : 퇴적 양호

    ② 직각수제 : 길이가 짧음

    ③ 하향수제 : 소용돌이, 세굴

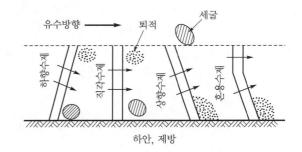

[투과수제(방향에 따른 배치)]

3) 수제공법

말뚝공법, 침상공법, 콘크리트블록공법, 날개형 강널말뚝, 돌망태

[말뚝수제공]　　　　[침상수제공]　　　　[강널말뚝수제공]

4) 수제의 설치위치 및 길이

(1) 유속이 커서 하상유지공만으로 유지가 곤란한 경우

(2) 세굴이 심한 장소

(3) 수심이 깊은 급류하천과 큰 하천의 수충부

(4) 길이 : 하폭의 1/10 정도 또는 수리모형실험으로 결정

5 보(수중보)

1) 종류 및 특징

(1) 기능별(목적) 수, 취, 방

① 수위유지보 : 수위를 높여 수심 유지
② 취수보 : 생활용수, 공업용수, 발전용수 등을 위한 취수
③ 방조보 : 감조하천에 설치하여 조류의 역류 방지

(2) 구조별

구분	고정보	가동보
원리	고정상태의 보	가동하는 보
수위, 유량	조절 불가능	조절 가능
수문	없음	있음
재료	콘크리트	강재(수문가동장치)
특징	소하천 설치	대하천(배사구, 배수구) 설치

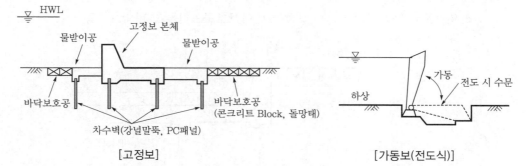

[고정보]   [가동보(전도식)]

※ 보와 댐의 차이점 : 보는 높이 15m 이내이고 유수저류 및 유량조절을 목적으로 하지 않음

2) 보의 설치위치(조건)

(1) 하안침식에 대해 안전한 지점

(2) 유속의 변화가 적어 하상변동이 적은 지점

(3) 구조상 안전하고 공사비가 적은 지점

(4) 취수보는 취수위가 확보되는 지점

(5) 유지관리가 용이한 지점

3) 시공 시 유의사항

(1) 기초지반 처리 및 차수공

(2) **보 기초공** : 직접기초, 말뚝기초

(3) **물받이공** : 철근콘크리트구조, 콘크리트 및 시공관리

(4) **보바닥보호공** : 사석공, 콘크리트블록공, 돌망태공

(5) **콘크리트 신축 및 시공이음공** : 간격 20m, 지수판 설치 → 강판, PVC지수판

6 하상유지공

1) 목적

(1) 하상세굴의 방지

(2) 하상 저하 방지

(3) 국부세굴 방지 → 구조물 보호

(4) 하상경사의 완화

2) 하상유지공의 종류

(1) **낙차공** : 전체 높이 1m 이하, 물받이 1개, 낙차높이 50cm 이상

(2) **대공** : 전체 높이 1m 이상, 물받이(계단식) 2~3개, 낙차높이(계단높이) 50cm 이하

3) 하상유지공의 구조 본, 물, 바

하상유지공＝본체＋물받이공＋상류측 바닥보호공＋하류측 바닥보호공

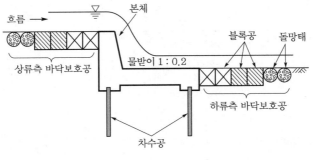

[하상유지공 – 낙차공]

4) 시공 시 주의사항

(1) **본체공**

① 철근콘크리트구조물 또는 돌쌓기공 시공

② 낙차높이 1m 이내, 상단폭 1m 이상, 비탈경사 1 : 0.5 이하

(2) **물받이공** : 낙차의 2~3배, 두께 $T=35\text{cm}$ 이상

(3) **바닥보호공** : 돌망태, 콘크리트블록공, 사석 등 설치, 길이 $L=2.0\text{m}$ 이상

(4) **연결호안공** : 호안과 밑다짐 연결하여 세굴 방지

7 제방측단

1) 측단의 기능

(1) 제방 안정

(2) 통행도로 활용

(3) 생태측단으로 하천경관 보존

2) 특징

(1) 폭 : 국가하천 4.0m 이상, 지방하천 2.0m 이상

(2) 축조 : 제방과 동등하게 시공

8 제방 누수(붕괴) 및 방지대책

1) 제방 누수의 Mechanism

유선의 집중 → 유로 형성 → 누수 → 보일링 → 파이핑 → 급속히 파이핑 확대 → 제체 붕괴

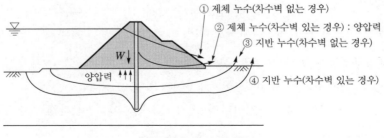

[경로별 누수의 형태]

2) 제방의 누수원인

(1) **지반**

① 파쇄대에 의한 누수
② 동물이동경로에 의한 누수

(2) **제체**

① 제방 단면폭이 너무 적음
② 성토재료의 불량 : 투수성 재료를 성토 사용

(3) 접합부

① 통문, 교량 등 하천시설물 연결부 시공불량

② 제방구조물의 침하 발생

(4) 기타(유지관리)

① 호안공의 파손

② 통문, 통관의 침하

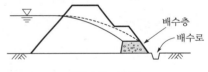

융기　　침하, 균열, 이완

공동

[통문과 제방침하에 의한 공동]

3) 누수 방지대책

(1) 설계

① 제방 단면폭을 크게, 측단의 설치

② 제방고의 증가 또는 준설

(2) 제방축조관리

① 불투성 재료 사용 : 실트질 모래

② 다짐관리 : 다짐도 90% 이상, 다짐횟수 5회 이상

(3) 차수그라우팅

① 누수 차단 : 지수벽 설치(시트파일), 그라우팅
실시, 콘크리트 표면피복

② 누수처리 : 배수공 설치, 침윤선을 낮게

③ 기초파쇄대의 차수그라우팅 실시

배수층

배수로

[배수층 설치]

(4) 제방구조물 시공관리(통문, 통관, 교량)

① 지수벽 설치, 날개벽 설치, 제방연결부 밀실 시공

② 침하방지조치 : 기초지반다짐 철저, 뒷채움 실시 및 다짐 준수

(5) 호안공의 시공

① 콘크리트블록, 콘크리트피복, 섬유대 호안공 설치

② 배면침하로 파손되지 않도록 시공, 구조물연결부 밀실 시공

9 제방 파괴 및 방지대책, 제체의 안정성평가방법

1) 제방 파괴의 유형 [월, 세, 사, 누, 침]

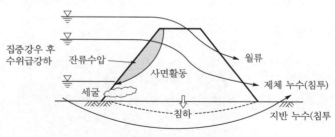

[제방 파괴의 형태 및 원인]

2) 제방 파괴의 원인

(1) 주요 원인

① 월류 : 최근 강우량의 증가, 강우강도 $I=100mm/h \rightarrow 150mm/h$로 증가
② 세굴 : 구조물 주변 와류에 의한 세굴, 하천유로의 이동
③ 사면활동 : 강우 후 수위 급강하 → 제방 잔류수압에 의한 사면활동파괴
④ 누수 : 유선의 집중 → 누수
⑤ 침하 : 기초연약지반처리 불량

(2) 기타 : 호안의 파괴, 배수통문 주변 침하 및 공동, 액상화, 지진

3) 안정성평가방법

(1) 월류, 세굴 : 침투해석프로그램 이용, 수리모형실험 실시

(2) 사면활동 : $F_s = \dfrac{M_r(\text{저항모멘트})}{M_d(\text{작용모멘트})} \geq 2$

(3) 누수

① 보일링, 파이핑에 대해 검토 실시
② 검토방법 : 한계동수경사법, 가중크리프비, 한계유속법

(4) 침하

$$\text{전체 침하량 } S_T = S_i(\text{즉시 침하}) + S_c(\text{1차 압밀}) + S_s(\text{2차 압밀})$$

4) 방지대책

(1) 제방고의 증가

(2) 단면 확대공법

(3) 제방호안공의 설치

(4) 뒷비탈면 피복 : 월류 방지

(5) **제방 및 기초지반의 차수벽 설치** : sheet pile, 그라우팅

(6) 기초연약지반처리

(7) 대규격 제방 설치

(8) 누수방지대책 적용

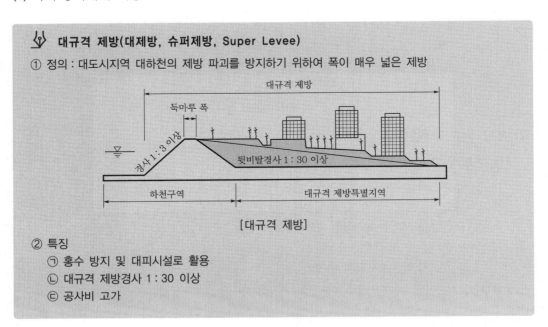

대규격 제방(대제방, 슈퍼제방, Super Levee)

① 정의 : 대도시지역 대하천의 제방 파괴를 방지하기 위하여 폭이 매우 넓은 제방

[대규격 제방]

② 특징

 ㉠ 홍수 방지 및 대피시설로 활용

 ㉡ 대규격 제방경사 1 : 30 이상

 ㉢ 공사비 고가

3 하천 굴착 및 준설, 하천개수공사

1 개요

(1) 하천구간 내에서 하도는 유수(빗물)가 유하하는 구간이며, 하상은 하도 내에서 물이 흐르는 바닥을 의미함

(2) 준설 : 하천, 항만의 수심 확보를 위해 수면 하부를 굴착하는 작업

2 굴착 및 준설공법

1) 육상굴착

(1) 굴착 : 백호, 도저, 로더

(2) 운반 : 덤프트럭

2) 수중굴착(준설)

(1) 백호굴착 : 경질토

(2) 펌프(Suction Pump)준설선 : 연질토

(3) 디퍼(Dipper)준설선 : 풍화암

(4) 버킷(Bucket)준설선 : 경질토

(5) 그래브(Grab)준설선 : 경질토

(6) 쇄암선 : 암파쇄

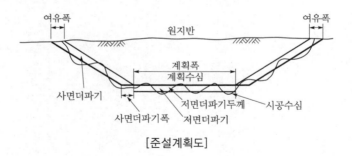

[준설계획도]

3 준설의 허용기준

(1) 저면더파기 두께

① 토사 : 0.3~0.8m

② 암 : 0.2~0.5m(더파기+0.2m)

(2) 사면더파기 여유폭 : 4~6m

4 굴착방법

(1) 육상굴착 : 백호굴착 → 덤프운반 → 골재 야적장 → 선별 및 파쇄 → 골재 활용

(2) 수중(준설) : 준설 → 운반 → 사토장 및 투기장

5 시공 시 주의사항

(1) 작업준비

① 육상장비 선정과 조합, 준설공사는 선단 구성

② 준설위치 표기 : 대나무깃발 및 부표로 표시

(2) 시공관리

① 펌프준설 시 송토관의 누수를 수시 확인

② 오염퇴적물의 준설은 1회 준설두께 30cm 이내 – 오염물 부상 방지

③ 백호굴착 시 붐대에 굴착깊이를 표시(cm단위)

④ 준설에 따른 하천시설물, 교량기초의 세굴문제점 조치

(3) 사토장, 투기장 및 침전지시설 설치 : 운반거리, 준설량, 인접 영향 고려

(4) 안전관리 : 악천 후 피항계획 수립

(5) 환경관리 : 오탁방지막, 침사지 설치

4 세굴

1 세굴의 정의

하천의 하상이 유수에 의해 침식되는 현상

2 세굴의 분류 및 원인

1) 시간에 따라

(1) 국부세굴

① 구조물에서 와류현상에 의해 국부적으로 토립자 이동세굴
② 구분 : 정적 및 동적세굴

(2) 수축세굴

① 하천 단면적의 축소로 유속이 증가되어 하상세굴($Q = AV = A'V' = $ 일정, A(단면)가 감소하면 V(유속)가 증가)
② 단면적 축소요인 : 교각 등 구조물 설치 및 토사퇴적, 자연적인 원인

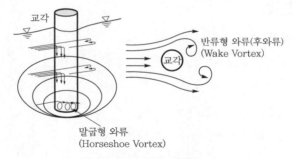

[원형 교각의 국부세굴형태]

(3) 횡방향 유로이동세굴

① 자연적으로 발생되는 주수로의 횡방향 이동
② 교각, 교대, 하천구조물의 침식으로 유로변화

2) 퇴적에 따라

(1) 정적세굴

세굴의 깊이가 지속적으로 증가하다가 평형 세굴심도에 도달하게 되는 세굴

(2) 동적세굴

세굴과 퇴적이 반복되면서 평형 세굴심도에 도달하게 되는 세굴

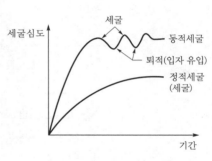

[세굴심도-기간의 관계그래프]

3 세굴예측기법(세굴심도예측기법)

1) 세굴심도 세굴심도는 "장, 터, 국, 수"

세굴심도＝장기간 하상변동심도＋국부세굴심도＋수축세굴심도

2) 세굴 산정에 필요한 수리량

① 유량 ② 유속 ③ 수심 ④ 홍수량
⑤ 홍수위 ⑥ 평균하상고 ⑦ 하상재료

3) 세굴심도예측방법

(1) 세굴공식에 의한 방법 : Hire공식(교대), CSU공식(교각, 교각형상계수 고려)

(2) 수리모형실험에 의한 산정방법

(3) 경험식에 의한 산정방법 : 미국공병단(HEC No.18)

(4) 현장 계측에 의한 방법 : 세굴범위 산정

(5) 세굴해석프로그램 이용 : 3차원 수치해석, HES-RAS

4 세굴심도 측정방법

(1) 잠수부가 직접 수심 측정막대기로 측정

(2) 보트를 타고 세굴심도 측정조사

(3) 휴대용 세굴 측정장치 이용

(4) 고정막대를 이용한 세굴조사장치 이용

(5) 음향신호 이용(반사신호)

(6) 정밀온도센서 이용

5 세굴대책

(1) 교대와 교각보호공

① 콘크리트블록공, 사석채움공, 돌망태공 설치

② Sheet Pile 설치

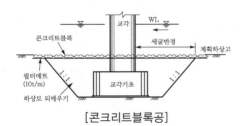

[콘크리트블록공]

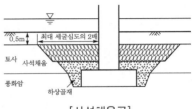

[사석채움공]

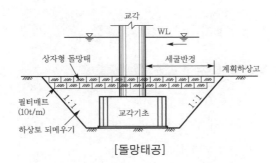

[돌망태공]

(2) 교량대책 : 교량 경간의 연장, 교각의 수를 적게

(3) 하천구조물 설치

① 도류제 설치 : 도류제 설치로 유수흐름을 완만히 조정
② 하상유지공 설치 : 하상의 침식 방지, 국부세굴 방지

(4) 수로의 정비

① 주기적인 청소
② 교량과 접근 부위 하상경사도를 높임

(5) 계측관리 실시 : 고정식, 부유식

(6) 기타 공법 : 테트라포드, 그라우트매트 이용

5 홍수

1 우리나라 하천의 수문학적 특수성 [호, 강, 하, 지]

(1) **호우집중** : 연간 강우량 우기철에 집중(2/3 정도)

(2) **강우강도** : 최근 강우강도의 증가 $100 \rightarrow 150mm/h$

(3) **하상계수** : 시기에 따른 유량변동이 큼

(4) **지역특색** : 남부지방은 집중강우, 중부지방은 지속강우(누적강우)

2 설계홍수량(Q)

1) 정의

수리구조물 설계 시 기준이 되는 최대의 첨두유량(홍수량)

2) 설계홍수량

(1) 설계홍수량(유출량, Q)

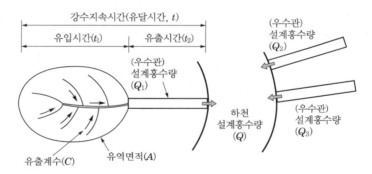

$$\text{(우수관) 설계홍수량 } Q_1 = \frac{1}{3.6}\,CIA = 0.278\,CIA\,[\text{m}^3/\text{s}]$$

$$\text{하천 설계홍수량 } Q = Q_1 + Q_2 + Q_3 + \cdots\,[\text{m}^3/\text{s}]$$

여기서, $Q_1 \sim Q_3$: 하천 유입량(우수관 유출량)(m^3/s)

C : 유출계수, I : 강우강도(mm/h), A : 유역면적(km^2)

(2) 설계홍수량 산정방법

① 가능 최대 강수량(PMP) : 1,000년 빈도에 해당하는 최대 강우량

② 가능 최대 홍수량(PMF) : 가능 최대 강수량으로 인한 홍수량 → 설계홍수량

3 설계강우강도(I)

1) 정의

일정기간 동안에 단위시간(hour)당 내린 강우량(mm)

$$강우강도 \ I = \frac{b}{t+a}$$

여기서 a, b : 지역계수(강우량), t : 강우의 지속시간(유달시간)($= t_1 + t_2$)(min)

t_1 : 유입시간(min), t_2 : 유하시간(min)

2) 특징

(1) 강우의 지속시간이 길면 강우강도는 작아짐

(2) 강우강도가 크면 강우의 지속시간은 짧음

(3) 지역에 따라 강우강도는 다름

(4) **강우빈도(확률연도)** : 장대교 100년, 소교량 50년, 암거 및 배수관 25년, 노면배수 10년

3) 활용

(1) 설계홍수량 산정(유출량)

(2) **배수시설 통수 단면 산정** : 교량, 노면, 배수관로, 하천

4) 실무 적용 시 유의사항

(1) 강우가 1hr 이하일 경우 신뢰도가 낮고 첨두유량이 크게 발생

(2) 하천설계기준(한국수자원공사, 2000)에 사용지양사항 명시

4 유출계수(C)

1) 정의

강우량 중 하천(배수로)에 유입되는 비율

$$유출계수 \ C = \frac{P(강우량)}{R(유출량)}$$

2) 주요 하천 유출계수값

(1) **삼림지역** : 0.3   (2) **평탄한 경작지** : 0.5

(3) **구릉지 및 시가지** : 0.7   (4) **포장면** : 0.9

3) 특징

(1) 유출계수영향요인

① 피복 특성   ② 토양의 수분   ③ 유역의 저류량   ④ 침투 등의 강우손실

(2) 도시의 불투수성 포장에 의한 지반침투수량이 감소하여 유출량의 증가로 도시에 홍수 발생

(3) 활용 : 설계홍수량 산정

5 하천의 하상계수(하황계수, 유량변동계수)

1) 정의

1년 중 하천의 어느 지점에서 최대 유량과 최소 유량과의 비

$$하상계수 \ R = \frac{Q_{max}(최대 \ 유량)}{Q_{min}(최소 \ 유량)}$$

2) 주요 하천 하상계수값

(1) **한강** : 393	(2) **낙동강** : 372
(3) **섬진강** : 715	(4) **양자강(중국)** : 22
(5) **아마존강(브라질)** : 4	

3) 특징

(1) 하상계수가 클수록

① 하천지형이 복잡하고 경사가 급함
② 홍수피해가 자주 발생
③ 우리나라는 강우량의 2/3가 6~9월에 집중되어 하상계수가 큼

(2) 하상계수가 적을수록

① 유로가 길고 경사가 완만
② 홍수피해가 적음

6 계획홍수량에 따른 제방 및 하천의 횡단교량 여유고

1) 제방 및 하천의 횡단교량 여유고

계획홍수량(m^3/s)	여유고(m)
200 미만	0.6 이상
200~10,000 미만	0.8~1.5 이상
10,000 이상	2.0 이상

2) 여유고높이의 기준

(1) 교량의 가장 낮은 교좌장치 하단부까지의 높이가 여유고임

(2) 교좌장치가 없는 라멘형의 여유고는 슬래브 헌치 상단까지의 높이임

(3) 파랑고가 여유고보다 높은 경우는 파랑고를 여유고로 함

7 홍수의 원인 및 대책

1) 정의

배수로 또는 하천의 유수가 범람하여 주변 지반을 침수시키는 수해

2) 홍수의 피해원인

구분	피해원인
구조물의 설계 및 관리 부족	• 설계기준 등 구조물의 설계상의 문제 • 저수지 및 소류지 붕괴 또는 월류 • 하천구조물 및 교량의 부실 • 하천정비 부족 • 펌프장 등 내수배제의 불량 또는 부족
제도적 미흡	• 시행제도상의 문제 • 유지관리 미흡 • 피해복구 미흡
기상변화	• 집중호우량의 증가와 선행강우의 영향 • 기상 및 기후의 변화
토지이용 및 도시화	• 도시화로 인한 홍수 • 산사태의 발생 및 피해 가중 • 지형적 특성 : 저지대의 침수, 난개발, 고랭지 채소재배 등

3) 홍수대책(홍수방어 및 조절대책)

(1) 구조적 대책

① 하천 정비 및 개수 : 제방 축조 및 증대, 통수능력 증대(굴착, 준설)

② 저류지의 설치 : 홍수조절지, 유수지, 건물 지하실

③ 제방 정비 : 홍수벽(파라펫), 대규격 제방(슈퍼제방), 수제 설치

④ 홍수 조절용 댐 설치 : 다목적댐 건설

⑤ 홍수로 정비 : 방수로, 신수로

(2) 비구조적 대책 S, 법, 예, 보

① System 개선 : 댐, 저수지의 운영체계 개선

② 법규의 정비 : 토지이용계획 조정, 개발계획 조정, 산림 및 토양보전

③ 홍수 예·경보시스템 구축 및 운영

④ 홍수보험 : 정부보상제도 도입, 공사보험 가입

⑤ 홍수터관리 : 홍수범람위험지도 작성관리, 홍수위험구역 지정관리
⑥ 홍수조절방법을 조합하여 관리

8 홍수의 종류

1) 하천홍수(River Flood)

(1) 지속적인 강우에 의한 하천이 범람하여 주변 지반 침수

(2) 유속이 느리고 피해범위가 크며 매년 반복

2) 돌발홍수(Flash Flood)

(1) 국지성 강우로 토석류를 포함한 순간 순식간에 발생하는 홍수

(2) **문제** : 대피할 여유가 없음 → 인명 및 마을의 재산피해, 토석류, 하천 범람, 침수피해

3) 도시홍수(Urban Flood)

(1) 도시화에 의한 지반의 불침투성시설(포장, 주차장, 건물)로 첨두유량 증가로 발생

(2) 도시화에 의한 첨두유량이 자연상태보다 2~6배 많고 발생시간도 빠름

9 빗물저류조

1) 목적

(1) **강우 시 홍수예방** : 도로 침수, 주택 침수, 하천 범람 방지
(2) **저류된 빗물 활용** → 건기 시 활용, 도로 청소, 공원 식수, 화장실, 경제적인 효과

2) 저류방법

(1) 저류관로 매설, 저류터널 설치

(2) 주차장 하부, 옥상녹화 하부에 저류시설 설치

(3) 공원 하부, 학교 운동장 하부, 도로 하부에 저류시설 설치

10 우수조정지(유수지와 조절지)

1) 개요

총유출량과 첨두유량을 제어할 목적으로 유량을 담아두는 시설로 유수지와 조절지가 있음

2) 목적

(1) 하천의 홍수를 임시로 저류하거나 지체시킴

(2) 하류의 홍수량을 경감시킴

(3) 우수관 및 하천의 홍수량 조절

(4) 저지대의 침수 방지

3) 특징

구분	유수지	조절지
개념	Off-line방식 (유수의 체류, 지연)	On-line방식 (유수의 저류)
위치	하천 외 지역	하천 내 지역
유출부 조절 (수문 여부)	자연유하식(월류) (수문 없음)	수문조절식 (수문 있음)
특징	횡제 등 전환시설을 설치하여 유량 초과 시 자연적으로 유입, 유출	하천 내 자연적 유입 및 유출부는 수문으로 조절
사례	산본 양지공원, 세종시 금강 주변	군남홍수조절지 댐 (콘크리트댐형식)

※ 배수펌프장 : 혼합방식, 역류 방지

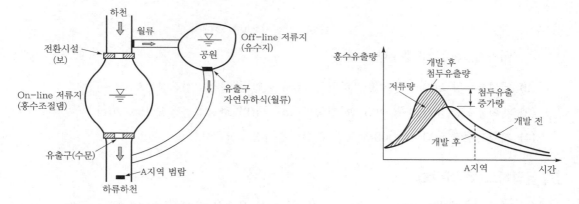

[우수조정지 - 유수지와 조절지]   [우수조정지의 설치 비교]

4) 설계 및 시공 시 고려사항

(1) 홍수량을 고려하여 유수지의 규모 결정

(2) 유수지의 지형, 하천의 상황, 유량조절조건, 용지 취득, 공사비 등 종합적 고려

(3) 빗물펌프시설 설치를 고려할 것 → 역류 방지

6 기타

1 역행침식(두부침식)

(1) 하천 하류에서 침식이 발생되어 상류로 진행되어 가는 침식현상

(2) 4대강 사업(2012) 본류(큰 하천)의 준설로 하상이 낮아져 상류의 지류(작은 하천)의 하천이 역행침식 발생

2 하천의 교량 경간장

1) 원칙

교량의 길이는 하천폭 이상

2) 교량 경간장 선정

(1) 경간장 산정식

$$경간장 \ L = 20 + 0.005\,Q[\text{m}]$$

여기서, Q : 계획홍수량(m^3/s)

(2) 계획홍수량 $500\text{m}^3/\text{s}$ 미만, 하천폭 30m 미만인 하천 : 경간장 12.5m 이상

(3) 계획홍수량 $500\text{m}^3/\text{s}$ 미만, 하천폭 30m 이상인 하천 : 경간장 15m 이상

(4) 계획홍수량 $500\sim 2,000\text{m}^3/\text{s}$인 하천 : 경간장 20m 이상

3 굴입하도(堀入河道)

(1) 하도 : 하천부지 내에서 평상시 혹은 홍수 시 유수가 유하(흘러내림)하는 공간

(2) 굴입하도 : 계획홍수위가 제내지반보다 낮거나 둑마루에서 제내지반까지의 높이가 0.6m 미만인 하도

(3) 완전굴입하도 : 둑마루가 제내지반보다 낮은 하도인 경우

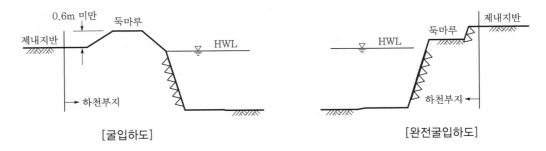

[굴입하도]   [완전굴입하도]

CHAPTER **16**

항만

항 만

일반 → 시공관리

항만공사의 특성

1. 해상기준면(DL)
   - 약최고고조위(AHHWL)
   - 평균해수면(MSL)
   - 약최저저조위(ALLWL)
2. 해상공사 특수성
   - 파랑(바람)
   - 쓰나미(지진해일)
   - 조류차 : 조석(일), 조차(년)

항만시설물

1. 계류시설 : 접안시설, 부두
2. 외곽시설 : 파 방지
3. 수역시설 : 항로, 선회장, 정박지

[항만시설물 구성]

계류시설(접안시설)

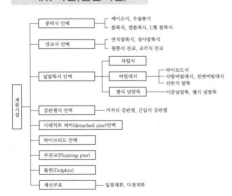

부체교

외곽시설

1. 경사제, 직립제, 혼성제
2. 소파블록피복제(소파공)
3. 특수방파제 : 공기식, 부유식, 수중식

항만 호안공

1. 경사식, 중력식(케이슨, 블록식)
2. 강관시트파일, 강판셀식(Cell)
3. 기타 : 옹벽공, 계단식

케이슨

1. 시공순서

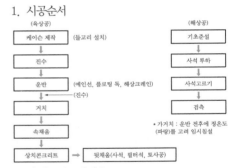

2. 하이브리드케이슨
3. 잔류수압

준설과 매립

1. 준설선의 종류
   - Mechanical Type(기계식)
     - Dipper, Bucket, Grab 준설선
     - 쇄암선
   - Non-Mechanical Type(비기계식)
     - Pump, Hopper 준설선
2. 시공관리
   - 여굴과 여쇄
   - 유보율
   - 실트포켓현상

16 항만

(특수성＋계류시설＋외곽시설＋케이슨＋준설과 매립)

1 항만공사 일반

1 해상기준면(DL : Datum Level)

1) 약최고고조위(AHHWL)

   (1) 연중 주요 4대 분조(반시, 일, 월, 년)의 수위 상승치가 가장 높을 때의 수위

   (2) 교량 형하고 결정, 마루높이 결정(안벽, 방파제, 호안), 구조물 안정성 검토

2) 평균해수면(MSL)

   (1) 평균해수면높이, 인천 앞바다기준(0.0m)

   (2) 항만공사 수상과 수중의 구분, 수량 산출 적용

3) 약최저저조위(ALLWL)

   가장 낮을 때의 수위, 설계 및 공사기준면 이용

2 해상공사의 특수성

1) 파

   (1) **파랑** : 바람 → 파랑 → 파압, 해안 침식, 시설물 피해, 방파제(소파공) 설치

   (2) **쓰나미** : 지진 → 해일, 큰 피해 발생

2) **조류, 조석, 조차의 의미**

   (1) **조류** : 조석과 조차로 인한 수위변화의 흐름

   (2) **조석** : 1일 기준으로 만조와 간조의 차 → 1일 2회 발생, 지구의 자전원인

   (3) **조차** : 1년 기준으로 해수면의 HWL과 LWL의 높이차

     → 달의 공전, 지구의 공전에 의한 인력으로 발생

3) 국내항만공사의 특성

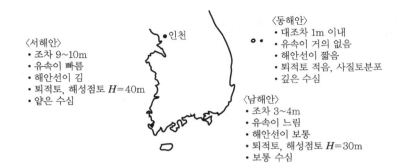

〈서해안〉
- 조차 9~10m
- 유속이 빠름
- 해안선이 김
- 퇴적토, 해성점토 $H=40m$
- 얕은 수심

〈동해안〉
- 대조차 1m 이내
- 유속이 거의 없음
- 해안선이 짧음
- 퇴적토 적음, 사질토분포
- 깊은 수심

〈남해안〉
- 조차 3~4m
- 유속이 느림
- 해안선이 보통
- 퇴적토, 해성점토 $H=30m$
- 보통 수심

3 사전조사

(1) **기상조사** : 풍향, 풍속, 연무, 기상자료(10년)

(2) **해상조사** : 파랑, 조류, 조석, 수심

(3) **측량탐사** : 준설공사구역, 운반항로, 위치, 위험물, 장애물

(4) **토질조사** : 시추조사, 지중탐사, 토질시험, 물리탐사

(5) **투기장조사(준설)** : 운반거리, 환경조사, 인허가, 민원, 재활용 여부

(6) **환경조사** : 인근 어장, 해양오염, 수질오염, 소음·진동

(7) **기타** : 문화재지표조사, 통행선박조사 및 최대 선박 선정, 토취장조사

2 항만시설물

1 항만시설물의 구성

(1) **계류시설** : 접안시설, 부두

(2) **외곽시설** : 파 방지

(3) **수역시설** : 항로, 선회장, 정박지, 선유장

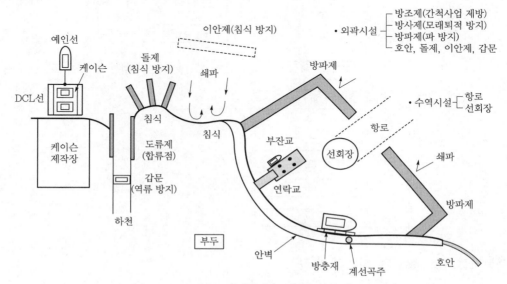

[항만시설물의 구성]

2 물양장과 안벽 접안시설

(1) **차이점**

구분	물양장	안벽
수심	• 수심 4.5m 이하 • 안벽식 접안시설	• 수심 4.5m 이상 • 안벽식 접안시설
적용	• 소형 선박, 어선부두	• 대형 선박, 화물선부두

(2) **수심기준** : LWL(저조위)

(3) **부두 계류시설 시공방법과 같음**

3 계류시설(접안시설)의 종류

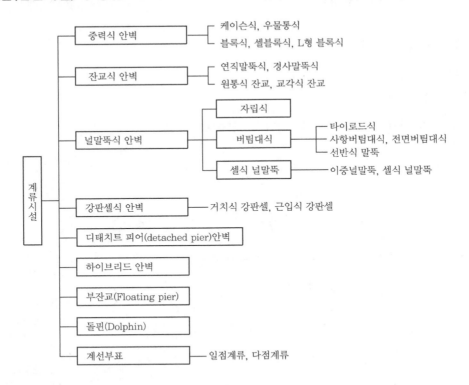

4 계류시설(안벽)의 종류별 특징

1) 중력식 안벽

(1) 특징

① 주로 콘크리트구조물

② 종류 : 케이슨식, 우물통식, 블록식, L형 블록식, 셀룰러블록식, 현장 타설콘크리트식, 직립소파식

③ 토압, 수압, 파압의 외력에 자중과 저면의 마찰력으로 저항

④ 지반이 견고하고 수심이 얕은 경우에 유리

⑤ 프리캐스트콘크리트 중력식 안벽 : 품질 우수, 시공 간단

(2) 종류

① 케이슨식 안벽(caisson type)

㉠ 케이슨을 육상에서 제작하여 해상크레인으로 진수 및 운반하여 거치

㉡ 장점

• 케이슨은 큰 배면토압에 저항력이 좋음

• 육상에서 제작하므로 품질 양호, 시공 간단

ⓒ 단점
- 케이슨의 진수시설 및 제작시설비가 고가
- 케이슨 거치작업 시 충분한 수심 확보 필요

② 우물통식 안벽(well type)

ⓐ 오픈케이슨을 육상에서 제작하여 해상크레인으로 인양 및 운반하여 거치

ⓑ 케이슨 내부를 굴착하여 지지지반에 침설하여 시공

③ 블록식 안벽(block type)

ⓐ 육상에서 제작한 대형 콘크리트블록을 해상크레인으로 쌓아서 만든 안벽

ⓑ 큰 토압에 저항력이 좋음

ⓒ 육상 제작으로 품질 우수

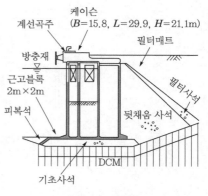

[케이슨 안벽]

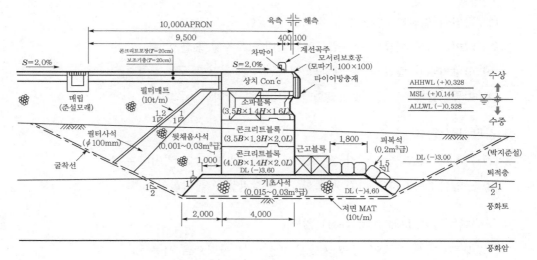

[동해 ○○항 블록식 안벽 시공도]

④ 현장 타설콘크리트식 안벽 : 수중콘크리트 또는 프리팩트콘크리트 등으로 직접 벽체를 축조하는 방법

2) 잔교식 안벽

(1) 종류

① 횡잔교 : 해안선과 평행(부두와 나란한 형태), 토류벽이 토압지지

② 돌제식 잔교 : 해안선에 직각(해상으로 돌출된 형태), 토압 없음

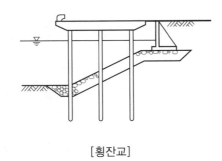

[횡잔교]

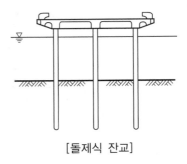

[돌제식 잔교]

(2) 잔교의 특성

① 지반이 약한 곳에서도 적합
② 기존 호안이 있는 곳에서는 횡잔교가 유리
③ 잔교는 수평력에 대한 저항력이 비교적 작음

3) 널말뚝식 안벽

(1) **자립식 널말뚝** : 앵커공을 지지한 간단한 구조

(2) **타이로드식 널말뚝** : 타이로드와 버팀공(보조말뚝)을 연결

(3) **사항버팀식 널말뚝** : 널말뚝과 경사말뚝을 결합한 구조

(4) **이중널말뚝** : 2열로 강널말뚝을 타입하여 타이로드로 연결

4) 강판셀식 안벽

(1) **거치식** : 강판셀을 제작 후 토층에 근입시키지 않고 거치하는 형태

(2) **근입식** : 지지력이 다소 부족한 경우 강판셀을 근입시키는 형식

5) 디태치트피어(detached pier) 안벽

(1) 궤도주행식 크레인 등의 기초를 만들어서 안벽으로 사용

(2) 이 구조는 잔교의 슬래브가 없는 것과 동일

(3) 석탄, 광석 등 단일화물을 대량으로 취급 시 이용

6) 부잔교

(1) 정의

해상폰툰과 육안 사이를 도교로 연결한 접안시설

(2) 특징

① 폰툰은 해상수면과 같이 오르내림
② 소형 여객선 및 보트 계류에 편리
③ 신설 및 이설 간단

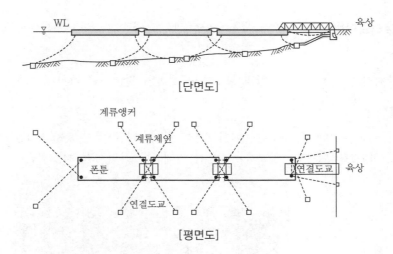

[단면도]

[평면도]

(3) **구성** : 폰툰(부력재), 계류앵커, 도교, 연결도교, 방충재, 계선곡주, 부속물

(4) **시공 시 주의사항**

① 폰툰(부력재) : 부력재를 격막형태로 배치하여 콘크리트 타설 제작

② 말뚝 시공 : 바지선에서 항타장비로 강관말뚝 항타 시공

③ 롤러가 부착된 조립강재로 말뚝과 폰툰을 연결(상하로 이동)

④ 연결도교 : 육상부는 힌지로 고정, 폰툰부는 롤러를 설치하여 움직이도록 함

7) 돌핀(Dolphin)

(1) **정의** : 수개의 독립된 주상구조물(재킷)로 해안에서 떨어진 곳에 설치하고 계류시설로 이용

(2) **적용** : 부두에 접근이 어려운 유조선, 대형 선박에 적합

(3) **구성**

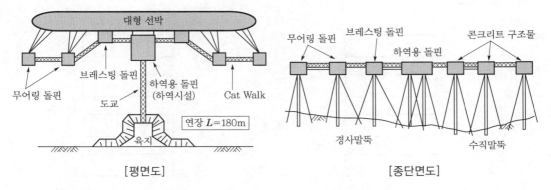

[평면도]　　　　　　　　　　　　　[종단면도]

8) 계선부표

① 앵커가 부착된 부체를 계선부표라고 하며, 여기에 선박을 계류시킴

② 해저가 암반이고 묘박이 불가능한 항에서 이용

9) 하이브리드안벽

(1) 정의

부체식의 이동 가능한 안벽으로 대형 선박의 컨테이너 하역에 사용

(2) 차이점

① 기존 고정식 안벽 : 한쪽에서 하역, 컨테이너 하역시간 31.4시간
② 하이브리드안벽 : 양쪽에서 하역, 컨테이너 하역시간 24.3시간 → 물류비용 감축

[하이브리드안벽]

(3) 특징

① 부유식 구조체로 이동 가능
② 수심에 영향 없음, 기초 없음, 지진영향 적음
③ 경험이 부족한 경우 구조체의 충돌 및 열화문제 발생

5 케이슨구조물(안벽, 방파제, 호안)

1) 케이슨 시공순서

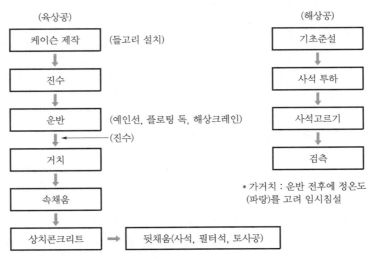

2) 케이슨 제작

(1) **제작장** : 부등침하가 없도록 하고 평탄하게 정지, 진수를 고려하여 장소 선정

(2) **제작방식**

① 유로폼 및 강재거푸집 이용 : 시공이음 발생

② 슬립폼(slip form)방식

　㉠ 갠트리 슬립폼시스템의 케이슨제작공장 설치

　㉡ 시공이음 없음 → 내구성 향상

[갠트리 슬립폼시스템]

(3) **제작장소**

① 육상제작장

② 건선거(Dry Dock) : 넓은 장소, 여러 개의 케이슨을 동시 제작

③ 부선거(Floating Dock) : 해상 부선거 위에서 제작, 진수, 운반 가능

(4) **제작관리**

① 케이슨 저판 콘크리트 시공과 제작장 바닥이 분리되도록 제작

② 강재거푸집 : 벽체 1롯트($h=3.5m$)마다 시공이음

③ 수평이음은 수팽창지수재를 설치하여 누수 방지

④ 이동거치를 위한 들고리를 적정 간격으로 설치

⑤ 진수 시 케이슨의 흘수 파악 : 래커로 눈금표시

(5) **슬립폼방식(갠트리 슬립폼시스템)**

① 레일 설치 : 제작장과 플로팅 독 위까지 레일 설치

② 잭 설치 : 레일에 일체형 유압식 이동식 잭과 부상식 잭을 설치

③ 이동방법 : 부상식 잭으로 들고, 이동식 잭으로 밀어서 이동, 천천히 반복

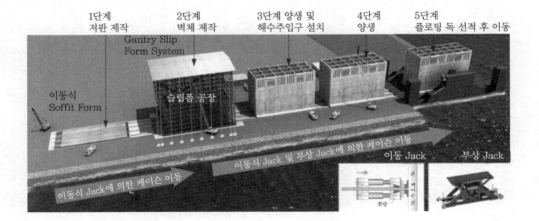

3) 케이슨 진수

(1) 케이슨 진수공법의 종류

① 해상크레인 이용 : 삼호 1,800톤, 삼성 2호 3,600톤, 삼성 5호 8,000톤

② 선박건조시설 이용

　㉠ 건선거(Dry Dock)

　㉡ 부선거(Floating Dock, 부유식 폰툰)

　㉢ 싱크로리프트(Syncro Lift)

③ 지형지물 이용

　㉠ 사상진수(모래)

　㉡ 경사로진수(경사레일)

(2) 해상크레인 이용

① 제작된 케이슨의 진수, 운반, 거치 가능

② 국내 해상크레인 : 삼호 1,800톤, 삼성 2호 3,600톤, 삼성 5호 8,000톤

③ 시공관리(안전대책)

　㉠ 진수 및 거치시기 : 파고가 3일간 연속하여 3m 이하일 때 작업

　㉡ 크레인 정격인양하중 검토

　㉢ 콘크리트 28일 양생강도 확인

　㉣ 조금구(guide frame) 이용

[해상크레인 케이슨 진수 및 운반]

(3) 선박건조시설 이용

① 건선거(Dry Dock) : 해안에 갑문을 설치한 제작장을 설치하고, 케이슨을 제작한 후 갑문을 열어 물을 채워 선박을 띄워서 진수

> ✎ **군산조선소 독(2008)**
> ① 선박건조용(규격 $B=115m$, $L=700m$, $H=18.5m$)
> ② 외곽시설 광폭케이슨 사용+2중 Sheet Pile 차수공법 적용

② 부선거(Floating Dock, 부유식 폰툰)

　㉠ 플로팅 독 위에서 케이슨의 제작 및 운반, 진수가 모두 가능

　㉡ 물을 채워 수중에 하강 또는 부양시킬 수 있음

　㉢ DCL공법(Declined Caisson Launcher) : 플로팅 독에 한쪽의 물탱크에 주수하면서 경사지게 하여 케이슨이 미끄러지게 진수하는 공법 → 케이슨끼리 부딪히거나 전도의 위험이 있으나 진수속도가 빠름

▲ 케이슨을 플로팅 독으로 이동

▲ 플로팅 독 침수 후 케이슨 이동

[부선거에 의한 케이슨 진수]

> **✐ 인천북항 Floating Dock 전도사례(2003)**
> ① 개요 : 거치장소에서 케이슨(1,500톤×3기)진수작업 중 전도
> ② 원인 : 플로팅 독에 주수 중 불균형
> ③ 대책 : 해상 파랑조건 고려, 양쪽 균형을 맞춰가면서 주수 실시

③ 싱크로리프트(Syncro Lift) : 육상제작장의 레일 위의 대차에서 제작된 케이슨을 이동시켜 싱크로리프트시설의 윈치를 이용하여 선박(플로팅 독)에 선적

(4) 지형지물 이용

① 사상진수

㉠ 정의 : 해안모래 위에 제작 후에 인접하여 펌프준설선으로 굴착하여 진수

㉡ 특징 : 사질토 지반으로, 미래 개발준설예정지역에 적용

㉢ 적용 : 목포신항, 동해항

② 경사로진수 : 해안경사로(레일)를 설치하고 상부수평면에서 제작하여 뒤편을 잭업(Jack Up)하여 활강하는 방법(경사로 1 : 5 정도), 공사비 저렴

4) 케이슨 운반

(1) 직접 예인선에 의한 운반

(2) 플로팅 독+예인선에 의한 운반

(3) 바지선+예인선에 의한 운반

(4) **해상크레인 이용** : 진수, 운반, 거치

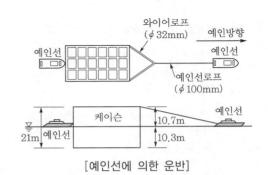

[예인선에 의한 운반]

5) 케이슨 거치

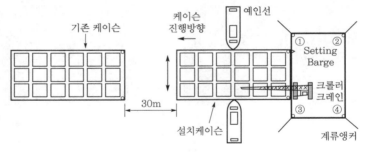

[케이슨 거치방법]

(1) 거치방법

① 설치케이슨이 바닥과 약 30~50cm 간격이 되도록 펌프로 해수 주입
② 기존 케이슨과 50cm 정도 이동시키고 체인블록으로 조정하여 밀착시킴
③ 설치케이슨에 해수를 주수하여 사석 바닥에 안착시켜 완료

(2) 주의사항

① 케이슨 법선을 확인할 것
② 거치 완료 후 즉시 격실마다 고르게 속채움 실시

6) 속채움

준설모래, 사석 또는 빈배합콘크리트, 중앙에서 외부로 채움

7) 덮개콘크리트 타설

덮개콘크리트 타설로 속채움 유출 방지

8) 상치콘크리트

케이슨 및 콘크리트블록공 일체화

9) 뒷채움 및 되메우기 실시(안벽)

토사 유실 및 파이핑 방지

10) 방충재

선박 계류 시 충격을 흡수하여 안벽보호, 고무 및 폐타이어 이용

11) 계선주(계선곡주)

선박 계류 시 로프로 고정시키는 구조물, 강재

12) 차막이

안벽 내부의 주차장에 차량추락 방지

6 하이브리드케이슨

1) 정의

강판과 철근콘크리트를 일체화한 구조의 케이슨

2) 하이브리드케이슨의 구조

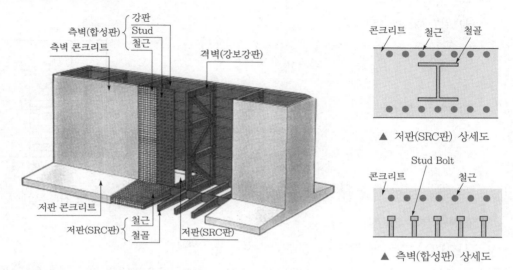

▲ 저판(SRC판) 상세도

▲ 측벽(합성판) 상세도

(1) **저판(기초)** : 철골, 철근콘크리트

(2) **측벽** : 합성판구조

(3) **격벽** : 강철구조(강보강판)

3) RC케이슨과 하이브리드케이슨의 차이점

구분	RC케이슨	하이브리드케이슨
구성	철근+콘크리트	철골+철근+콘크리트
단면	상부, 저판 동일 규격	단면 감소, 저판 확대
자중	중량	경량 → 흘수 小, 지반개량 小
시공성	진수, 예인 상대적 난이	진수, 예인 용이

4) 국내 적용사례

(1) **공사명** : 광양항 컨테이너터미널 3단계(2006)

(2) **안벽 하이브리드케이슨** : 25함(B=10.0m, L=17.4m, H=21.1m, 1,655t/함) → 국내 최초

7 잔류수압(잔류수위)

1) 정의

조석에 의한 안벽 전면수위와 배면 뒷채움의 잔류수위차에 의한 수압

2) 잔류수압의 적용

(1) 일반 및 콘크리트블록

$$P = \frac{1}{3} \sim \frac{2}{3}\Delta H \gamma_w$$

(2) 케이슨구조물

$$P = \frac{1}{2}\Delta H \gamma_w$$

여기서, ΔH : 조석차, γ_w : 물의 단위중량

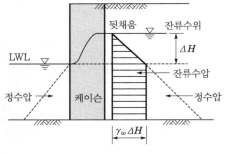

[안벽 잔류수압]

3) 잔류수압의 영향

(1) M/C : 만조 → 간조 → 잔류수위 → 잔류수압

(2) 뒷채움의 투수성이 적은 경우 잔류수위가 높고, 잔류수압이 높음

4) 문제점

(1) 토립자 유출로 인한 배면침하구조물 붕괴

(2) 케이슨의 틈새 발생

5) 대책

(1) 설계 시 잔류수압을 고려한 안벽 설계

(2) 케이슨의 틈을 허용기준 이내로 정밀 시공

(3) **뒷채움재료의 품질관리** : 입경 및 입도, 다짐관리

8 외곽시설

1) 외곽시설의 종류

방파제, 호안, 갑문, 파라펫, 돌제

2) 방파제의 종류

(1) **경사제** : 사석식, 블록식

(2) **직립제** : 케이슨식, 블록식

(3) **혼성제** : 케이슨식, 블록식

(4) 소파블록 피복제(소파공)

(5) **특수방파제**

　① 공기방파제 : 해저배관을 통해 공기 배출

　② 부유식 방파제 : 부체를 띄워서 설치

　③ 수중방파제(잠제) : 먼 바다에 수면보다 낮게 설치

　④ 고조방파제 : 만조 시에 파랑으로부터 가옥과 시설물 보호

　⑤ 쓰나미방파제 : 해일에 대비하여 설치

　⑥ 말뚝식 방파제 : 말뚝을 일정간격으로 설치

3) 구조 및 특징

구분	경사제	직립제	혼성제
원리			
구성	사석 + 피복석	블록식 또는 케이슨식	경사제와 직립제의 혼합
적용성	• 수심 小 • 파고 小	• 수심 中 • 파고 中	• 수심 大 • 파고 大
정온도(파고)	낮음(통과)	높음(차단)	높음(일부 통과)
해상오염	유리	불리	불리
적용 지반	연약지반 유리	단단한 지반, 암초	연약지반, 요철지반
시공장비	소형 크레인	대형 크레인	대형 크레인

✒️ **정온도(파고)**

① 선박이 계류할 수 있는 파고의 세기

② 정온도가 너무 작으면 해상오염, 너무 크면 선박의 안정성이 저하됨

③ 중형 선박기준 : 정온도(파고) 0.5m 이내

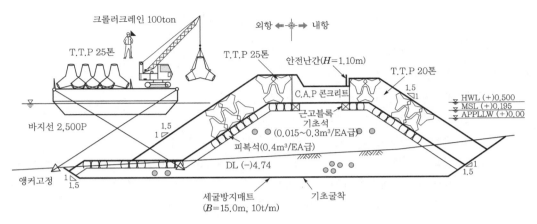

[경사식 방파제(소파공) 시공방법]

4) 방파제의 피해원인

(1) 설계 : 해양조사 미흡, 기상조사 미흡, 해저지형 미고려, 공법 선정오류

(2) 시공 : 기초지반처리 불량, 사석재 규격불량, 다짐불량, 시방준수 미흡

(3) 유지관리 : 파랑에 의한 세굴, 침식

(4) 환경 : 기상변화, 파랑 및 파압의 증가, 태풍 위력 증가

5) 소파공(소파블록 피복제)

(1) 목적

파압에너지·월파의 감소, 반사파 제어, 계류시설 보호 및 해상 침식, 기초세굴 방지

(2) 요구조건

① 적정 공극률(50~60%) ② 표면조도가 클 것

③ 구조 및 거치 간단 ④ 안정성

(3) 종류

① 피복석 : 자연사석($1m^3$ 이하), 테트라포드(TTP, 4면체), 헥사포드(6면체)

구분	종류	크기	공극률	공사비	재료 구득
자연사석	자연사석	$1m^3$ 이하	35~40%	저렴	난이
인공사석	TTP, 헥사포드	$1m^3$ 이상	50~60%	고가	직접 제작

② 블록식 : 소파블록, 유공케이슨

(4) 시공 시 주의사항

① 기초연약지반 처리 실시 : DCM
② 소파블록은 바지선에 실어 크레인으로 설치
③ 테트라포드는 설치순서 준수

(5) 공용 시 안전사고 및 대책

① 낚시 및 향락객들 실족사고 → 공동으로 빠지면 나올 수가 없음

② 접근금지펜스 설치 및 위험 홍보

③ 안전테트라포드 설치 : 홈이 있음

9 피복공사, 기초사석, 사석고르기

1) 개요

(1) **사석이 필요한 공사** : 안벽, 방파제, 소파공, 호안공

(2) **사석공사의 종류** : 기초사석공사, 뒷채움사석공사, 피복석공사

(3) **사석고르기 구분**

① 수상 : 백호 이용

② 수중 : 잠수부고르기, 기계고르기

2) 기초사석의 역할

(1) 상부구조물의 하중을 안전하게 지지

(2) 상부구조물의 하중을 지반에 분산전달

(3) 피복제로서 세굴 방지

3) 사석 및 고르기 시공순서

해상측량 → 골재원 선정 → 육상운반(D/T) → 바지선 선적 → 해상운반(바지선, 예인선) → 사석 투하 및 고르기(수중, 수상) → 장비 다짐 → 완료

※ 수중사석 투하와 고르기는 동시 실시

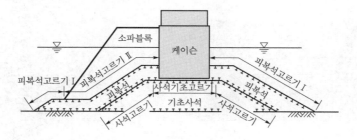

4) 사석공사의 품질관리

(1) 사석은 편평하고 길쭉하지 않을 것

(2) 견고하고 치밀하며 풍화되거나 부서지지 않을 것

(3) 비중은 2.5, 압축강도는 500kg/m^2 이상일 것

(4) **허용오차** : 기초고르기 마루높이 ±50mm 이내

5) 사석기계고르기 방법

(1) 사석의 곡부를 요부로 이동방법(올라온 사석을 낮은 곳으로 이동)

① 블레이드 예항식 : 자항선으로 블레이드를 내려서 고르기

② 레이크식(rake, 쇠갈퀴) : 보행식 기계가 쇠갈퀴로 고르고, 롤러로 다짐

③ 수중백호(backhoe)식 : 버킷을 사용하여 고르기

(2) 곡부를 다짐하여 고르기 방식

① 수직전압식 : 작업선에서 무거운 해머를 낙하다짐

② 진동다짐방법 : 수중바이브로해머로 다짐

③ 진동해머다짐공법 : SEP바지선에서 진동해머로 타격

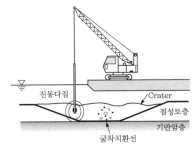

[진동다짐공법]

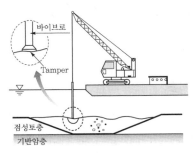

[진동해머다짐공법]

6) 사석 및 고르기공사 시 유의사항

(1) 장비조합(선단 구성)

바지선(사석 선적 및 운반, 투하), 예인선(바지선 예인), 백호(1차 사석 투하), 크레인(2차 피복석 투하)

[백호 사석 투하]

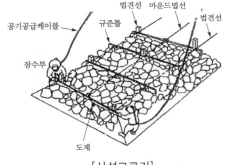

[사석고르기]

(2) 안전관리

① 바지선의 계류앵커 설치 철저

② 잠수부 감압병 방지 : 잠수시간 준수(수심 15m → 180분, 30m → 60분)

③ 바지선에 반드시 감시인 배치, 무전기 지참

(3) 사석 투하(사석, 피복석)

① 사석 투하의 위치 : 투하구역을 깃발로 표시 및 규준틀 설치 10m 간격

② 투하방법 : 바지선에서 1차 백호 투하(사석), 2차 크레인 투하(피복석)

(4) 기초사석 및 고르기

① 향후 침하량을 고려하여 더 쌓기높이에 맞춰 시공

② 여유폭 : 케이슨폭 +2.0m 이상 시공

(5) 피복석 및 고르기

① 피복석두께 허용기준 최소 80% 이상

② 고임돌이나 틈채움사석 사용금지

7) 사석 시공 기성고관리

(1) 공사물량(투하사석량)검사방법

① 음향측심기 : 음파 이용 측정

② 연추 : 추를 내려서 측정

③ 레이저 이용

④ 수중사진 및 촬영

(2) 측량방법

① 위치측량(DGPS측정기)

② 깊이측량(음향측심기)

10 항만 호안

1) 호안(revetment)

(1) 조류나 파랑으로 해안의 침식 및 붕괴를 방지하기 위해 축조하는 시설물

(2) 해안을 매립할 때 호안공(제방) 설치

(3) 배면이 매립, 성토 또는 도로, 기존 지반으로 되어진 구조

2) 호안공의 종류

(1) 경사식

(2) **중력식** : 케이슨식, 블록식

(3) **강관시트파일** : 1중 또는 2중

(4) 강판셀식(Cell)

(5) 기타

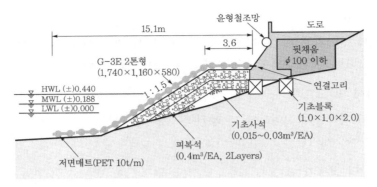

[경사식 호안]

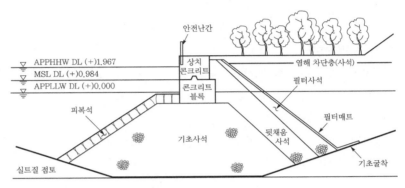

[경사식과 블록 혼합식 매립호안]

3) 호안 배치 시 검토사항

(1) 파랑에 의한 마루높이의 검토

(2) 파압, 토압 등의 외력에 대하여 안정된 구조인지 검토

(3) 매립토 등이 누출되지 않는 구조인지 검토

(4) 매립 시 탁수의 유출 방지 등 주변 수역에 대한 영향 검토

(5) 친수호안의 경우에는 이용자가 안전하고 쾌적하게 이용할 수 있는 구조인지 검토

11 기초연약지반개량공법

(1) **치환공법** : 강제치환, 폭파치환

(2) 심층혼합처리공법(DCM)

(3) 모래다짐말뚝공법(SCP)

(4) 바이브로플로테이션공법

(5) 연직배수공법

(6) 약액주입공법

(7) 진공압밀공법

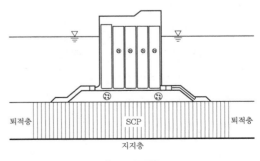

[SCP공법]

12 수역시설

(1) **목적** : 선박의 안전한 항행과 정박, 그리고 원활한 조선과 하역하는 시설

(2) **시설물** : 정박지, 선회장, 항로, 선류장

13 부체교(floating bridge)

1) 정의

하부구조가 직접 지면에 닿지 않고 폰툰의 부력에 의해 지지되는 교량

2) 구성

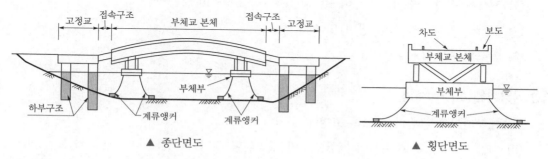

▲ 종단면도　　　　　▲ 횡단면도

3) 특징

장점	단점
• 수심에 영향이 없어 큰 수심에 적용 • 지반영향이 적어 연약지반에 적용 • 지진영향이 적음 • 주행면이 낮아 친수성 및 경관성이 좋음	• 파에 의한 노면동요로 주행성 미흡 • 수위변동에 따른 노면고변화 • 바람, 파랑에 의한 수평이동 발생 • 교량 형하공간 확보 곤란

3 항만공사의 공사관리

1 현황조사

(1) 기상 및 해상정보 파악

(2) 인근 어업권조사 및 어장관리

(3) 선박항로조사 및 대형 선박의 선정

2 공사용 등부표 설치

(1) **해상에 공사구역 표시** : 높이 10~50m, 간격 100~500m

(2) 선박의 공사구역 침입 방지 및 안전운항 유도

(3) 암초위치의 표시

3 묘박작업(anchoring)

(1) 계류앵커의 끌림이 없도록 고정에 주의

(2) 인접한 선박 및 바지선의 계류앵커의 꼬임위험 주의

(3) 계류앵커는 300m 이상 여유분을 준비하여 비치(체인, 와이어로프) – 끊어짐 대비

[공사용 등부표]

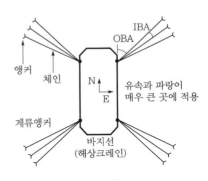

[묘박방법 – 다점계류방식]

4 Time Schedule관리(타임스케줄관리)

(1) **조석차에 의한 작업일정관리** : 서해안 조석차 9~10m

(2) **수상과 수중에 따른 작업방법 수립** : 교량거치, 굴착, 준설, 사석작업 등

5 해상공사의 공정관리

조석차, 주 5일 근무(근로기준법), 기온, 풍속, 강수량을 고려한 작업불가능일수 산정

6 암초 및 장애물 충돌 방지대책

(1) 도선사 운용

(2) 조석차에 따른 수심과 암초깊이 확인, 해저지형도 이용

7 잠수작업관리

(1) **잠함병(잠수병)** : 압력차로 혈액 속에 질소 생성 → 마비, 의식불명, 호흡곤란

(2) 수심에 따른 잠수시간(수중체류시간) 준수 : 수심 15m → 180분, 21m → 110분

(3) 작업 전후 감압실에서 감압 실시

8 피항계획 수립

(1) 대형 태풍 발생 시 선박의 피항 및 피박 실시 → 대형 항구로 이동

(2) 일기예보를 청취하고 이동시간을 고려하여 미리 이동 실시

(3) 태풍이 올 경우 선박과 선박을 결속 실시

9 항만공사 현장 긴급사태 시 대응요령

(1) 긴급대응매뉴얼 작성 및 비치

(2) 재해상황별 시나리오 작성과 정기적인 모의훈련 실시

(3) 경보 및 신호체계의 통일, 통신설비의 정비와 운용

(4) **비상연락망 작성** : 대내, 대외(관할 지방해양수산청, 중앙재난안전대책본부)

(5) **사고대책반 구성** : 유도반, 응급조치반, 복구반, 상황반

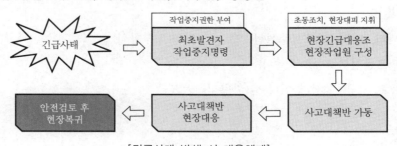

[긴급사태 발생 시 대응체계]

10 해상오염사고 예방대책

(1) **작업선에 오염수거시설 설치 운영** : 흡착포

(2) 오탁방지막 설치

(3) 오염순찰시스템 강화

4 준설과 매립

1 준설의 분류

(1) **개발준설** : 기존 부두의 확장, 신항만 개발 시 준설

(2) **유지준설** : 기존 부두의 선박수심이 부족한 경우

(3) **청소준설** : 해상오염 시 오염물질 제거

2 준설선 선정 시 고려사항

1) 토질조건

연질토사, 경질토사, 암반

2) 준설능력

(1) **준설선의 준설능력(디퍼, 버킷, 그래브)**

$$작업능력 \quad Q = CEN[\text{m}^3/\text{h}] \quad \boxed{센놈}$$

여기서, C : 작업량(m^3/회), E : 작업효율, N : 작업횟수(회/h)

(2) 준설, 운반, 사토 동시 고려하여 선정

3) 준설심도

조수간만의 차이 고려, 해상공사 특수성 고려

4) 사토방법

(1) **디퍼, 버킷, 그래브준설선** : 토운선 이용(비자항식)

(2) **펌프준설선** : 송토관 이용

(3) **호프** : 자체 준설하여 운반(자항식)

5) 기타

준설규모, 공사기간, 준설선의 수배 여부, 해상오염도. 경제성

3 준설 및 매립순서

1) 자항식 준설선(토운선 ×)

준설선 준설 → 이동 → 매립지 매립(투기)

2) 비자항식 준설선(토운선 O)

준설 → 토운선 선적 → 토운선 운반 → 매립지 매립(투기)

3) 펌프준설선(자항식)

펌프준설선 → 송토관(해상) → 중계기(가압펌프) → 송토관(육상) → 분기관 → 매립지 매립(투기)

4 준설선의 종류 [디, 비, 지 – 펌프, 호퍼]

(1) Mechanical Type(기계식) : Dipper준설선, Bucket준설선, Grab준설선
(2) Non-Mechanical Type(비기계식) : Pump준설선, Hopper준설선

5 준설 선단구성 및 작업선박의 종류와 용도

1) 준설 선단구성

토질별	준설방법	준설 선단구성	비고
연질토	Pump	• 자항식 : 자체 펌프선 • 비자항식 : 펌프선+예인선+양묘선, 연락선	자항식, 비자항식
	Hopper	• 자체 준설 및 운반선박	자항식
연질, 경질토	Grab	• 그래브선+예인선+토운선+양묘선, 연락선	비자항식
	Bucket	• 자체 버킷선+운반선박	자항식
경질토	Dipper (또는 백호)	• 백호선+예인선+토운선+양묘선, 연락선	비자항식
암반(연암)	쇄암선	• 쇄암선+예인선+양묘선, 연락선	비자항식
암반(경암)	발파 후·준설 (그래브)	• 그래브선+예인선+토운선+양묘선, 연락선	비자항식

2) 준설매립작업선박의 종류와 용도

(1) **자항식** : 자체 동력이 있는 준설선박, 운반 가능

(2) **비자항식**
① 자체 동력이 없는 선박으로 이동 시 예인선 필요
② 예시 : 그래브선=(그래브+크레인+바지선의 조합)+예인선

(3) **바지선(Barge)**
① 동력이 없는 작업선
② 준설장비와 크레인을 실어 준설작업

(4) **토운선**
① 해상준설토를 매립지로 운반하는 선박

② 동력 없음

(5) 예인선(Tug Boat)

① 동력이 없는 부선(바지선, 토운선)을 예인하는 선박

② 부선 : 토운선, 바지선, 비자항식 선박

(6) 양묘선 : 계류앵커 설치, 해체작업선

(7) 연락선 : 작업선박(해상선박)과 부두와의 근로자(승객), 자재(화물)운반

6 준설선의 종류와 특징, 준설방법

1) 그래브준설선

(1) 바지선 위의 크레인에 그래브($3{\sim}6m^3$)를 장착하여 준설하는 방법

(2) 장소가 협소하고 소규모 준설에 이용(해상구조물 기초굴착용)

(3) 준설심도 제한 없음

2) 디퍼 또는 백호준설선

(1) 바지선 위에 Shovel계 굴착장비(디퍼, 백호)를 장착한 준설선

(2) 비자항식으로 별도의 토운선과 예인선 필요

(3) 최대 준설심도 25m까지 가능하며 소규모 준설에 적합

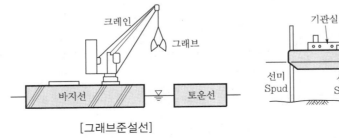

[그래브준설선]   [디퍼준설선]

3) 버킷준설선

(1) 버킷컨베이어에 여러 개의 버킷으로 연속적으로 준설

(2) 준설능력이 커서 대규모이고 광범위한 준설에 적합

(3) 연질토에 적합, 최대 준설심도 40m 가능

(4) 준설면이 평탄하게 준설

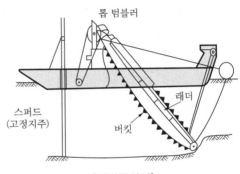

[버킷준설선]

4) 펌프준설선

(1) 석션펌프를 이용하여 준설, 송토관으로 매립지까지 압송

(2) 운반거리 6km까지 운반 가능, 연질토 적용

(3) **대규모 준설 시 적합** : 30,000m³ 이상

(4) 투기장이 먼 경우 중계펌프(가압펌프) 설치

(5) 해상에 해상관(송토관)을 설치하므로 조류의 영향을 받고 통행선박에 지장이 있음

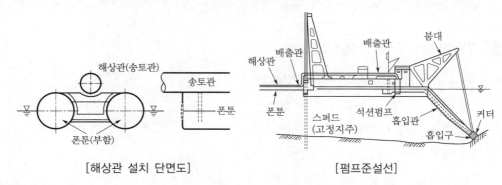

[해상관 설치 단면도]　　　　　[펌프준설선]

5) 호퍼준설선

(1) 준설토와 물을 동시에 석션펌프로 흡입하여 호퍼에서 물은 Over Flow시키면서 토사를 호퍼에 채운 후 투기장으로 이동매립

(2) 자항식으로 토운선이 필요 없음

(3) 계류하지 않고 저속운행하면서 준설작업 실시 → 통행선박에 지장을 주지 않음

(4) 연질토에 적합하고 장거리 운반에 유리

(5) 대규모 준설에 적합하고 최대 준설심도 100m까지 가능

(6) **사례** : 부산 신항만 투입(2011), 준설능력 750,000m³/월

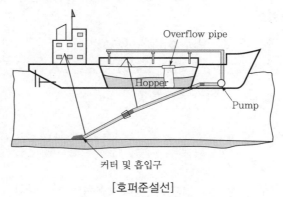

[호퍼준설선]

6) 쇄암선

(1) 수중의 암석을 부수는 암 파쇄선박으로 파쇄 후 그래브 및 백호준설

(2) 블레이드 및 긴 강봉(20톤)을 수직 자유낙하시켜 암 파쇄

7) 발파 후 그래브준설

(1) 암 굴착 시 수중발파 후 그래브 및 백호로 준설하는 방법

(2) **인접 영향이 없는 장소에 적용** : 인접 구조물, 어업권 영향, 민원 발생 등

7 운반거리에 따른 준설선의 선정

1) 비자항식 펌프준설선 : 송토관 이용

(1) **소형 펌프(4,000HP)** : 2km 이하

(2) **중형 펌프(12,000HP)** : 2~5km 이내

(3) **대형 펌프(20,000HP)** : 5~10km 이내

(4) **중계펌프 설치(10km 이상인 경우 12,000HP)** : 5km 추가 압송

2) 자항식 펌프준설선(46,0000m³급)

대규모 준설인 경우 적용, 운반거리 20km 이상, 최대 용량 46,000m³

3) 토운선 이용

(1) 그래브, 버킷, 디퍼, 백호준설 시 비자항식으로 선단구성

(2) **운반거리** : 근거리 3km 이내부터 원거리 15km 이상까지 다양하게 사용

(3) 토운선의 만재흘수와 경제성을 고려하여 적용

4) 자항식 호퍼준설선

(1) 운반거리 20km 이상, 최대 용량 2,500m³

(2) 자항식은 준설선의 성능에 따라 운반거리가 다양함

8 여굴과 여쇄

1) 개념

(1) **토사**

• 여굴 : 계획수심 확보를 위해 추가로 굴착되어지는 구간

(2) **암반**

① 여쇄 : 암반에서 계획수심 확보를 위해 추가로 파쇄, 균열되어지는 구간

② 여굴 : 여쇄구간 내에서 계획수심 확보를 위해 추가로 굴착되어지는 구간

③ 암반굴착에서는 여굴과 여쇄가 발생됨

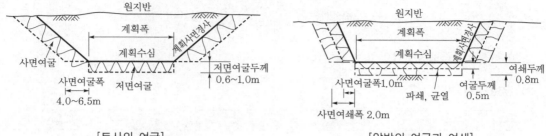

[토사의 여굴]   [암반의 여굴과 여쇄]

2) 필요한 이유

(1) 수중에서 작업되므로 작업원이 직접 확인할 수 없어 시공오차 발생

(2) 수중에 대한 측량오차가 불가피하게 발생

(3) 조류의 영향으로 준설토 사면의 붕괴 발생

(4) 여쇄는 암반의 특성상 여유 있게 파쇄되어야 굴착이 가능함

3) 사면경사

(1) 토사 1 : 5~1 : 1.5   (2) 암반층 1 : 1.5~1 : 1

4) 차이점

구분	여굴	여쇄(여굴 포함)
토질	토사	암반
정의	토사의 추가로 부분굴착되는 구간	암반이 추가로 파쇄, 균열되는 구간
목적	계획수심 확보	계획수심 확보
두께(t)	• 저면 : 여굴 0.6~1.0m • 사면 : 여굴 4.0~6.5m	• 저면 : 여쇄 0.8m, 여굴 0.5m • 사면 : 여쇄 2.0m, 여굴 1.0m
준설장비	펌프준설선, 그래브준설선	그래브준설선, 쇄암선, 발파
공사비	지불(준설량에 포함)	지불(파쇄량, 굴착량에 포함)

5) 계획수심(H)

$$계획수심 = 파랑고 + 만재흘수 + 해저질 + 여유수심(1m)$$

9 유보율(reserve rate)

1) 정의

(1) 펌프준설선은 토사 10~15%, 물 85~90% 함유되어 준설되므로 매립지에서 물은 배출시키면서 토사가 유출됨

(2) 이때 유출되는 토사량을 유실량이라고 하며, 남아있는 토사량을 유보량이라고 함

2) 유보율

$$유보율 = \frac{매립토량(m^3)}{전체\ 준설량(m^3)} \times 100[\%]$$

여기서, 매립토량 : 남아있는 토량(m³)

3) 유보율의 기준

구분	점성토	사질토	자갈
유보율	70% 이하	70~95%	95~100%

4) 유보율의 활용

(1) 매립의 설계수량 및 공사비 산정

(2) **매립물량에 따른 장비의 선정 및 조합** : 펌프용량, 배사관, 중계펌프

(3) **공사계획의 수립** : 매립장 규모

5) 유보율 향상방안

(1) 가토제를 길게 하여 유출거리를 길게 함 → 침전시간을 길게

(2) 여수토의 월류판을 높게 설치

(3) 매립면적을 작게 → Block분할

(4) 토출구 위치를 자주 변경

6) 여수토

매립지 내의 준설수 또는 우수를 가토제 외부로 배수시키는 구조물로 일반적으로 해상측으로 배수

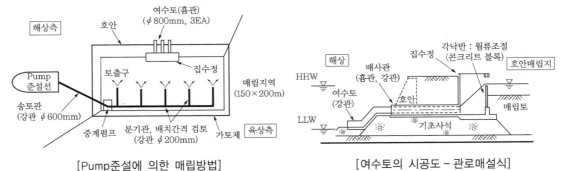

[Pump준설에 의한 매립방법]   [여수토의 시공도 – 관로매설식]

10 실트포켓현상(Silt Pocket)

1) 정의

준설작업 시 매립지에서 배출구로 흐르면서 입경별로 침강되면서 실트질입자가 형성되는 현상

[실트포켓 형성과정]

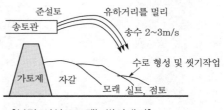

[불량토(실트포켓) 씻어내기]

2) 특성

(1) 느슨한 간극 형성으로 초연약지반 형성

(2) 지반침하가 크게 발생 또는 액상화 유발

3) 방지대책

(1) 토출구의 위치를 자주 변경

(2) 유하거리를 멀게 함

11 오탁방지망

1) 종류

구분	자립식	수하식	혼합식
형상	부체부 막체부 콘크리트 앵커	부체부 Wire Rope 막체부 콘크리트 앵커	장비 부착형 오탁방지시설 자립식　수하식
특징	• 수저공사 시 하부에 설치 • 가격 고가 • 회수가 곤란함	• 수상공사 시 상부에 설치 • 상부의 오탁수 처리 • 회수 가능	• 상하부의 오탁수 발생 시 • 혼합식 2중으로 설치

2) 설치관리

(1) **고정앵커의 종류** : 콘크리트블록식, 닻가지식, 톤 백식

(2) 막체부 $h=2.0\text{m}$, 1스팬 20m마다 앵커 설치

CHAPTER

17

상하수도

상하수도

일반, 시공 → 유지관리(갱생), 검사

하수관로배제방식

1. 하수배제방식 : 합류식, 분류식
2. 하수관거배치방식 : 직각식, 선형식, 방사식, 평행식

하수관의 종류

1. 강성관
   - 콘크리트관(흄관, VR관)
   - 도관, 유리섬유복합관
2. 연성관
   - 합성수지관(PVC, PE관)
   - 덕타일주철관, 파형강관

하수관로기초

1. 강성관(기초 보강)
   - 벼개동목, 모래, 쇄석, 무근, 말뚝
2. 연성관(기초 보강+관 보호)
   - 모래, 쇄석, 모래+소일, 철근, 기타
3. 매설토압(아칭토압)
   - 돌출식(토압 小), 굴착식(토압 大)

하수관거의 접합

1. 완경사접합방법
   - 수면접합   • 관정접합
   - 관중심접합   • 관저접합
2. 급경사접합방법
   - 단차접합   • 계단접합

※ 연결방법
1. 관거와 관거
   - 소켓연결   • 맞대기연결
   - 플랜지연결   • 기계식 연결
2. 관거와 구조물
   - 관거+구조물 일체 타설
   - 구조물 시공 후 연결하여 타설

유지관리(갱생)

1. 전체 보수공법 : 노후관 비굴착 갱생
   - 관 삽입 후 그라우팅(강성관)
   - 반전방식공법(경화관)
2. 부분보강공법 : 파손부 비굴착 보강
3. 교체공법 : 굴착 교체 및 비굴착 교체
4. 맨홀 및 암거구조물 보수·보강

관로검사 및 시험

1. 경사검사 : 경사 및 측선변동조사
2. 내부검사 : 육안검사, CCTV조사
3. 수밀검사 : 침입수시험, 누수시험, 공기압시험
4. 부분수밀검사 : 연결부시험
5. 수압시험 : 압송관의 수밀시험
6. 오접 및 유입수, 침입수 경로조사 : 연막시험, 염료시험, 음향시험
7. 변형검사 : 연성관변형검사

상수관로

1. 상수관로의 종류
   - 덕타일주철관
   - 도복장강관
   - 경질염화비닐관
   - 유리섬유복합관
2. 시공관리
   - 도수와 송수
   - 부단수공법
3. 상수관로갱생
   - 세척 : 플러싱, 맥동류 세척, 피그
   - 세관 : 스크레이퍼, 워터제트, 피그
   - 갱생 : 내부관 삽입, 라이닝, 코팅, 교체

상하수도
(종류＋기초＋시공관리＋수밀시험＋갱생＋기타)

1 하수도 일반

1 하수관로시설의 목적

(1) 생활환경의 개선

(2) 기상이변의 국지성 호우 대응, 침수피해 방지

(3) 공공수역의 수질환경기준 달성과 물환경 개선

(4) 자원 절약, 순환형 사회 기여 및 하수도의 다목적 이용 등 지속발전 가능한 도시 구축에 기여

2 하수관로시설

(1) 관로, 맨홀, 펌프장, 우수토실(차집유량조정시설), 토구(방류구)

(2) 물받이(우수, 오수 및 집수받이), 연결관

3 하수관의 종류

1) 강성관

(1) 콘크리트관

① 흄관(원심력철근콘크리트관), VR관(진동 및 전압철근콘크리트관), PC관(프리스트레스트콘크리트관), 철근콘크리트관

② 기성사각형관로

③ 현장 타설철근콘크리트관

(2) 도관(점토)

(3) 유리섬유복합관(GRP)

2) 연성관

(1) 합성수지관

① PVC관(경질염화비닐관)

② PE관(폴리에틸렌관), PE이중벽관, HDPE관

(2) 덕타일(ductile)주철관

(3) 파형강관, 강관

(4) 유리섬유복합관(GRP)

(5) 폴리에스테르수지콘크리트관

4 하수배제방식 및 하수관거배치방식

1) 하수배제방식

(1) 합류식(기존 방식)

① 우수 및 오수를 1라인으로 배수처리

② 평상시 : 오수 → 용량 작은 경우 → 우수토실 → 하수종말처리장

③ 강우 시 : 오수, 우수 유입 → 용량 초과 시 → 우수토실 → 하천 배수

(2) 분류식(최근 방식)

① 오수 : 오수관을 통해 하수종말처리장

② 우수 : 우수관을 통해 하천으로 방류

2) 하수관거배치방식

(1) 직각식 : 하천유량 풍부 시, 가장 신속히 배제하고 경제적

(2) 선형식 : 나뭇가지형태, 대도시에 부적합

(3) 방사식 : 광범위한 지역에 적용

(4) 평행식 : 구역 내 지형 고저차가 심할 때 적용

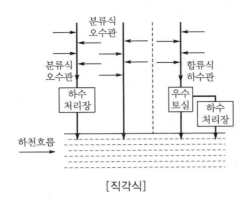

[직각식]

2 하수관로기초

1 관로의 매설형태에 따른 토압

1) 작용토압형태

  (1) 돌출식(강성관)

    토압(하중) $W' = W - 2F_n$

    여기서, W : 하중, F_n : 부마찰력

  (2) 굴착식(강성관, 연성관)

    토압(하중) $W' = W + 2F_p$

    여기서, W : 하중, F_p : 정마찰력

  (3) 돌출식(연성관)

    토압(하중) $W' = W$

    여기서, W : 하중, 마찰력 없음

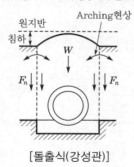
[돌출식(강성관)]

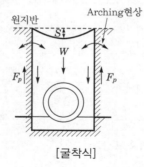
[굴착식]

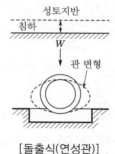
[돌출식(연성관)]

2) 돌출식(강성관)

  (1) **발생장소** : 성토구간에 관로 시공인 경우, 굴착폭이 넓은 경우

  (2) **관에 토압이 크게 작용** : 주면마찰력(F)이 하향작용

  (3) 강성관으로 변형 없음

3) 굴착식(강성관, 연성관)

  (1) **발생장소** : 굴착폭이 좁은 경우

  (2) **관에 토압이 작게 작용** : 주면마찰력(F)이 상향작용

  (3) 강성관으로 변형 없음

4) 돌출식(연성관)

(1) 발생장소 : 성토구간에 관로 시공인 경우, 굴착폭이 넓은 경우

(2) 관에 작용하는 토압은 같음

(3) 연성관으로 변형 발생

(4) Arching현상이 없으므로 주면마찰력(F)이 없음

2 기초의 종류 및 특징과 시공방법

1) 기초보강목적

구분	문제점	보강목적	기초보강범위
강성관	기초침하	기초보강	관 하부
연성관	기초침하, 관 변형	기초보강+관체 보호	관 하부+전체(360°)

2) 기초의 종류

관 종류 \ 지반	보통토, 경질토	연약토	극연약토 (연약지반)	목적
강성관 철근콘크리트관 도관 유리섬유복합관	벼개동목 모래기초 쇄석기초	무근콘크리트기초	말뚝기초 철근콘크리트기초	침하 방지 (기초보강)
연성관 경질염화비닐관 주철관 파형강관	모래기초	모래기초+토목 섬유기초 소일시멘트	소일시멘트기초 무근콘크리트+모래기초 벼개동목기초+모래기초	침하 관 변형 방지+ 관체보강 (2개 조합)

(1) 강성관 기초보강방법(기초보강)

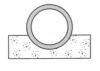

[모래기초]

[쇄석기초]

[철근콘트리트기초]

[콘크리트기초]

[벼개동목기초]

[말뚝기초]

(2) 연성관 기초보강방법(기초+관체보강)

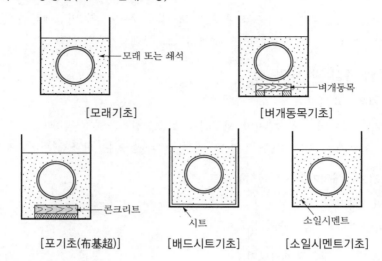

[모래기초] [벼개동목기초]

[포기초(布基超)] [배드시트기초] [소일시멘트기초]

3) 강성기초의 특징 및 시공방법

(1) 모래기초, 쇄석기초

① 보통 지반, 경질지반 또는 외압이 큰 경우 적용

② 기초두께는 최소 100~200mm 이상, 폭은 관 외경+0.2~0.25배 이상

(2) 벼개동목기초

① 보통 지반, 경질지반인 경우

② 1개 관(2.5m)에 2~3개 받침을 설치하고, 위에 관을 부설하여 쐐기로 고정

③ 벼개동목은 지반에 견고하게 고정하고 좌우가 일정높이로 설치

(3) 무근콘크리트기초

① 연약지반과 외압이 큰 경우

② 관로소켓 부분 하부에 틈이 없도록 시공

③ 기초두께는 최소 100~200mm 이상, 폭은 관 외경+0.2~0.25배 이상

(4) 철근콘크리트기초

① 극히 연약지반과 외압이 큰 경우

② 관로소켓 부분 하부에 틈이 없도록 시공

③ 기초두께는 최소 100~200mm 이상, 폭은 관 외경+0.2~0.25배 이상

(5) 말뚝기초+벼개동목기초 조합

① 극히 연약지반에서 지내력이 부족한 경우

② 적정간격으로 말뚝 설치

(6) 콘크리트 + 모래기초 조합

① 극연약지반에서 지지층이 매우 깊고 벼개동목받침이 비경제적인 경우

② 관저부의 소켓 부분에 틈이 발생되므로 모래로 채움 실시

4) 연성기초의 특징 및 시공방법

(1) 모래기초, 쇄석기초

① 보통 지반의 침하 방지와 연성관을 보호, 전체(360°) 밀착 보강

② 기초두께는 최소 100~200mm 이상, 폭과 높이는 관 외경 + 0.2~0.25배 이상

(2) 모래기초, 쇄석기초 + 토목섬유시트 조합

① 연약지반인 경우

② 하부와 측면에 토목섬유시트 포설

(3) 소일시멘트, 무근콘크리트기초

① 연약지반인 경우

② 기초보다는 관체보강이 주목적인 경우

(4) 무근콘크리트 + 모래기초 조합

① 극히 연약지반인 경우

② 콘크리트는 관 침하 방지, 모래기초는 관 변형 방지

(5) 벼개동목(사다리) + 모래기초 조합

① 극히 연약지반에서 접합을 용이하게 시공

② 1개 관(2.5m)에 2~3개 받침 설치

(6) 말뚝기초 + 벼개동목 + 모래기초 조합

① 극히 연약지반에서 지내력이 부족한 경우

② 적정간격으로 말뚝 설치

3 하수관로 시공관리

1 하수관로의 시공순서

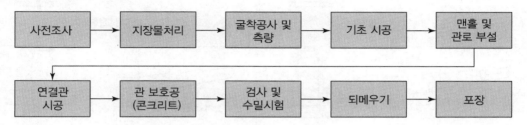

2 하수관거의 완경사접합 및 급경사접합방법

1) 접합위치

(1) 관로와 관로, 관로와 연결관

(2) 관로와 우수받이, 관로와 맨홀, 관로와 암거

2) 접합방법의 종류

(1) **완경사접합방법** : 수면접합, 관정접합, 관중심접합, 관저접합

(2) **급경사접합방법** : 단차접합, 계단접합

3) 완경사접합방법의 종류별 특징(상류)

(1) **수면접합**

① 계획수위를 일치시켜 접합

② 수리학적으로 가장 좋음

(2) **관정접합**

① 관정을 일치시켜 접합

② 유수는 원활하지만 굴착깊이가 증대

(3) **관중심접합**

① 관 중심을 일치시켜 접합

② 수면접합과 관정접합의 중간 형태

③ 계획수량의 수위 산출이 필요 없음

(4) **관저접합**

① 관 바닥을 일치시켜 접합

② 굴착깊이가 작아짐

③ 수위 상승 방지 → 펌프배수지역 적합

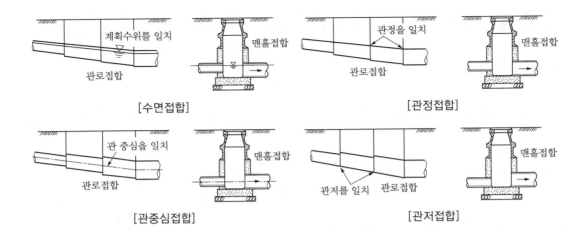

[수면접합]　　　　　　　　　　　[관정접합]

[관중심접합]　　　　　　　　　　[관저접합]

4) 급경사접합방법의 종류 및 특징(사류)

(1) 단차접합

① 1개소당 단차 : 1.5m 이내

② 단차가 0.6m 이상일 경우의 맨홀에는 부관 사용

③ 관거의 경사를 확보하고 토공량을 줄이기 위함

(2) 계단접합

① 대구경 관로 또는 현장 타설암거에 설치

② 계단의 높이는 1단당 0.3m 이내 정도

③ 관거의 경사를 확보하고 토공량을 줄이기 위함

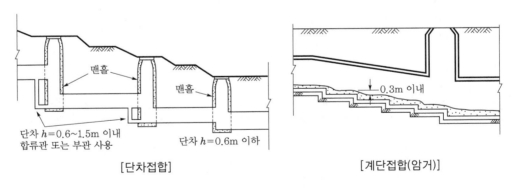

[단차접합]　　　　　　　　　　[계단접합(암거)]

5) 하수관로접합 시 주의사항

(1) 맨홀 설치장소

① 관거가 변화하는 장소 및 합류장소에 설치

② 맨홀 내 2개의 관거접속이 직각인 경우는 인버트 설치

(2) 관로의 부설 및 접합

① 하류측에서 상류측으로 부설

② 소켓이 상류측으로 향하도록 부설

(3) 2개의 관로가 합류하는 경우(맨홀 없음)

① 중심교각은 60° 이하

② 현장 타설콘크리트로 연결 또는 특수 제작한 관거로 연결

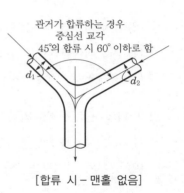

[합류 시 – 맨홀 없음]

(4) 합류맨홀의 곡절처리방법

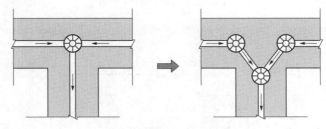

[반대방향 합류의 곡절처리방법]

❸ 관거와 관거의 연결 및 관거와 관거구조물의 연결방법

1) 관거와 관거의 연결방법

(1) 소켓연결

고무링에 윤활제를 바르고 중심선을 일치시켜 밀착 시공

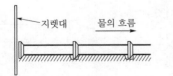

[지렛대연결방법(250mm 이하)]

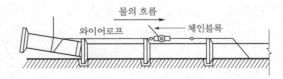

[외부체인블록연결(250∼800mm 이하)]

(2) 맞대기연결

① 칼라연결 : 흄관의 모르타르연결 시공, 누수 많음, 최근에 잘 사용하지 않음

② 수밀밴드 : 연성관이음 적용

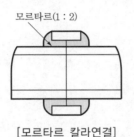

[모르타르 칼라연결]

[수밀밴드연결]

(3) **플랜지연결** : 하수관거 플랜지연결에 적용

(4) **기계식(메커니컬) 연결** : 덕타일주철관의 압륜으로 연결

(5) **융착연결** : 합성수지관의 밴드에 열을 가하여 융착연결, 맞대기이음의 한 방법임

2) 관거와 관거구조물의 연결방법

(1) **관거구조물** : 맨홀, 우수받이, 암거, 우수토실, 배수펌프, 기타

(2) **관거와 관거구조물의 연결방법**

　① 관거구조물 시공 후 관거연결방법

　② 관거와 관거구조물 일체로 콘크리트 타설방법

(3) **기성제품 맨홀의 관거연결** : 맨홀에 부착된 관거와 관거연결

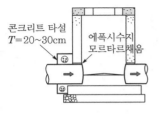

[맨홀 시공 후 관거연결]　　　[암거 시공 후 관거연결]

[콘크리트 일체 타설방법]

4 하수관로 시공 시 유의사항

1) 준비단계

(1) **지하지장물조사 및 이설조치** : 하수관로는 구배가 확보

(2) 도심지 교통통제계획 수립 및 도로 점용 인허가

2) 관의 취급, 운반 및 보관

(1) 취급 시 2개소를 매달기로 이동

(2) 보관 시 1본당 2개소에 고임목을 설치하고 2단 이하 적재

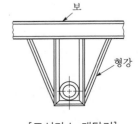

[도시가스 매달기]

3) 굴착공사 및 지보공 설치

(1) **굴착 시 안식각 확보** : 구배 1 : 0.3

(2) 지하지장물의 매달기 등 조치

4) 흙막이 지보공공사

(1) 도심지공사의 관로구간은 간이흙막이 벽 설치

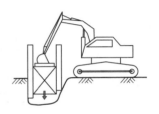

[간이흙막이 벽 시공]

(2) 맨홀 및 펌프장 등 굴착깊이가 큰 장소는 시트파일 및 엄지말뚝공법 적용

(3) 위험한 장소는 계측관리 실시

5) 기초공사

(1) 연약지반인 경우 치환공법 등 실시

(2) 강성관, 연성관, 연약지반에 따라 관체보호공의 시공

6) 하수관 부설

(1) **일반토공구간** : 관로의 구배 준수, 낮은 곳에서 높은 곳으로 부설

(2) **교량 매달기** : 압송관로 시공이 원칙

(3) **철도 하부통과** : 추진공법으로 시공하고 관계자와 충분한 협의 실시

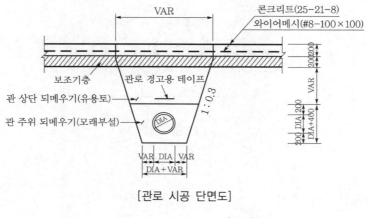

[관로 시공 단면도]

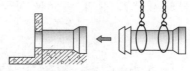

[관로 2줄걸이 부설방법]

7) 배수설비공사

(1) 맨홀, 우수받이, 암거구조물

(2) **이토변실 및 공기변실** : 압송관로에 설치

(3) **프리캐스트구조물** : 맨홀에 설치하는 관거의 방향을 현장 조건에 맞게 제작

8) 하수도관의 접합 및 연결

(1) 경사가 급한 경우 단차접합, 계단식 접합 실시

(2) 연결은 관종에 따라 시공기준을 준수하고 수밀성 확보

9) 관로의 검사 및 시험(신설공사)

(1) 관경 800mm 이상은 육안점검 실시, 800mm 이하는 CCTV조사 실시

(2) 누수시험은 오수관의 전체에 대해 실시

10) 되메우기 및 포장

(1) 관 표시테이프의 설치

(2) 관 상단 20cm까지 양질의 토사로 다짐 실시

(3) 암의 최대 치수 100mm 이하

(4) 다짐두께 20cm, 다짐도 95% 이상

(5) 관로에 편심이 발생되지 않도록 좌우대칭되게 되메우기 및 다짐 실시

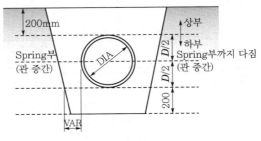

[관로 되메우기]

11) 안전관리

(1) 야간공사 시 조명 확보

(2) **굴착공사 시 인접 시설물의 세굴 및 붕괴** : 구조물 공극, 상수관로의 누수

12) 교통처리

(1) 도시지역의 장기교통처리는 흙막이공사를 실시하고 복공판 설치

(2) 일시적인 차량통행은 철판 32mm 이상 임시 설치

4 　하수관로 유지관리 및 갱생

1 하수관로 유지관리(보수 및 보강, 갱생)

1) 목적

(1) 노후관 교체보다 갱생공법이 비용 저렴

(2) 도심지 교통정체 방지

2) 보수 · 보강(갱생)의 종류

(1) **전체 보수공법** : 노후관 비굴착으로 갱생

(2) **부분보강공법** : 파손 부위 비굴착으로 보강

(3) **교체공법** : 굴착 교체 및 비굴착 교체

(4) 맨홀 및 암거 등 구조물의 보수 · 보강

3) 보강순서

하수관로 세정 → 상태조사 → 보수 · 보강방법 결정 → 보수 · 보강 → 육안조사 및 수밀시험 → 기록관리

4) 전체 보수공법

(1) **슬립라이닝공법**

① 연속관(PE관), 유리섬유복합관, 강관에 적용
② 기존 관에 연속된 길이의 관을 삽입하고 틈 사이에 그라우팅을 실시하여 라이닝 형성

(2) **현장 경화관라이닝공법**

① 반전방식공법(라이너제품)
② 연성관(변형관)을 삽입하여 뜨거운 증기압으로 확대 및 경화시킴

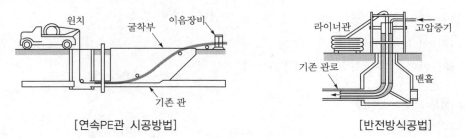

[연속PE관 시공방법]　　　　　　　　　[반전방식공법]

(3) **제관공법(SPR)** : 제관기로 경질염화비닐재질의 프로파일(30cm 정도)을 회전시켜 갱생 관을 생성

(4) **세그먼트라이닝공법(대형관)** : 기존 관 내부에 세그먼트단위로 관을 삽입하고 틈 사이에 그라우팅 실시

(5) **코팅공법(대형관)** : 기존 대형관에 숏크리트분사방식

5) 부분보강공법

관 내부 또는 외부를 부분 보강하는 방법 → 로봇, 장비, 인력으로 시공

6) 교체공법

(1) **비굴착 교체(관파쇄공법)** : 유압해머를 장착한 장비를 관입하여 기존 무근콘크리트을 파쇄하여 흙 속으로 밀어내고 신설관을 관입하는 방법

(2) **굴착 교체** : 직접 굴착하여 신설관으로 교체하는 방식으로 교통통제 등 문제 발생

7) 맨홀 및 구조물의 보수 · 보강

균열보수, 충진공법, 단면보수, 지반그라우팅 실시

2 불명수 유입에 대한 문제점과 대책, 침투경로조사방법

1) 개요

불명수는 하수관로에 오수 이외의 침투되는 유입수로 지하수, 우수, 하천수, 해수 등이 있으며, 관거, 펌프장, 하수처리장의 용량 과부하로 많은 문제점이 발생된다.

2) 불명수 유입 시 문제점

(1) 강우 시 또는 지하수의 불명수 다량 유입

(2) 하수종말처리장의 용량 초과로 과부하 발생

(3) 지반세굴 및 싱크홀 발생

3) 원인

(1) 맨홀, 우수받이, 연결관 등 오접, 이탈, 수밀성 부족

(2) 시공 및 되메우기 시 파손

(3) 인접하여 굴착공사로 하수관로의 변형 발생

4) 침투경로조사방법

(1) **육안조사 및 CCTV조사** : 파손 부위 조사   (2) 연막시험

(3) 염료시험   (4) 음향시험

(5) 물리탐사

5) 대책

    (1) 자료수집 : 하수관로 관망도, 설계도서, 관계자료

    (2) 침투경로조사 실시

    (3) 원인 및 분석

    (4) 보수 · 보강계획의 수립 : 예산 확보, 설계 실시

    (5) 보수 및 보강 실시 : 파손보수, 갱생, 지반침하방지조치

    (6) 시험 및 검사 실시 : 수밀시험 및 연막시험으로 확인

    (7) 관련 자료의 기록 및 보존 : 관망도 작성

5 하수관로의 검사 및 시험(수밀시험)

1 검사목적

(1) 관로경사 등 시공상태의 적정성 확인

(2) 관로의 수밀성 판단

(3) 연결상태 확인

(4) 유입수 및 침투수의 경로 확인

2 검사의 범위

관로, 맨홀, 연결관

3 검사의 종류 및 시험방법

(1) **경사검사** : 하수관 구배 및 측선변동조사

(2) **수밀검사** : 침입수시험, 누수시험, 공기압시험

(3) **부분수밀검사** : 연결부 또는 부분 보수 시 시험 실시

(4) **수압시험** : 압송관 수밀시험(주철관)

(5) **내부검사** : 육안검사, CCTV조사

(6) **오접 및 유입수, 침입수의 경로조사** : 연막시험, 염료시험, 음향시험 실시 → 위치조사

(7) **변형검사** : 연성관 변형검사

☞ 우수관은 수밀검사, 수압시험, 변형검사는 제외

4 시험방법

(1) **검사시기** : 되메우기 전에 실시

(2) **검사구간** : 맨홀과 맨홀구간으로 실시

(3) **검사수량** : 우수 및 오수 등 신설 및 교체관로의 전체 실시

(4) 시험결과에 이상 있는 경우 재시공 실시

5 수밀시험

1) 침입수시험(양수시험)

(1) 지하수위가 관 상단보다 0.5m 높은 경우 적용

(2) 맨홀 사이를 에어플러그로 지수하고 하류측에서 유량 측정

(3) 필요시 CCTV조사 병행

2) 누수시험

(1) 지하수위가 관 상단보다 0.5m 이하인 경우 적용

(2) 맨홀 사이의 관로를 에어플러그로 막고 물을 채워 일정시간 동안 누수량 측정

(3) 연결관 또는 맨홀에서 실시

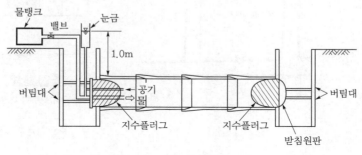

[본관 누수시험]

(4) 누수시험방법

① 관로 양측, 연결관을 에어플러그로 막음

② 낮은 쪽은 밀리지 않도록 버팀대로 고임

③ 수직시험관에 물을 채워 콘크리트관로를 30분~1시간 동안 포화시킴

④ 상류측 수직시험관에 수두가 1m를 유지하도록 물을 채워 시험 실시

(5) 허용누수량

① 관로 및 맨홀 적용

② 측정시간 30분 동안 수두 저감 100mm 이내, 허용누수량 $0.15\ell/m^2$(관면적당) 이내

(6) 시험 시 과도한 누수가 일어나는 경우

① 파이프의 공극 또는 틈

② 손상되거나 불량 혹은 불완전하게 연결된 파이프의 연결부

③ 결함이 있는 마개

3) 공기압시험

(1) 공기가압을 통해 관로의 경간 및 이음부의 수밀성검사

(2) 특징

① 물을 사용하지 않으므로 시험이 간편하고 장비가 간단

② 비용이 적고 친환경공법

③ 물과 공기의 특성차이 때문에 수압시험결과와 동일하게 볼 수 없음

(3) 공기압시험방법

① 최초의 초기가압은 검사압보다 10% 정도 더 가압 실시

② 단계별로 측정시간(t) 동안 감압량(ΔP_f)을 측정

③ 누수시험값으로 환산하여 적용

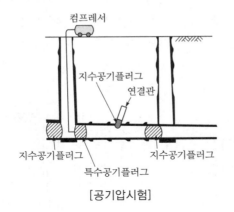

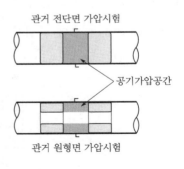

[공기압시험]　　　　　　　　　　　[관로이음부 공기압시험]

4) 부분수밀시험

(1) 연결관이 존재하여 맨홀~맨홀구간 수밀시험의 수행이 어려울 경우

(2) 부분보수구간과 같은 일부분의 수밀성을 조사하는 경우

5) 수압시험(덕타일주철관, 강관)

(1) 압송관로 ϕ700mm 이하는 압력유지시험으로 실시

(2) **덕타일주철관의 규정수압** : 5MPa

(3) **시험방법** : 시험구간의 관로에 물을 채우고 24시간 이상 방치 후 규정수압까지 상승 확인

6) 내부검사(육안검사, CCTV조사)

(1) **육안검사(조사)** : 1,000mm 이상의 관로 및 접속관, 맨홀 등

(2) **CCTV조사** : 1,000mm 미만의 관로, 연속촬영조사

7) 오접 및 유입수, 침투수의 경로조사

(1) **연막시험** : 연막(연기) 이용

(2) **염료시험** : 형광염료 이용

8) 변형검사

연성관 하수관거의 변형상태 조사 → CCTV, 육안조사

6 상수관로

1 상수도관의 종류 및 장단점

구분	장점	단점
덕타일주철관	• 강도가 비교적 큼 • 압륜연결 용이 • 부식이 적음	• 중량이 무거워 취급 불편 • 접합부의 이탈이 쉬움 • 관 내면에 스케일 발생
도복장강관	• 강도가 큼 • 여러 조건에 시공 용이 • 대구경 생산 용이	• 중량이 무거워 취급 불편 • 부식 발생으로 대책 필요 • 용접이음으로 연결 복잡
경질염화비닐관 (PVC관)	• 중량이 가벼워 취급 용이 • 부식이 적음 • 가격 저렴	• 강도가 작고 충격에 약함 • 열에 약해 변형이 쉬움 • 온도에 의한 신축접합이 요구됨
PE수도관 (폴리에틸렌관)	• 중량이 가벼워 취급 용이 • 부식저항성이 큼	• 융착이음으로 전문기술자 필요 • 가격 비쌈
유리섬유복합관	• 중량이 가벼워 취급 용이 • 부식이 적음 • 소켓식 접합으로 시공 용이	• 절단 시 유리섬유 비산 • 분기관, 이형관이 다양하지 않음 → 실용화되지 않고 있음
스테인리스강관	• 강도와 내식성 우수 • 중량이 가벼워 취급 용이	• 가격 비쌈 • 소형 강관에 적용

2 상수관로 시공순서

준비 → 지장물 이설 → 굴착 → 부설 및 연결 → 인력으로 모래 부설 및 정리 → 경고테이프 → 되메우기 → 층다짐 → 완료

3 상수관로 되메우기 시 주의사항

(1) 모래는 입도가 고르고 깨끗하며 유해성분이 없을 것
(2) 관의 상단 30cm까지 양질의 모래로 되메우기
(3) 관 하부 및 주변은 인력으로 되메우기 실시
(4) 해사 사용 시 도복장강관용접부 부식 우려
(5) 관로 표시테이프는 관 상부에서 30cm에 설치(파란색)
(6) 되메우기 흙 최대 입경은 100mm 이하
(7) 관의 좌우가 대칭되게 되메우기하여 편압을 받지 않도록 할 것

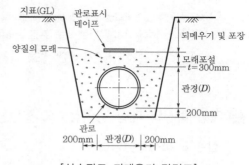
[상수관로 되메우기 단면도]

4 도수관로 및 송수관로 결정 시 고려사항

1) 도수와 송수

(1) **도수** : 수원(취수지점)으로부터 정수장까지 원수를 수송하는 것

(2) **송수** : 정수장에서 배수지까지 정수된 물을 수송하는 것

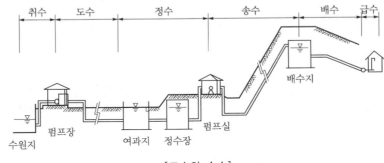

[도수와 송수]

2) 도수관로 및 송수관로 결정 시 고려사항

(1) 동수구배선 이하가 되게 하고 가급적 단거리가 되어야 함

(2) 수평, 수직의 급격한 굴곡을 피하도록 함

(3) 공사비를 최소 한도로 줄일 수 있는 곳을 선택

(4) 하부성토 등 지반이 불안전한 장소는 가급적 피함

(5) 비탈 등 붕괴 우려가 있는 지점은 가급적 피함

(6) 노선은 가급적 공공도로를 이용

✏️ **상수관로 부단수공법**

① 정의 : 상수관로를 단수하지 않고 보수 및 교체하는 공법

② 상수관로의 단수장치를 보수 부분 양측에 설치한 후 단수장치 간 별도의 관으로 연결하여 임시 통수
시킨 후 원상수관로를 교체 실시

---

5 대형 하천의 대형 광역상수도 횡단방법

1) 상수도 하천횡단방법

(1) **하천 상부횡단**

① 상수관로 전용 교량 설치

② 일반교량 매달기식(경제적, 유지관리 유리)

(2) **하천 하부횡단** : 역사이펀식, 터널식

2) 대형 하천구간 관매설방법

(1) 개착식

① 개착식(사면개착식, 흙막이 가시설)＋물막이(전체절, 부분체절)

② 물막이 후 개착공법 적용

(2) 비개착식

① NATM공법

② 실드TBM공법

③ 추진공법 : 인력굴착, 오거굴착, 세미실드

⚓ 사이펀(siphon), 역사이펀(inversed siphon)

① 관로가 지하매설물, 철도나 하천을 횡단하는 경우에 중력에 의한 압력으로 하부를 통과하는 원리를
이용하는 방법

② 사이펀은 지장물 상부로 통과, 역사이펀은 지장물 하부로 통과

③ 역사이펀실에는 유량의 조정과 차단을 위한 수문 설치

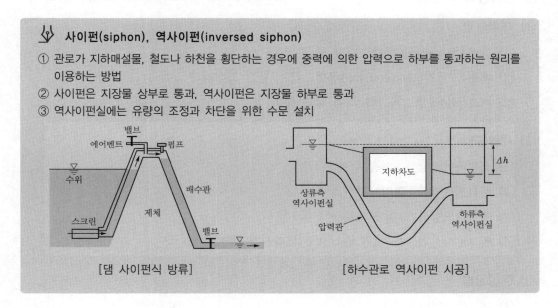

[댐 사이펀식 방류] [하수관로 역사이펀 시공]

7 상수도관 유지관리 및 갱생

1 개요

(1) **세척** : 관 내부에 슬라임, 침전물, 녹, 부식 생성물 등을 세척하여 제거

(2) **세관** : 관 내부에 슬라임, 침적물, 부식스케일 등을 비연마 또는 연마하여 제거

(3) **갱생** : 세관 후에 표면처리 후 라이닝 등의 방법으로 기능을 회복시키는 것

2 갱생공법의 분류

1) 세척방법

(1) **플러싱(flushing)방법** : 다량 물 주입

(2) **맥동류 세척(air scouring)공법** : 기존 물을 회전와류

(3) **피그(pig)방법** : 피그를 채워 물과 통과

2) 세관공법

(1) **스크레이퍼방식** : 쇠솔로 제거

(2) **워터제트방식** : 고압물분사로 제거

(3) **에어샌드방식** : 고압모래분사로 제거

(4) **피그방식** : 피그를 채워 수압으로 통과시켜 제거

3) 갱생공법

(1) **내부관삽입방식**

① 합성수지관(PVC관), 덕타일주철관, 도복장강관 삽입공법 후 틈 사이 그라우팅

② 피복제(박막관) 관내 장착방식 → 삽입 확대 후 부착

③ 기존관 파쇄 후 추진공법

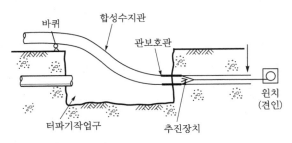

[합성수지관 삽입방법]

(2) **라이닝방식** : 세라믹모르타르 분사라이닝, 폴리우레탄 분사라이닝

(3) **코팅방식** : 에폭시수지도료 분사도장

(4) **교체방식에 따라** : 부분 교체, 전체 교체

(5) **굴착방식에 따라** : 굴착방식, 비굴착방식

(6) **상수관로 부단수공법**

CHAPTER

18

환경토목

환경토목

일반 → 환경토목

건설공해

1. 직접공해 **대, 소, 폐, 수, 지**
   - 대기오염
   - 소음, 진동
   - 폐기물
   - 수질오염, 토양오염
   - 지반변위(침하)
2. 간접공해
   - 교통정체
   - 불안감
   - 경관 저해
   - 환경 저해
   - 일조권 방해

대기오염

1. 발생 : 토공, 발파, 기초, 콘크리트
2. 대책 : 세륜시설, 작업방법 개선

소음, 진동

1. 관련 근거 : 소음·진동관리법
2. 소음기준

구분	조석 (5~8시, 18~22시)	주간 (8~18시)	심야 (22~05시)
주거지 (dB)	60 이하	65 이하	50 이하

3. 진동기준 **가, 문, 좋, 아**

구분	가축	문화재	조적 (가옥)	RC (가옥)
cm/s (Kine)	0.1	0.2~0.3	0.3	0.4

4. 대책
   - 발생원 : 제어발파, 미진동 파쇄
   - 전달경로 : 트렌치, 방진구
   - 수신점 : 건물 내부 방음시설

건설폐기물

1. 종류
   - 건설폐재류 : 폐콘크리트, 폐아스팔트, 건설폐토석
   - 불연성류 : 건설오니, 폐금속류, 폐유리
   - 가연성류 : 폐목재, 폐합성수지
   - 혼합건설폐기물
2. 재활용
   - 순환골재
     - 도로기층용, 보조기층용, 동상방지층용
     - 구조물 되메우기 및 뒷채움용, 성토용
   - 순환골재 재활용제품
     - 재생아스팔트골재
     - 콘크리트골재
   - 순환토사 : 성토용, 복토용

폐기물매립장

1. 침출수 억제 : 하부차수층 설치
2. 차단벽 설치 : 슬러리월
3. 투수성 반응벽체 설치 : 통과 시 정화
4. 악취 및 해충 서식 : 살충제 살포

비점오염원

1. 점오염원 : 한 장소 배출, 공장, 축산
2. 비점오염원 : 불특정장소 배출, 하천, 도시, 도로, 공사장

준설토 재활용

1. 모래 : 성토, 배수재, 콘크리트골재
2. 점성토 : 탈수＋시멘트 → 성토, 차수재
3. 토양오염정화기술
   - 생화학적 처리법 : 생화학적 분해법
   - 물리·화학적 처리법 : 토양세정법
   - 기타 : 용존공기부상법, 투수성 반응벽체

환경토목

(건설공해＋대기오염＋소음, 진동＋건설폐기물＋폐기물매립장
＋비점오염원＋준설토 재활용)

1 건설공해

1 개요

건설공사 시에 건설공해가 불가피하게 발생되고 주변에 민원 등을 유발시키고 있으며 직접공
해와 간접공해가 있다.

2 건설공해의 종류

1) **직접공해** 　대, 소, 폐, 수, 지

① 대기오염

② 소음, 진동

③ 폐기물

④ 수질오염, 토양오염

⑤ 지반변위(침하)

3대 건설공해
대기오염
소음, 진동
폐기물

2) **간접공해**

① 교통정체 　　② 불안감 　　③ 경관 저해

④ 환경 저해 　　⑤ 일조권 방해

3 건설공해의 특성

① 건설공사기간 내에서만 발생되며
공사 종료 후 소멸됨

② 현장 주변 민원 발생 야기

③ 제한된 시간과 공간에서만 발생됨

④ 건설공해 자체 제거가 어려움

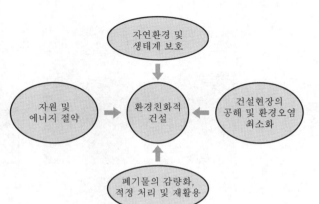

[환경친화적 건설방안]

2 대기오염(비산먼지)

1 관련 법규

(1) 대기환경보전법　　　　　　　　(2) 착공 시 비산먼지 발생신고

2 비산먼지의 문제점

(1) 대기오염　　　　　　　　　　　(2) 장비 및 기계의 잦은 고장

(3) 인체의 건강장해 : 호흡기질환, 폐암 등　(4) 사회적 생활환경의 파괴

3 주요 비산먼지 발생공사

(1) **토공사** : 야적장, 상차, 운반차량, 성토장(노체, 노상)

(2) **발파공사** : 발파 시 비산먼지

(3) **기초공사** : 드롭해머 항타, 천공장비

(4) **콘크리트공사** : 거푸집 설치 및 해체, 작업불순물, 면갈이작업

(5) 기타

4 건설현장 비산먼지 저감대책

1) 공통사항

(1) 착공 시 비산먼지 발생신고 및 비산먼지 저감계획 수립

(2) 가설방음벽 및 가설방진망 설치

(3) **출입구 세륜·세차시설** : 자동세륜기, 콘크리트세륜시설

(4) 근로자 고압살수로 차량바퀴 등 세척

(5) 환경관리 전담요원 배치

[가설방음벽＋방진망]

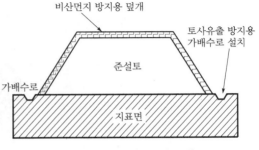

[야적장 비산먼지방지덮개]

2) 토공사

(1) 야적장

① 야적물은 방진덮개 사용

② 가능한 한 높이 1.8m 이상의 방진벽 설치

③ 야적물의 함수율이 항상 7~10%가 유지되도록 살수하여 비산먼지 방지

(2) 상차 및 하차

① 필요시 살수반경 5m 이상, 수압 $3kg/cm^2$ 이상의 살수시설을 설치하여 재날림 방지

② 풍속이 평균초속 8m 이상일 경우 작업 중지

(3) 운반차량

① 덮개를 설치하여 적재물이 외부에서 보이지 않고 흘림이 없도록 조치

② 적재물이 적재함 상단으로부터 수평 5cm 이하까지만 적재

③ 공사장 출입구에 이동식 자동세륜기 설치

[이동식 자동세륜시설]   [공사장 살수차량 15톤]

3) 발파공사

(1) 천공작업 시 천공장비의 드릴비트에 살수 및 덮개 설치

(2) 제어발파 및 파쇄발파 적용

4) 기초공사

(1) 천공장비 오거스크루에 흙이 날리지 않도록 리더에 덮개 설치

(2) 드롭해머보다는 유압해머 이용

5) 콘크리트공사

(1) 잔재물이 부착된 거푸집을 던지거나 두드리지 말 것

(2) 작업장의 정리정돈에 의한 불순물 제거

3 소음, 진동

1 공사장 소음, 진동 허용기준

1) 관련 근거

    (1) 소음・진동관리법, 터널표준시방서(2015)

    (2) 착공 시 특정 공사 사전신고

2) 소음

구분	조석 (5~8시, 18~22시)	주간 (8~18시)	심야 (22~05시)	대상소음
주거지(dB)	60 이하	65 이하	50 이하	공사장소음
상업지(dB)	65 이하	70 이하	50 이하	공사장소음

3) 진동 [가, 문, 종, 아, 상]

구분	가축	문화재	조적(가옥)	RC(가옥)	상가
cm/s (Kine)	0.1	0.2~0.3	0.3	0.4	1.0

2 발파에서 지반진동의 크기를 지배하는 요소

1) 지반조건

    (1) 암의 종류, 암의 강도, 풍화 정도

    (2) 불연속면상태, 절리간격, 방향성, 지하수

2) 발파방법

    (1) 벤치의 높이   (2) 자유면의 확보 여부

    (3) 최소 저항선 및 공간격   (4) 제어발파공법

3) 장전 및 장약

    (1) 화약의 종류   (2) 전색물의 종류 및 전색장

    (3) 지발당 장약량   (4) 기폭방법 및 기폭시차

    (5) 지발시간

3 발파 시 발생되는 문제점 및 원인과 대책

1) 문제점

(1) 소음, 진동, 비산의 발생

(2) 인접 건물 및 시설물의 균열, 지반침하

(3) 지하지장물의 파손

(4) 소음·진동에 의한 민원 발생

2) 원인

(1) **직접원인**

① 암석의 불연속면 : 단층, 파쇄대, 절리, 연약면

② 천공오차와 국부적인 장약공의 집중

③ 과다장약

(2) **간접원인** : 지반조사 미흡, 공사기간의 부족

3) 대책

(1) **발생원 경감대책**

① 시험발파 실시 : 신뢰성 있는 분석을 위해 계측데이터 30점 이상 확보

② 심빼기발파 및 벤치컷발파 실시

③ 발파패턴의 준수 : 천공간격, 천공깊이 준수

④ 제어발파 실시 : 정밀화약 사용, Decoupling효과, 스무스블라스팅 DI=2~3

⑤ 미진동파쇄공법 적용 : 플라즈마공법, 유압장비 이용

⑥ MS뇌관 사용

(2) **전달경로 차단대책**

① 방호매트 사용 : 폐타이어덮개

② 트렌치 및 슬러리월 설치

③ 방음벽 및 방음커튼 사용 : 5~15dB 차단효과

④ 건물 내부 차음재료 설치

(3) **수신점**

축사 임시이동, 구조물 진동저감장치 설치(댐퍼, LRB)

(4) **조사 및 설계대책**

① 지반조사 철저 : 선진수평보링, TSP탐사 실시

② 불연속면을 고려한 발파 설계

(5) 기타

① 계측관리 실시   ② 주간에 발파 실시

③ 구청에 특정공사 사전신고 실시

4 건설현장 소음, 진동 발생원인 및 대책

1) 토공사

(1) **발생원인** : 발파작업, 브레이커작업, 장비의 소음, 진동

(2) **대책** : 제어발파 실시, 무소음, 무진동공법 적용, 장비 저속운행

2) 배수공사

(1) **발생원인** : 굴착장비, 양수작업 시 소음, 진동

(2) **대책** : 저소음, 저진동장비 사용, 차수공법 적용, 수중펌프 사용

3) 기초공사

(1) **발생원인** : 항타작업과 장비의 소음, 진동

(2) **대책** : 매입공법 적용, 드롭해머보다는 유압해머 사용

4) 구조물공사

(1) **발생원인** : 거푸집작업, 콘크리트펌프카의 소음, 진동

(2) **대책** : 거푸집 던지지 말 것, 주간에 콘크리트 타설 실시

5) 포장공사

(1) **발생원인** : 피니셔장비, 덤프트럭, 커팅작업의 소음, 진동

(2) **대책** : 주간에 공사 실시, 덤프트럭 저속운행

6) 공통대책

(1) 소음·진동관리법 준수

(2) 저진동, 저소음공법으로 설계

(3) 시험발파 실시

(4) 가설방음벽 및 트렌치 설치

(5) 특정공사 사전신고서 제출

(6) 저진동, 저소음장비 선정

(7) 근로자 및 관리감독자 환경교육 실시

(8) 야간보다는 주간에 작업 실시

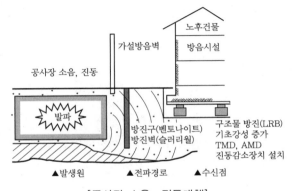

[공사장 소음·진동대책]

4 건설폐기물

1 정의

1) 건설폐기물

(1) **해당 건설공사** : 건설산업기본법에 의한 토목공사, 건축공사, 산업설비공사, 조경공사

(2) 건설현장에서 공사를 시작할 때부터 완료할 때까지 발생되는 5톤 이상의 폐기물(생활폐기물 제외)

2) 순환골재

건설폐기물을 물리적 또는 화학적 처리과정 등을 거쳐 시방서의 순환골재품질기준에 적합한 골재

☞ 건설폐기물의 재활용 촉진에 관한 법령 : 건설폐기물의 처리 등에 관한 업무처리지침 참고

2 건설폐기물의 종류

(1) **건설폐재류** : 폐콘크리트, 폐아스팔트, 폐벽돌, 폐블록, 폐기와, 건설폐토석

(2) **불연성류** : 건설오니, 폐금속류, 폐유리

(3) **가연성류** : 폐목재, 폐합성수지, 폐섬유, 폐벽지, 패널

(4) **혼합건설폐기물**

3 건설폐기물 처리절차

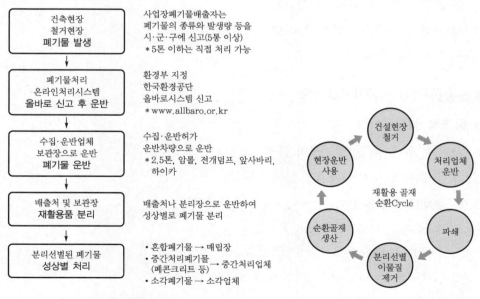

[건설폐기물 처리절차]

[재활용 골재의 순환cycle]

4 재활용방안

1) 순환골재

(1) 도로 기층용, 도로 보조기층용, 동상방지층용, 노상용, 노체용

(2) 구조물 되메우기 및 뒷채움용, 성토용, 복토용

(3) 하수관거 설치의 모래 대체용

☞ 폐아스팔트는 순환골재 성토용으로 사용할 수 없음

2) 순환골재 재활용제품

(1) **재생아스팔트골재** : 도로, 농로, 주차장, 광장의 포장용

(2) **콘크리트골재** : 시설물의 바닥, 도로의 경계시설 설치 및 보수용(건축물 또는 구조물은 제외)

3) 순환토사

건설공사의 성토용, 매립시설의 복토용

5 건설현장 순환골재 의무사용

1) 현장 발생량의 의무사용비율 40% 이상(2017.9.27. 시행)

2) 대상공사

(1) 도로공사의 구간은 폭이 2.75m 이상이고 길이가 1km 이상

(2) 포장면적이 9,000m^2 이상

(3) 산업단지택지개발면적 150,000m^2 이상

(4) 하수관로 설치공사

6 순환골재(재생골재)콘크리트

1) 물리적 성질

(1) 나무조각, 흙 등 불순물이 많음

(2) 입형은 0.3mm 이하의 미립분이 많음

(3) **골재의 흡수율이 큼**

→ Slump 저하, 워커빌리티 저하

→ Bleeding 저하, 동결융해, 건조수축 큼

(4) 압축강도 5~15% 감소, 탄성력 없음

2) 적용

압축강도 21MPa 이하 사용

3) 기타

(1) 재활용으로 친환경콘크리트

(2) 프리웨팅 실시 : 스프링클러로 3일간 순환골재에 살수 후 배합

7 건설폐기물 처리 시 유의사항

(1) 건설폐기물 처리용역의 분리 발주 : 건설폐기물 100톤 이상 건설공사

(2) 건설폐기물 배출자 신고 : 건설폐기물 5톤 이상, 지방자치단체에 신고

(3) 올바로시스템 신고 : 환경부(한국환경공단) 올바로시스템에 신고 후 운반

(4) 건설폐기물처리업체(중간처리업체)가 수집 및 운반, 처리

(5) 혼합건설폐기물은 성상별 분리 및 선별 → 소각, 매립, 재활용

🖉 구조물 해체공법

① 구조물 해체공법
- ㉠ 타격공법 : 크레인에 Steel Ball을 매달아 낙하충격으로 해체
- ㉡ 브레이커공법 : 백호+브레이커 부착
- ㉢ 절단공법 : 다이아몬드절단기 및 다이아몬드 와이어슈
- ㉣ 유압잭공법 : 유압잭 → 보, 슬래브 등 밀어올려서 파쇄
- ㉤ 압쇄기공법 : 백호+압쇄기 부착
- ㉥ 전도공법 : 구조물 측면을 파쇄 및 절단하여 전도
- ㉦ 발파방법 : 소음, 진동 큼
- ㉧ 기타 : 팽창재 이용, 워터제트 고압분사공법

② 주요 관리
- ㉠ 해체방법 및 안정성 검토
- ㉡ 안전대책
- ㉢ 환경공해대책
- ㉣ 민원대책

5 폐기물매립장

1 매립방법

(1) **곡간매립** : 산지지역(국내)

(2) **평지매립** : 평지지역(미국)

2 매립장 계획 및 시공 시 고려사항(안정에 대한 검토사항)

(1) **매립위치 및 방법 선정** : 곡간매립, 평지매립

(2) **매립장 안정성 검토** : 전도, 활동, 지지력(침하)

(3) **시설물의 안정성 검토 실시** : 기초지반, 저류구조물, 차수시설, 침출수처리시설

(4) **복토(Cover Soil)** : 노출 방지, 악취 저감, 우수침투 방지

(5) **악취 및 해충 서식** : 악취 유발, 지역주민 민원, 살충제 살포

(6) **Gas 발생** : 인체유해성, 가스활용방안 모색

(7) **침출수관리** : 지반오염 발생, 악취 발생, 수질오염

(8) **조경** : 시각효과, 악취이동 방지, 비산 방지

(9) **오염감시체계** : 감시정 설치, 농도 및 오염거리 주기적 측정

3 침출수 억제대책

1) 침출수 발생 억제

(1) **하부** : 차수층 설치

(2) **상부** : 복토층, 배수로 설치

2) 차단벽 설치

(1) 매립지 주변에 차단벽 설치

(2) 커튼그라우팅, 슬러리월, 강널말뚝 설치

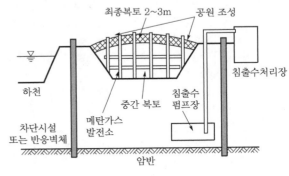

[폐기물매립장 시공도]

3) 반응벽체 설치

오염물질이 반응벽체를 통과하면 화학반응으로 오염이 정화됨

6 비점오염원

1 점오염원과 비점오염원의 특성

구분	점오염원	비점오염원
정의	한 장소에서 배출되는 수질오염원	불특정한 장소에서 배출되는 수질오염원
배출원	생활하수, 공장폐수, 축산폐수	하천, 도시, 도로, 농지, 산지, 공사장
특징	• 인위적 배출 • 배출지점이 명확 • 한 지점에 집중적으로 배출 • 차집이 용이하고 처리효율이 높음	• 인위적 및 자연적 배출 • 배출지점이 불명확 • 강우로 희석, 확산되면서 넓은 지역으로 배출 • 차집이 어렵고 처리효율이 낮음

2 비점오염물질의 종류 및 발생원인

(1) **토사** : 토사에 오염물질이 흡착되어 강우에 의해 하천 유입

(2) **영양물질** : 식물에 사용하는 비료(질소, 인) 등이 강우에 의해 하천 유입

(3) **박테리아와 바이러스** : 동물 배설물(박테리아 및 바이러스)이 강우로 하천 유입

(4) **기름과 구리스** : 차량 세척, 폐기름 등의 무단투기로 발생

(5) **금속** : 도시지역에서 중금속이 강우로 하천 유입, 검출

(6) **유기물질** : 논, 밭, 산림, 주거지 등에서 발생되어 강우로 하천 유입

(7) **살충제(농약)** : 제초제, 농약 등 식물에 살포 후 강우에 의해 하천 유입

(8) **협잡물** : 쓰레기, 낙엽 잔재물, 배설물, 부유물 등 강우로 하천 유입

3 비점오염저감시설의 설치

1) 자연형 시설

(1) **저류시설** : 저류연못, 지하저류조

(2) **인공습지** : 침전, 여과, 미생물 분해로 정화

(3) **침투시설** : 투수성 포장, 침투도랑

(4) **식생형 시설** : 식생여과대, 식생수로

2) 장치형 시설

(1) **여과형 시설** : 모래여과재 이용

(2) **와류형 시설** : 와류로 부유물 부상 처리

(3) **스크린형 시설** : 쓰레기, 큰 부유물 제거

(4) **도로 청소**

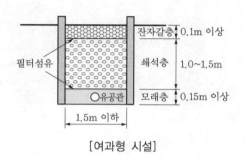

[여과형 시설]

7 준설토 재활용

1 항만준설토의 발생

(1) **개발준설** : 부두 개발 시

(2) **유지준설** : 선박의 해저질이 부족할 경우

(3) **청소준설** : 오염 발생 시

2 준설토의 공학적 특성

(1) 점토, 실트, 모래로 구성

(2) 모래는 전단강도가 커서 성토용으로 재사용

(3) 점성토는 압축성이 커서 침하량이 크게 발생

(4) 중금속 등 유해성분 분석 후 재활용

☞ 모래는 성토용 및 레미콘골재로 활용에 문제가 없으며, 점토가 건설폐기물로서 재활용 연구개발이 필요함

3 재활용방안

1) **모래**

매립 상부 성토용 또는 배수재, 콘크리트골재로 이용

2) **점토질**

(1) 매립에 주재료 사용 → 연약지반처리 필요

(2) **건설재료 활용을 위해 안정화기술 필요** : 탈수과정, 시멘트 및 첨가물 혼합(경량혼합토)
→ 뒷채움재료, 기능성 골재, 경량성토, 사면보호공 활용

(3) **차수성 재료** : 댐 코어, 폐기물매립지 차수층

🖋 토양오염정화기술

① 오염 발생원 : 폐기물매립지, 폐기물야적장, 산업공단, 지하저장탱크, 굴착공사현장, 폐탄광

② 오염지반 정화기술공법

  ㉠ 생화학적 처리방법 : 생화학적 분해법, 토양경작법, 식물재배정화법

  ㉡ 물리·화학적 처리방법 : 토양세정법, 토양증기추출법, 토양세척법, 용제추출법

  ㉢ 기타 : 소각법, 열분해법, 투수성 반응벽체

  ㉣ 용존공기부상법(DAF : Dissolved Air Flotation) : 오염폐수에 다량의 공기거품을 발생시켜 부유
  물이 부상하면서 거품표면에 흡착되는데, 이때 떠오르는 부유물을 제거하는 방법

토목시공기술사

CHAPTER 19 공사관리, 시사

공사관리, 시사(1)

일반 → 발주

일반

1. 특수성
   - 1회성 주문생산
   - 생산구조 복잡
   - 조직체계 복잡
   - 환경제약 큼
2. 건설공사의 단계

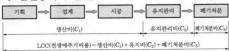

적산방식(공사비)

1. 표준품셈
2. 실적공사비
3. 표준시장단가
4. 거래실례가격
5. 견적가격

공사관리

1. 시공관리
   - 공정관리
   - 원가관리
   - 품질관리
   - 안전관리
   - 환경관리
2. 경영관리
   - 클레임관리(Claim관리)
   - 위험관리(Risk Management)
3. 공사관리대상의 5M
   - Man(노무)
   - Material(재료)
   - Machanine(장비)
   - Money(자금)
   - Method(시공법)

발주방식(입찰, 낙찰)

1. 설계·시공 분리 발주
   - 최저가입찰방식
   - 물량내역수정입찰제
   - 순수내역입찰제
   - 최고가치낙찰제 : 기술, 가격
   - 적격심사제 : 국내 300억 미만
   - 종합심사제 : 국내 300억 이상
   - 공동도급계약방식
     - 공동이행방식
     - 분담이행방식
     - 주계약자공동이행방식
2. 설계·시공 일괄 입찰(기술형 입찰제)
   - 턴키입찰제 : 설계, 시공 일괄
   - 대안입찰제 : 설계 대안 제시
   - 기술제안입찰제 : 시공기술 제안
3. 건설사업관리방식(CM)
   - CM at Risk : 책임형, 위험형
   - CM for Fee : 용역형, 자문형
4. 민간투자사업(SOC)
   - B사업(종래)
     - BTO : 위험책임형(BTO), 위험분담형(BTO-rs), 손익공유형(BTO-a)
     - BTL, BOT, BOO, BOOT
   - R사업(최근)
     - RTO
     - RTL, ROT, ROO, ROOT
5. 기타
   - PQ심사제도
   - 시공책임형 CM(CM at Risk)
   - Partnering
   - 실비정산보수 가산계약 : 실비정산
   - 감리제도 : 설계감리, 시공감리, 상주감리, 비상주감리

공사관리, 시사(2)

공사관리(1) ──────────→ 공사관리(2)

공정관리

1. 주요 기능
   - 일정관리
   - 진도관리
   - 분쟁자료 사전관리
   - 자원관리
   - 자재수급관리
   - 도면관리
2. 공정관리기법
   - 횡선식(막대) : 칸트차트, 바차트
   - 사선식 : 바나나곡선(S-Curve)
   - 네트워크 : PERT, CPM, ADM, PDM,
     마일스톤공정표, EVMS

원가관리

1. 원가관리

   Plan → Do → Check → Action
   (실행   (원가   (원가   (검토
   예산   통제)   대비)   결과
   편성)   조치)
                Feed Back

2. 원가관리기법
   - VE 실시(가치공학)
   - 공정관리 : EVMS
   - 신기술, 신공법의 개발(IE)
   - 품질관리활동 : TQC
   - 최적화설계 실시(시스템공학)
   - ISO9000 도입(국제표준화기구)
   - CM제도 이용, 전산화관리
   - 수주금액 및 건수 증대
3. EVMS(비용, 일정 통합관리시스템)

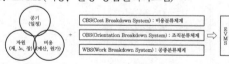

4. 계약금액 조정
   - 발주자사업계획 변경
   - 설계도서 부적합
   - 물가변동비
   - 기술개발 보상

품질관리

1. 품질관리 4단계(데밍사이클)

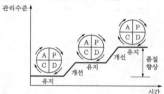

2. 7가지 통계적 기법
   - 현 상황 판단기법 : 히스토그램, 산포도
   - 원인분석법 : 특성요인도, 파레토도
3. 건설현장 품질관리
   - 현장 품질관리실 : 인원, 검사장비
   - 품질관리계획서
   - 품질시험계획서

안전관리

1. 건설기술진흥법 안전관리
   - 재난
     - 자연재난 : 태풍, 홍수, 강우, 해일
     - 사회재난 : 화재, 붕괴, 폭발, 감염병
   - 대책
     - 설계안전성 검토(DFS), 안전관리계획
     - 정기점검 실시, 계측관리
     - 안전한 공법 선정 : 공법, 장비, 가시설
     - 내·외부 비상연락망 작성, 비치
     - 비상동원조직 구성, 비상경보체계 확립
     - 장마철 점검 및 재해방지조치
2. 산업안전보건법 안전관리
   - 재해
     - 전도, 협착, 추락, 도괴, 낙하
     - 감전, 붕괴, 폭발, 화재, 파열
   - 대책
     - 유해위험방지계획서 수립
     - 안전보건대장 작성, 비치 : 설계, 시공
     - 근로자 안전보건교육 실시
     - 안전시공지침 준수

공사관리, 시사(3)

공사관리(3) → 시사

환경관리, 민원관리

1. 건설공해
   대기오염, 소음, 진동, 폐기물, 수질오염, 지반오염
2. 중앙환경분쟁조정절차

현장과 민원인 협의 결렬

Claim관리

1. 클레임 제기자 : 발주자, 시공자, 사용자
2. 처리방법

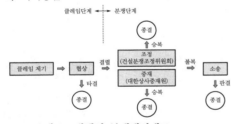

3. ADR제도 : 대체적 분쟁해결제도

Risk관리

※ 건설사업 투자안평가방법
   • LCC(전생애주기비용)
   • NPV(순현재가치법)
   • B/C ratio(비용편익비)
   • IRR(내부수익률)
   • LCA(전생애주기 환경평가)

시사

제도, 시사

1. 문제점 : 기존 제도의 문제점
2. 도입배경 : 필요성
3. 단계별 구축 : 절차 및 내용
4. 쟁점사항 : 구축 시 문제, 중점사항
5. 효과
6. 추진계획(개선방향, 발전방향)

건설사업정보화

1. 건설정보화
   • CALS : 건설사업정보화(국토부)
   • PMIS : 건설사업관리정보시스템
   • CIC : 컴퓨터건설통합생산시스템
2. 건설시스템
   • 가상건설시스템 : 3D CAD
   • BIM(5D)=3D+공정, 공종+내역

건설정보화기술 및 4차 산업혁명

1. 스마트건설기술 : 건설 전과정 시스템화
2. ICT : 정보통신기술
3. USN : 유비쿼터스센서네트워크
4. RFID : 무선인식기술
5. IoT : 사물인터넷
6. AI : 인공지능
7. 빅데이터(Big Data)
8. 3D프린팅
9. 드론(Dron)
10. 건설모듈화
11. 건설자동화 및 로봇화기술

기타 시사

1. GPS(위성항법시스템)
2. DGPS(위성항법보정시스템)
3. GIS(지리정보체계)
4. ISO9000(품질경영시스템 인증)
5. ISO14000(환경경영시스템 인증)

공사관리, 시사

(특수성 + 적산 + 발주방식 + 공사관리 + 건설사업자동화
 + 4차 산업혁명 + 부실공사)

1 공사관리 일반

1 건설공사의 특수성

(1) 1회성 주문생산방식

(2) 생산구조가 복잡하고 막대한 자금이 투입됨

(3) 조직체계 복잡

(4) 자연환경제약이 크고 불확실성이 많아 리스크가 많이 발생

(5) 건설공해가 많이 발생

2 건설공사의 단계

• LCC(Life Cycle Cost) : 전생애주기 + 비용

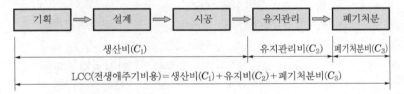

3 관련 법령 및 인허가

관련 법령 제정	인허가
• 건설산업기본법(1997.7) • 건설기술진흥법(2014.5) • 산업안전보건법(1982.7) • 지하안전관리에 관한 특별법(2018.1) • 시설물의 안전 및 유지관리에 관한 특별법(1995.4) • 대기환경보전법, 소음·진동관리법 • 폐기물관리법, 수질 및 수생태계 보전에 관한 법	• 유해위험방지계획서(한국산업안전보건공단) • 안전관리계획서(국토안전관리원) • 폐기물배출자 신고, 비산먼지 발생신고(해당 지방자치단체) • 특정공사 사전신고(해당 지방자치단체) • 도로점용허가, 하천점용허가 • 가스안전영향평가, 지장물굴착허가 • 사후환경영향조사, 교통영향평가

4 시방서 및 설계기준

1) 표준시방서 및 전문시방서의 종류

① 가설공사 표준시방서　　　　② 콘크리트공사 표준시방서
③ 지반공사 표준시방서　　　　④ 토목공사 표준일반시방서
⑤ 도로공사 표준시방서　　　　⑥ 터널 표준시방서
⑦ 하천공사 표준시방서　　　　⑧ 항만 및 어항공사 표준시방서
⑨ 고속도로공사 전문시방서　　⑩ 댐 및 상수도공사 전문시방서

2) 시방서의 역할 및 특징

(1) 표준시방서

① 시설물의 안전 및 공사 시행의 적정성과 품질 확보 등을 위하여 시설물별로 표준적인 시공기준을 정한 도서
② 활용 : 전문시방서 및 공사시방서 작성 시 활용

(2) 전문시방서(특기시방서)

① 표준시방서를 기본으로 시설물별로 특성에 맞도록 전문적으로 시공기준을 명시한 시방서
② 활용 : 공사시방서 작성, 공사 시공 시 활용

(3) 공사시방서

① 표준시방서 및 전문시방서를 기본으로 하여 공사특성을 고려하여 작성한 시방서
② 공사의 특수성, 지역여건 및 공사방법 등을 고려하여 작성
③ 기본설계 및 실시설계도에 구체적으로 표시할 수 없는 내용 반영
④ 시공방법, 자재의 성능 및 규격, 품질관리, 안전관리, 환경관리 등에 관한 사항
⑤ 공사시방서의 역할
　　㉠ 공사의 질적 요구조건을 규정하며 계약도서의 일부로 법적 구속력을 가짐
　　㉡ 시공을 위한 사전준비, 시공방법, 시공점검을 위한 지침서로 활용
　　㉢ 발주청과 건설업자 사이의 책임범위와 한계 명시
　　㉣ 공사 시 예상되는 고려사항을 포함하여 클레임 방지

3) 설계기준

① 구조물기초설계기준　　　　② 도로교설계기준
③ 항만 및 어항 설계기준　　　④ 내진설계기준

2 적산

1 총공사비의 구성(예정가격 작성 준칙)

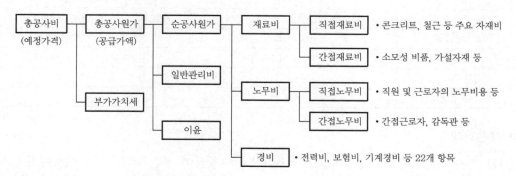

2 건설공사의 예정가격(공사비) 산정방법

    (1) 표준품셈에 의한 방법

    (2) 실적공사비를 이용하는 방법

    (3) 표준 시장단가를 이용하는 방법

    (4) 거래실례가격를 이용하는 방법

    (5) 견적가격에 의한 방법

3 실적공사비

1) 실적공사비의 산정

품셈을 이용하지 않고 기존에 도급계약된 단가(재료비, 노무비, 경비)에서 추출하여 유사공사의 예정공사비를 산정

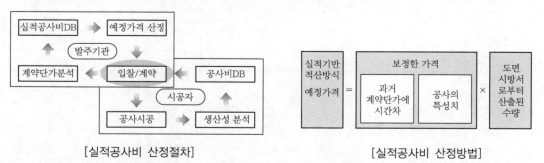

[실적공사비 산정절차]　　　　　　　　　　　　[실적공사비 산정방법]

2) 기대효과(필요성)

    (1) **계약내용의 명확화** : 수량 산출 및 내역서 작성의 공통적인 인식 확립

    (2) **기술에 의한 가격경쟁 유도** : 공사금액 절감

    (3) 시공실태 및 현장 여건의 적정한 반영

3) 표준품셈 적산방식과 실적공사비 적산방식의 비교

구분	표준품셈 적산방식	실적공사비 적산방식
공종체계	설계자 및 발주기관에 따라 상이	표준분류체계로 내역서 통일
단가 산출	표준품셈	실적단가(기존 계약단가)
순공사비 구성	재료비, 노무비, 경비로 분리	재료비, 노무비, 경비로 분리 안 됨
제잡비	원가계산방식 작성 준칙	실적공사비 작성 준칙
설계변경	품목조정방식, 지수조정방식	지수조정방식(건설공비지수)
시장단가 반영	늦음	신속
산정절차	복잡	간단

4) 개선과제

(1) 기존 계약단가를 예정가격으로 적용하므로 낙찰률이 계단식으로 하락하는 예정가격 산정형태가 발생됨

(2) 저가낙찰제 적용으로 업체의 저가 수주

(3) 다양한 실적단가의 부족

4 국가계약법상의 추정가격, 예정가격, 추정금액

1) 정의

(1) **추정가격** : 국제입찰대상 여부를 판단기준으로 삼기 위하여 산정된 추정금액

(2) **예정가격** : 입찰 시 낙찰금액의 결정을 기준으로 삼기 위해 작성하는 예정금액

(3) **추정금액** : 발주기관이 공사에 투입되는 총비용

2) 추정가격, 예정가격, 추정금액의 비교

구분	도급예정액(입·낙찰금액)	부가가치세	관급자재비
추정가격	포함	미포함	미포함
예정가격	포함	포함	미포함
추정금액	포함	포함	포함

✒ **표준 시장단가**

① 과거 수행된 공사(계약단가, 입찰단가, 시공단가)로부터 축적된 공종별 단가를 기초로 매년 인건비, 물가상승률, 시간, 규모, 지역차 등에 대한 보정을 실시하여 차기 공사의 예정가격 산출에 활용하는 방식
② 국가를 당사자로 하는 계약에 관한 법률 시행령 제9조
③ 미국, 영국 등 선진국에서 수행

3 발주방식, 입·낙찰방식, 계약방식

1 입찰제도의 목적(발주방식의 다양화 및 변화의 이유)

(1) 발주자의 요구 충족

(2) 사업비 절감

(3) 공기단축(조기 공용성 확보), 품질 향상

(4) 건설 기술력의 향상과 경쟁력 확보

(5) 해외건설사업의 변화에 대처

2 건설공사 발주방식의 종류(공공공사 입찰기준)

1) 설계·시공 분리 발주

(1) **최저가입찰방식** : 단가 산정

(2) **물량내역수정입찰제** : 물량수정, 단가 산정

(3) **순수내역입찰제** : 도면만 지급, 물량 산출, 단가 산정

(4) **최고가치낙찰제** : 기술능력과 입찰가격을 평가(종합심사제, 기타)

(5) **적격심사제** : 국내 공사금액 300억 미만 적용

(6) **종합심사제** : 국내 공사금액 300억 이상 적용

(7) **공동도급계약방식** : 공동이행방식, 분담이행방식, 주계약자 공동이행방식(공동도급방식)

2) 설계·시공 일괄 입찰(기술형 입찰제)

(1) **턴키입찰제** : 설계와 시공을 일괄 입찰

(2) **대안입찰제** : 설계서의 구조물 등 내용을 변경하여 대안을 제시하는 입찰

(3) **기술제안입찰제** : 본 구조물은 유지하고 시공기술(방식)을 제안하여 입찰

※ 고난이도공사 : 가격, 기술, 공사기간을 평가

3) 건설사업관리방식(CM)

(1) CM at Risk : 책임형, 위험형

(2) CM for Fee : 용역형, 순수형, 자문형

4) 민간투자사업(SOC)

(1) **B사업(종래 : 신규사업)**

① BTO : 위험책임형(BTO), 위험분담형(BTO-rs), 손익공유형(BTO-a)

② BTL

③ BOT, BOO, BOOT

(2) R사업(최근 : 개축, 증축사업)

① RTO

② RTL

③ ROT, ROO, ROOT

5) 기타

(1) PQ심사제도

(2) 시공책임형 건설사업관리(CM at Risk)

(3) Partnering, 성능발주방식, 신기술지정제도, 기술개발보상제도

(4) **실비정산보수 가산계약** : 공사비를 실비로 정산하는 방식

사업단계 발주방식	기획 단계	타당성 분석	설계 단계	발주 단계	시공 단계	시운전 단계	운영 단계
설계·시공분리발주					▬		
턴키발주			▬	▬	▬	▬	
CM발주(국내)			▬	▬	▬	▬	
CM발주(국외)	▬	▬	▬	▬	▬	▬	
PM발주	▬	▬	▬	▬	▬	▬	▬
민자사업발주(SOC)	▬	▬	▬	▬	▬	▬	▬

[프로젝트단계별 수행범위(국내)]

※ CM은 건설사업관리자, PM은 프로젝트관리자로서 같은 의미임

③ 설계·시공 분리 발주방식의 종류 및 특징

1) 최저가입찰방식, 물량내역수정입찰제, 순수내역입찰제의 비교

구분	최저가입찰방식	물량내역수정입찰제	순수내역입찰제
발주자 제공	설계도서, 시방서, 물량내역서	설계도면, 시방서, 물량내역서	설계도면, 시방서
시공사 입찰	단가 적용 → 물량입찰내역서	물량수정산출서, 단가 적용 → 물량수정입찰내역서	공종, 물량 직접 산출, 단가 적용 → 물량입찰내역서
제출	입찰내역서 제출	물량수정산출서 같이 제출	물량산출서 같이 제출

2) 최고가치낙찰제(Best Value)

(1) 경험(실적), 창의력 등 기술능력과 입찰가격을 종합적으로 평가하여 입찰하는 방식

(2) 적격심사제, 종합심사제, PQ심사제도

(3) 최저가입찰방식의 문제점 해결

3) **적격심사제** : 추정금액 300억 미만 적용

 (1) 경쟁입찰공사에서 예정가 이하 최저가격 입찰자 순으로 계약이행능력을 심사하여 낙찰자 결정

 (2) **계약이행능력심사항목** : 공사실적, 기술능력, 재무상태, 과거 계약이행의 성실도, 하도급관리계획의 적정성, 입찰가격 등

4) **종합심사제** : 추정금액 300억 이상 적용

 (1) **정의**

   공개입찰을 통하여 입찰금액과 공사수행능력 및 사회적 책임 등을 점수로 평가하여 가장 높은 자를 낙찰자로 선정

 (2) **평가항목**

   ① 입찰금액

   ② 공사수행능력 : 시공실적, 매출액비중, 배치기술자평가, 시공평가점수

   ③ 사회적 책임 : 건설인력고용상태(계약직, 장애인), 건설안전(사고, 상벌), 공정거래 여부, 지역경제 기여도

 (3) **기대효과**

   ① 가격경쟁 위주(최저가낙찰제)의 입찰방식에 따른 문제점 개선

   ② 공사품질의 향상 및 기술경쟁력 촉진

   ③ 하도급 관행 등 건설산업의 생태계 개선

5) **PQ심사제도(Pre-Qualification, 사전자격심사제도)**

 (1) 입찰업체의 참가자격을 사전심사하는 제도로 자격을 부여받은 업체만 입찰 참여

 (2) **사전심사항목** : 회사의 기술능력, 재정상태, 동종공사 시공경험(실적), 신인도, 기타

 (3) **300억 이상 모든 공사** : 교량, 댐 축조, 공항, 철도, 발전소 건설공사

6) **대안입찰제도**

 발주자가 설계내용을 제시하여 시공자가 설계의 기본방침의 변경 없이 가격은 낮추고 동등 이상의 기능과 효과를 가지는 방안을 제시하는 업체를 선정하는 제도

7) **부대입찰제(2001.1.1. 폐지)**

 하도급업체의 보호육성차원에서 원도급 입찰자에게 미리 하도급자의 계약서를 입찰서에 반영하도록 하여 입찰하는 방식으로 덤핑입찰 방지, 하도급의 계열화를 유도하기 위함

4 건설공사의 공동도급방식

1) 개요

(1) 시공사가 공동수급체를 구성하여 공동도급하여 공동 시공하는 방식

(2) 자금력의 증대, 기술력의 향상, 위험의 분산, 시공의 확실성 등

2) 공동도급운영방식의 종류 및 특징

구분	공동이행방식	분담이행방식	주계약자관리방식
구성원	원도급사	원도급사	원도급사+전문업체
이행방식	공동 이행	업체별 분담 이행	주계약자 총괄관리
공사구간	공동 이행	분할 이행	분담 이행
원가, 이익금	공동 분배	각자 분담	각자 분담
책임 여부 (공사이행, 하자)	구성원 연대책임	각자 책임	각자 책임
회사실적	지분별 실적	분담비율별 실적	주계자 전체 인정, 전문업체 이행분 인정
대가 수령	대표업체	각 업체별	각 업체별

3) 주계약자 공동도급방식(주계약자관리방식)

(1) 정의

종합건설업체와 전문업체가 공동으로 도급하여 수주하고 전문업체가 시공하되, 주계약자(종합건설업체)가 총괄하여 시공관리함

(2) 시행방식

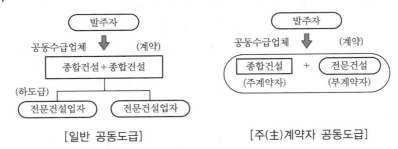

[일반 공동도급]　　　　　[주(主)계약자 공동도급]

(3) 특징

① 주계약자는 전체 공사의 계획, 관리, 조정업무를 담당

② 종합건설업체와 전문업체가 하도급이 아니므로 대등한 위치에서 공사 수행

③ 의사결정이 빠름

④ 발주처가 공사대금을 직접 지급

⑤ 주계약자(주관사)가 일방적으로 의사결정 우려

⑥ 공기지연 및 하자분쟁 발생 시 책임소재 난이

5 순차적 공사진행방식과 설계·시공 병행 방식

1) 순차적 공사진행방식(설계·시공 분리)

(1) 개요

① 가장 보편적으로 채용

② 설계가 완료 후 시공자를 선정하여 시공하는 방식

③ 설계자와 시공자의 업무가 명확히 분리

(2) 장점

① 사례 많음

② 공사 시행 전에 구제적으로 총공사비 산출

(3) 단점

① 전체 사업기간이 설계·시공병행방식보다 김

② 치열한 수주경쟁으로 저가입찰로 부실공사 가능

2) 설계·시공 병행 방식(턴키방식, Turn key, Fast Track방식)

(1) 개요

① 설계·시공 일괄 입찰방식으로 총액고정방식 입찰

② 기본설계 후 입찰하고, 실시설계와 현장 시공을 병행하여 시공하는 방식

③ 설계사와 시공사가 컨소시엄으로 입찰

④ 복합공사 및 대형공사에 적용 : 플랜트, 특수교량, 장대터널, 하수처리장

(2) 장점

① 설계 및 시공을 동시에 하므로 공사기간 단축

② 조기 공용성 확보

③ 책임소재 명확

(3) 단점

① 총액고정방식으로 설계변경이 어려움

② 기본설계단계에서 공사특성, 현장 파악이 곤란

③ 설계시간 부족으로 잦은 설계변경 발생

④ 대형 건설사 위주로 입찰 참가

3) 순차적 진행방식과 설계·시공 병행 방식의 단계

(1) 순차적 진행방식

계획	기본설계	실시설계	발주	시공

(2) 설계 · 시공 병행 방식(Fast Track Method)

6 건설사업관리(CM = Construction(건설) + Management(경영/관리))

1) 개요

(1) 건설공사 Life Cycle 전단계에 걸쳐 참가사업자들을 계획 · 조정 · 통제 등 총괄적인 경영 및 관리업무를 하는 것

(2) CM의 5단계 6기능

① 5단계

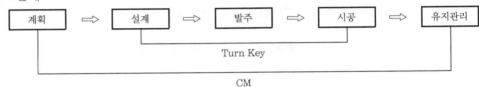

② 6기능 : 프로젝트관리기능, 계약조정업무기능, 공정관리기능, 원가(공사비)관리기능, 품질관리기능, 안전관리기능

2) CM 도입의 필요성

(1) 국내외 건설환경변화에 대처

(2) 건설공사 프로젝트의 발굴 및 기획의 필요

(3) 건설사업의 체계적이고 전문적인 관리 필요

3) CM의 종류 및 특징

(1) 종류 및 특징

구분	CM for Fee(용역형)	CM at Risk(책임형)
성격	순수형, 자문형, 용역형	위험형, 책임형
범위	사업관리업무	사업관리 + 시공책임
비용(이익)	1.5~2.5%	3~7%
책임성	책임 없음	책임 있음(리스크 부담)
시행	국내 대부분	선진국 대부분
대상공사	공공사업	대규모 사업, 민간사업

(2) CM의 기본형태

CM은 계약방식에 따라 여러 형태가 있음

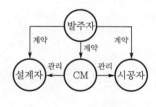

[CM for Fee(용역형)]

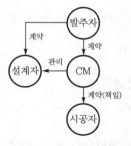

[CM at Risk(책임형)]

4) CM의 단계별 업무내용

(1) 계획단계

① 사업의 발굴 및 구상
② 사업의 타당성조사 및 사업리스크 분석

(2) 설계단계

① 설계자 선정의 입찰, 계약절차 수립
② 기본설계의 경제성 검토(VE 실시)

(3) 발주단계

① 발주계획 수립
② 시공업체의 선정 및 계약 체결, PQ심사

(4) 시공단계

① 공정, 원가, 품질, 안전관리
② 클레임 분석 및 분쟁대응업무 지원

(5) 유지관리단계

① 유지관리지침서 작성 및 검토
② 하자보수계획 수립

5) 기대효과

(1) 설계자, 시공자, 인허가 등 업무연결관리자로서 효율적 업무 수행

(2) 공사비의 절감 → 리스크 제거로 공사비 절감

(3) CM의 설계·시공병행(Fast-Track)방식으로 공기단축효과 → 조기에 서비스 제공

(4) 설계 및 시공의 품질 향상

(5) 클레임 방지

6) 국내 CM의 문제점

(1) 발주자의 CM에 대한 이해 부족

(2) CM운영업무에 대한 데이터와 경험 부족

(3) CM 전문인력과 전문업체의 부족

7) CM의 활성화방안

(1) 다양한 형태의 선진국형 CM모델 도입 및 벤치마킹

(2) **CM업체의 선정방법 개선**

① 입찰참가자격을 과거 실적보다는 능력 위주로 규제 완화

② 입찰기술제안서 간소화 및 면접으로 대처

(3) **제도, 정책적 개선**

① CM업체의 공동도급 시 인센티브 부여

② CM현장 인력배치등급 개선 및 CM자격 및 경력관리제도 도입

(4) **기타**

① 해외시장 진출을 위한 지원제도 시행 : 조세 감세, 금융지원, 외교적 지원

② 국제 간의 교류협력활동의 강화 : 인력, 기술개발, 교육 및 훈련

7 민간투자사업(사회간접자본, SOC : Social Overhead Capital)

1) 개요

(1) 민간이 자금을 투자하여 사회기반시설을 건설 후 국가에 소유권을 이전하고 운영 또는 임대하여 투자비를 회수하는 사업방식

(2) 사회기반시설에 대한 민간투자법에 의해 민간사업자가 제안

2) 분류

(1) **B사업(Build, 신규 건설)** : BTO, BTL, BOT, BOO

→ 신규 건설사업으로 수익성의 불안정성이 큼

(2) **R사업(Rehabilitation, 개축, 증축, 보수, 보강)** : RTO, RTL, ROT, ROO

→ 기존 시설을 개축 및 증축, 보수·보강사업으로 운영실적에 의한 수익성의 불안정성이 적음

3) 특징

(1) **장점**

① 정부의 예산 부족에 의한 민간투자의 유도로 사회기반시설 조기 확보

② 정부부담위험의 감축

③ 시설물의 생애주기를 통합관리하여 비용 절감

(2) 단점(문제점)

① 재정부담을 미래에 전가

② 장기계약관리(20~50년)의 부담

③ 계약 체결까지 협상과정의 장기화

④ 장래의 환경변화 예측의 어려움으로 수익의 불명확

⑤ 사업자의 재정난 등 부도로 사업 중단 발생

4) BTO와 BTL의 차이점

(1) 유형

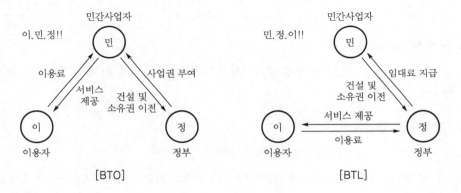

[BTO]　　　　　　　　[BTL]

(2) 차이점

구분	BTO (Buld Transfer Operate)	BTL (Buld Transfer Lease)
정의	민간건설 후 소유권 이전하고 사용료 회수	민간건설 후 소유권 이전하고 임대료 회수
책임	민간	정부
투자비 회수	사용자의 이용료	정부의 임대료
위험성(리스크)	수익성 위험 큼	수익성 안정
수익성	큼	적음
주요 사업	경전철, 고속도로	하수처리장, 학교

5) BTO, 위험분담형(BTO-rs), 손익공유형(BTO-a)의 차이점

구분	BTO	BTO-rs	BTO-a
개념	위험책임형	위험분담형	손익공유형
민간리스크	높음	중간	낮음
민간투자비	민간 100%	민간 : 정부=50 : 50	민간 100% 투자 후 일정손실 발생 시 보전받음
손익 분담 (민간, 정부)	• 민간이 손실·이익 100%	• 손실, 손익 공유(50 : 50)	• 손실 30% 이상 발생 시 정부 지원 • 이익은 정부와 민간이 공유(약 7 : 3)
정부보전 내용	• 없음	• 공동투자, 공동손익공유로 손실보전 없음	• 민간투자비 70% 보전 • 이자비용 30% 보전 • 운영비용 30% 미보전
수익률	7~8%	5~6%	4~5%
적용사업	도로, 항만	철도, 경전철	환경사업, 철도, 도로 (하수처리장, 하수관로)

6) SOC사업의 투자방향

BTO는 리스크가 매우 커서 민간사업자가 없어 투자유도를 위해 BTO-rs, BTO-a사업으로 투자방법 개선

7) SOC사업 활성화방안

(1) 미래 수요 불확실성에 대한 예측기법의 개선연구

(2) **비용보존방식의 개선** : 손익분담제(0~100%), 최소 운영수입보장제(MRG), 원금보존방식(MCC)

(3) **R(Rehabilitation)사업의 활성화** : 수익성이 검증된 기존 시설의 개축사업 활성화

(4) 공공 부분의 출자

(5) SPC의 공공기관 지정(특수목적 법인, Special Purpose Company)

(6) 평가기준의 공개

(7) VE의 적용

(8) 정책의 일관성 유지

(9) **기타** : 인허가 간소화, 세금 감면, 은행융자 낮게, 보증

8) **프로젝트금융**(PF : Project Financing)

SOC사업 또는 대형 프로젝트사업을 할 때 사업비용을 투자하고 운영 시 회수하는 방식

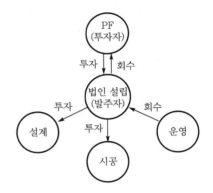

[Project Financing]

8 Partnering과 성능발주방식

1) Partnering

발주자가 직접 설계 및 시공에 참여하고 발주자, 설계자, 시공자 및 프로젝트 관련자들이 팀을 구성해 공사를 완성하는 제도

2) 성능발주방식

공사 발주 시에 설계도서를 사용하지 않고 구조물의 성능조건을 표시하여 그 성능만을 실현하는 것을 계약내용으로 하는 방식

9 감리제도

1) 건설사업관리(CM)와 감리의 차이점

(1) **건설사업관리(CM)** : 기획단계~유지관리단계의 업무를 수행

(2) **감리** : 시공단계를 중심으로 공정, 품질 및 안전관리업무를 수행

2) 감리의 종류

(1) 설계감리(설계관리), 책임감리(총괄관리), 시공감리(검측 및 시공관리), 검측감리(검측관리)

(2) 상주감리(현장 상주), 비상주감리(본사 기술지원)

4 공사관리

1 시공계획

1) 시공계획

```
Ⅰ. 준비단계
    (1) 사전조사 및 검토 : 지하지장물조사 및 관계기관 협의, 계약조건, 현장조건
    (2) 가설비계획 : 가설사무실, 수전설비, 진입도로, 교통처리계획, 환경관리설비
    (3) 자재반입계획, 장비동원계획, 인력투입계획

Ⅱ. 시공단계
    (4) 시험 시공
    (5) 본공사계획
        ① 공정별(시공과정) ┐
        ② 공종별           ├ 선택
        ③ 공법별           ┘
    (6) 계측관리 : 가시설물, 지반계측, 인접 시설물

Ⅲ. 관리단계
    (7) 공정관리 : 부진공정 만회대책 수립(실적 및 대비), 공사세부공정표 작성
    (8) 원가관리 : EVMS, VE 실시, 하도급률 적정성 검토, 설계변경
    (9) 품질관리 : 품질관리계획, 품질시험계획, 시험실, 품질관리자, 시험기구 비치
    (10) 안전관리 : 안전관리계획서, 유해위험방지계획서, 비상시 긴급대응방안
    (11) 환경관리 : 세륜세차시설, 가설방음벽
    (12) Risk Management
    (13) Claim관리
```

2) 착공계 서류

① 착공계 공문

② 착공계

③ 선임계 : 현장 대리인 선임계, 품질관리자 선임계, 안전관리자 선임계

④ 선임 관련 첨부서류 : 재직증명서, 경력증명서, 국가기술자격증 사본

⑤ 예정공정표

⑥ 안전관리계획

⑦ 품질관리계획

⑧ 환경관리계획

3) 설계도서 간의 상호 모순이 있을 경우의 우선순위

① 관련 법규 및 기준의 규정

② 계약서

③ 공사계약 일반조건 및 특수조건

④ 공사시방서

⑤ 설계도면

⑥ 표준시방서 및 전문시방서

⑦ 입찰내역서

2 공사관리(시공관리)

1) 공사관리 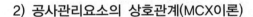 공, 원, 품, 안, 환, 클, 위

① 시공관리 : 공정관리, 원가관리, 품질관리, 안전관리, 환경관리

② 경영관리 : 클레임관리(Claim관리), 위험관리(Risk Management)

2) 공사관리요소의 상호관계(MCX이론)

① 공정이 빠르면 품질, 안전이 불량

② 과도한 공기단축은 원가 상승

③ 원가가 낮으면 품질, 안전이 불량

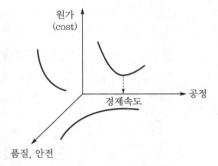

[공정, 원가, 품질의 상호관계]

3) 공사관리대상의 5M과 5R

5M	5R
• Man(노무) • Material(재료) • Machanine(장비) • Money(자금) • Method(시공법)	• Right time(좋은 공기) • Right price(좋은 가격) • Right quality(좋은 품질) • Right quantity(좋은 물량) • Right product(좋은 제품)

3 공정관리(진도관리)

1) 공정관리의 주요 기능(목적, 공정관리업무)

(1) **일정관리** : 일정에 따른 작업관리(재료, 노무, 장비) → 진척, 실적분석, 계획 수립, 만회대책

(2) **자원관리** : 재료, 노무, 장비관리 → 수량, 수배 여부, 반입시기 등 계획 수립

(3) **진도관리** : 일정에 의한 실적물량과 비용관리 → 진도분석, 만회대책 수립

(4) **자재수급관리** : 사용계획에 따른 반입

(5) **분쟁자료 사전관리** : 공정에 따른 민원관리

(6) **도면관리**

2) 공정관리기법의 종류 및 특징

(1) 종류 `횡, 사, 네`

① 횡선식 : 칸트차트(Gantt Chart), 바차트(Bar Chart)

② 사선식 : 바나나곡선(Banana Curve＝S-Curve)

③ 네트워크 : PERT, CPM, ADM, PDM, 마일스톤공정표(milestone chart), EVMS

(2) 횡선식(막대그래프)

① 공통 특징

㉠ 장점 : 작업의 시작과 완료가 명확, 간단 명료하여 이해가 쉬움

㉡ 단점 : 작업의 상호관계가 없음, CP가 없음, 일정관리의 중점이 없음

② 칸트차트 : 각 작업별 달성률(%) 또는 소요일수를 표시함

③ 바차트 : 각 작업별 소요공기를 표시함, 전체 공기를 알 수 있음

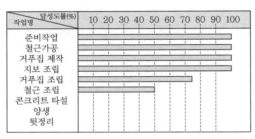

[암거공사의 칸트차트]

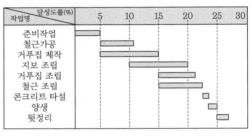

[암거공사의 바차트]

(3) 네트워크공정표

① PERT과 CPM공정표의 비교

구분	PERT	CPM공정표
개념	바차트+이벤트, 액티비티	바차트+이벤트, 액티비티+주공정선 표시
주공정선	없음	표시
중심	이벤트 중심	액티비티 중심
특징	공기단축, 일정계산 복잡	공기단축, 일정계산이 자세하고, 전체 공정관리 편리
대상	신규사업, 비반복, 미경험	반복사업, 경험사업

☞ PERT공정표(Program Evaluation and Review Technique), CPM공정표(Critical Path Method)

② 네트워크공정표 작성원칙

㉠ 공정원칙 : 모든 공종은 작업순서로 배열

㉡ 단계원칙 : 공정 완료 후 후속작업 개시

㉢ 활동원칙 : 이벤트와 이벤트 사이는 반드시 1개의 액티비티(작업) 존재

㉣ 연결원칙 : 각 단계 모두 화살표로 연결

③ 작성방법

　　㉠ 주공정선(CP : Critical Path)

　　　　• 작업의 소요일수가 가장 많은 액티비티를 연결한 선

　　　　• 주공정선에서 소요일수를 줄여야 공기단축 가능

　　　　• 공기단축을 위해 집중관리할 공종을 표시

　　㉡ 여유시간(Float)

　　　　• TF(Total Float, 전체 여유) : 총여유시간

　　　　• FF(Free Float, 자유여유) : 영향을 미치지 않는 완전히 자유로운 시간

　　　　• DF(Dependent Float, 독립여유) : 후속작업의 EST에 영향을 줄 수 있는 시간

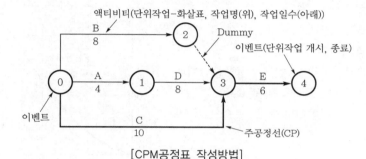

[CPM공정표 작성방법]

④ 마일스톤공정표(milestone chart, 이정표) : CPM공정표을 이용하여 액티비티의 시작이나 종료시점을 알려주는 이정표를 표시

⑤ PDM공정표(Precedence Diagramming Method, 마디표공정표)

　　㉠ ADM공정표 : PERT, CPM공정표

　　㉡ PDM공정표 : Node에 작업표시를 하고 더미 사용이 없음

(4) 사선식 공정표(바나나곡선, S-Curve)

① 계획공기와 기성고를 표시하면 S-Curve(바나나곡선)로 표시됨

② 계획진척도와 실적의 차이를 파악하기 쉬움

③ 공사의 세부사항을 알 수 없음

3) 진도관리(follow up), 일정관리, 진도관리에 의한 공기단축방법

(1) 진도관리의 필요성

① 계획된 공사기간 내 공사의 완료

② 계획보다 실적률 저조 시 만회대책 수립

③ 공사진행일정에 따른 자재반입시기 파악 및 기성신청 여부 판단

④ 공사일정에 따른 공사계획, 원가계획, 품질계획, 안전계획 등 수립

(2) 진도관리방법의 종류

① 바나나곡선(S-Curve) 이용

② 비용·일정 통합관리시스템(EVMS) 이용

(3) 공정관리곡선(계획진도곡선)의 작성방법

바차트 작성 → 상한(빠른 일정)한계선, 하한(늦은 일정)한계선 보할 산정 → S-Curve 작성 → 상한한계선과 하한한계선의 중앙부에 계획진도선 작성 → 완료

(4) 진도관리방법(진도평가방법)

① A점 : 공정 너무 빠름, 원가 상승, 부실공사 우려

② B점 : 경제적 속도, 공정 및 원가 적정, 계속 진행

③ C점 : 공정 지연, 부진공종만회대책수립, 돌관공사 필요

④ D점 : 하한한계선에 있으므로 공정 촉진 필요

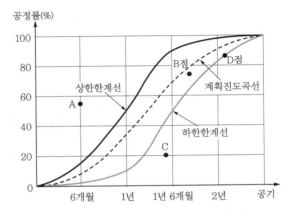

[바나나곡선(S-Curve)에 의한 진도관리]

(5) 건설현장 진도관리활동

① 주단위, 월단위로 공정회의 실시

② 단위작업공정표를 작성하여 관리

③ 계획공정과 실적 간 차이의 원인 분석 및 대책 수립

④ 자재반입, 장비수배, 인력수급관리

⑤ 철근 등 외국자재는 미리 파악하여 반입계획 수립

⑥ 하도급의 원활한 공사진행 여부의 관리

⚓ 공정관리 3단계 절차

계획(공정표 작성) → 실시(5M 조달, 공사진행) → 통제(5M관리, 계획수정 반복)

---

4) 최소 비용촉진법(MCX이론 : Minimum Cost Expediting, 최소 비용 공기단축기법), 비용구배(cost slope)

(1) 개요

각 단위작업의 공기와 비용의 관계를 조사하여 최소 비용으로 공기를 단축하기 위한 기법

(2) 공기단축의 필요성

① 조기 준공에 의한 서비스 제공

② 원가 절감

③ 부진공정의 만회

(3) 공기단축기법

① 최소 비용 공기단축기법(MCX이론)
② 진도관리(Follow Up)에 의한 공기단축

(4) 비용경사(CS : Cost Slope)

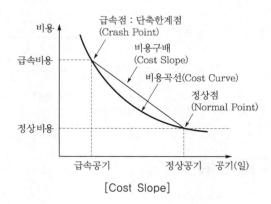

[Cost Slope]

① 공기 1일 단축하는 데 추가되는 비용
② 공기단축일수와 비례하여 비용 증가
③ Cost Slope(1일 단축비용)

$$= \frac{추가비용}{단축공기} = \frac{급속비용-정상비용}{정상공기-급속공기}$$

(5) 공기단축방법

① CPM공정표 작성
② CP(주공정선) 작도 : 여유일수 확인(전
여유 TF=0)
③ CP상의 작업들의 Cost Slope 계산
④ Cost Slope가 가장 적은 작업에서 단축(투입비용이 적은 공종)
⑤ 공기단축일수 결정

(6) 공기단축에 의한 추가비용(Extra Cost)

추가비용=공기단축일수×Cost Slope(1일 단축비용)

5) 시공속도와 공사비의 관계

① 시공속도 빠름 : 공기단축, 직접비 증가 → 총공사
비 증가
② 최적속도(경제적 시공속도) : 최적공기, 직·간접비
적정 → 총공사비 최소
③ 시공속도 느림 : 공기지연, 간접비 증가 → 총공사
비 증가

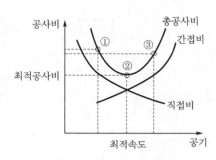

[시공속도와 공사비의 관계]

6) 자원배당(자원배분, 자원평준화, 자원관리방법)

(1) 개요

작업에 따라 자원을 배분하고 상호 조정하는 것을 평준화(leveling)라고 함

(2) 자원배당의 목적

① 공사진행단계별 자원의 효율적 관리
② 인력 및 자재 낭비의 최소화

(3) 자원배당의 대상(4M)

① 인력(Man)   ② 재료(Material)   ③ 장비(Machanine)   ④ Money(자금)

(4) 자원배당의 예시(인력)

구분	공기제한	자원제한
균배도	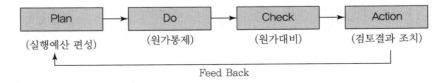	
특징	• 공기를 중시 • 제한 없이 자원동원 • CP상 여유가 없음 • Non-CP에서 일정 조정	• 자원을 중시 • 제한된 자원으로 일정 조정 • 공사기간 연장 최소화 • 자원 부족 시 공기연장 필요

4 원가관리

1) 원가관리

(1) 원가관리의 필요성

① 원가절감을 통한 기업의 이윤 증대

② 대외경쟁력 확보

③ 원가분석을 통한 Feed Back

④ 경제적인 시공계획 수립 및 공사관리체계의 확립

(2) 원가관리순서

Plan	→	Do	→	Check	→	Action
(실행예산 편성)		(원가통제)		(원가대비)		(검토결과 조치)

Feed Back

(3) 원가관리기법

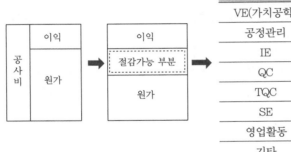

절감기법	실행방법
VE(가치공학)	설계, 시공 VE활동으로 절감
공정관리	PERT, CPM, EVMS 이용 공정 단축
IE	신기술, 신공법 개발로 절감
QC	품질 향상으로 하자 발생 등 저감
TQC	전사적 품질관리 실시
SE	설계단계에서 최적화 시공설계
영업활동	수주금액 증대, 수주건수 증가
기타	ISO9000 도입, CM제도 이용

(4) 원가관리방법 및 활동(시행자, 시공자)

① VE 실시(가치공학) : VE활동으로 비용절감, 기능 향상으로 가치를 극대화

② 공정관리 : PERT, CPM, 바나나곡선, EVMS, BIM 등 이용

③ 신기술, 신공법의 개발(IE : Industrial Engineering, 산업공학)

④ 품질관리활동 : 하자 발생 등 저감으로 원가절감, 신인도 향상

⑤ 최적화 설계 실시(SE : System Engineering, 시스템공학)

⑥ 기타

㉠ ISO9000 도입(국제표준화기구)으로 표준화에 의한 품질경영체계의 구축

㉡ CM제도 이용, 전산화, 시공의 로봇화, 정보의 통합관리, LCC관리

㉢ 수주금액의 증액 및 주주건수의 증가로 이익 증대

2) EVMS(비용 · 일정 통합관리시스템)

(1) 개요

① 비용과 일정(공정)을 통합관리하는 프로그램

② 현장에서 공정관리(진도관리), 향후 잔여공사의 예상원가 추정관리 가능

(2) EVMS(Earned Value Management System)의 구성체계

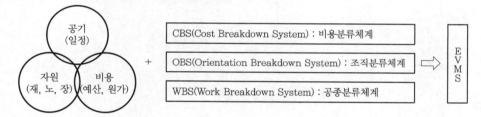

① WBS(공종분류체계) : 공사내용을 작업별로 분류하는 체계(공사내역구성)

② CBS(비용분류체계) : 공사내용을 비용으로 분류하는 체계(공사원가구성)

③ OBS(조직분류체계) : 공사내용을 조직체계에 따라 분류

☞ EVMS : 작업 및 비용, 조직을 연계시켜주는 시스템

(3) EVMS의 분석방법

① 사업시행자를 기준으로 작성

② 당초 : 총공사비(예상)＝실행예산(BAC)＝계획실행금액(BCWS)

＝변경총실행기성(BCWP)＝설계실행내역서

③ 변경 : 총공사비＝추정실행예산(EAC)＝총투입비(ACWP)

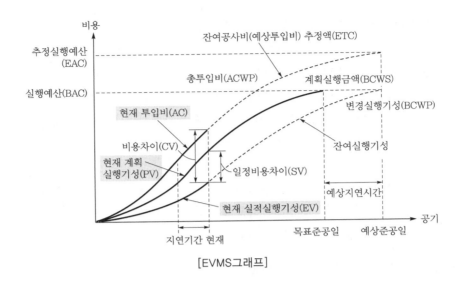

[EVMS그래프]

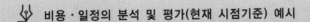

비용·일정의 분석 및 평가(현재 시점기준) 예시

① 비용성과지수(비용지수) : $CPI = \dfrac{EV(\text{현재 실적실행기성})}{AC(\text{현재 실투자비})} = 0.8$

② 공정성과지수(일정지수) : $SPI = \dfrac{EV(\text{현재 실적실행기성})}{PV(\text{현재 계획실행기성})} = 0.9$

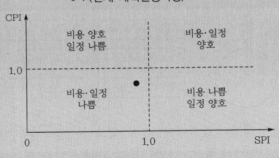

[비용·일정의 분석]

③ 평가
  ㉠ 비용지수는 0.8, 공정지수는 0.9로 1.0 이하이므로 매우 나쁘다.
  ㉡ 공정 만회대책과 원가 초과에 대한 원인 분석 및 절감대책을 수립해야 한다.

(4) 기대효과

    ① 공정계획과 원가계획의 통합관리로 효율성 증대

    ② 건설공사일정과 연계한 예산 편성 및 현금 유동성 파악

    ③ 비용과 일정에 의한 프로젝트 진도율관리

    ④ 잔여공사비(원가)의 추정

(5) 토목공사 적용이 어려운 점

① 일일 또는 주기적으로 기성물량, 자원수량, 단가 등을 파악하여 입력의 어려움
② 공사에 따른 설계변경이 많고 미승인상태에서 공사진행이 많음
③ 자연환경의 제약이 큼
④ 공사진행의 일관성 부족 : 확장공사, 도심지 교통통제작업

(6) 개선방향

① 발주자의 리스크를 제거 후 발주 실시
② 현장 착수 시 현장 조사를 철저히 하여 공정계획에 반영
③ EVMS의 관리능력 향상을 위한 교육 실시
④ EVMS 사용의 명확한 지침서 개발

3) 가치공학(VE : Value Engineering)

(1) 정의

건설공사과정(LCC)에서 최소의 비용으로 최대의 효과를 달성하기 위한 기능을 개선하고 향상시키기 위한 조직적 활동

(2) 가치의 종류

사용가치(Use), 귀중가치(Esteem), 교환가치(Exchange), 비용가치(Cost)

(3) 목적

① 원가절감 및 시공품질 향상
② 신기술, 신자재 발굴을 통한 이익 극대화
③ 기술력 축적으로 경쟁력 강화

(4) 종류 및 특징

① 설계VE
   ㉠ 기획 및 설계단계 : 생애주기
      단계(LC)를 대상으로 VE 실시
   ㉡ 원가절감 및 성능 개선으로
      VE효과 큼
② 시공VE
   ㉠ 시공단계 : 시공공법 변경, 장
      비 선정, 인력관리 등을 대상
      으로 VE 실시
   ㉡ 원가절감 및 시공방법 개선으로 VE효과 적음

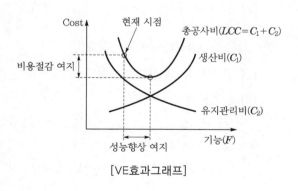

[VE효과그래프]

(5) VE의 유형

$$가치 \ V = \frac{기능(Function)}{비용(Cost)}$$

구분	가치 혁신형	가치 향상형	기능 향상형	기능 감소형	NG
기능(F)	증가 ↑	유지 →	증가 ↑	감소 ↘	감소 →
비용(C)	감소 ↓	감소 ↓	유지 →	감소 ↘	증가 ↗

(6) VE단계별 추진절차

진행단계	추진방법	
준비단계	• 관련 자료의 수집 • VE대상 선정	• 사용자의 요구사항
분석단계	• 기능의 분석 • 개략적 평가 후 구체화 평가	• 아이디어의 창출 • 대안 강구
실행단계	• 시행 및 후속조치	• 종료

(7) 활성화방안

① VE활동시간의 확보   ② 전조직이 참여
③ VE에 대한 교육 실시   ④ 최고경영자의 인식 전환

5 계약금액 조정, 설계변경, 물가변동비

1) 개요

(1) 현장 조건의 상이와 발주자의 책임으로 변경되는 경우 공사계약일반조건에 따라 설계변경을 실시하여 계약금액을 조정하여야 한다.

(2) **관련 근거** : 공사계약일반조건, 국가를 당사자로 하는 계약에 관한 법률

2) 설계변경사유(계약금액조정요인)

(1) **발주자의 사업계획 변경**

(2) **설계도서의 부적합**

① 설계도서 간 오류, 누락, 모순사항이 있는 경우
② 설계서와 현장 여건이 다를 경우
③ 지질 및 지반조건이 다른 경우

(3) **기술개발의 보상성격**

① 신기술, 신공법의 적용으로 공사비의 절감 또는 공기가 단축되는 경우
② 품질이 저감되지 않을 것

(4) **발주자가 인정하는 경우**

    ① 민원 발생 시

    ② 천재지변 발생 시

    ③ 추가공사 발생 시

(5) 물가변동으로 인한 경우

(6) 관련 법령의 개정으로 소급 적용되는 경우

(7) **정부의 책임 있는 사유** : 발주자의 요구로 설계변경

3) 계약금액조정절차

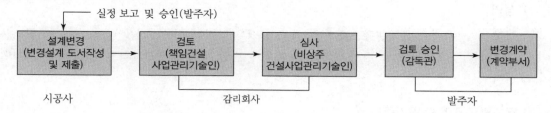

4) 조정방법

(1) **기술개발성격 보상** : 절감비용의 70%를 시공사에 보상

(2) **계약단가의 조정**

    ① 공사물량 증감인 경우 : 증액되는 물량은 협의단가 적용

    ② 신규 비목단가인 경우 : 협의단가 적용

(3) **물가변동의 경우** : 품목조정률 또는 지수조정률에 의하여 산정

(4) **공사기간 연장인 경우** : 기존 간접비 투입비용×연장개월수=간접비 증액비용

(5) 계약금액이 공사비의 10% 이상 증액 시 소속 중앙관서장의 승인을 득할 것

(6) 계약금액조정신청서 접수일로부터 30일 이내 조정

5) 설계변경으로 볼 수 없는 경우

(1) 단가의 과다계상

(2) 표준품셈의 일위대가 변경

(3) 설계도서의 표기오류

(4) 단가 산출의 오류

(5) **시공사의 귀책사유** : 시공사 사유의 민원, 품질불량 재시공, 시공방법 과다투입

6) 유의사항

(1) 시공사의 계약조정신청서 접수일로부터 30일 이내 조정

(2) 설계 시공 일괄 입찰인 경우

① 미시공에 의한 감액은 계약금액 조정
② 설계오류에 의한 증액 시공은 계약금액 조정 불가

(3) 물가변동비 유의사항

① 조정기준일 기준으로 완료 부분은 제외
② 선급금 지급공종은 제외
③ ES는 시공사가, DS는 발주자가 실시

6 물가변동비(escalation)

1) 정의

입찰 후 공사시에 물가변동으로 인한 재료, 노무, 장비의 변동가격을 반영하여 계약금액을 조정하는 것으로 국가를 당사자로 하는 계약에 관한 법률과 공사계약일반조건에 의거하여 실시

2) 물가변동률의 등락기준

(1) 최초 입찰일기준 90일 경과 또는 변경계약 후 90일 경과 시
(2) **총액물가변동률** : 잔여 총공사비의 3% 이상 증감 발생 시
(3) **단품물가변동률** : 잔여 단품공사비의 15% 이상 증감 발생 시

3) 조정방법

구분	품목조정방법	지수조정방법
개요	• 단가구성의 품목 및 비목별로 각각 물가변동률을 적용	• 통계청에서 고시되는 지수를 금액에 적용
장점	• 품목 및 비목별로 각각 적용하므로 현실적으로 반영됨	• 조정률 산출이 용이 • 계산 간단
단점	• 계산이 매우 복잡 • 많은 시간과 노력 필요	• 비목이 반영 안 되는 경우 있음 • 정확성 낮음
적용	• 내역구성비목이 적은 경우 • 소규모 공사, 단순 공종공사	• 내역구성비목이 많은 경우 • 대규모 공사, 복합 공종공사
산정지수	• 품목 및 비목별 K값 산정	• 건설공사비지수, 생산자물가지수, 소비자물가지수
조정률 산출방법	• 총액 3% 이상 • 단품 15% 이상	• 매월 통계청 발표 지수 • 총액 3% 이상 • 단품 15% 이상

5 품질관리

1 품질관리

1) 품질관리의 목적

    (1) 품질 확보   (2) 하자 방지

    (3) 구조물 안전성 향상 및 신뢰성 확보   (4) 부실공사 방지

    (5) 원가절감

2) 품질관리 4단계(Deming Cycle)

    ① Plan : 계획 수립

    ② Do : 실행

    ③ Check : 검사, 시험, 확인

    ④ Action : 수정조치(Feed Back, 반복)

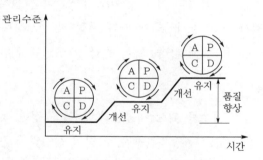

[품질관리 Deming Cycle]

2 품질관리 7가지 통계적 기법

1) 현 상황 판단기법

    ① 히스토그램   ② X-R관리도   ③ 체크시트

    ④ 층별 관리도   ⑤ 산포도

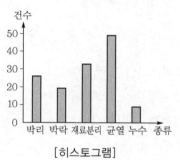

[히스토그램]

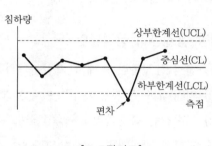

[X-R관리도]

2) 원인분석기법

① 특성요인도

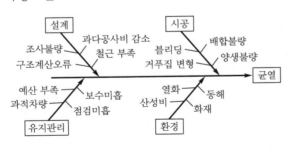

[특성요인도]

② 파레토도

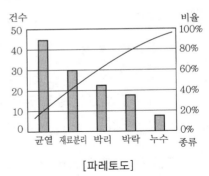

[파레토도]

3 건설현장 품질관리

1) 품질시험실, 품질시험 · 검사장비 및 품질관리자 배치

(1) **품질시험실** : 공사금액 5억 이상 – 최소 $20m^2$ 이상 설치

(2) **품질시험 · 검사장비** : 공사금액에 따라 시험 및 검사장비 비치

(3) **품질관리자** : 공사금액에 따라 초급, 중급, 고급, 특급기술자 배치

2) 품질관리계획서

(1) 건설현장의 품질 확보를 위해 시공관리방법을 규정한 것

(2) **주요 내용** : 공사개요, 현장품질방침, 조직의 책임과 권한, 문서관리, 기록관리, 자원관리, 설계관리, 교육훈련, 기자재 구매, 하도급, 공사관리, 품질관리, 검사, 시험관리, 시정조치 등의 전체적인 관리계획

3) 품질시험계획서

(1) **시험계획** : 공종별 시험종목, 시험수량, 시험빈도, 시험방법(KS기준)

(2) **시험시설계획** : 장비명, 규격, 단위, 수량, 시험실 배치도, 기타

(3) **품질관리자배치계획** : 성명, 등급, 자격조건, 업무수행기간

4 현장 품질관리 향상방안

(1) **법적 품질관리자 배치 확인** : 형식적, 서류적, 겸직 방지

(2) **최저가 수주 지양** : 적정 이익금 보장으로 품질관리 확보

(3) **지속적인 품질관리교육** : 업체대표 및 직원들의 품질관리에 대한 인식 전환

(4) **과학적 관리기법 도입** : ISO9001, TQC, VE기법

6 안전관리

1 건설기술진흥법 안전관리

1) 재난의 종류

(1) **자연재난** : 태풍, 홍우, 홍수, 강풍, 풍량, 해일, 대설, 낙뢰, 가뭄, 지진, 황사, 화산활동

(2) **사회재난**

① 화재, 붕괴, 폭발, 교통사고, 화생방사고(가스), 환경오염

② 에너지, 통신, 교통, 금융, 의료, 수도 등 국가기반체계의 마비

③ 감염병 및 가축전염병 확산 등 피해

2) 건설공사 안전관리계획서 수립대상

(1) 1종 시설물 및 2종 시설물의 건설공사(시설물의 안전 및 유지관리에 관한 특별법)

(2) 지하 10m 이상을 굴착하는 건설공사

(3) **폭발물을 사용하는 건설공사** : 시설물 20m 이내, 축사 100m 이내인 경우

(4) 10층 이상 및 16층 미만인 건축물의 건설공사

(5) 10층 이상인 건축물의 리모델링 또는 해체공사

(6) **항타 및 항발기, 천공기 사용공사** : 높이 10m 이상

(7) **가설구조물을 사용하는 건설공사(구조적 안전성 확인대상 구조물)**

① 비계 31m 이상 공사

② 거푸집 및 동바리의 높이 5m 이상

③ 작업발판 일체형 거푸집 사용공사 : 갱폼, 슬립폼, 클라이밍폼

④ 흙막이 가시설 높이 2.0m 이상

⑤ 터널 지보공

(8) 발주자(인허가기관의 장)가 안전관리가 특히 필요하다고 인정하는 건설공사

3) 안전관리계획 수립기준(주요 내용)

(1) **건설공사의 개요** : 공사개요, 공정표

(2) **현장 특성 분석** : 지상 및 지하지장물, 교통여건, 지하수위변동, 현장 주변 안전관리

(3) **현장 운용계획** : 안전관리조직, 안전점검계획, 안전관리비계획, 안전교육계획

(4) **비상시 긴급조치계획** : 비상연락망 및 경보체계

(5) **공종별 세부안전관리계획**

① 가설공사　　　② 굴착공사 및 발파공사　　　③ 콘크리트공사

④ 강구조물공사   ⑤ 성토 및 절토공사(댐공사)   ⑥ 해체공사

⑦ 건축공사   ⑧ 타워크레인 사용공사

4) 안전관리계획서와 유해위험방지계획서의 비교

구분	안전관리계획서	유해위험방지계획서
목적	가시설물, 시설물의 안정성	근로자의 안전
관련 법	건설기술진흥법	산업안전보건법
소관부서	국토교통부(한국안전관리원)	고용노동부(한국산업안전보건공단)
작성대상	1종 시설물, 2종 시설물, 굴착 10m 이상 외	지상 31m 이상 구조물, 교량지간 50m 이상, 터널공사
특징	사면붕괴, 거푸집 동바리붕괴	근로자의 추락, 전도, 협착

5) 건설현장 비상시 긴급조치계획

(1) 내부 및 외부비상연락망 작성, 비치

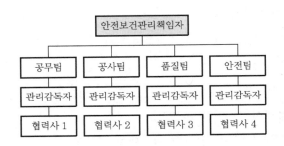

[내부비상연락망]

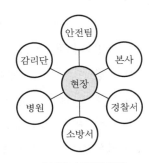

[외부비상연락망]

(2) 비상동원조직 구성 및 임무

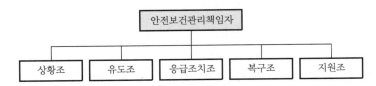

(3) 경보체계 확립 : 방송설비, 전광판, 사이렌

(4) 비상복구자재 및 장비 : 수방자재, 긴급복구장비 비치

(5) 비상시 긴급조치매뉴얼 작성 및 분기별 모의훈련 실시

(6) 비상근무조 편성 및 비상대기 : 일기예보 청취

6) 안전점검의 종류 및 시기

(1) 자체 안전점검 : 매일

(2) 정기안전점검

① 공사종류별 실시 : 2~5회 실시

② 교량(예시) : 1회 가시설 및 기초공, 2회 하부공, 3회 교량 상부공

(3) 정밀안전점검 : 구조물의 결함 및 이상 발견 시

(4) 초기점검 : 1, 2종 시설물의 준공 시

(5) 공사 재개 전 안전점검 : 1년 이상 방치 후 공사 재개 시

7) 건설공사 안전관리활동

(1) 안전관리계획서의 작성 및 검토

(2) 안전점검 실시

(3) 발파, 굴착 등의 건설공사로 인한 주변 건축물 등의 피해방지대책

(4) 공사장 주변의 통행안전관리대책

(5) 계측장비, 폐쇄회로텔레비전 등 안전모니터링장치의 설치·운용

(6) 가설구조물의 구조적 안전성 확인 : 거푸집 동바리, 흙막이 가시설 등

(7) 무선설비 및 무선통신을 이용한 건설공사현장의 안전관리체계 구축·운용

(8) 비상시 긴급조치계획

8) 구조물의 중대결함에 대한 조치

(1) 중대한 결함이 발견된 경우에는 즉시 발주자에게 통보

(2) 발견된 결함에 대한 신속한 평가 및 응급조치

(3) 정밀안전점검 및 정밀안전진단 실시

(4) 그 밖에 필요한 사항

9) 장마철 대형 공사장의 주요 점검사항 및 재해방지조치사항

(1) 주요 점검사항

① 가물막이상태 여부 : 가물막이 누수 여부, 보강상태 점검

② 토사유출 여부 : 농경지로 유출문제, 지하상가 등 토사 유입문제

③ 지하구조물 변형 : 우수침투로 구조물의 변형, 침하

④ 사면유실 여부 : 사면유실 및 붕괴, 토석류

⑤ 배수시설 : 우회배수시설의 상태 여부, 청소 실시

⑥ 인근 구조물 점검 : 송전탑, 전신주의 점검, 하수관로의 통수상태 여부

⑦ 안전시설 여부 : 공사용 표지판 유실, 추락 방지용 표지판 설치상태

⑧ 통행차량보호시설 점검 : 교통시설물상태, 우회도로의 상태 점검

(2) 조치사항

① 방재계획서 수립 및 점검 실시

② 비상연락망 점검, 일기예보 청취 및 비상대기조 운영

③ 가물막이 : 높이를 고려하여 성토 실시, 마대쌓기, 유실방지조치

④ 배수시설 : 배수로 청소, 임시 우회배수로 설치

⑤ 토사유출 : 농경지 및 지하상가, 도로 등으로 유출되지 않도록 다이크 설치, 마대쌓기

⑥ 지하구조물 변형 : 시공한 구조물은 되메우기 실시

⑦ 사면유실 : 사면 산마루 측구 설치, 천막 설치

⑧ 인근 지장물 : 송전탑, 전신주 등에 접근금지시설 설치

⑨ 안전시설 : 위험한 장소 등에 안전시설 설치

⑩ 우회도로 : 교통시설물 고정 및 날림방지조치

2 산업안전보건법 안전관리

1) 건설재해의 종류

전도, 협착, 추락, 도괴, 낙하, 감전, 붕괴, 폭발, 화재, 파열

2) 유해위험방지계획서 대상사업

(1) 지상높이 31m 이상인 구조물 및 건축물공사

(2) 굴착깊이 10m 이상 굴착공사

(3) 교량 최대 지간길이 50m 이상

(4) 터널 건설공사

(5) 댐 건설공사 : 다목적댐, 발전용 댐, 지방상수도 전용 댐

3) 현장 재해 발생 시 조치방안

(근로자, 시공법, 장비, 관리)

긴급처리방법	응급처치요령
• 재해기계 정지 • 재해자 응급처치 • 관계자 통보 • 2차 재해방지조치 • 현장 보존	• 의식상태 파악 • 안전한 장소로 이동 • 119 연락 • 지혈 및 심폐소생술 실시 • 주변에 도움 요청

4) 재해 발생요인 및 예방대책, 방지대책

(1) 재해 발생요인(4M)

① 인적(Man) : 무리한 작업, 과로, 협소한 작업장, 야간공사, 안전벨트 미착용

② 기계, 장비(Mechanical) : 안전장치 고장, 정비 및 점검불량

③ 시공법(Method) : 복잡한 시공방법, 위험한 시공방법(고소작업, NATM)

④ 관리적(Management) : 제도적 기준 미비, 현장 순찰 및 점검불량

(2) 재해예방대책

① 설계안전성평가(FSM)

② 설계안전보건대장 작성

③ 유해위험방지계획서 및 안전관리계획서 수립 및 작성

④ 산업안전보건법 및 안전관리지침 준수

(3) 방지대책

① 안전보건관리책임자, 안전관리자, 관리감독자의 선임

② TBM 및 현장 순회점검 실시

③ 안전보건교육 실시 : 신규채용자교육(4시간), 정기교육(6시간/분기), 특별안전교육(16시간)

④ 기계장비의 정비 및 안전장치 점검

⑤ 공사안전보건대장 관리

5) 건설업 산업안전보건관리비

(1) 산업안전보건관리비 계상기준

① 대상액에 산정이 되는 경우

㉠ 산업안전보건관리비 = 대상액(직접노무비 + 사급재료비 + 관급재료비) × 요율

㉡ 산업안전보건관리비 = 대상액(직접노무비 + 사급재료비) × 요율 × 1.2배

→ ㉠과 ㉡ 중 작은 값 적용

② 대상액에 산정이 안 되는 경우 : 산업안전보건관리비 = 총공사비 × 70% × 요율

③ 요율 : 공사의 종류별로 1.20~2.93% 적용

(2) 산업안전보건관리비 유의사항

① 총공사금액 2천만원 이상 안전관리비 계상

② 입찰 시 산업안전보건관리비 공고 : 공사예정가격으로 입찰

③ 타법에 적용받는 경우 제외

④ 준공 시 정산 실시

6) 강관비계 및 표준안전난간대(산업안전보건기준에 관한 규칙)

(1) 조립기준

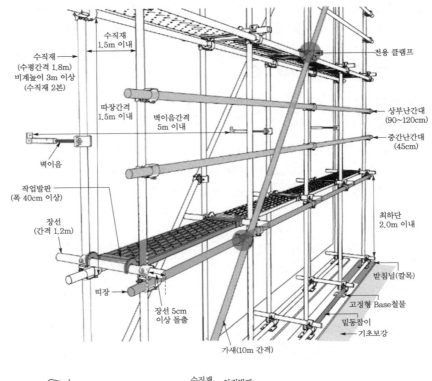

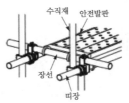

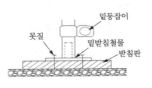

[밑받침 및 밑중잡이 설치]

(2) 조립해체 시 유의사항

① 지반침하방지조치

② 상하 동시 작업금지

③ 달줄, 달포대를 이용하여 공구 및 자재 이동

④ 악천후 시 작업금지 : 강풍, 강우, 빙설

7　환경관리, 민원관리

1 건설공해의 종류 및 대책

1) 직접공해

(1) 대기오염

① 대기환경보전법, 비산먼지 발생신고
② 발생공사 : 토공사(절토, 성토, 운반, 야적), 거푸집작업, 콘크리트공사, 강풍 발생 시
③ 대책 : 세륜세차시설 설치, 살수차 운행, 분진망 설치, 습증기분사장비 도입

(2) 소음 · 진동

① 소음 · 진동관리법, 특정공사 사전신고
② 발생공사 : 장비의 소음 · 진동, 토공사발파, 터널발파, 항타공사
③ 대책 : 저소음, 저진동장비 사용, 가설방음벽(15dB 감소) 설치, 제어발파 실시

(3) 폐기물 처리

① 폐기물관리법, 폐기물배출자신고
② 발생 : 기존 구조물 철거, 공사 시 건설폐기물, 공사관리 생활폐기물
③ 대책 : 중간처리업체 위탁처리, 성상분리배출, 지정폐기물은 별도 처리

(4) 수질오염, 지반오염

① 수질 및 수생태계 보전에 관한 법, 토양환경보전법
② 발생 : 토공사, 강우 시 흙탕물, 폐액 등 하천 유입, 그라우팅 잔재물, 슬러리 안정액
② 대책 : 토사유출저감시설(침사지), 오탁방지막, 오폐수처리시설

2) 간접공해

(1) **교통정체** : 우회도로 개설 및 TV, 라디오 교통방송에 의한 교통 분산

(2) **정신적 불안감** : 소음 · 진동저감공법 도입, 주민 일시적 이주

(3) **경관 저해** : 지역특색을 반영한 경관(그림)에 가설펜스 설치

(4) **환경 저해** : 현장 내 및 현장 주변 정리 정돈, 가설포장 실시

2 환경민원 발생 문제점 및 대응방안

1) 민원 발생 문제점

(1) 악의적, 전문적인 민원 발생으로 행정기관의 민원처리 어려움 가중

(2) 시공과정에서 건설업체의 부담 증가

2) 단계별 민원의 예방 및 대응조치

(1) 1단계 공사현장 주변 조사

① 소음·진동의 발생 여부, 확산 정도
② 주거 및 생활환경 및 주변 교통상황

(2) 2단계 민원 발생 가능사항 점검

① 민원 체크리스트 항목별 점검
② 지역주민이나 인근 마을의 여론 등에 대한 모니터링

(3) 3단계 예상되는 민원사항에 대한 예방조치 및 지역주민과의 이해 증진

① 예상되는 민원사항에 대한 대책 수립
② 지역주민을 상대로 한 현장 설명회 개최 및 협조체제 구축

(4) 4단계 민원 발생

① 신속하고 정확하게 민원 접수
② 주민불편사항 적극 처리 또는 해소방안 모색

(5) 5단계 민원 처리결과 보고(통보) 및 지속적 모니터링

민원 제기 및 처리결과를 발주처, 행정기관 등에 보고(통보)

3 중앙환경분쟁조정절차

(1) **관련 법** : 환경분쟁조정법
(2) 환경부에 중앙환경분쟁조정위원회 설치
(3) **분쟁조정기간** : 6~18개월 정도, 민사소송은 2년 정도 소요
(4) **절차**

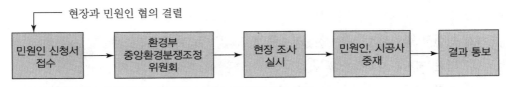

※ 중앙환경분쟁조정위원회의 조정결과 불복 시 민사소송 진행

8 Claim관리

1 개요

(1) 클레임(Claim)이란 계약당사자가 계약서 해석의 차이 및 부당한 조치 등으로 보상을 요구하는 것

(2) 분쟁(Dispute)은 협의가 결렬될 경우 중재, 조정, 소송의 단계로 시간과 비용이 많이 소요됨

2 클레임 제기자

발주자, 시공자, 사용자

3 클레임 발생원인 `계, 불, 프로`

1) 계약사항

(1) **계약도서의 불합치** : 계약서, 설계도서, 시방서의 불합치, 누락, 오류

(2) 계약조항용어의 해석차이

(3) 설계도서와 현장 조건의 불일치

2) 불가항력적 사항

(1) 태풍, 홍수, 지진 등의 천재지변

(2) 전쟁, 전염병, 폭동 등

(3) 계약당사자의 통제범위를 벗어나는 경우

3) 프로젝트 특성

(1) **복합적인 공사, 대규모의 공사** : 플랜트, 철도(토목, 건축, 궤도, 차량)

(2) 오지지역, 도시밀집지역에서의 공사

(3) 특수한 기술을 요구하는 프로젝트

(4) 민원 발생지역

4 클레임의 유형

(1) **계약서의 클레임** : 계약서, 설계도서, 시방서의 불합치, 오류

(2) **현장 조건의 상이 클레임** : 설계도서와 현장 조건이 크게 다른 경우

(3) **발주자의 공사기간 단축 클레임**

(4) **시공사의 공사지연 클레임** : 시공사의 사유로 공사지연

(5) 발주자, 감리자의 요구사항 클레임 : 발주자 및 감리자의 잦은 설계변경지시, 승인지연

(6) 현장 통제범위를 벗어난 클레임

① 원자재 수입지연으로 공사가 지연되는 경우
② 파업, 폭동 등으로 공사가 지연되는 경우
③ 민원 발생으로 공사가 지연되는 경우

(7) 해외 건설공사 클레임

① 해당 국가의 정치, 경제, 사회, 문화적인 인식차이로 공사지연 및 요구사항 발생
② 사전에 충분한 관습 및 국민성 파악 필요

(8) 계약해지 클레임

발주자의 사유로 공사진행이 어려운 경우

5 클레임의 처리절차 협, 조, 중, 소

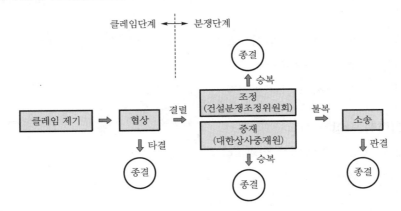

6 해결방안(대처방안)

1) 방지대책

(1) 입찰, 계약 시 면밀한 검토
(2) 설계서 및 계약조건 등 명확한 계약문서 준비
(3) 국제표준계약서(FIDIC) 사용
(4) 당사자 간 자체 조정위원회 설치
(5) **건설보증제도 이용** : 입찰보증제도, 하자보증제도, 계약이행보증제도
(6) 기구 신설, 제도 개선, 시스템 구축

2) 처리대책

(1) 협의

① 당사자 간 협의

② 가장 간단하며 최소의 비용과 노력으로 처리

③ 내부위원회 설치사례(○○SOC사업현장 내부조정위원회(2006))

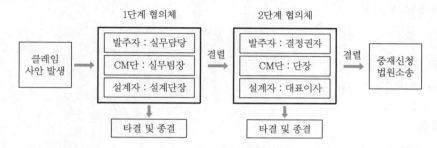

(2) 조정 : 중립적인 제3자를 조정인으로 임명하여 처리

(3) 조정 및 중재

① 제3자를 조정 및 중재인으로 임명

② 조정과 중재업무를 같이 진행

(4) 중재 : 제3자를 중재인으로 선정하여 중재를 통하여 판정(법원 진행과 비슷)

(5) 소송 : 분쟁처리에 대한 최후의 수단

(6) 철회 : 분쟁당사자가 일방적인 철회로 완료

7 협의(Negotiation), 조정(Mediation), 중재(Arbitration), 소송(Litigation)

구분	협의(협상)	조정	중재	소송
정의	당사자 및 자체 위원회에서 협의	조정자가 협의하여 결정	중재자가 쌍방 간 중재하여 판정	민사소송으로 법원에서 판결
해결기간	신속 해결	6개월 소요	3개월~1년 정도	2~5년
해결비용	없음	조정기관 수수료	중재기관 수수료	비용 매우 고가
구속력	없음	없음	없음, 소송 시 영향	구속력 있음
국내특징	–	관공서, 발주자, 도급사, 하도급사, 감리 분쟁	SOC사업, 민간사업자 분쟁	모든 공사
국내법	–	건설산업기본법	중재법	민사소송법
관련 기관	당사자 간 위원회 구성	국토교통부(건설분쟁 조정위원회) 또는 제3의 기관	대한상사중재원 또는 제3의 기관	법원 판결

8 ADR제도(Alternative Dispute Resolution, 대체적 분쟁해결제도)

1) 정의

건설분쟁은 전문적인 지식이 요구되는 분야로서 소송 이전에 건설전문가가 중재 및 조정하는 제도

2) 국내 ADR제도

(1) **조정기구** : 국토교통부 건설분쟁조정위원회

(2) **중재기구** : 독립기구인 대한상사중재원

(3) **협의기구** : 자체 협의위원회 구성

3) 특징

(1) **분쟁해결제도** : 조정제도와 중재제도

(2) 소송보다 비용이 저렴하고 시간 단축

(3) 지식이 많은 건설전문가가 하므로 공정한 해결 유도

(4) 법적 효력은 없으나 소송 시 이용

(5) 전 세계적으로 ADR제도를 분쟁해결에 많이 활용

9 Risk Management(리스크관리, 위험도관리)

1 개요

건설프로젝트는 불확실성이 내포되어 많은 손실이 발생된다. 따라서 사전에 불확실성을 규명하고 체계적으로 관리하여 손실을 최소화하는 리스크관리가 필요하다.

2 리스크관리 [식, 분, 대, 관]

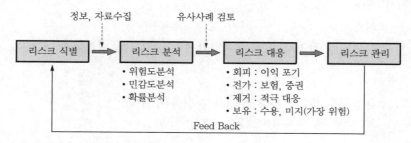

※ 위험도관리 3단계 : 식별, 분석, 대응

1) 리스크 식별(1단계)

(1) 위험요인을 찾아내는 단계

(2) 평가팀을 구성하여 문서 검토 및 체크리스트 작성

(3) **리스크범주** : 계약리스크, 경제적 리스크, 정치적 리스크, 실행리스크, 관리리스크

2) 리스크 분석(2단계)

(1) 위험요인별 중대성과 빈도성을 기준으로 평가

(2) 위험도분석, 민감도분석, 확률분석 실시

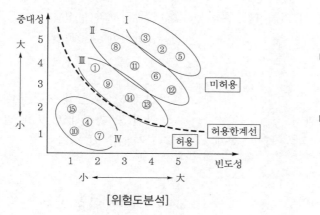

[위험도분석]

■ **위험성평가**
  • 허용구간 : 위험 수용
  • 미허용구간 : 대응책 수립

■ **대응범위**
  • Ⅰ. 고위험 통제 취약
  • Ⅱ. 고위험 통제 양호
  • Ⅲ. 저위험 통제 취약
  • Ⅳ. 저위험 통제 양호

3) 리스크 대응(3단계) 회, 전, 제, 보

(1) 회피

위험성이 있는 프로젝트는 포기하는 것, 작업을 이행하지 않음

(2) 전가

① 위험성을 제3자에게 전가하는 것
② 공사보험, 하자보증증권, 계약이행보증증권 등

(3) 제거, 완화

① 위험요인을 적극적으로 제거 또는 완화하는 것
② 가설방음벽 설치로 민원 억제, 안전한 공법으로 설계변경

(4) 보유

① 수용 : 작은 위험성은 보유해서 손실을 수용함
② 미지 : 리스크 존재를 모름 → 가장 위험

4) 리스크 관리(4단계)

(1) 위험관리계획을 수행하는 단계
(2) 점검을 통하여 식별, 분석, 대응의 체계를 반복적으로 수행

3 공사단계별 위험도 인자(식별)

(1) 기획 및 설계단계

① 사전조사 및 타당성 분석 오류　　② 자금조달능력 부족
③ 기대수익 예측오류　　　　　　　④ 설계서의 오류 및 상호 불일치

(2) 입찰, 계약단계

① 견적팀의 전문성 및 견적기간 부족　② 입찰정보의 부정확
③ 정책적인 저가 수주　　　　　　　　④ 불합리한 계약조건

(3) 시공단계

① 공사비의 예산 부족　　　　　② 설계조건과 현장 여건의 상이
③ 불합리한 하도급관계　　　　　④ 안전 및 환경사고, 민원 발생
⑤ 천재지변 : 붕괴, 홍수, 태풍, 화재　⑥ 노사분규 및 파업

(4) 준공 및 유지관리단계

① 시설물의 인도 지연　　　　　② 지적사항 보완 미흡
③ 준공서류의 미비, 인도조건 미숙지　④ 각종 하자 발생

4 위험도 대응방안

1) 기획 및 설계단계

(1) LCC를 고려한 철저한 사업성 검토

(2) 현장 조건을 충분히 반영한 설계 실시 및 철저한 검토로 누락 방지

2) 입찰, 계약단계

(1) 충분한 견적기간 확보 및 견적부서의 견적능력 향상

(2) 설계·시공 일괄 입찰은 현장 조건을 충분히 고려하여 입찰 → 잦은 설계변경 최소화

3) 시공단계

(1) 토목공사는 보상 완료 후 발주로 공사를 원활하게 진행

(2) 공사보험 가입, 계약이행보증증권 가입

(3) 장마철 하천공사 및 댐공사, 사면공사는 철저한 시공관리로 홍수 및 붕괴 방지

4) 준공 및 유지관리단계

(1) 철저한 시공관리로 하자 발생 최소화

(2) 하자보증증권 제출

10 시사

1 제도 및 시사

(1) **문제점** : 기존 제도의 문제점, 비효율성, 비용 증가, 공사기간 증가

(2) **도입배경** : 국제경쟁력 확보, 기술력 향상, 생산성 향상, 공기단축

(3) **단계별 구축** : 단계별 구축절차 및 내용

(4) **쟁점사항** : 주요 문제점 및 주요 중점사항

(5) **효과** : 공사기간 단축, 공사비 감소, 기술력 향상, 투명성 확보

(6) **추진계획(개선방향, 발전방향)** : 법의 개정, 교육, 의식전환, 정부지원

2 CALS, PMIS, CIC

1) CALS(건설사업정보화)

(1) **개요**

① 건설업의 기획, 설계, 계약, 시공, 유지관리 등 전과정을 전산망을 통해 통합 관리하는 전산시스템이다

② 건설기술진흥법에 의해 1985년부터 정부에서 추진하고 있으며, 현재는 인터넷 발달과 더불어 공공기관과 업체 등에 구축되어 사용되고 있다

(2) **CALS**

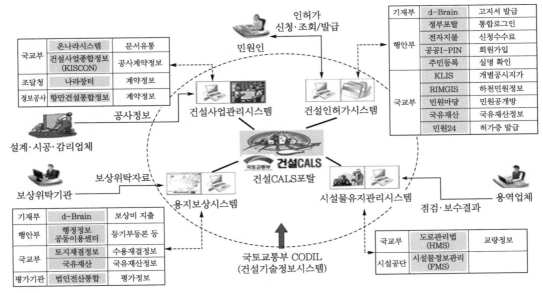

[건설통합정보화시스템]

(3) 구축단계

① 1998~2002년 : 제1차 건설CALS 기본계획, 개발 및 기반 구축

② 2003~2007년 : 제2차 건설CALS 기본계획, 운영 및 안정화

③ 2008~2012년 : 제3차 건설CALS 기본계획, 시스템 연계 및 고도화

④ 2013~2017년 : 제4차 건설CALS 기본계획, 확산 및 건설IT 융·복합

⑤ 2018~2022년 : 제5차 건설CALS 기본계획, 건설ICT 융·복합 스마트 건설

(4) 건설사업정보화(CALS)의 활용 효과

① 입찰 및 인허가업무의 투명성 확보

② 합리적이고 효율적인 운영

(5) 향후 중점 추진과제

① 건설정보모델(BIM) 활성화

② WBS 기반 공정, 공사비 통합관리체계 구축

③ 건설사업정보시스템의 기능 고도화

2) PMIS(건설사업관리정보시스템)

(1) 개념

① 건설공사프로젝트의 전과정에서 건설 관련 주체 간 발생되는 각종 정보를 공유하며 인터넷으로 관리하는 전산시스템

② 계약관리, 공정관리, 품질관리, 원가관리, 자원관리, 건설정보관리, 도면관리 등을 관리하는 종합사업관리시스템

(2) PMIS관리요소(Project Management Information System)

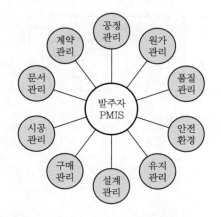

☞ 현재 공공기관 발주자 및 각 회사들이 자체 시스템을 사용하고 있으며, 보안상의 이유로 사용에 제한적임

(3) 효과

① 절차의 간소화 및 실시간 정보의 공유

② 전산에 의한 방대한 문서관리의 효율화

③ 원가의 절감 및 공정관리, 실정보고 등 이용

3) CIC(Computer Integrated Construction, 컴퓨터건설통합생산시스템)

(1) 정의

건설프로젝트의 전과정을 컴퓨터를 통하여 통합 관리하여 생산하는 시스템

(2) 특징

① 전과정 : 기획, 타당성 검토, 구조 검토 및 설계, 계약, 시공계획, 시공, 유지, 보수

② 기술, 정보, 인력 등을 유기적으로 연계하여 각 건설업체의 효율화 증대

(3) 효과

① 설계단계에서 시공성이 높은 도면 제작

② 정보의 전산화로 하도급 등 관련 회사와의 업무처리능률 향상

3 BIM(Building Information Modeling), 가상건설시스템

1) 개요

3D CAD의 가상공간을 이용하여 공정, 원가를 연계시켜 시설물의 생애주기 동안의 모든 정보 및 모델을 작성하는 기술

2) BIM의 원리 및 발전과정

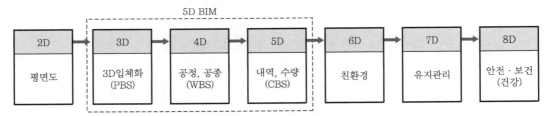

☞ 건설산업 BIM 시행지침(국토교통부)

3) BIM 통합시스템의 개념 및 활용

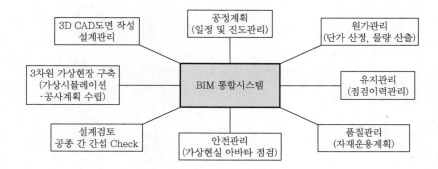

4) 특징

(1) 장점

① 구조물의 공사원가 작성

② 공종별 간섭 Check

③ 공정 및 일정관리

④ 3D 입체화에 의한 가상현실 구축 → 공사계획 시뮬레이션 및 안전관리

(2) 단점

① 3D 입체화, 공정 및 공종, 원가의 연계로 시스템이 매우 복잡

② 사용에 대한 교육과 별도의 인원 필요

③ 토목분야에는 반복공정이 적고 불가피한 변경사항이 많아 적용이 어려움

5) 활성화방향

정부의 적극적인 지원, 사용에 필요한 교육, 사용 시 인센티브를 제공하여 사용기술이 축적되어 활성화되도록 하여야 함

6) 가상건설시스템

(1) 기존의 2D 평면도면에서 3D 입체화한 도면으로 시각화한 것

(2) 컴퓨터상에서 가상시뮬에이션이 가능

(3) BIM의 발전단계로 3D BIM에 해당

4 건설정보화기술 및 4차 산업혁명

1) 4차 산업혁명

(1) **정의** : 인공지능으로 자동화와 정보통신기술(ICT)의 융합으로 연결성이 극대화되는 산업환경의 변화

(2) **핵심기술** `ICBM+AI`

    ① 사물인터넷(IoT)

    ② 클라우드(Cloud) : 네트워크를 통한 대규모 데이터센터서비스

    ③ 빅데이터(Big Data)

    ④ 모빌리티(Mobility) : 핸드폰 등 초고속 인터넷을 통한 제어기술

    ⑤ 인공지능(AI)

2) 스마트건설기술

(1) 개요

전통적인 건설기술에 ICT(정보통신기술) 등 첨단기술을 적용하여 건설 전과정에 적용하는 디지털화, 자동화 등으로 개발된 공법, 장비, 시스템

(2) 목적

    ① 공사기간 단축, 인력투입 절감, 현장 안전 제고

    ② 생산성, 안전성, 품질 향상

(3) 스마트기술의 개념, 적용, 활성화방안

구분	설계		시공		유지관리	
패러 다임 변화	• 2D설계 • 단계별 분절	→ • 4D↑BIM설계 • 全단계 융합	• 현장생산 • 인력 의존	→ • 모듈화 제조업화 • 자동화, 현장관제	• 정보단절 • 현장방문 • 주관적	→ • 정보피드백 • 원격제어 • 과학적
적용 기술	Drone을 활용한 예정지정보 수집 VR 기반 대안 검토	Big Data 활용 시설물계획 BIM 기반 설계자동화	Drone을 활용한 현장모니터링 장비자동화 & 로봇 시공	IoT 기반 현장안전관리 3D프린터를 활용한 급속 시공	센서 활용 예방적 유지관리 Drone을 활용한 시설물 모니터링 AI 기반 시설물 운영	

3) ICT(Information & Communication Technology, 정보통신기술)

    (1) 정의 : 인간과 인간, 인간과 사물, 사물과 사물이 인터넷과 모바일로 연결하는 기술

    (2) 적용기술 : USN, CCTV, RFID, 유무선통신, 모바일, 웹카메라, GIS, GPS, VR

4) USN(Ubiquitous Sensor Network, 유비쿼터스센서네트워크)

    (1) 정의 : 필요한 곳에 전자태그(RFID)를 부착하고, 이를 통하여 사물의 정보를 탐지하여 네트워크를 통하여 실시간으로 관리하는 것

(2) 활용

① 실시간 자동화계측관리

② 컴퓨터상에서 토공장비의 운행관리

③ Mass콘크리트의 자동화온도관리

④ 유지관리업무 : 터널, 교량 등 실시간 이상 유무의 모니터링

⑤ 전자태그(RFID)를 부착한 근로자의 위험장소 접근 실시간 동선모니터링

5) 건설분야 RFID(Radio Frequency Identification, 무선인식기술)

(1) 정의

사물에 대한 식별과 추적을 위해 사물에 부착한 전자태그와 리더(reader) 간 데이터 교환을 라디오파로 통신하는 기술

(2) 특징

① 구성 : 판독기, 송수신안테나, 정보저장처리태그, 서버 및 네트워크

② 판독기 : RFID태그에 읽기와 쓰기

③ 태그 : 데이터 저장

④ 사용거리 : 15~25m

⑤ 교통, 제조, 농업, 보안, 물류, 공급망관리, 의료 및 건설분야에 활용

(3) 활용

① 자재관리 : 자재의 사용 및 잔여량 자동관리, 레미콘차량 출입대수 자동 파악

② 인원관리 : RFID카드를 사용하여 근로자의 출입 및 근로시간 자동계산

③ 안전관리 : 위험한 장소 출입 시 알림기능

④ 도로공사현장, 지하철, 건물 지하 등 다양한 분야에 응용 가능

6) IoT(Internet of Things, 사물인터넷)

(1) 정의

센서를 사물에 접목하여 사물의 변화를 유무선을 통한 인터넷으로 관리하는 기술

(2) 활용

① 건설장비 및 자재에 대한 실시간 위치정보 제공

② 건설장비 주변을 360도 모니터링시스템에 의한 근로자 충돌 방지

③ 자동화계측관리

7) AI(Artificial Intelligence, 인공지능)

(1) 정의 : 패턴을 발견하거나, 유사한 경험을 학습하여 배우거나 이미지를 이해하는 등 기계가 인간의 인지기능을 모방할 수 있게 고안된 개념

(2) 활용

① 기존의 설계데이터를 학습하여 최적의 설계 구현

② 계획 및 설계, 건설자재공급유통, 시공관리, 시설물유지관리에 활용

8) 빅데이터(Big Data)

(1) 정의 : 방대한 대규모의 정형, 비정형의 복잡한 데이터에 대한 분석기술

(2) 활용

① 최적의 공사관리 : 공정관리, 원가관리, 품질관리, 안전관리, 리스크관리

② 유지관리 : 교량 계측 및 하자분석을 통한 사전예방적 관리

9) 3D 프린팅

(1) 정의 : 건설재료를 3D 프린팅을 이용하여 적층제조 또는 적층가공하여 구조물을 시공하는 방식

(2) 활용 : 복잡한 구조물 설계 및 제작, 공사기간 단축

10) 드론(Dron)

(1) 정의 : 실제 조종사가 직접 탑승하지 않고 지상에서 사전 프로그램된 경로에 따라 자동 또는 반자동으로 날아가는 무인비행체

(2) 활용

① 설계 : 현황사진촬영, 측량정보, 토지이용정보 제공

② 시공 : 높은 장소에 신속히 자재, 물품의 운반, 위험장소 감시

③ 유지관리 : 접근이 어려운 장소에 접근하여 조사(주탑, 교량 하부, 항만)

11) 건설자동화 및 로봇화기술

(1) 정의 : 건설자동화는 인력의 지원, 대체, 최근에 들어서는 로봇과의 협업에 이르기까지 '하드웨어적인 개발'을 다루는 것

(2) 연구개발방향

① 토공장비의 자동화

② 극한작업환경에서의 이동 및 작업 가능 로봇 개발

③ 인간공학적 작업 개선을 위한 도구 및 장비의 고안

12) 건설모듈화

(1) 정의

구조물을 조각으로 나누어 제작 후 현장에서 조립 시공하는 방식

(2) 특징

① 공사기간 단축, 원가절감

② Box구조물, 선박식 옹벽(기초, 벽체, 선박의 모듈화), 교각(기초, 기둥, 코핑), 거더

(3) 해결과제

① 공장 제작과정의 높은 공사비 문제

② 모듈러 생산방식의 경험 부족

5 GPS(위성항법시스템)와 DGPS(위성항법보정시스템)

1) 정의

(1) GPS : GPS위성에서 보내는 신호를 수신해 지상에 있는 물체의 위치를 계산하는 위성항법시스템

(2) DGPS : 지상의 기지국을 통해 물체의 위치를 계산하는 오차를 최소화한 위성항법보정시스템

2) 원리

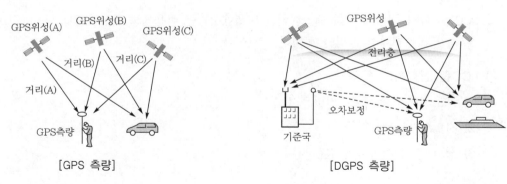

[GPS 측량]　　　　　　　[DGPS 측량]

3) GPS와 DGPS의 특징

구분	GPS	DGPS
원리	GPS인공위성에서 직접 신호 수신	GPS인공위성과 기준국에 보정된 신호 수신
구성요소	GPS인공위성, GPS수신기	GPS인공위성, 기준국, GPS수신기
수신방식	직접 송수신	기준국의 중계방식
오차범위	오차 큼(30m 이내)	오차 작음(1m 이내)
신뢰성	보통	우수
적용분야	건설 측량, 지적도, 지하매설물도	건설 측량, 지적도, 지하매설물도

4) 활용

건설공사 측량 및 설계, 선박 항해, 항공기 운항, 자동차 내비게이션, 국방 관련, 해양산업, 육상교통, 자동장비제어, 지하매설물 등 이용

6 GIS(GeograpHic Information System, 지리정보체계)

1) 정의

지구상에서 시공간상의 지리정보를 컴퓨터데이터로 변환하여 효율적으로 활용하기 위한 지리정보체계

2) GIS의 구성 및 입력

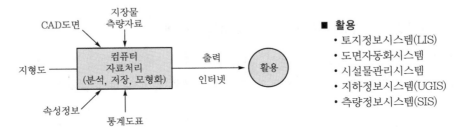

■ **활용**
- 토지정보시스템(LIS)
- 도면자동화시스템
- 시설물관리시스템
- 지하정보시스템(UGIS)
- 측량정보시스템(SIS)

7 LCC(전생애주기비용), NPV(순현재가치법), B/C ratio(비용편익비)

1) 개요

LCC는 구조물의 기획부터 폐기까지의 전생애주기를 비용으로 환산한 것으로, 여러 대안 중에서 가장 경제적인 방법을 선정하는 것이다.

2) LCC를 산정하는 목적

(1) 프로젝트의 전생애주기비용 산정

(2) 사업의 타당성 평가

(3) 생산 및 유지비용의 절감

3) LCC 구성단계별 항목

단계	비용항목
기획, 설계	건설기획비용, 현지조사비용, 용지취득비용, 설계비용, 환경대책비용, 효과분석비용, 설계지원비용
시공(건설)	공사계약비용, 시공조사비용, 공사비용, 공사감리비용, 건설지원비용
유지관리	보전비용, 수선비용, 개량비용, 운용비용, 일반관리비용, 운용지원비용
폐기 처분	해체비용, 폐기처분비용

☞ 유지관리비용이 전체 비용의 75~85% 차지, 건설비용의 4~5배 정도

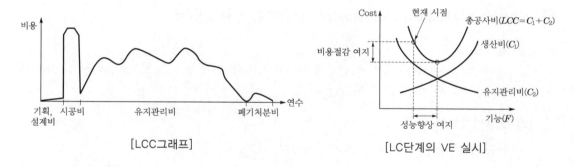

[LCC그래프] [LC단계의 VE 실시]

4) LCC의 분석절차(도로 예시)

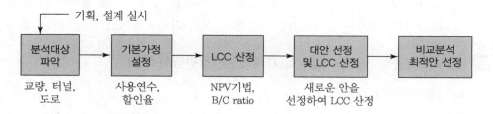

LCC 대상을 파악하여 총비용을 산정하고, 몇 개의 대안을 선정하여 총비용을 산정 후 비교 검토하여 최적안을 선정한다.

5) LCC의 분석법(투자안가치평가방법)

(1) 현가분석법(순현재가치법, NPV : Net Present Value)

현재와 미래의 모든 비용을 현재의 가치로 환산하여 분석

(2) 연가분석법

현재의 가치로 환산한 비용을 어느 기간 동안 평균하여 매년 배분한 비용

(3) 종가분석법

현재와 미래의 모든 비용을 미래의 가치로 환산하여 분석

6) 순현재가치(NPV), 편익비용비(B/C rato), 내부수익률(IRR)의 비교 – 투자안가치평가방법

구분	순현재가치(NPV)	편익비용비(B/C Rato)	내부수익률(IRR)
개요	현재와 미래의 모든 가치를 현재 기준으로 환산비용	투자사업의 총편익과 비용의 비율 $B/C\ rato = \dfrac{편익(B)}{비용(C)}$ =1 이상 타당성 있음	미래의 수익비용을 현재가치로 환산하는 할인율(이자율) **예시** 미래 120×IRR=현재 100 IRR=0.84
장점	• 대안 선택 시 명확한 기준 제시	• 비교, 평가가 용이 • 사업규모 고려 가능	• 수익성 판정이 용이 • 타 대안과 비교 용이
단점	• 할인율 필요 • 투자 우선순위 결정이 곤란	• 할인율(이자율) 필요 • 비용, 편익 구분하기 힘든 경우 발생	• 사업의 절대적 규모를 비교할 수 없으므로 오류 발생 가능

8 LCA(Life Cycle Cost Acsessment, 전생애주기 환경평가)

(1) 정의

건설공사의 전생애과정에서 환경에 미치는 영향을 평가하는 것으로, 이를 근거로 환경부 하저감계획을 수립 및 유도하기 위함

(2) LCA평가범위

자재 생산 → 시공단계 → 유지관리단계 → 폐기단계

(3) 파리 기후변화협약(2015.12)

① 195개국이 2030년까지 온실가스 감축목표를 수립·시행 협약
② 2050년까지의 감축계획을 수립하는 장기 저탄소 발전전략을 국가별로 발표

9 ISO9000(품질경영시스템), ISO14000(환경경영시스템)

1) ISO9000(품질경영시스템)

(1) 개요

① ISO9000이란 국제표준화기구(ISO)에서 제정한 품질경영과 품질보증에 관한 국제규격
② 기업의 제품 생산 및 서비스가 규격에 맞게 진행되고 있음을 인증기관에서 평가하여 인증해주는 제도
③ ISO(International Organization for Standardization) : 국제표준화기구

(2) ISO9000시리즈의 내용(2003년 12월 15일부터 개정판 사용)

① ISO9000 : 품질경영시스템의 기본지침 및 용어에 관한 규정
② ISO9001 : 품질경영시스템 규격에 관한 규정(9002, 9003 포함)
  ㉠ 설계, 개발에서 제조, 설치, 서비스까지 전과정의 품질보증체계
  ㉡ 최종검사와 시험에 대한 품질보증체계
③ ISO9004 : 품질경영시스템의 성과 개선지침에 관한 규정

(3) ISO인증절차

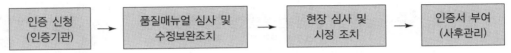

인증 신청 (인증기관) → 품질매뉴얼 심사 및 수정보완조치 → 현장 심사 및 시정 조치 → 인증서 부여 (사후관리)

(4) ISO인증효과

① 고객의 신뢰성 증대
② 국제기준에 적합한 품질경영시스템 구축 및 확립

(5) 개선방향

① 신청서류 및 인증절차의 간소화 필요

② ISO 취득업체에 발주자의 인센티브 부여 : PQ 혜택, 수의계약

③ 건설업에 적합한 표준화 도입 및 정착

④ 공정관리보다는 품질관리가 우선시되는 사회적 인식 전환 필요

2) ISO14000시리즈(ISO14001, 환경경영시스템)

(1) 개요 : ISO(국제표준화기구)의 환경경영위원회에서 개발한 것으로 조직의 환경경영시스템을 실행, 유지, 개선, 보증하고자 할 때 적용 가능한 규격

(2) 인증효과

① Green Image(관심의 증대) 및 공공의 이미지(Public Image) 개선

② 그린상품에 대한 구매 촉진

10 부실공사

1) 부실공사의 사고사례

(1) 성수대교 붕괴(1994.10.21.) : 트러스 거더의 용접불량에 의한 강상판 붕괴

(2) 대구 도시철도 1호선 상인역 공사 중 가스관 폭발(1995.4.28.) : 근로자 실수로 가스관 파손이 원인

(3) 칠산대교의 FCM공법 상판 시공 중 기울어짐(2016.7.8.) : 주두부의 강봉과 상판을 연결하는 커플러가 느슨하게 조여져 기울어짐

2) 부실공사의 원인

(1) 설계

① 현장 조사의 미흡

② 부적합한 공법 선정

(2) 입찰, 계약

① 과도한 경쟁에 의한 저가입찰

② 불법하도급 및 불공정하도급

(3) 시공, 감리

① 도면 및 시방서 규준 준수 미흡

② 공사기간 부족으로 무리한 공기단축

(4) 기타 : 건설기술자의 부실에 대한 책임의식 결여

3) 부실공사의 대책

(1) 설계
① 충분한 조사에 의한 설계도서의 작성
② 설계자의 기술능력 향상

(2) 입찰, 계약
① 기술능력 위주의 낙찰제도 실시
② 불법하도업자 제재 강화 및 하도급대금 지불

(3) 시공, 감리
① 도면 및 시방서 준수 시공
② 현실에 맞은 적정 공사기간의 산정

(4) 기타
① 건설기술자의 부실공사에 대한 의식개혁
② 부실설계, 감리, 시공자에 대한 제재 강화

저자 소개 | 장준득

경북대학교 토목공학과 졸업
- 전, 용인시 기술자문위원 / 건설회사 근무 / 엔지니어링회사 근무/
  재해예방지도기관 사내 강사
- 현, 한국기술사학원 원장

자격증
- 토목시공기술사
- 건설안전기술사
- 건축시공기술사
- 토목품질시험기술사
- APEC기술사
- 건설사업관리사(CMP)
- 토목기사
- 산업안전기사
- 대기환경기사
- 산업위생기사

| 핵심 | 토목시공기술사

2022. 7. 8. 초 판 1쇄 발행
2024. 10. 16. 초 판 2쇄 발행

검인

지은이 | 장준득
펴낸이 | 이종춘
펴낸곳 | **BM** ㈜도서출판 **성안당**

주소 | 04032 서울시 마포구 양화로 127 첨단빌딩 3층(출판기획 R&D 센터)
　　 | 10881 경기도 파주시 문발로 112 파주 출판 문화도시(제작 및 물류)

전화 | 02) 3142-0036
　　 | 031) 950-6300

팩스 | 031) 955-0510
등록 | 1973. 2. 1. 제406-2005-000046호
출판사 홈페이지 | www.cyber.co.kr
ISBN | 978-89-315-6967-4 (13530)
정가 | **75,000원**

이 책을 만든 사람들
책임 | 최옥현
진행 | 이희영
교정·교열 | 문 황
전산편집 | 이다혜
표지 디자인 | 임흥순
홍보 | 김계향, 임진성, 김주승, 최정민
국제부 | 이선민, 조혜란
마케팅 | 구본철, 차정욱, 오영일, 나진호, 강호묵
마케팅 지원 | 장상범
제작 | 김유석